建筑施工关键岗位管理人员上岗指南丛书

U0885556

# 建筑测量员上岗指南

## ——不可不知的500个关键细节

本书编写组　编

中国建材工业出版社

**图书在版编目(CIP)数据**

建筑测量员上岗指南:不可不知的500个关键细节/《建筑测量员上岗指南:不可不知的500个关键细节》编写组编.—北京:中国建材工业出版社,2012.1

(建筑施工关键岗位管理人员上岗指南丛书)

ISBN 978-7-5160-0083-0

Ⅰ.①建… Ⅱ.①建… Ⅲ.①建筑测量-指南 Ⅳ.①TU198-62

中国版本图书馆CIP数据核字(2011)第257277号

**建筑测量员上岗指南——不可不知的500个关键细节**

本书编写组 编

出版发行:中国建材工业出版社

地　　址:北京市西城区车公庄大街6号

邮　　编:100044

经　　销:全国各地新华书店

印　　刷:北京紫瑞利印刷有限公司

开　　本:710mm×1000mm 1/16

印　　张:19

字　　数:439千字

版　　次:2012年1月第1版

印　　次:2012年1月第1次

**定　　价**:45.00元

---

**本社网址**:www.jccbs.com.cn

**本书如出现印装质量问题,由我社发行部负责调换。电话**:(010)88386906

**对本书内容有任何疑问及建议,请与本书责编联系。邮箱**:dayi51@sina.com

# 内容提要

本书结合工程测量现行国家标准规范，参考工程测量新技术、新设备的应用方法，适时穿插建筑工程测量员上岗操作不可不知的关键细节，有主有次地阐述了建筑测量员必须掌握的工作技能和专业知识，并对其上岗工作进行了方便有效的指导。本书主要内容包括建筑工程测量基本知识、建筑工程测量常用工具和仪表、建筑工程测量误差、建筑工程测量基本工作、控制测量、地形测量、工业建筑施工测量、民用建筑施工测量、特殊形式建筑物施工测量、建筑物变形测量等。

本书体例新颖，内容通俗易懂，可作为建筑测量员上岗培训的教材，也可供建筑工程施工监理及相关管理人员使用。

# 建筑测量员上岗指南

## ——不可不知的500个关键细节

### 编写组


主　编：葛彩霞

副主编：马　静　梁金钊

编　委：孙邦丽　李　慧　秦礼光　何晓卫　侯双燕　汪永涛　王刚领　郭　靖　方　芳　伊　飞　杜雪海　范　迪　王　冰　徐梅芳

# 前　言

建筑施工现场管理人员处在工程建设的第一线，是工程建设的直接参与者，肩负着建设好工程的重要职责，其专业技术水平及管理能力的高低，将直接对工程能否顺利开展、竣工产生重要影响。

近年来，随着我国建筑业的迅速发展，各种建筑施工新技术、新材料、新设备、新工艺的广泛应用，一些标准规范已不能与之相适应，为此，国家正对建筑工程设计与施工质量验收、工程材料、工程造价等一系列标准规范进行修订与完善。

为了使广大建筑施工现场管理人员了解最新行业动态，掌握最新施工技术、材料、工艺标准，提高自身业务水平；为了使有意愿加入建筑施工管理行业的读者，以及刚步入建筑施工管理行业需要进一步深入学习与自身工作相关的业务技能的读者充分了解、掌握建筑工程各关键岗位的职责与技能，我们组织建筑工程领域的相关专家、学者，结合建筑工程施工现场管理人员的工作实际以及现行国家标准，编写了《建筑施工关键岗位管理人员上岗指南丛书》。本套丛书共有以下分册：

1.《建筑施工员上岗指南——不可不知的500个关键细节》

2.《建筑监理员上岗指南——不可不知的500个关键细节》

3.《建筑质检员上岗指南——不可不知的500个关键细节》

4.《建筑测量员上岗指南——不可不知的500个关键细节》

5.《建筑资料员上岗指南——不可不知的500个关键细节》

6.《建筑安全员上岗指南——不可不知的500个关键细节》

7.《建筑材料员上岗指南——不可不知的500个关键细节》

8.《建筑预算员上岗指南——不可不知的500个关键细节》

9.《安装预算员上岗指南——不可不知的500个关键细节》

10.《项目经理上岗指南——不可不知的500个关键细节》

11.《现场电工上岗指南——不可不知的500个关键细节》

12.《甲方代表上岗指南——不可不知的500个关键细节》

与市面上同类书籍相比，本套丛书具有下列特点：

(1) 本套丛书紧密联系建筑施工现场关键岗位管理人员工作实际，对各岗位人员应具备的基本素质、工作职责及工作技能做了详细阐述，具有一定的可操作性。

（2）本套丛书以指点建筑施工现场管理人员上岗工作为编写目的，编写语言通俗易懂，编写层次清晰合理，编写方式新颖易学，以关键细节的形式重点指导管理人员处理工作中的问题，提醒管理人员注意工作中容易忽视的安全问题。

（3）本套丛书针对性强，针对各关键岗位的工作特点，紧扣"上岗指南"的编写理念，有主有次，有详有略，有基础知识、有细节拓展，图文并茂地编述了各关键岗位不可不知的关键细节，方便读者查阅、学习各种岗位知识。

（4）本套丛书注意结合国家最新标准规范与工程施工的新技术、新方法、新工艺，有效地保证了丛书的先进性和规范性，便于读者了解行业最新动态，适应行业的发展。

丛书编写过程中，得到了有关部门和专家的大力支持与帮助，在此深表谢意。限于编者的水平，丛书中错误与疏漏之处在所难免，敬请广大读者批评指正。

编　者

# 目 录

# 第一章　建筑工程测量基本知识

## 第一节　建筑工程测量简介

### 一、建筑工程测量的定义

建筑工程测量是研究工业与民用建筑在勘察、设计、施工和管理阶段所进行的各种测量工作，主要包括测定和测设两个部分。

**关键细节1　测定**

测定是指使用测量仪器和工具，通过一系列的观测和计算，获得确定地面点位置的数据，或将建设地区的地表面的地形缩绘成地形图，供建筑工程规划和设计时使用。如图1-1所示，只要测定出房屋轮廓上的转折点（即房角点）1，2，3，4，5，6的位置并将其展绘到图纸上，然后再用直线相应地连接这些点（地物特征点），就可以获得该栋房屋在图上的平面位置，同时也可显示出其形状与大小。

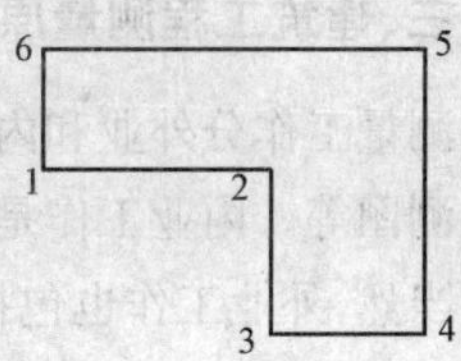

图1-1　地物特征点示意图

**关键细节2　测设**

测设是指把图纸上设计好的建筑物、构筑物的位置，按照设计和施工的要求在地面上标定出来，作为施工的依据。不难想象，要把规划设计好的地物或地貌测设到地面上，关键问题仍是要将其归结为一些特征点，并将这些特征点的位置在地面上确定出来。

### 二、建筑工程测量的任务

测定和测设虽然是一个相反的过程，但实质却是一样的，关键问题都是要确定地面点的位置。测量学的根本任务就是确定地面点的位置，可简单地理解为研究如何确定地面点位的科学。

具体而言，建筑工程测量的任务包括以下几点。

**1. 大比例尺地形图测绘**

把工程建设地区的各种地物（如房屋、道路、森林与河流等）和地貌（地面的高低起伏，如山头、盆地、丘陵与平原等）通过外业实地测量和内业计算整理，按一定的比例尺缩小绘成各种地形图、断面图，或用数字表示出来，为工程建设的各阶段提供必要的图纸和资料。

**2. 建(构)筑物施工放样**

将图纸上所设计的建筑物、构筑物，按照设计与施工的要求在现场标定出来，作为施工的依据。在建筑施工和设备安装过程中，也要进行各种测量工作，配合指导施工，以保证施工和安装质量。

**3. 竣工总平面图编绘**

为了检验工程施工定位质量，工程竣工后，要对建(构)筑物，各种设施，各种生产、生活管道，特别是隐蔽工程的平面位置和高程位置进行竣工测量，并绘制竣工总平面图，为建筑物交付时的验收和以后的改建、扩建及使用中的检修提供资料。

**4. 建筑物沉降与变形观测**

在建筑物施工或运营期间，为了监测其基础和结构的安全与稳定状况，了解设计是否合理，需要定期对其位移、沉降、倾斜及摆动进行观测，以便为鉴定工程质量及工程结构和地基基础研究提供资料。

## 三、建筑工程测量原则及工作程序

测量工作分外业和内业两部分。外业工作主要是在室外进行的，如测角、量距、测高差和测图等。内业工作是在室内进行的，主要内容是整理室外测量的数据，进行计算和绘图。当然，外业工作也包括一些简单的计算和绘图内容。

无论是外业还是内业，在实际工作中都应遵循以下原则：

(1)在测量布局上，应遵循"由整体到局部"的原则；在测量精度上应遵循"由高级到低级"的原则；在测量程序上应遵循"先控制后碎部"的原则。

(2)在测量过程中，应遵循"随时检查，前一步工作未做检核，不进行下一步工作"的原则。

测量上是先测定图根控制点后测量碎部点，通常称这种工作程序为"由控制到碎部"的测量程序。

### 关键细节3 控制测量

如图1-2所示，先在测区(通常，把需要测量的地区称为测区)内选择若干具有控制意义的点 $A,B,C,\cdots$，作为控制点。以精密的仪器和准确的方法测定各控制点之间的距离，各控制边之间的水平夹角 $\beta$，如果某一条边(如图1-2中的 $AB$ 边)的方位角 $\alpha$ 和其中某一点(例如 $A$ 点)的坐标已知，则可求出其他控制点的高程。

### 关键细节4 碎部测量

碎部测量即根据控制点测定碎部点的位置。碎部测量是在控制测量的基础上进行的，以进行建筑物的放样。例如在控制点 $A$ 上测定其周围碎部点的平面位置和高程，如图1-2所示。

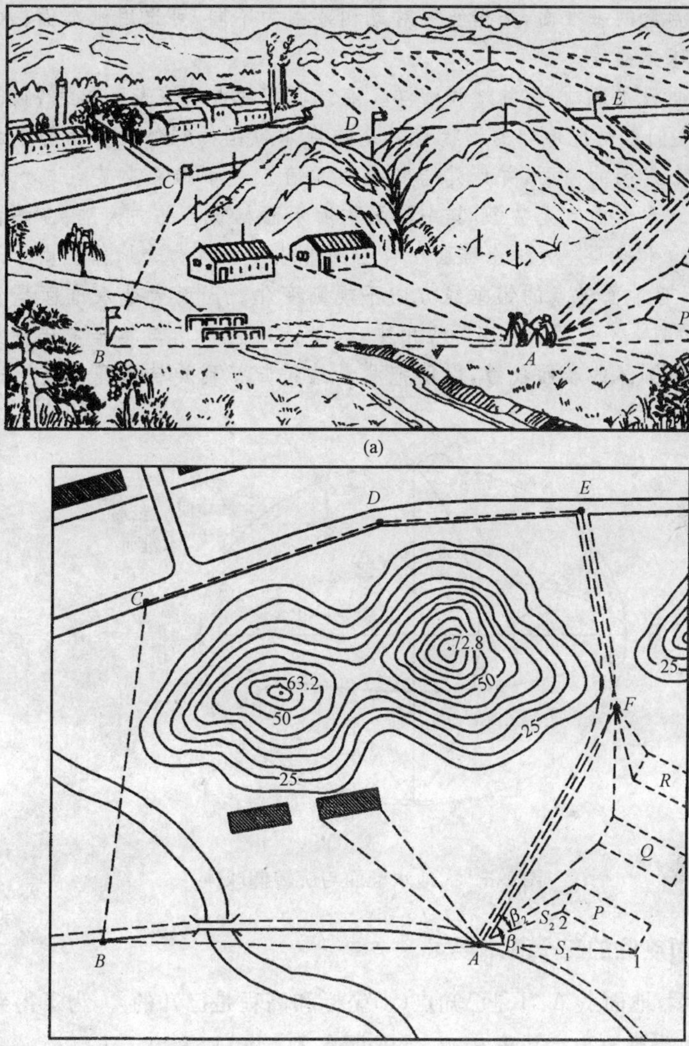


图 1-2　控制测量与碎部测量

# 第二节　地面点位的确定

## 一、测量基准

地面点位是相对的，为了确定地面点的位置，首先需要有一个与它相对照的基准。测量的基准包括两个方面，即基准面和基准线。

**关键细节 5　测量的基准面**

测量工作是在地球表面上进行的，但测量的成果却需要归算到一定的平面上，才能进行计算和绘图。测量的基准面,根据研究对象和范围的不同,可选用水准面、水平面、大地水准面和参考椭球体面等。

地球自然表面极不规则,有陆地和海洋。海洋面积约占地球表面积的71%,陆地面积仅占29%,所以人们总是把地球的形状看做是被海水包围的球体。自由静止的水面称为水准面。它是一个封闭的曲面,并处处与铅垂线垂直。过水准面上某点与水准面相切的平面称为水平面。水准面有无数个,其中与平均海水面相吻合并向大陆、岛屿内延伸而形成的曲面称为大地水准面。大地水准面所包围的地球形体称为大地体。由于地球内部质量分布不均匀,引起地面各点的铅垂线方向不规则变化。因而大地水准面是具有复杂形状的物理曲面,如图1-3所示。在实际应用中,大地水准面常用与其非常接近又能用数学公式表示的旋转椭圆体的表面代替,以便把测量结果归算到旋转椭圆体面上进行计算或制图。

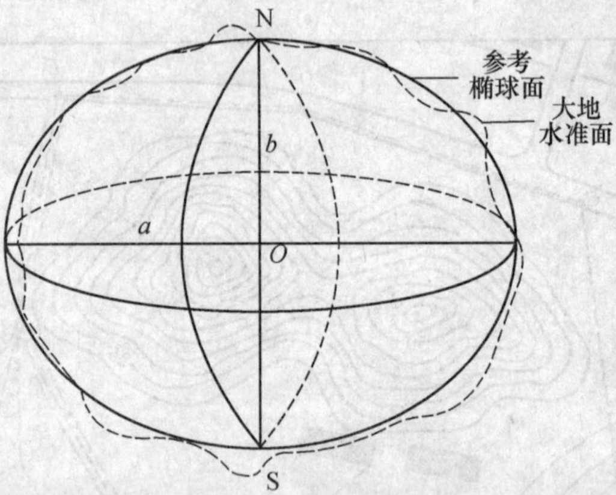


图1-3 大地水准面与旋转椭球体

## 二、确定地面点位的三个基本要素

如图1-4所示,地面点$A$、$B$是已知点(即坐标和高程是已知的)。为了得到$P_1$、$P_2$点的坐标和高程,可先观测出水平角$\beta_1$、$\beta_2$,水平距离$D_1$、$D_2$,以及高差$h_{BP}$、$h_{P_1P_2}$,再根据已知点$B$的坐标,方向$A-B$和$B$点的高程$H_B$,便可推算出$P_1$和$P_2$点的位置。由此可见,地面点间的位置关系是以距离、角度和高差来确定的。所以,距离、角度和高差是确定地面点位的基本要素。

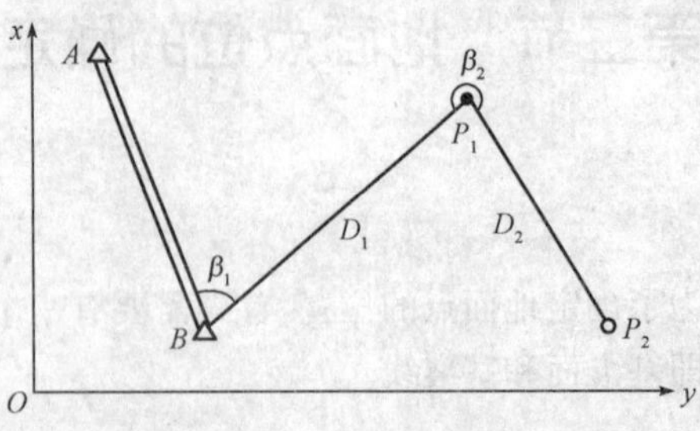


图1-4 地面点间的位置关系

### 关键细节 6 距离

距离分为水平距离 $D$(平距)和倾斜距离 $S$(斜距)。斜距是不位于同一水平面内的两点间的距离,如图 1-5 中的 $BA(S_{BA})$和 $BC(S_{BC})$。平距是位于同一水平面内的两点之间的距离,如图 1-5 中的 $BA'(D_{BA})$和 $BC'(D_{BC})$。

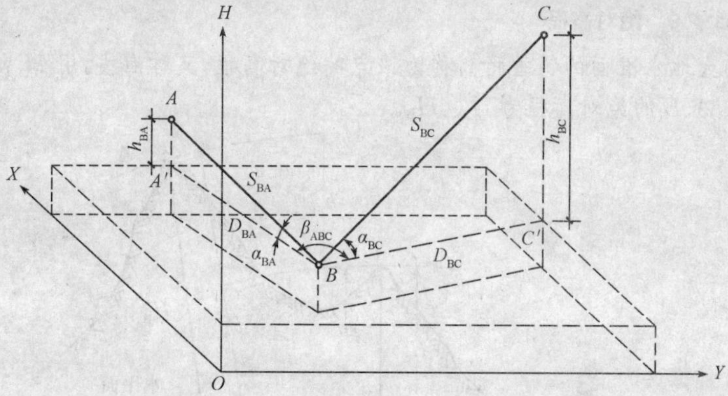

图 1-5 确定地面点位的基本要素

### 关键细节 7 角度

角度分为水平角和垂直角。水平角 $\beta$ 为同一水平面内两条直线之间的交角,如图 1-5 中的$\angle A'BC'(\beta_{ABC})$;垂直角 $\alpha$ 为同一竖直面内的倾斜线与水平线之间的交角,如图 1-5 中的$\angle ABA'(\alpha_{BA})$和$\angle CBC'(\alpha_{BC})$。

### 关键细节 8 高差

高差 $h$ 为两点之间沿铅垂线方向的距离,也称为垂距,如图 1-5 中的 $AA'(h_{BA})$和 $CC'(h_{BC})$。

## 三、地面点表示方法

在数学上,一个点的空间位置通常用它在三维空间直角坐标系中的坐标 $x$、$y$、$z$ 三个量来确定,测量工作中,由于地表起伏不平,地面上的点位是空间点位;而要确定一点的空间位置,也需要三个量。在地面测量工作中,这三个量通常用该点的高程和坐标来表示。如图 1-6 所示,将地面点 $A$、$B$、$C$ 沿着铅垂线方向投影到大地水准面上(范围较小时可用水平面代替大地水准面),得到 $a$、$b$、$c$ 各投影点位,其平面位置用 $x$、$y$ 表示,其竖向位置用 $H$ 表示。

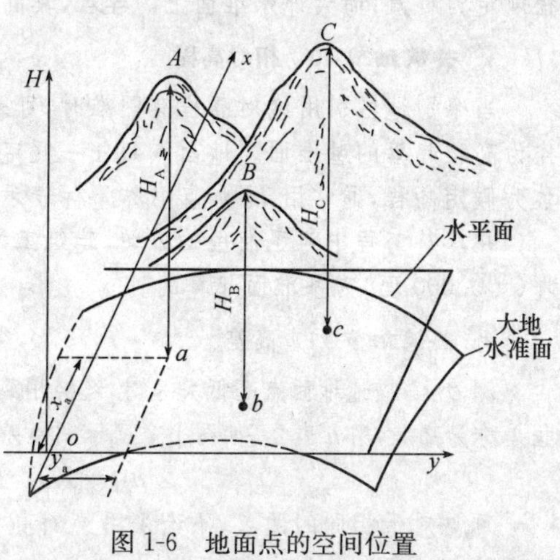


图 1-6 地面点的空间位置

### 1. 地面点的高程

高程(一维)用来表示地面点到基准面的距离,确定地面点的"高低"位置。由于测量基准面选取和应用场合不同,高程一般又分为绝对高程和相对高程。在未特别指明的情况下,一般所讲的高程皆指绝对高程。

#### 关键细节 9　绝对高程

地面点到大地水准面的铅垂距离称为该点的绝对高程,又称海拔,用 $H$ 表示,如图1-7所示。地面点 $A$、$B$ 的绝对高程为 $H_A$、$H_B$。

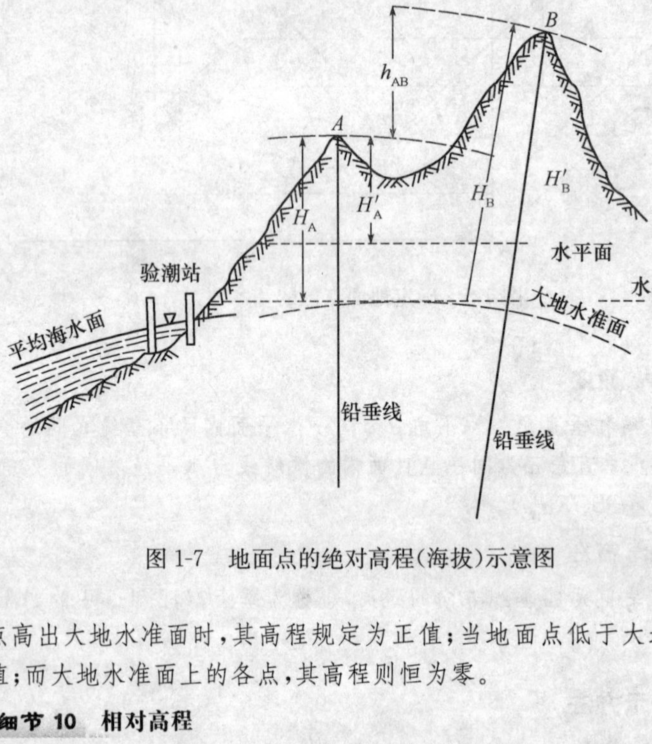


图 1-7　地面点的绝对高程(海拔)示意图

当地面点高出大地水准面时,其高程规定为正值;当地面点低于大地水准面时,其高程规定为负值;而大地水准面上的各点,其高程则恒为零。

#### 关键细节 10　相对高程

当个别地区引用绝对高程有困难时,可采用假定高程系统,即采用任意假定的基准面作为高程起算的基准面。地面点到任一假定水准面的铅垂距离,称为该点的相对高程,亦称为假定高程,通常用 $H'$ 加点名作下标表示,如图 1-7 中的 $H'_A$、$H'_B$。

在建筑工程中为了使用的方便,建筑工程标高也就是相对高程,它是以建造物室内地坪(±0.000 面)为基准面起算的。

#### 关键细节 11　高差

测量上,描述地面点高低关系时,还会用到一个重要的概念——高差。地面上两点间的高程差称为高差,用 $h$ 表示,如图 1-7 所示。高差有方向和正负之分,$A$ 点至 $B$ 点的高差为:

$$h_{AB}=H_B-H_A=H'_B-H'_A$$

可见对于相同的两点,不论采用绝对高程还是相对高程,其高差值不变,均能表达两点间的相对高低关系。

当 $h_{AB}$ 为正时,说明 $B$ 点高于 $A$ 点,当 $h_{BA}$ 为负时,说明 $A$ 点低于 $B$ 点。

$h_{AB}$与$h_{BA}$有如下关系：

$$h_{AB}=-h_{BA}$$

**2. 地面点的坐标**

坐标(二维)用来表示地面点在基准面上投影点的位置，确定地面点的“平面”位置。由于测量基准选取和应用场合的不同，地面点的坐标有地理坐标、独立平面直角坐标、高斯平面直角坐标之分。

**关键细节 12 地理坐标**

在地理坐标系中，地面点在椭圆体面上的投影位置用经度与纬度表示，地面上每个点都有一对地理坐标。例如，位于北京地区某点地理坐标为东经116°28′、北纬39°54′。知道了点的地理坐标，就可以确定该点在椭圆体面上的投影位置。这种表示点位的方法常用在大地测量学中，在建筑工程测量中一般不使用此坐标系。

**关键细节 13 独立平面直角坐标**

独立平面直角坐标即假定平面直角坐标，当测量区域较小且相对独立时(较小的建筑区和厂矿区)，通常把较小区域的椭球面当做水平面看待，即用经过测区中部的水平面代替曲面，如图1-8所示。

地面点在水平面上的投影位置，可以用该平面的直角坐标系中的坐标$x$、$y$来表示。这样选择坐标系对测量工作的计算和绘图都较为简便。

测量上都以某点的子午线为基准方向，由子午线的北端起按顺时针确定直线方向，使平面直角坐标系的纵轴即$x$轴与子午线北方一致，象限排列如图1-9所示。这样选择直角坐标系可使数学中的解析公式不做任何变动地应用到测量计算中。显然坐标纵轴$x$(南北方向)向北为正，向南为负；坐标横轴(东西方向)向东为正，向西为负。平面直角坐标系的原点，可按实际情况选定。通常把原点选在测区西南角，其目的是使整个测区内各点的坐标均为正值。

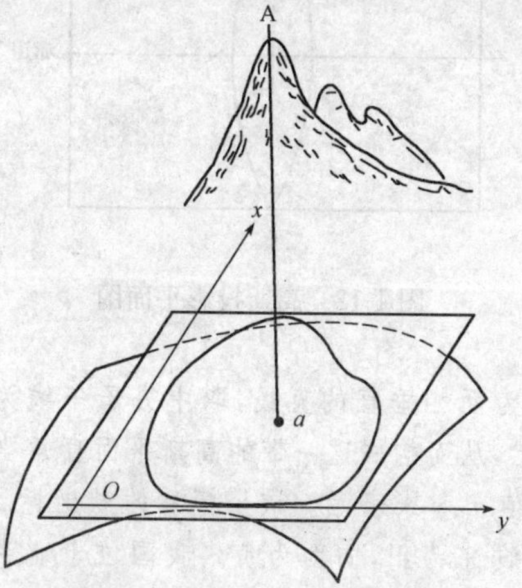


图1-8 用水平面代替曲面

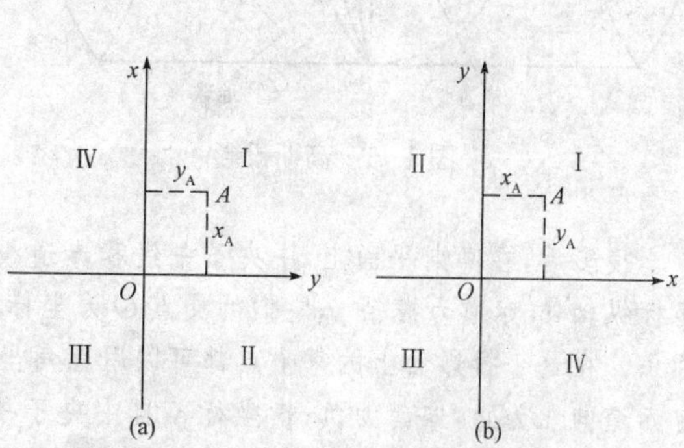


图1-9 两个坐标系的比较

(a)测量坐标系；(b)数学坐标系

## 关键细节 14　高斯平面直角坐标

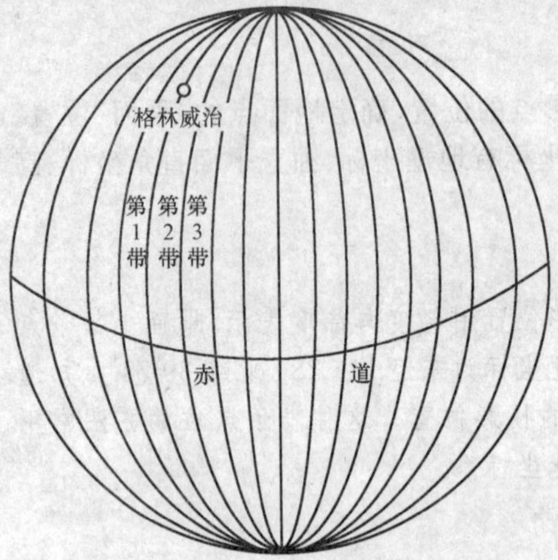


图 1-10　高斯投影分带

在解决较大范围的测量问题时，应将地面上的点投影到椭圆体面上，再按一定的条件投影到平面上，形成统一的平面直角坐标系。通常采用高斯投影的方法来解决这个问题。

如图 1-10 所示，高斯投影是将地球按每经差 6°划为一带（称为六度带），自西向东将整个地球划分成经差相等的 60 个带，带号从首子午线起向东，用阿拉伯数字编定，即用 1，2，3，…，60 表示。位于各带中央的子午线称为该带的中央子午线。第一个六度带的中央子午线的经度为 3°，任意带的中央子午线经度 $L_0$ 为：

$$L_0 = 6N - 3°$$

式中　$N$——投影带的号数。

分带后，每一个六度带仍然是一个曲面。为了能用平面直角坐标表示点的位置，必须将曲面按高斯正形投影条件转换成平面。如图 1-11 所示，把地球作为一个圆球看待，设想把一个与地球同直径的横圆柱切于圆球面上，使圆柱面与圆球体某六度带的中央子午线相切，将整个六度带在保持角度不变的条件下投影到横圆柱面上。然后将横圆柱面沿着通过南北极的母线切开并展成平面，便得到该六度带在平面上的图形，此平面称为高斯投影平面，如图 1-12 所示。

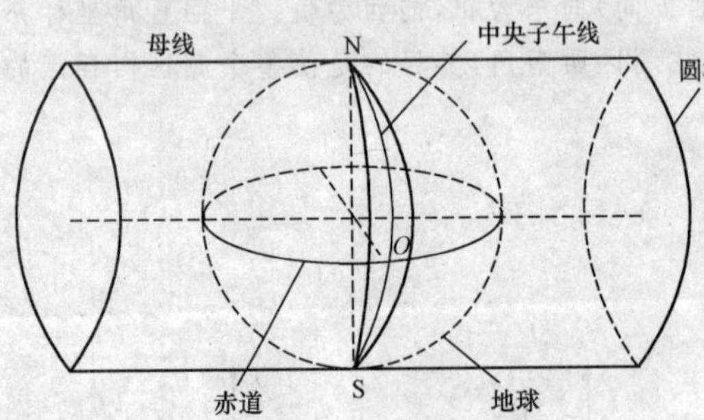


图 1-11　高斯投影

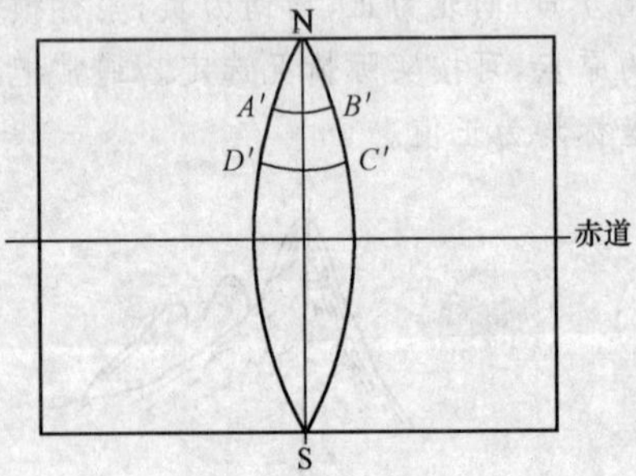


图 1-12　高斯投影平面图

投影后，在高斯平面上，中央子午线和赤道投影为互相垂直的直线，取中央子午线为坐标纵轴 $x$，赤道为横轴 $y$，它们的交点 $O$ 为坐标原点，从而构成这一带的高斯平面直角坐标系。在这个投影面上的每个点都可以用直角坐标值 $x$、$y$ 来表示。该坐标系的纵坐标 $x$ 自赤道向北为正，向南为负；横坐标 $y$ 自中央子午线向东为正，向西为负。我国位于北半球，各带的纵坐标均为正值，而横坐标有正有负。为了使各带的横坐标不出现负值，在测量中规定每带中央子午线的横坐标都加500km，也就是将坐标原点西移500km，如图 1-13 所示。

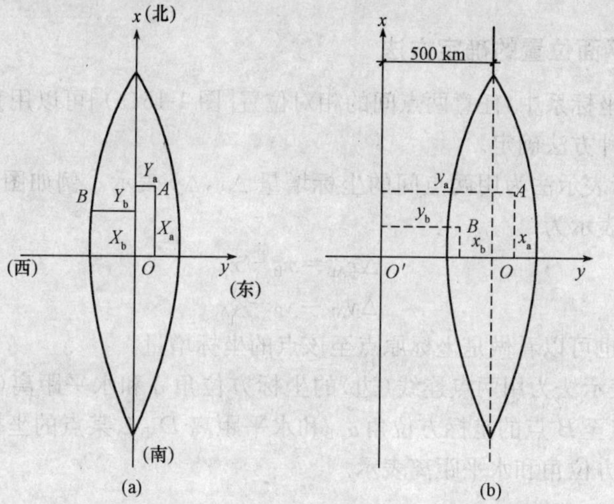


图 1-13　高斯平面直角坐标

由于高斯投影是按带各自投影，故每带都有相应的平面直角坐标系。为了表明点的某组坐标所在的带，规定在横坐标值前加写带号，这种增加 500km 和带号的坐标，称国家统一坐标，因此，带内任一点的坐标值为：

$$x=X$$

$$y=\text{带号}+500+Y$$

式中　$X,Y$——相对赤道和中央子午线的自然坐标值。

在高斯平面直角坐标系中，离中央子午线越近的部分其长度变形越小，随着离中央子午线越远，其长度变形越大，且中央子午线两侧对称位置的变形是相互对称的。在工程和城市测量中，要求长度变形较小时，应采用高斯投影三度带坐标系。三度带是从东经1°30′起，每隔经差 3°划分一带，将整个地球划为 120 个带，它与六度带的关系如图 1-14 所示。三度带中单数带的中央子午线与六度带的中央子午线重合。而双数带的中央子午线则与六度带的边界子午线重合。三度带中央子午线的经度 $L'_0$ 可按下式计算：

$$L'_0=3n$$

式中　$n$——三度带的带号。

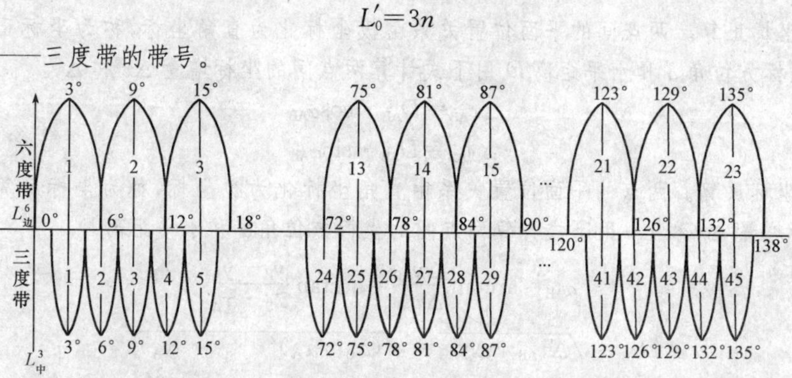


图 1-14　高斯投影的分带（三度带与六度带的关系）

## 四、地面点平面位置的确定方法

在平面直角坐标系中，任意两点间的相对位置[图 1-15(a)]可以用直角坐标表示法和极坐标表示法两种方法确定。

(1)直角坐标表示法为用两点间的坐标增量 $\Delta x$，$\Delta y$ 表示。例如图 1-15 中 $A$，$B$ 两点的坐标增量分别表示为

$$\Delta x_{AB}=x_B-x_A$$
$$\Delta y_{AB}=y_B-y_A$$

某点的坐标也可以看做是坐标原点至该点的坐标增量。

(2)极坐标表示法为用两点连线(边)的坐标方位角 $\alpha$ 和水平距离(边长)$D$ 表示。例如图 1-15 中 $A$ 点至 $B$ 点的坐标方位角 $\alpha_{AB}$ 和水平距离 $D_{AB}$。某点的坐标也可以用坐标原点至该点的坐标方位角和水平距离表示。

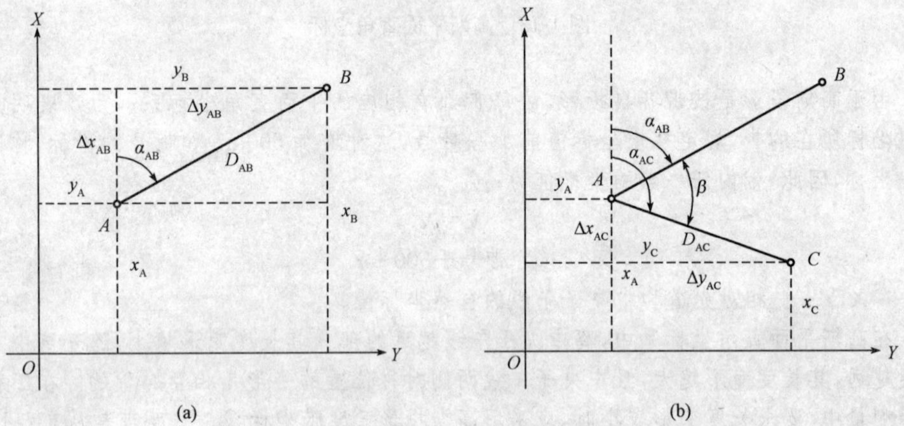


图 1-15 用地面点的相对位置和极坐标法定位

### 关键细节 15 坐标正、反算

(1)坐标正算。两点间的平面位置关系由极坐标化为直角坐标，称为坐标正算，即两点间的坐标方位角 $\alpha$ 和水平距离 $D$ 用下式计算两点间的坐标增量 $\Delta x$ 和 $\Delta y$。

$$\Delta x_{AB}=D_{AB}\cdot\cos\alpha_{AB}$$
$$\Delta y_{AB}=D_{AB}\cdot\sin\alpha_{AB}$$

(2)坐标反算。两点的平面位置关系由直角坐标化为极坐标，称为坐标反算，即两点间的坐标增量 $\Delta x$ 和 $\Delta y$ 用下式计算两点间的坐标方位角 $\alpha$ 和水平距离 $D$。

$$\alpha_{AB}=\arctan\frac{\Delta y_{AB}}{\Delta x_{AB}}=\arctan\frac{y_B-y_A}{x_B-x_A}$$

$$D_{AB}=\sqrt{\Delta x_{AB}^2+\Delta y_{AB}^2}=\sqrt{(x_B-x_A)^2+(y_B-y_A)^2}$$

### 关键细节 16 极坐标法定点位

建筑工程测量中，常用极坐标法测定地面点的平面位置。如图 1-15(b)所示，设 $A$，$B$

为坐标已知点，$C$为待定点。测量$A,C$点之间的水平距离$D_{AC}$和$AB,AC$方向间的水平角$\beta$。

(1)按上述坐标反算公式计算$AB$边的坐标方位角$\alpha_{AB}$；

(2)按$\alpha_{AB}$和水平角$\beta$计算$AC$边的坐标方位角$\alpha_{AC}$；

(3)按坐标正算公式计算$A,C$的坐标增量$\Delta x_{AC},\Delta y_{AC}$；

(4)按已知点$A$的坐标和$A,C$的坐标增量计算$C$点的坐标：

$$\alpha_{AC}=\alpha_{AB}+\beta$$

$$x_C=x_A+\Delta x_{AC}=x_A+D_{AC}\cdot\cos\alpha_{AC}$$

$$y_C=y_A+\Delta y_{AC}=y_A+D_{AC}\cdot\sin\alpha_{AC}$$

## 第三节　用水平面代替水准面的限度

测量工作是在不同高程的水准面上进行的。水准面是一个曲面，曲面上的几何图形(包括基本观测量)投影到水平面上会产生变形，称为水准面曲率的影响。

实际测量工作中，在一定的测量精度要求和测区面积不大的情况下，往往以水平面直接代替水准面，把地面点直接投影到水平面上，以确定其位置。根据水平面代替水准面后对距离、角度及高程的影响，可以分析出在多大面积范围内能容许用水平面代替水准面。在分析过程中，将大地水准面近似看成圆球面，半径$R=6371$km。

### 关键细节 17　水准面曲率对水平距离的影响

在图1-16中，$AB$为水准面上一段圆弧，长度为$S$，所对圆心角为$\theta$，地球半径为$R$。自$A$点作切线$AC$，长为$t$。如果将切于$A$点的水平面代替水准面，即以切线$AC$代替圆弧$AB$，则在距离上将产生误差，用$\Delta S$表示：

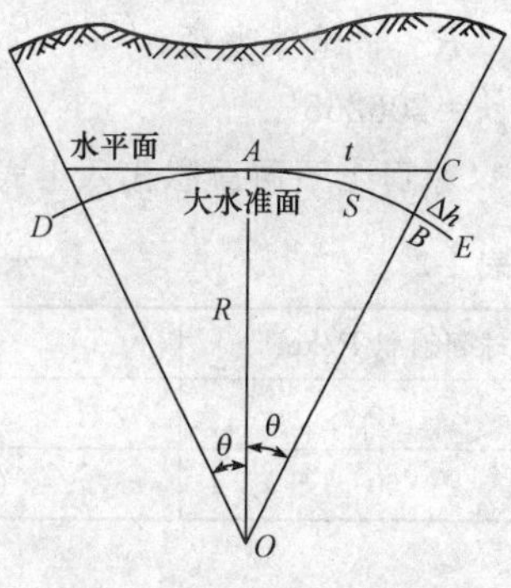

图1-16　用水平面代替水准面

$$\Delta S=AC-\overset{\frown}{AB}=t-S$$

式中　$AC=t=R\tan\theta$

$$\overset{\frown}{AB}=S=R\theta$$

则：$\Delta S=R\left(\frac{1}{3}\theta^3+\frac{2}{15}\theta^5+\cdots\right)$

因$\theta$角值一般很小，故略去五次以上各项，并以$\theta=\frac{S}{R}$代入，则得：

$$\Delta S=\frac{S^3}{3R^2}$$

或

$$\frac{\Delta S}{S}=\frac{S^2}{3R^2}$$

将地球半径$R=6371$km和不同的$S$值代入上式，得出水平面代替水准面所产生的距离误差和相对误差，见表1-1。

表 1-1　　用水平面代替水准面对距离的影响

| 距离 $S$/km | 距离误差 $\Delta S$/cm | 相对误差 $\Delta S/S$ |
|---|---|---|
| 1 | 0.00 | — |
| 5 | 0.10 | 1/5000000 |
| 10 | 0.82 | 1/1219512 |
| 15 | 2.77 | 1/541516 |
| 20 | 6.60 | 1/303030 |
| 50 | 102.7 | 1/48685 |
| 100 | 821.2 | 1/12177 |

由表 1-1 可以看出，当距离为 10km 时，用水平面代替水准面所产生的相对误差为 1/1219512，而目前最精密的距离测量，其相对误差约为 1/1000000，因此可以得出结论：在半径为 10km 的圆内，用水平面代替水准面对距离的影响可忽略不计。

### 关键细节 18　水准面曲率对水平角的影响

根据球面三角学知识，同一个空间多边形在地球面上投影的各内角之和，较其在平面上投影的各内角之和（球面角）与图形面积成正比，用 ε 表示。其公式为：

$$\varepsilon=\rho''\frac{P}{R^2}$$

式中　$P$——球面多边形面积；

$R$——地球半径；

$\rho''=206265''$。

以球面上不同面积代入上式，求出的球面角 ε，见表 1-2。

表 1-2　　水平面代替水准面对角度的影响

| 球面面积 $P/\mathrm{km}^2$ | $\varepsilon('')$ | 球面面积 $P/\mathrm{km}^2$ | $\varepsilon('')$ |
|---|---|---|---|
| 10 | 0.05 | 100 | 0.51 |
| 50 | 0.25 | 500 | 2.54 |

由表 1-2 可以看出，当测区范围在 $100\mathrm{km}^2$ 时，地球曲率对水平角的影响仅为 $0.51''$，在普通测量工作时可以忽略不计。

### 关键细节 19　水准面曲率对高差的影响

如图 1-16 所示，$BC$ 为水平面 $AC$ 代替大地水准面 $AB$ 后产生的高程误差，用 $\Delta h$ 表示：

$$\Delta h=\frac{t^2}{2R+\Delta h}$$

式中　将 $t$ 用 $S$ 代替，$\Delta h$ 与 $2R$ 相比可略去不计，故上式可写成：

$$\Delta h=\frac{S^2}{2R}$$

将地球半径 $R=6371$km 和不同的 $S$ 值代入上式，得出水平面代替水准面后所产生的高差，见表 1-3。

**表 1-3　　水平面代替水准面的高程误差**

| 距离 $S$/km | 高程误差 $\Delta h$/m | 距离 $S$/km | 高程误差 $\Delta h$/m |
|---|---|---|---|
| 0.01 | 0.0 | 1 | 0.078 |
| 0.05 | 0.0002 | 2 | 0.314 |
| 0.1 | 0.0008 | 3 | 0.706 |
| 0.2 | 0.0031 | 4 | 1.256 |
| 0.5 | 0.0196 | 5 | 1.962 |

由表 1-3 可以看出：即使在较短的距离内，用水平面代替水准面对高程的影响也是很大的，它所带来的高程影响在建筑工程测量中是不允许的。因此，在高程测量中，应考虑地球曲率对高程的影响。

# 第二章　建筑工程测量常用工具和仪表

## 第一节　钢　　尺

### 一、钢尺分划

钢尺又称为钢卷尺，是由钢制成的带状尺，其宽度为 10～15mm，厚度约 0.4mm，长度有 20m、30m、50m 等几种。钢尺可以卷放在圆形的尺寸壳内，也可以卷放在金属尺架上，如图 2-1 所示。

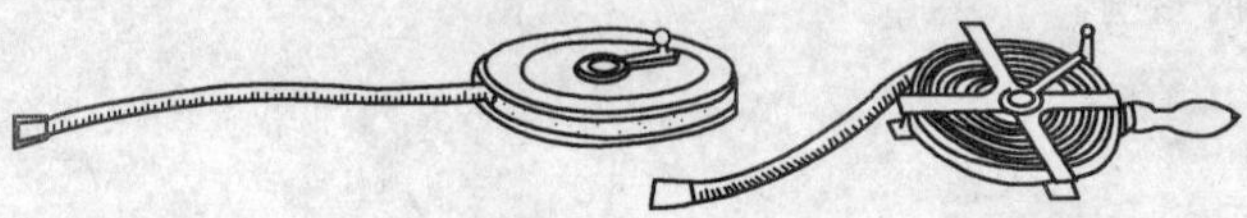

图 2-1　钢尺

钢尺的基本分划为厘米，每厘米及每注处刻有数字注记，全长或尺端刻有毫米分划，如图 2-2 所示。

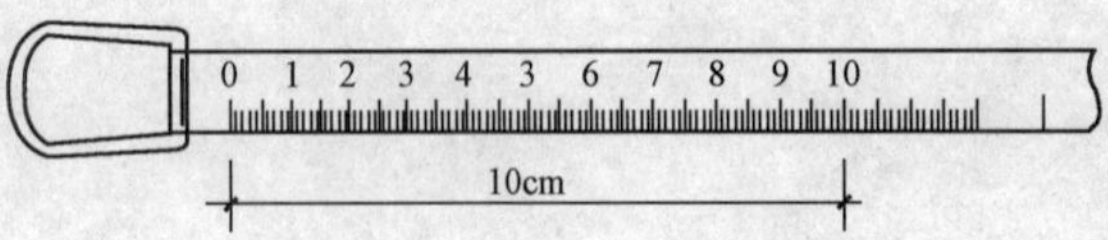


图 2-2　钢尺分划

根据尺的零点剖划位置可将钢尺划分为端点尺和刻线尺，端点尺是指将尺环外缘作为尺子零点的钢尺；刻线尺指零点位于尺身上的钢尺。

### 二、钢尺检定及使用

使用钢尺量距时，由于客观因素（温度、拉力、钢尺所处状态）的影响，其尺长会发生一定的变化，因此，使用前需对钢尺进行检定，钢尺检定时可采用与标准尺比较和与标准基线长度进行实量比较两种方法。

**1. 钢尺检定要求**

（1）钢尺应以整尺长度进行检定。用弹簧秤对钢尺施加标准拉力，一般规定为：30m 钢尺用 100N 拉力，50m 钢尺用 150N 拉力。

（2）同一钢尺可分别悬空和沿地面丈量标准基线，求出两种尺长改正数。如在精密量距时，采用设置托桩的方法，则检定钢尺时，亦应按一定距离（如每隔 6cm）设置托桩。

（3）检定钢尺时的操作方法与精密量距相同。但每尺段应调整五次，每次读取五个数，相差不超过±0.3mm；每测回往返测长度经过温度改正以后，相差不应超过±0.5mm；各测回的长度经过改正之后，相差不得超过±1mm。钢尺的检定必须在不同时内进行，如初测在上午施测三个测回，复测必须在下午测三个测回，最后取平均值作为结果，并与标准基线长度进行比较，求出尺长改正数。

(4)钢尺检定的中误差 $m$ 按下式计算：

$$m=\sqrt{\frac{[vv]}{n(n-1)}} \tag{2-1}$$

式中 $[vv]$——各测回平均值减测回值；

$n$——测回数。

**2. 尺方程式及其简化**

经检定的钢尺，应根据下式计算尺长：

$$l_t=l+\Delta l+a\cdot l(t-t_0) \tag{2-2}$$

式中 $l_t$——温度为 $t$ 时的尺长(m)；

$l$——尺面值(m)；

$\Delta l$——钢尺在标准温度时经检定所得整尺长的改正数(mm)，如检定时的温度不为 $t_0$，应进行温度改正，换算为 $t_0$ 时的尺长改正数；

$a$——钢尺膨胀系数(mm/m·℃)，一般取 $a=0.012$mm/m·℃；

$t_0$——标准温度(℃)，一般以 20℃作为标准温度；

$t$——丈量时钢尺的温度(℃)。

应用公式(2-2)计算尺长时，须进行尺长差及温度两项改正，为了简化计算工作，可将两项改正合并在一起。简化后的公式如下：

$$l_t=t+a\cdot l(t-t_0) \tag{2-3}$$

$t_0$ 可由式(2-2)和式(2-3)联立解得：

$$t_0=t-\frac{\Delta l}{a\cdot l} \tag{2-4}$$

**关键细节 1 钢尺与标准尺比较**

把已经检定过的钢尺作为标准，其他钢尺可与其比较，求出它们的尺长差。比较要在平坦的地面或地坪上进行，以相同的拉力使两根尺子零刻线对齐；在另一端用刻有毫米分划的小尺子量出被检定的钢尺与标准尺的尺长差。

**关键细节 2 钢尺与标准基线长度进行实量比较**

标准基线长度即指标准温度下基线的水平长度。选定一根质量较好的钢尺，至国家测量机关的比尺场地与标准基线进行实量比较。

为了便于钢尺检定，可自行建立标准基线。基线场地应选在地形平坦、土质坚固且比较静僻的地点。最简单的基线长度可为 30m 或 50m(为了便于检定，长度要稍短于 30m 或 50m)。基线两端点应埋设稳固的标桩，桩顶要同高，标点刻线须精细。标准基线的长度测量须待埋设的标桩达到稳定后进行，用两根以上经过检定的钢尺来测定。由于在实际工作中一般有沿地面量距和悬空两种情况，因而应埋设上下两组标桩，测出上下两线标桩间基线的长度。如基线测量时的温度不等于标准温度，必须换算为标准温度下的长度。

标准基线必须定期进行检测。

**关键细节 3 钢尺使用注意事项**

为了保证钢尺量距的准确性，使用钢尺应注意以下事项：

(1)使用钢尺时须按照检定时的条件和方法量距，即标准温度、拉力及钢尺所处状态(悬空、沿地面或尺间设置托桩)均应与检定时间相同。

(2)钢尺在使用了一定时间后，因尺长有变化，须重新检定。

(3)钢尺质脆，不可使其扭折。丈量过程中携尺前进时，应使钢尺悬空，不可在地上拖拉，用毕应擦去灰尘，如暂不使用，应上一层机油，以防生锈。

## 第二节 电磁波测距仪

电磁波测距是用电磁波(光波或微波)作为载波传输测距信号，以测量两点间距离的一种方法。电磁波测距仪包括光电测距仪、红外侧距仪、手持激光测距仪。

### 一、REDmini 光电测距仪

各种型号的光电测距仪由于其结构不同，操作方法也有差异，使用时应严格按照说明书(操作手册)进行操作。

光电测距仪是通过测量已知光波在待测距离上往、返一次所经过的时间 $t$，间接地确定两点间距离 $S$ 的。如图 2-3 所示，在 $A$ 点安置光电测距仪，在 $B$ 点安置反射棱镜，仪器发出的光束由 $A$ 到达 $B$ 后，经反射棱镜反射后又返回到 $A$ 被仪器接收。由于光速 $c$ 为已知，如果再测得光束在待测距离 $S$ 上往、返传播的时间 $t$，则仪器中心点至反射棱镜中心点的斜距 $S$ 就可由下式求得

$$S=\frac{1}{2}ct \tag{2-5}$$

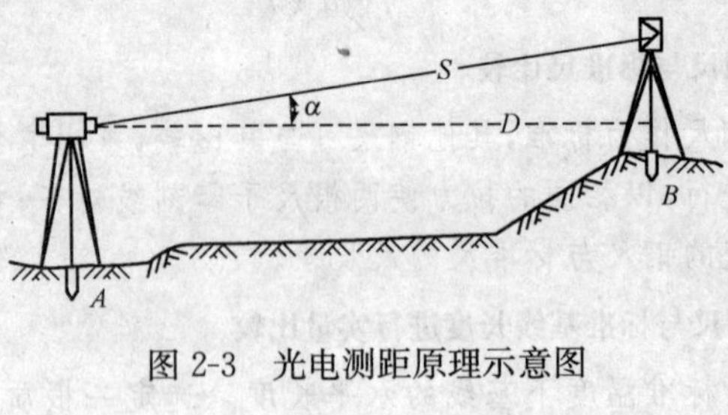


图 2-3 光电测距原理示意图

如图 2-4 所示，REDmini 光电测距仪支架上有竖直制动螺旋和竖直微动螺旋，可控制测距仪在竖直面内俯仰转动；测距仪的目镜内有十字线划板，据此可瞄准反射棱镜；测距仪的支架座下有插孔及固定螺丝，若在经纬仪 U 形支架上端安装插栓后，通过它们可将测距仪安装在经纬仪上。

光电测距仪的标称精度一般表示为：

$$m_S=\pm(a+b\times10^{-6}S) \tag{2-6}$$

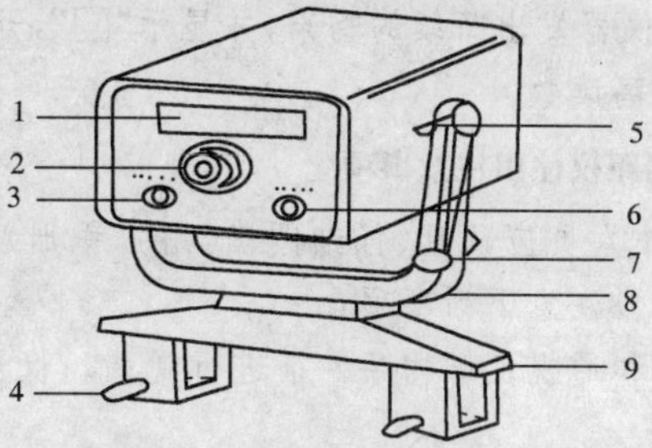


图 2-4　REDmini 光电测距仪示意图

1—显示窗；2—目镜；3—电源开关(POWER)；
4—支架座下插孔固定螺钉；5—竖直制动螺旋；
6—测量键(MEAS)；7—竖直微动螺旋；8—支架；9—支架座

式中　$m_S$——光电测距仪标称精度；

$a$——固定误差(对测距的影响与待测距离的长短无关)(mm)；

$b$——比例误差的比例系数(对测距的影响与待测距离成正比)；

$S$——待测距离(km)。

例如，某光电测距仪的标称精度为$\pm(2+2\times10^{-6}S)$，现用它观测一段 1000m 的距离，则其测距中的误差为

$$m_S=\pm(2\text{mm}+2\times10^{-6}\times1.0\text{km})=\pm4\text{mm}$$

目前，按 1km 测距中误差的大小，光电测距仪分为两级：小于 5mm 的为Ⅰ级，5～10mm 的为Ⅱ级。

### 关键细节 4　光电测距仪的使用

(1)仪器安置。如图 2-3 所示，在测站点 $A$ 上安置经纬仪，其安置高度应比单纯测角时低约 25cm，从仪器箱中取出测距仪，将其安装在经纬仪支架上并拧紧固定螺钉；在测点 $B$ 上安置反射棱镜，像安置经纬仪一样将基座安置在测点 $B$ 上，然后，调整觇牌面和棱镜面对准测距仪所在方向；按一下 POWER 键(开，再按一下为关)，仪器开始自检，显示窗内显示“888888”；约 5s 后，当显示“3000”时，表示仪器一切正常。

(2)距离测量。

1)如图 2-5 所示，调整经纬仪瞄准觇牌中心，读取竖盘读数，计算竖直角。

2)如图 2-6 所示，调整测距仪瞄准反射棱镜中心。左、右方向可调整测距仪支架位置，上、下方向可调整测距仪竖直制动、微动螺旋。

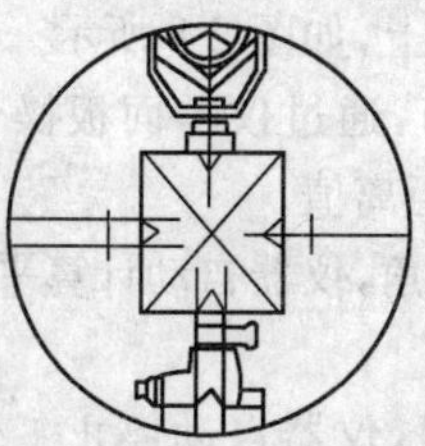

图 2-5　觇牌瞄准示意图

图 2-6　棱镜瞄准示意图

3)按测量键“MEAS”,仪器发出断续的鸣声,并显示“□”,开始测距;鸣声结束后,显示窗显示测得的斜距,记下距离读数。

### 关键细节5 光电测距仪使用注意事项

光电测距仪使用前操作人员应认真、仔细阅读《用户手册》;使用时,应严格按照说明书进行操作,使用过程中还应注意下列事项:

(1)应在大气比较稳定和通视良好的条件下进行观测。仪器不能曝晒和雨淋,在强烈阳光下要撑伞遮阳。

(2)切不可将测距仪的镜头对准太阳,以免损坏光电器件。

(3)视场内只能有一个反射棱镜,应避免测线两侧及镜站后方有其他光源和反射物体,并应尽量避免逆、顺光观测。

(4)在按动测量键进行测距过程中,不准利用对讲机或手机等进行通话。

(5)要尽量使用与测距仪配套的反射棱镜,以便进行仪器常数的正确修改。

(6)为了将测距仪测得的斜距 $S$,正确地转化为水平距离 $D$,测距仪横轴(其上下旋转轴)到经纬仪横轴的间距与觇牌中心到反射棱镜中心的间距应设置为同一数值,从而使经纬仪瞄准觇牌中心的视线与测距仪瞄准反射棱镜中心的视线平行,如图2-7所示。一般与测距仪配套的反射棱镜和觇牌,上述间距出厂时已调整好;但使用时,仍应经常检查。

(7)使用完毕后,需注意关机,同时应经常保持仪器清洁、干燥,在运输过程中要注意防震。

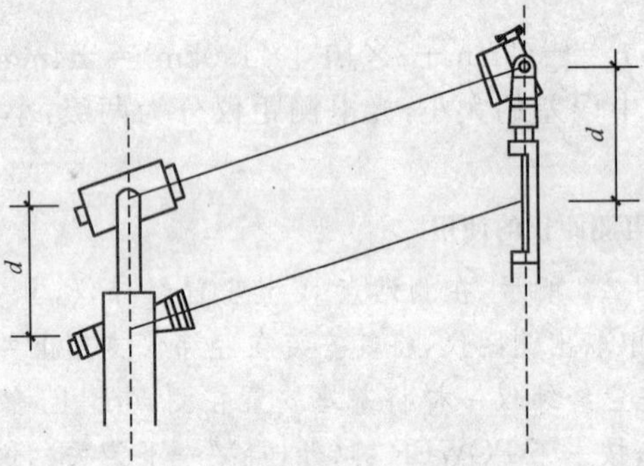


图2-7 轴线间距示意图

## 二、DI1000红外测距仪

DI1000红外测距仪是瑞士生产的短程红外相位式测距仪。由于它本身没有照准用的望远镜,所以需要将它安装在光学经纬仪或电子经纬仪上,如图2-8所示。其特点如下:

(1)自动进行气象改正:在测站上测定气温、气压值,通过仪器面板操作键,可直接输入到仪器内。仪器测量的距离即为经过气象改正后的距离值。

(2)平距和高差的自动计算:斜距测完后,输入竖直角,仪器自动计算平距和高差。

(3)跟踪测量。

(4)自动调整测距信号的强弱;测量时,光信号受阻,仪器自动停止工作,待挡光物排除后,仪器自动继续测量。

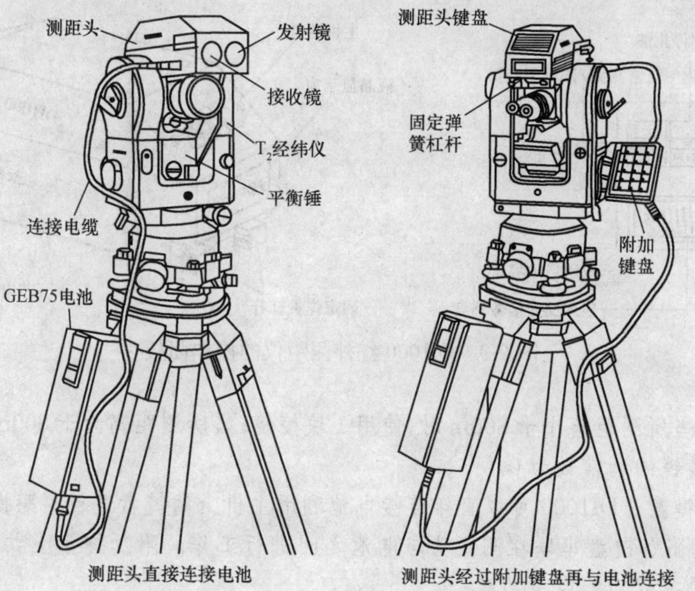


图 2-8 将 DI1000 红外测距仪安装在 $T_2$ 光学经纬仪上

DI1000 红外测距仪技术指标见表 2-1。

表 2-1 **DI1000 红外测距仪技术指标**

| 序号 | 项目 | 技术指标 |
|---|---|---|
| 1 | 红外光源波长 | 0.865μm |
| 2 | 测尺长及对应的调制频率 | 精测尺：$\lambda s/2=20$m，$f=7.492700$MHz<br>粗测尺：$\lambda s/2=2000$m，$f=74.92700$kHz |
| 3 | 测程 | 800m(1 块反射棱镜)<br>1600m(3 块反射棱镜) |
| 4 | 标称精度 | 正常测距±(5mm+5×$10^{-6}$D)<br>跟踪测距±(10mm+5×$10^{-6}$D) |
| 5 | 测量时间 | 正常测距 4.5～10s<br>跟踪测距、初始测距 3s，以后每次测距 0.3s |
| 6 | 显示 | 带有灯光照明的 7 位数字液晶显示，最小显示距离 1mm |

### 关键细节 6 DI1000 红外测距仪的使用

(1)主机。主机有发射镜、接收镜、显示窗、键盘。键盘上的按键都有双功能或多功能，如图 2-9 所示。

(2)反射棱镜。Leica 厂 DI 系列测距仪有 1 块、3 块和 11 块共三种反射棱镜架，分别用于不同距离的测量。棱镜架中的圆形棱镜是活动的，可以从架上取下来。测距时，用经纬仪望远镜照准各种反射棱镜的位置，如图 2-10 所示。DI1000 测距仪只用到 1 块和 3 块

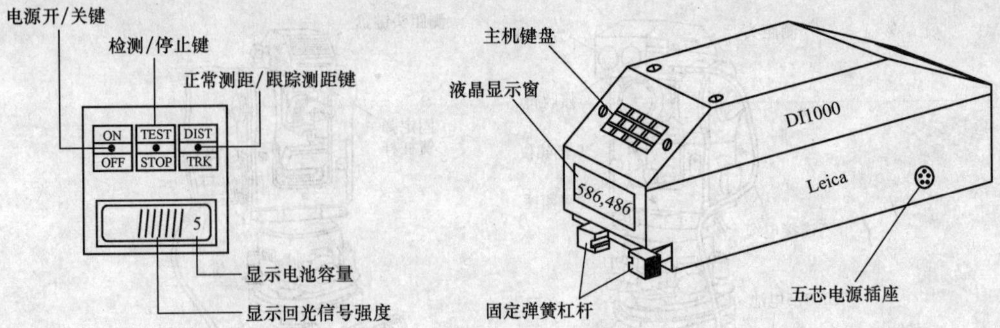


图 2-9 DI1000 红外测距仪的操作面板

两种棱镜架，当所测距离小于 800m 时，使用 1 块棱镜；当所测距离大于 800m 时，使用 3 块棱镜。圆形棱镜的加常数为 0。

(3)附加键盘。DI1000 可以直接连接电池利用主机上的键盘进行测距操作，也可以将图2-11所示的附加键盘串联在测距头与电池之间进行工作。附加键盘上共有 15 个按键，每个按键都具有双功能或多功能。

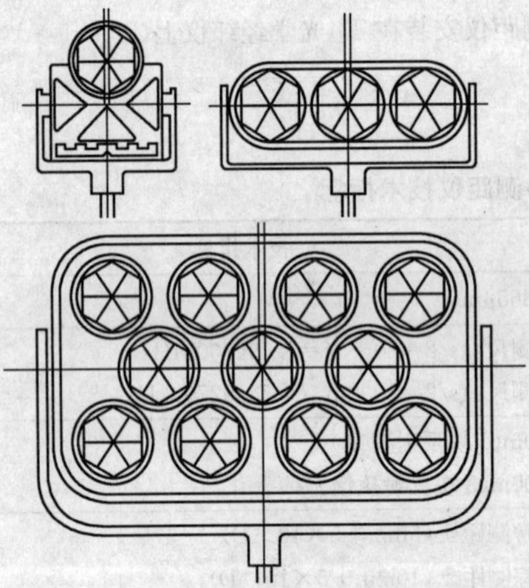

图 2-10 反射棱镜组

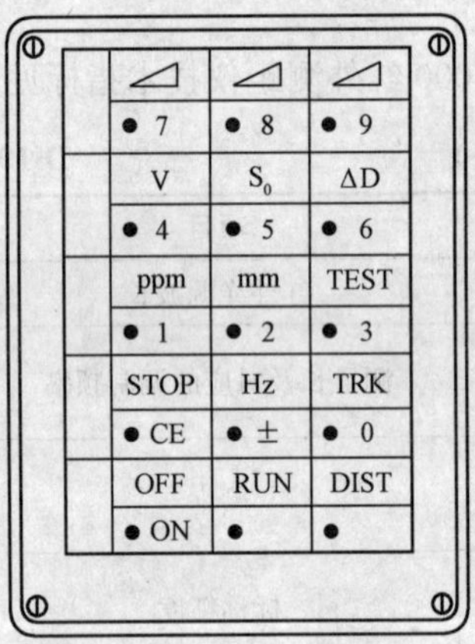


图 2-11 附加键盘

## 关键细节 7 测距成果计算

测距仪实地测定的距离，需进行以下 3 项改正，才能得到两点间的水平距离。

(1)气象改正：应按厂家提供的气象改正值计算公式或专用图表来进行。

(2)仪器加、乘常数的改正：应根据仪器检测结果进行。

(3)倾斜改正：

$$D = D'\sin Z = D'\cos\alpha \tag{2-7}$$

式中 $D'$——实测斜距；

$Z$——测线的天顶距；

$\alpha$——测线的竖直角。

### 三、手持激光测距仪

手持激光测距仪是近几年激光测距仪中派生出来的新产品，如图 2-12 所示。它采用可见的激光测距，目标点无需置镜，在黑暗的环境条件下，仍然可以清晰可见地进行观测。

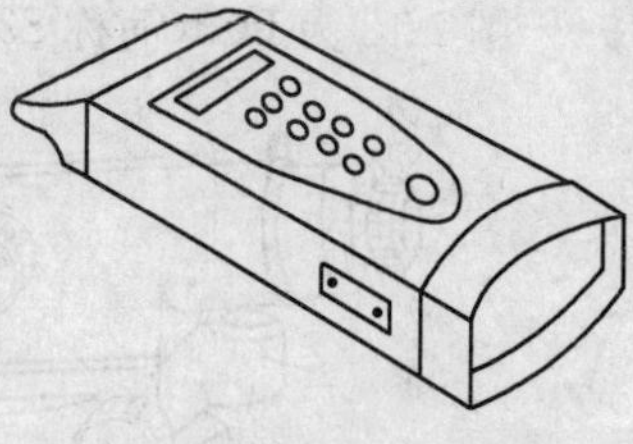

图 2-12　手持测距仪示意图

由于其具有体积小、重量轻、测量速度快、精度高、操作方便、所瞄即所测等优点，已在各类测量（如建筑施工、室内装潢、构件安装，特别是房屋建筑面积测量）中被广泛应用。

不同厂家生产的手持激光测距仪的外观及功能会有所不同；但只要认真阅读使用说明书，严格按使用说明书进行操作就会充分发挥手持激光测距仪的作用。但应注意，由于采用激光进行距离测量，而脉冲激光束是能量非常集中的单色光源，所以在使用时不要用眼对准发射口直视，以免受到伤害；野外测量时，也不可将发射口直接对准太阳，以免烧坏光敏元件。

## 第三节　水　准　仪

水准仪有水准气泡式和自动安平式两种。前者完全根据水准管气泡安平仪器视线；后者先用水准气泡粗平，然后用水平补偿器自动安平视线。这类仪器均由人工通过望远镜对水准尺上分划进行读数和数据记录。现代的电子水准仪是利用条纹码水准尺和用仪器的光电扫描进行自动读数的水准仪，其置平方式也属于自动安平式。

水准仪按其高程测量精度分为 DS05，DS1，DS2，DS3，DS10 五种等级。“D”和“S”是“大地”和“水准仪”汉语拼音的第一个字母，后续的数字为每千米水准测量的高差中误差（单位 mm，05 代表 0.5mm，1 代表 1mm，等等），DS05 和 DS1 级水准仪属于精密水准仪，DS2、DS3 和 DS10 属于普通水准仪。如果“DS”改为“DSZ”，则表示该仪器为自动安平水准仪。表 2-2 列出了各等级水准仪的主要技术参数和用途。

表 2-2　水准仪系列技术参数及用途

| 参数名称 | 水准仪等级 | | | |
|---|---|---|---|---|
| | DS05 | DS1 | DS3 | DS10 |
| 每千米水准测量高差中误差/mm | ±0.5 | ±1 | ±3 | ±10 |
| 望远镜放大倍率不小于/倍 | 42 | 38 | 28 | 20 |
| 水准管分划值/(″/2mm) | 10 | 10 | 20 | 20 |
| 自动安平精度/(″/2mm) | ±0.1 | ±0.2 | ±0.5 | ±2.0 |
| 圆水准器分划值/(′/2mm) | 8 | 8 | 8 | 10 |
| 测微器格值/mm | 0.05 | 0.05 | | |
| 主要用途 | 国家一等水准测量 | 国家二等水准测量及精密水准测量 | 国家三四等水准测量及工程测量 | 工程及图根水准测量 |

## 一、DS3型水准仪

图2-13为DS3(简称S3)型水准仪，主要由望远镜、水准器和基座三部分组成。

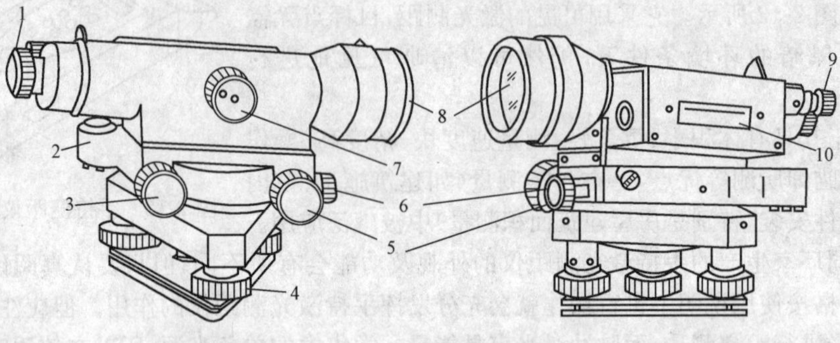


图2-13 DS3型水准仪

1—目镜对光螺旋；2—圆水准器；3—微倾螺旋；4—脚螺旋；5—微动螺旋；6—制动螺旋；7—对光螺旋；8—物镜；9—水准管气泡观察窗；10—管水准器

### 1. 望远镜

望远镜是用来瞄准不同距离的水准尺并进行读数的。如图2-14所示，它由物镜、对光透镜、对光螺旋、十字丝分划板以及目镜等组成。

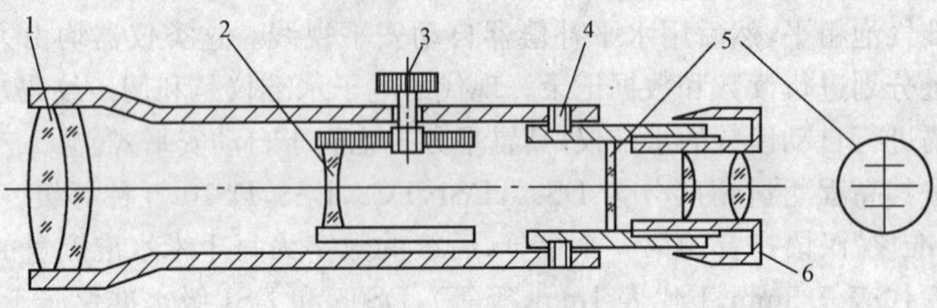


图2-14 望远镜

1—物镜；2—对光透镜；3—对光螺旋；4—固定螺钉；5—十字丝分划板；6—目镜

### 2. 水准器

DS3型水准仪水准器根据其置平仪器分为管水准器(水准管)和圆水准器(水准盒)两种，如图2-15和图2-16所示，前者精度较高，用于精确置平仪器，称为精平；后者精度较低，用于粗略置平仪器，称为粗平。

### 3. 基座

基座呈三角形，由轴座、三个脚螺旋和连接板组成。仪器上部通过竖轴插入轴座内，由基座承托。转动脚螺旋调节圆水准器使气泡居中。整个仪器通过连接螺旋与三脚架相连接。

为了控制望远镜在水平方向转动，仪器还装有制动螺旋和微动螺旋。当旋紧制动螺旋时，仪器就固定不动，此时转动微动螺旋，可使望远镜在水平方向微小转动，用以精确瞄准目标。

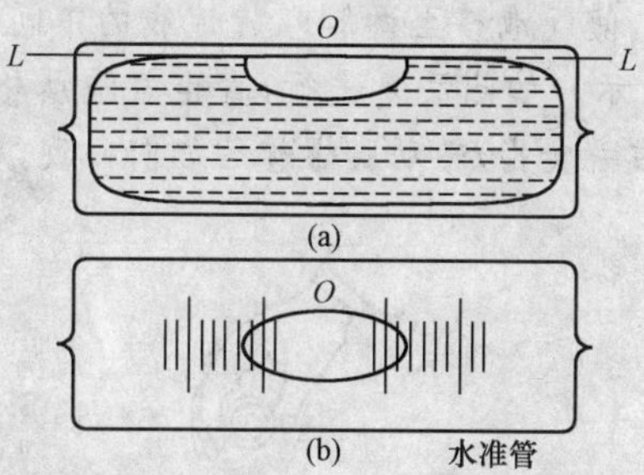


图 2-15　水准管

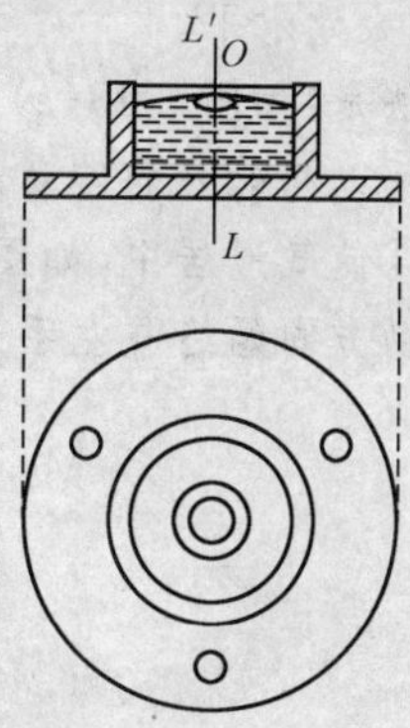


图 2-16　水准盒

## 关键细节 8　DS3 型水准仪架设

在安置测量仪器之前，在架设仪器处正确放置仪器的三脚架（图 2-17）。松开架腿上的制动螺旋，伸缩架腿，使三脚架头的安置高度约在观测者的胸颈部，旋紧制动螺旋。三脚等距分开，使架头大致水平。三个脚尖在地面的位置大致成等边三角形。在泥土地面上，应将三脚架的三个脚尖踩入土中，使脚架稳定；在硬性地面上，也应将三个脚尖与地面踩实。

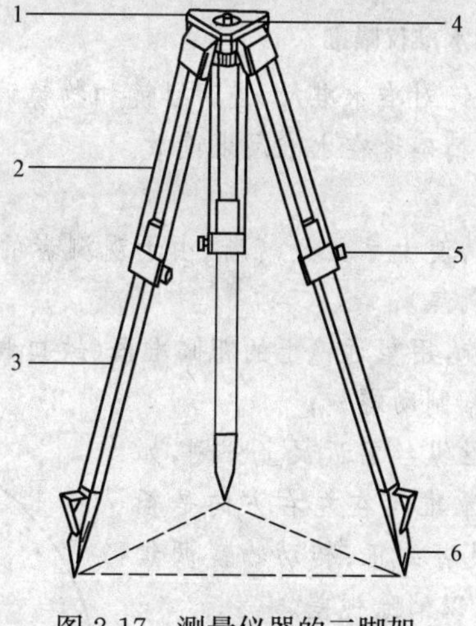


图 2-17　测量仪器的三脚架

1—架头；2—架腿；3—伸缩腿；

4—连接螺旋；5—伸缩制动螺旋；6—脚尖

三脚架安设完毕后，从仪器箱中取出测量仪器，放到三脚架头上，一手握住仪器，一手将三脚架上的连接螺旋转入仪器基座的中心螺孔内，使仪器与三脚架连接牢固。

## 关键细节 9　DS3 型水准仪粗平

粗平即粗略地置平水准仪，调节仪器脚螺旋使圆水准气泡居中，以使水准仪的竖轴近似垂直，视线大致水平。

具体做法是：如图 2-18(a)所示，设气泡偏离中心于 $a$ 处时，可以先选择一对脚螺旋①、②，用双手以相对方向转动两个脚螺旋，使气泡移至两脚螺旋连线的中间 $b$ 处；然后再转动脚螺旋③使气泡居中，如图 2-18(b)所示。如此反复进行，直至气泡严格居中。在整平中气泡移动方向始终与左手大拇指(或右手食指)转动脚螺旋的方向一致。

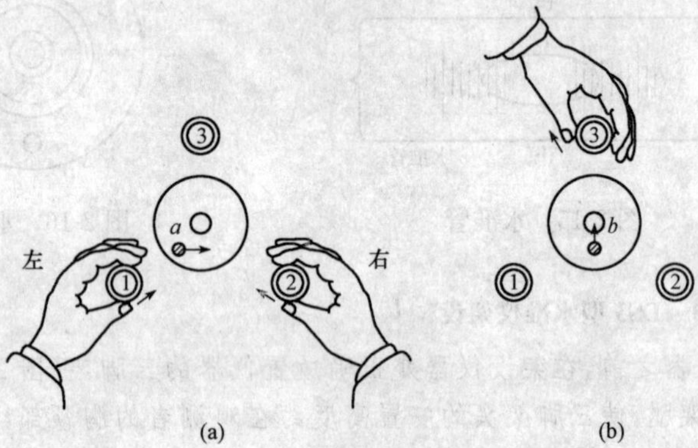


图 2-18　圆水准器整平方法

### 关键细节 10　DS3 型水准仪瞄准

瞄准是将水准仪的望远镜对准水准尺，进行目镜和物镜调焦，使十字丝和水准尺像十分清晰，消除视差，这样才能精确地在水准尺上读数。

具体做法是：

(1)转动目镜，进行调焦，使十字丝最清晰(由于观测者的视力是不变的，以后瞄准其他目标时，目镜不需要重新调焦)；

(2)放松水准仪制动螺旋，用望远镜上的粗瞄准器(缺口和准星或其他形式)从望远镜外找到水准尺并对准它，旋紧制动螺旋；

(3)用微动螺旋使十字丝纵丝靠近尺上分划，如图 2-19 所示；此时，可检查水准尺在左右方向是否有倾斜，如有，则要通知立尺者纠正；转动物镜调焦螺旋，使水准尺的像最清晰，以消除视差。

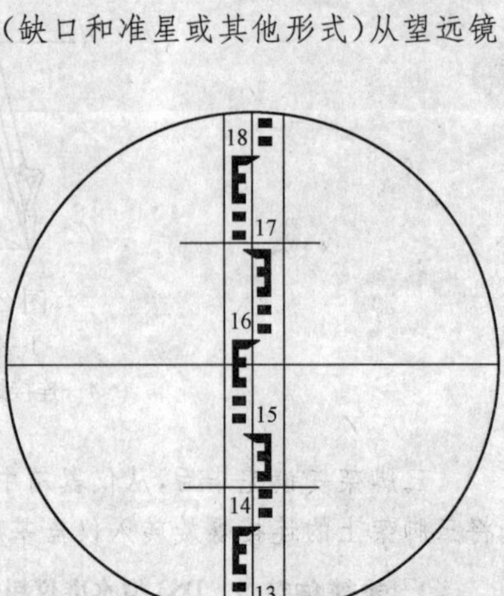


图 2-19　瞄准水准尺

### 关键细节 11　DS3 型水准仪精平

精平是转动水准仪的微倾螺旋，使水准管气泡严格居中，从而使望远镜的视准轴处于精确的水平位置。

有符合棱镜的水准管的水准仪的精平，可以在水准管气泡观察镜中看到气泡两端的半边影像，如图 2-20 所示，其中图 2-20(a)为气泡居中(符合)；图

2-20(b)、(c)为气泡不居中，此时，可按图中虚线箭头方向转动微倾螺旋，使气泡两端的像符合。

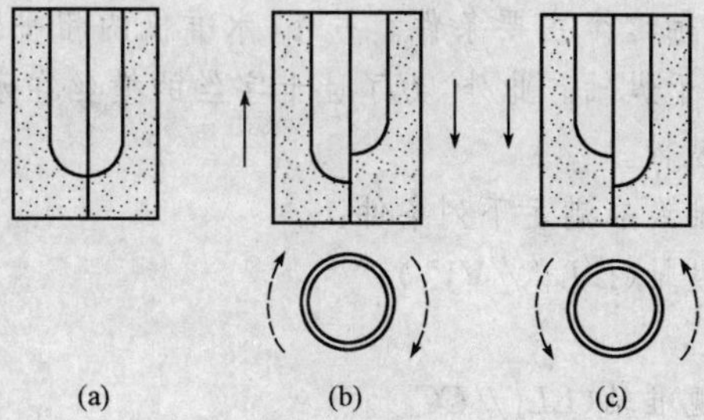


图 2-20　水准管气泡居中状态

### 关键细节 12　DS3 型水准尺读数

使水准仪精平后，应立即按十字丝的中横丝在水准尺上的位置读数。读数前要认清水准尺的注记特征。望远镜中看到的水准尺是倒像时，读数应自上而下，从小到大读取，直接读取 m、dm、cm、mm(为估读数)四位数字，图 2-21 的读数分别为 1.272m、5.958m、2.539m。读数后要立即检查气泡是否仍居中，如不是，应重新调整后读数。

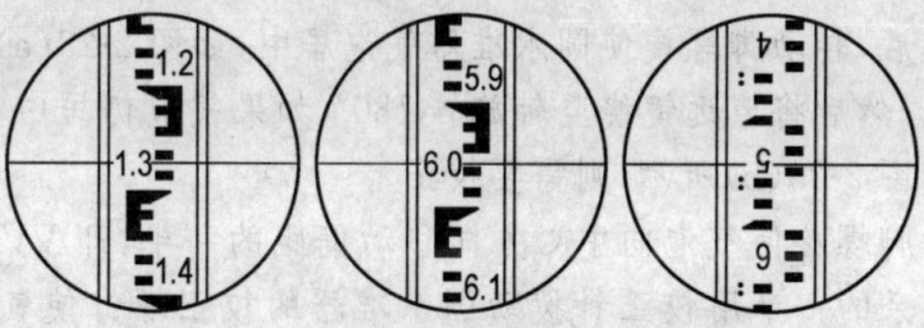


图 2-21　水准尺读数

### 关键细节 13　水准仪的轴线及其应满足的条件

水准仪的轴线包括视准轴、水准管轴、圆水准轴及仪器旋转轴，如图 2-22 所示，$CC_1$ 为视准轴，$LL_1$ 为水准管轴，$L'L'_1$ 为圆水准轴，$VV_1$ 为仪器旋转轴(纵轴)。

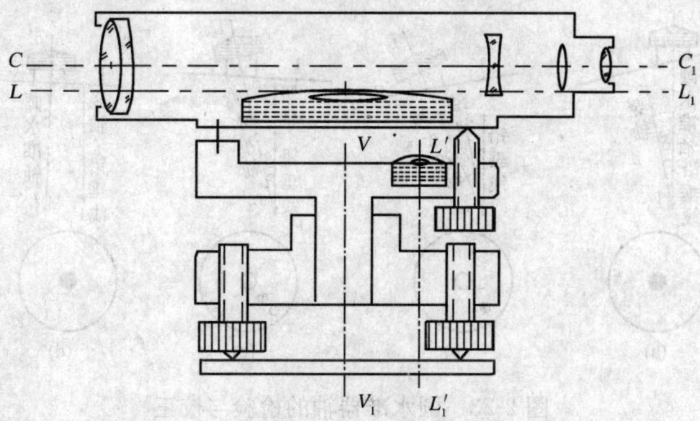


图 2-22　水准仪的轴线

进行水准测量时，水准仪的视准轴必须水平，据此在水准尺上读数，才能正确测定两点间的高差；而视准轴的水平是根据水准管气泡居中来判断的。因此，水准仪在装配上应满足水准管轴平行于视准轴这个主要条件。另外，水准仪的粗平依据圆水准器的气泡居中，因此，圆水准轴应平行于纵轴。此外，为了让十字丝的横丝在水准尺上正确读数，横丝应水平，即横丝应垂直于纵轴。

综上所述，水准仪的轴线应满足下列条件：

(1)圆水准轴平行于纵轴($L'L_1'//VV_1$)；

(2)横丝垂直于纵轴；

(3)水准管轴平行于视准轴($LL_1//CC_1$)。

### 关键细节 14　水准仪一般性检验

水准仪检验校正之前，应先进行一般性检验，检查各主要部件是否能起有效的作用。安置仪器后，应检验望远镜成像是否清晰，物镜对光螺旋和目镜对光螺旋是否有效，制动螺旋、微动螺旋、微倾螺旋是否有效，脚螺旋是否有效，三脚架是否稳固等。如果发现有故障应及时修理。

### 关键细节 15　圆水准器检验和校正

对圆水准器进行检验和校正的目的是促使圆水准轴平行于纵轴($L'L_1'//VV_1$)。

检验：安置仪器后，转动脚螺旋使圆水准器气泡居中，如图 2-23(a)所示，此时，圆水准器轴处于铅垂状态。然后将望远镜绕竖轴旋转 180°，如果气泡仍居中，说明条件满足。如果气泡偏离中心，如图 2-23(b)所示，则需要校正。

校正：首先转动脚螺旋使气泡向中心方向移动偏距的一半，即 $VV_1$ 处于铅垂位置，如图 2-23(c)所示。其余的一半用校正针拨动圆水准器的校正螺钉使气泡居中，则 $L'L_1'$ 也处于铅垂位置，如图 2-23(d)所示，则满足条件 $L'L_1'//VV_1$。

圆水准器下面有一个中心固定螺钉，在拨动校正螺钉之前，应该先稍松该螺钉后再按照圆水准器粗平的方法，用校正针拨动相邻的两个，再拨动另一个校正螺钉，使气泡居中。

此项校正一般都难以一次完成，因为校正量是目估的，则需反复检校，直到仪器旋转到任何方向，气泡均基本居中为止。校正完毕后务必将中心固定螺钉拧紧。

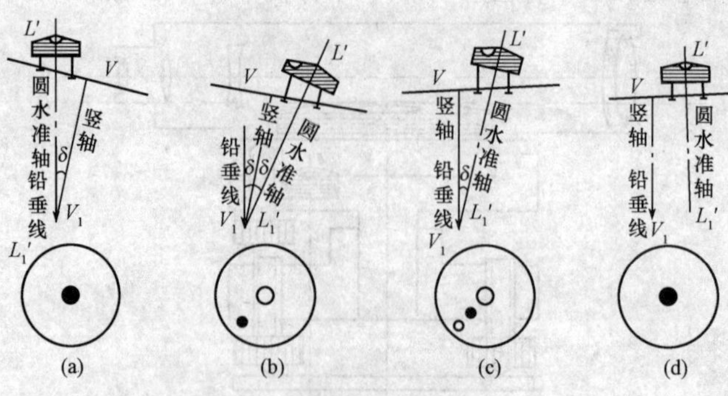


图 2-23　圆水准器轴的检验与校正

### 关键细节 16 十字丝的检验和校正

对十字丝进行检验和校正的目的是保证在水准仪整平位，十字丝的横丝应水平，纵丝应铅垂，即横丝应垂直于纵轴。

检验：整平仪器后用十字丝横丝的一端对准一个清晰固定点 $M$，如图 2-24(a)所示，旋紧制动螺旋，再用微动螺旋，使望远镜缓慢移动，如果 $M$ 点始终不离开横丝，如图 2-24(b)所示，则说明条件满足。如果离开横丝，如图 2-24(c)、(d)所示，则需要校正。

校正：旋下十字丝护罩，松开十字丝分划板座固定螺钉，微微转动十字丝环，使横丝水平($M$ 点不离开横丝为止)，然后将固定螺钉拧紧，旋上护罩。

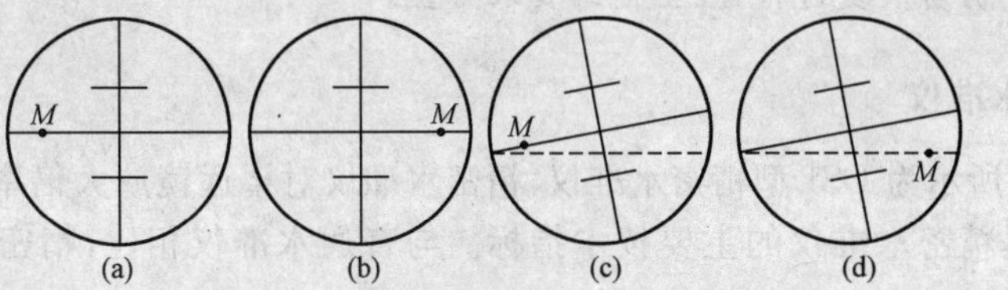


图 2-24 十字丝的检验与校正

此项误差不明显时，可不必进行校正。工作中利用横丝的中央部分读数，以减少该项误差的影响。

### 关键细节 17 水准管轴平行于视准轴检验和校正

对水准管轴平行于视准轴进行检验和校正的目的是使水准管轴平行于视准轴。

检验：如图 2-25(a)所示，在较平坦地段，相距约 80m 左右选择 $A$、$B$ 两点，打下木桩标定点位，并立水准尺。用皮尺丈量定出 $AB$ 的中间点 $M$，并在 $M$ 点安置水准仪，用双仪高法两次测定 $A$ 至 $B$ 点的高差。当两次高差的校差不超过 3mm 时，取两次高差的平均值 $h_{平均}$ 作为两点高差的正确值。

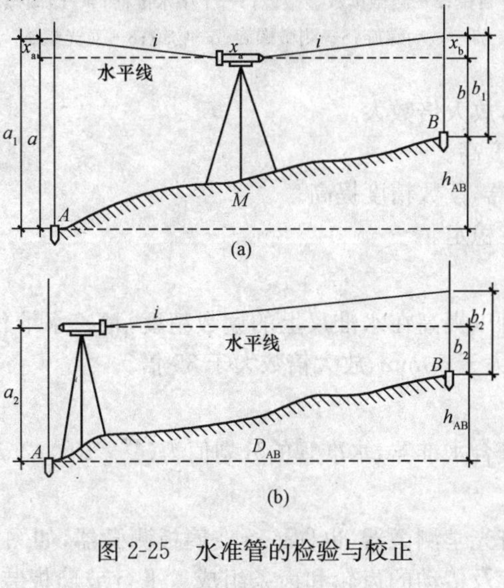


图 2-25 水准管的检验与校正

将仪器置于距 $A$(后视点)2～3m 处，再测定 $AB$ 两点间高差，如图 2-25(b)所示。因仪器离 $A$ 点很近，故可以忽略 $i$ 角对 $a_2$ 的影响，$A$ 尺上的读数 $a_2$ 可以视为水平视线的读数。因此视线水平时的前视读数 $b_2$ 可根据已知高差 $h_{平均}$ 和 $A$ 尺读数 $a_2$ 计算求得，计算公式为：$b_2=a_2-h_{AB}$。如果望远镜瞄准 $B$ 点尺，视线精平时的读数 $b'_2$ 与 $b_2$ 相等，则条件满足，如果 $i''=\frac{b'_2-b_2}{D_{AB}}\times\rho''$ 的绝对值大于 20″时，则仪器需要校正。

校正：转动微倾螺旋使横丝对准的读数为 $b_2$，然后放松水准管左右两个校正螺钉，再一松一紧调节上、下两个校正螺钉，使水准管气泡居中(符合)，最后再拧紧左右两个校正螺钉，此项校正仍需反复进行，直至达到要求为止。

## 二、精密水准仪

如图 2-26 所示为 DS1 型精密水准仪，精密水准仪对望远镜放大倍率和水准管灵敏度要求较高，这是精密水准仪的主要技术指标。与普通水准仪相比，精密水准仪具有以下特点：

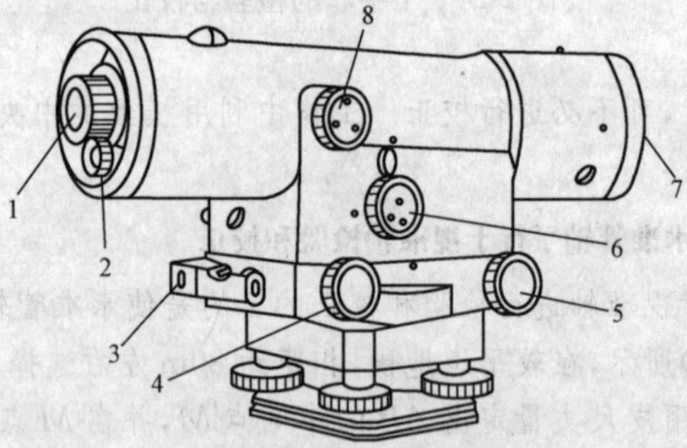


图 2-26 DS1 型精密水准仪

1—目镜；2—测微读数显微镜；3—十字水准器；4—微倾螺旋；
5—微动螺旋；6—测微螺旋；7—物镜；8—对光螺旋

(1)望远镜性能好，放大倍数大。

(2)水准器的灵敏度高。

(3)装有光学测微器，读数精度提高。

(4)结构坚固，性能稳定。

### 1. 望远镜

增大望远镜倍率可以提高在水准尺上的读数精度，精密水准仪的望远镜为了使水准尺成像清楚，有效孔径大于 50mm，放大倍数大于 35 倍。

### 2. 水准器

精密水准仪采用符合水准器，水准管的分划值为(6″～10″)/2mm。

### 3. 光学测微器

精密水准仪上设有光学测微器，也称平行玻璃板测微器，如图 2-27 所示，它由平行玻璃板、测微尺、测微螺旋及传动的齿轮和齿条组成。平行玻璃板装在物镜之前，有一个位于水平方向的旋转轴。

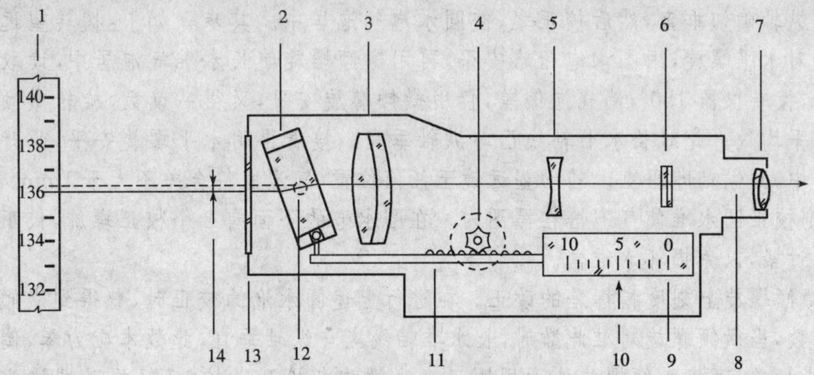

图 2-27　水准尺读数平行玻璃测微器

1—水准尺；2—平行玻璃；3—望远镜物镜；4—测微螺旋及齿轮；5—调焦透镜；6—十字丝分划板；7—望远镜目镜；8—水平视线；9—测微尺；10—测微读数指标；11—平行玻璃传动齿条；12—平行玻璃转动轴；13—保护镜片；14—视线平移距

## 关键细节 18　精密水准仪的使用

使用精密水准仪进行测量时，旋转测微螺旋，齿轮带动齿条，可使平行玻璃俯仰旋转；瞄准水准尺的视线穿过倾斜的玻璃板时，产生平行移动，使原来并不对准尺上某一分划的视线能精确对准该分划，读到一个整分划的读数；而其尾数（即视线的平移距）则可在测微尺上按读数指标读得。测微尺的整个分划值即相当于水准尺上的一个基本分划，对于10mm 分划的水准尺，按读数指标从测微尺上可直读 0.1mm，估读至 0.01mm。

如图 2-28 所示为 DS1 型精密水准仪的水准尺读数和测微器读数，图中，水准尺读数为 1.94m，测微器读数为 3.68mm，完整读数为 1.94368m。

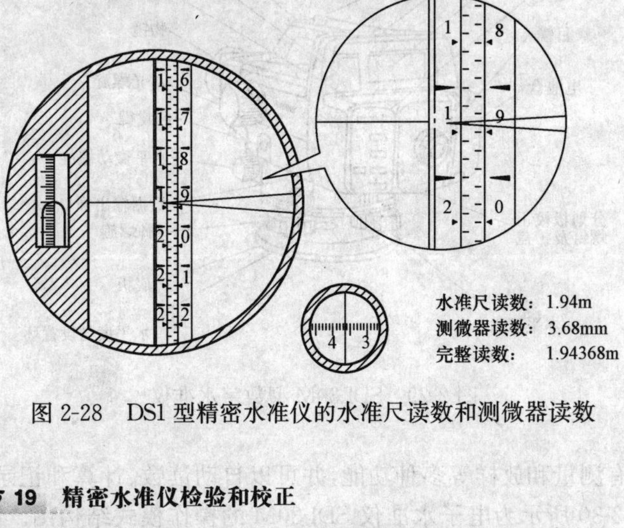


图 2-28　DS1 型精密水准仪的水准尺读数和测微器读数

## 关键细节 19　精密水准仪检验和校正

对精密水准仪进行检验和校正的目的是使水准管轴平行于视准轴。

(1)圆水泡的校正。对圆水泡进行校正的目的是使圆水泡轴线垂直,以便安平。用长水准管使纵轴确切垂直,然后校正之,使圆水泡气泡居中。其步骤如下:拨转望远镜使之垂直于一对水平螺旋,用圆水泡粗略安平,再用微倾螺旋使长水准气泡居中,读取微倾螺旋之读数,拨转仪器180°,倘气泡偏差,仍用微倾螺旋安平,又得一读数,旋转微倾螺旋至两读数之平均数。此时长水准轴线已与纵轴垂直。接着再用水平螺旋安平,此时长水准管气泡居中,则纵轴即垂直。转动望远镜至任何位置,气泡像符合差不大于1mm。纵轴既已垂直,则校正圆水准使气泡恰在黑圈内。在圆水泡的下面有3个校正螺旋,校正时螺旋不可旋得过紧,以免损坏水准盒。

(2)微倾螺旋上刻度指标差的改正。在进行上述圆水泡的校正时,曾得到微倾螺旋两数之平均数,当微倾螺旋对准此数时,长水准轴线应与纵轴垂直,此数本应为零,倘不对零线,则有指标差,可将微倾螺旋外面周围三个小螺旋各松开半转,轻轻旋动螺旋头至指标恰指"0"线为止,然后重新旋紧小螺旋。在进行此项工作时,长水准必须始终保持居中,即气泡像保持符合状态。

(3)长水准的校正。长水准校正的目的是使水准管轴平行于视准轴,其检验校正方法与普通水准仪相同。

## 三、数字水准仪

数字水准仪又称电子水准仪,主要组成部分为望远镜、水准器、自动补偿系统、计算存储系统和显示系统。如图2-29所示为SDL30M型数字水准仪。与光学水准仪相比,它具有自动对条码水准尺读数、自动记录和计算、数据通信等功能,有测量速度快、精度高、易于实现水准测量内外业工作的一体化等优点。

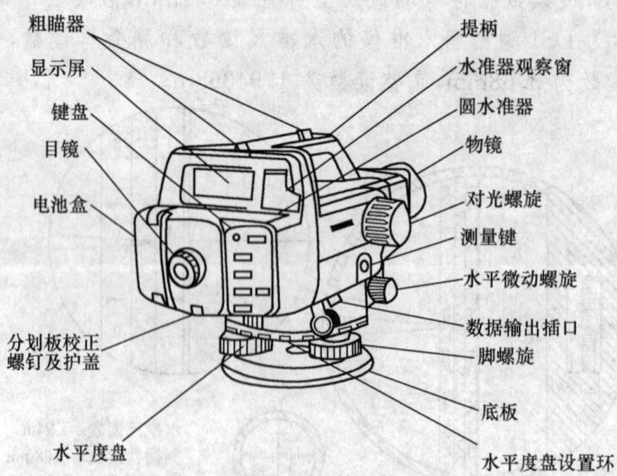


图2-29 SDL30M型数字水准仪

数字水准仪有测量和放样等多种功能,并可以自动读数、计算和记录,通过各种操作模式来实现。图2-30所示为电子水准仪SDL30M的操作模式结构图。图中表示仪器的功能菜单、各种模式的屏幕显示和操作路径(SDL30M型数字水准仪的望远镜的放大倍率为32倍，由自动补偿系统自动安平，可用于二、三、四等水准测量）。

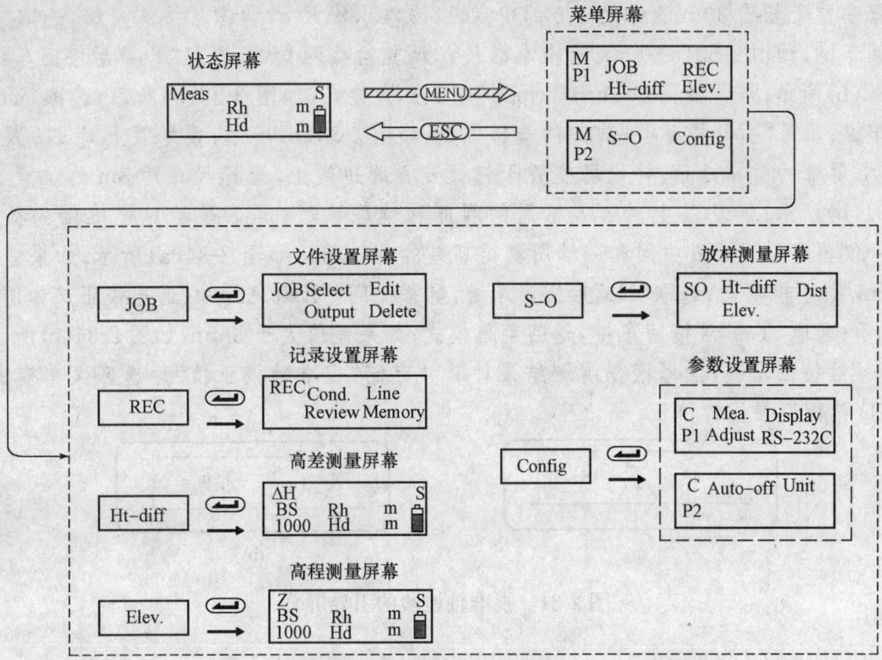


图 2-30 SDL30M 型数字水准仪的操作模式结构图

### 关键细节 20 数字水准仪操作步骤

数字水准仪的操作步骤分为粗平、瞄准、水准尺安置和读数。与普通水准仪一样，在选好的测站上松开脚架伸缩螺旋，按需要调整脚架高度，固定脚架伸缩螺旋。将仪器用连接螺旋固定在架头上。按“电源键”开机。

(1)粗平。转动脚螺旋，使圆水准器气泡居中，导致仪器的纵轴大致铅垂，使补偿棱镜在补偿范围内自动导致视线水平。粗平具体操作方法同普通水准仪。

(2)瞄准。瞄准是把望远镜对准水准尺，进行目镜和物镜调焦，使十字丝和水准尺的像十分清晰，消除视差。具体操作方法同普通水准仪。

(3)水准尺安置和读数。条形码水准标尺应立于水平和上下方向无通视障碍之处，利用尺子上的圆水准器来保证尺子竖直。如尺面的反射过强，将尺子稍旋转以减少对仪器的反射光。测量时，应确定无阴影投射在尺面上。按测量键自动进行读数。

### 关键细节 21 数字水准仪的检验和校正

(1)圆水准轴的检验和校正同普通水准仪。

(2)视准轴的检验和校正。仪器整平后视准轴不水平或自动读数与人工读数不一致时，应校正视准轴，主要包括两方面，即：视准轴的参数设置校正（即校正 CCD 线传感器的参数值）和十字丝机械校正。

首先进行 CCD 参数设置值的校正。具体操作如下：按菜单键显示菜单屏幕，用光标选取“Config”后按回车键，显示“参数设置模式”（第一页），如图 2-30 所示，用光标选取

"Adjust"(校正)后按回车键,屏幕显示仪器安置的"引导提示",如图 2-31(a)所示。按提示将仪器安置于相隔 30m 的标尺 $a$,$b$ 的中点 $A$,瞄准水准尺 $a$,调焦后按测量键,选取"Yes"后按回车键,如图 2-32(a)所示;瞄准水准尺 $b$,调焦后按测量键,选取"Yes"后按回车键,如图 2-32(b)所示;屏幕提问:"Turn Tripod(旋转三脚架)",如图 2-33(a)所示,选取"Yes"后按回车键;屏幕"引导提示"三脚架的旋转位置,如图 2-33(b)所示;重复以上对 $a$,$b$ 尺的观测;根据屏幕的引导提示,将仪器安置于标尺 $a$,$b$ 的边线上,距标尺 $a$ 约 3m 的位置 $B$,如图 2-31(b)所示;重复以上对 $a$,$b$ 标尺的观测和读取读数;屏幕显示对视准轴的检验结果——仪器安置于 $a$,$b$ 中间和一端所测得高差的值(diff),如图 2-34(a)所示;如果差值小于 3mm,则不需校正,选取"No"后按回车键,屏幕提问:"Exit Adjust(退出校正)"如图 2-34(b)所示;选取"Yes"后按回车键,返回菜单模式;如果差值大于 3mm,如图 2-34(c)所示,选取"Yes"后按回车键,仪器根据观测结果计算并存储"视准轴校正值"后返回菜单模式,完成 CCD 参数设置值的校正。

(a) (b)

图 2-31 视准轴检验的引导屏幕

(a) (b)

图 2-32 视准轴检验的读数显示屏幕

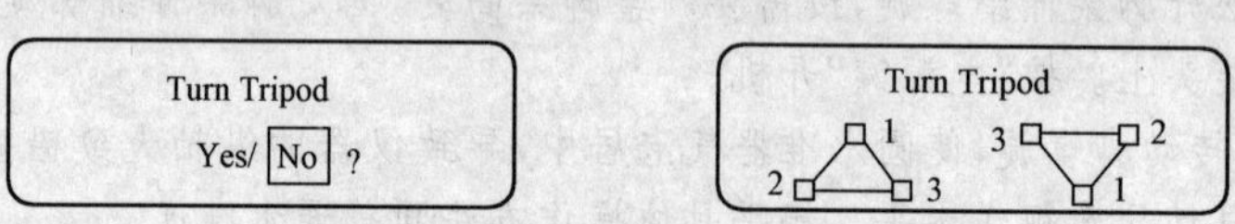


(a) (b)

图 2-33 三脚架转动的引导屏幕

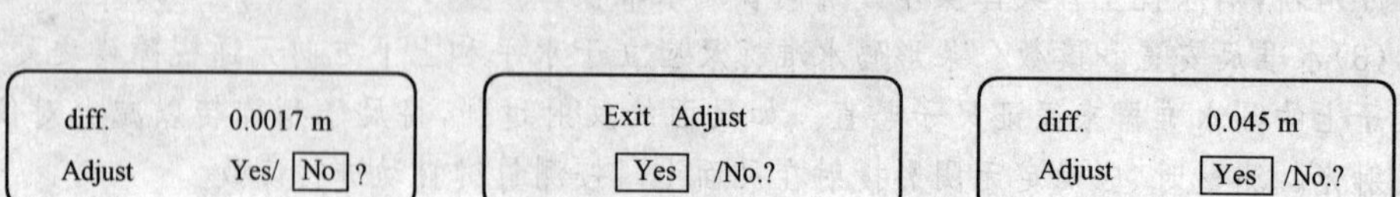


(a) (b) (c)

图 2-34 视准轴检验的结果确认屏幕

(3)参数设置值校正后,在测站 $B$ 瞄准水准尺 $b$ 的条形码尺面进行自动读数,再瞄准水准尺 $b$ 的长度分划尺面进行人工目视读数;如果两个读数的差值不大于 2mm,则不需要进行十字丝的机械校正;否则应进行十字丝机械校正。具体操作如下:卸下位于目镜下方的十字丝校正螺钉护盖，如图 2-35 所示，用六角扳手调整校正螺钉。当人工读数值大于自动读数值时，少许旋松校正螺钉来调低十字丝位置；当人工读数值小于自动读数值时，通过少许旋紧校正螺钉来调高十字丝位置；调整至人工和自动读数差值不在于 2mm 时为止，然后将校正螺钉护盖安装好。

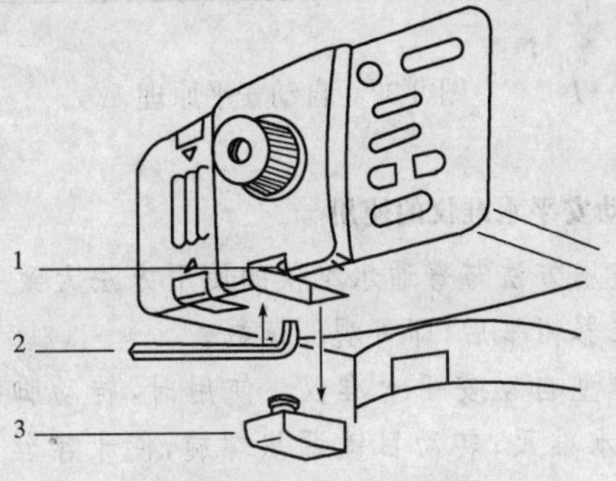


图 2-35 数字水准仪的十字丝机械校正

1—十字丝校正螺钉；2—六角扳手；3—校正螺钉护盖

## 四、自动安平水准仪

自动安平水准仪的构造如图 2-36 所示。与普通水准仪相比，其特点是：没有水准管和微倾螺旋；望远镜和支架连成一体；观测时，只需根据圆水准器将仪器粗平，尽管望远镜的视准轴还有微小的倾斜，但可借助一种补偿装置使十字丝读出相当于视准轴水平时的水准尺读数。因此，自动安平水准仪的操作比较方便，有利于提高观测的速度和精度。

图 2-36 自动安平水准仪

### 关键细节 22 自动安平水准仪光路系统

自动安平水准仪的望远镜光路系统中，设置有利用地球重力作用的补偿器，以改变光路，使视准轴略有倾斜时在十字丝中心仍能接收到水平光线。

如图 2-37 所示，当视准轴水平时，物镜光心位于 $O$，十字丝交点位于 $B$，通过十字丝横丝在尺上的正确读数为 $a$。当视准轴倾斜一个微小角度 $\alpha$($<10'$)时，十字丝交点从 $B$ 移至 $A$，通过十字丝横丝在尺上的读数，$A$ 不再是水平视线的读数 $a$。为了能使十字丝横丝读数仍为水平视线的读数 $a$，可在望远镜的光路上加一个补偿器，通过物镜光心的水平视线经过补偿器的光学元件后偏转一个 $\beta$ 角，这样在 $A$ 点处十字丝横丝仍可读得正确读数 $a$。由于 $\alpha$ 角和 $\beta$ 角都是很小值的角，如果下式成立，即能达到补偿的目的。

$$f\alpha = S\beta \tag{2-8}$$

式中 $S$——补偿器到十字丝的距离；

$f$——物镜到十字丝的距离。

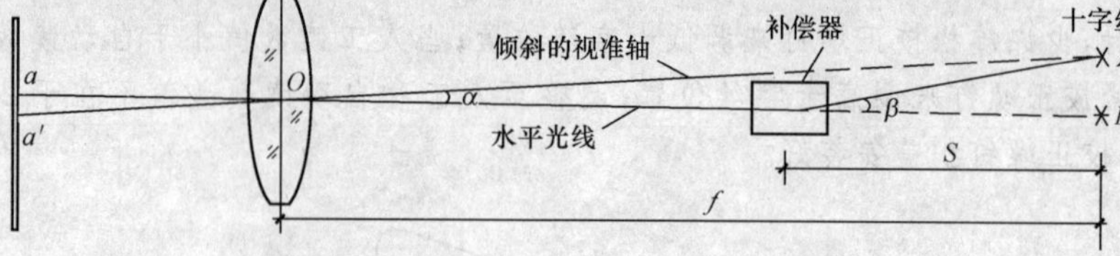


图 2-37 自动安平原理

**关键细节 23 自动安平水准仪的使用**

自动安平水准仪的使用方法与普通水准仪的使用方法大致一样，其不同之处在于：自动安平水准仪经过圆水准器粗平后，即可观测读数。

图 2-38 所示为 DSZ2 型自动安平水准仪。使用时，转动脚螺旋，使圆水准的气泡居中；用瞄准器将仪器对准水准尺；转动目镜调焦螺旋，使十字丝最清晰；旋转物镜调焦螺旋，使水准尺分划像最清晰，检查视差；用水平微动螺旋使十字丝纵丝靠近尺上读数分划；轻按补偿器按钮，验证其功能是否正常，然后根据横丝在水准尺上读数。

图 2-38 DSZ2 型自动安平水准仪

1—瞄准器；2—目镜及调焦螺旋；3—补偿器检查按钮；4—脚螺旋；5—物镜；6—物镜调焦螺旋；7—圆水准器；8—水平微动螺旋；9—基座底板

## 第四节 经 纬 仪

目前，经纬仪的类型和式样较多，若按其结构不同，可分为光学经纬仪和电子经纬仪。若按其精度等级，又可划分为 $J_1$、$J_2$、$J_6$ 等型号；其中，J 为“经纬仪”汉语拼音的第一个字母，1、2、6 等下标数字表示该仪器所能达到的精度指标。如 $J_6$ 表示野外一测回水平方向中误差不超过±6″的经纬仪。$J_2$ 及其以上为精密经纬仪，$J_6$ 则为普通经纬仪。

### 一、光学经纬仪

光学经纬仪利用几何光学器件的放大、反射、折射等原理进行度盘读数，建筑工程中常用的光学经纬仪有 $J_6$、$DJ_2$ 两类，如图 2-39、图 2-40 所示。它们的基本构造是相同的，主要由基座、度盘和照准部三大部分组成。

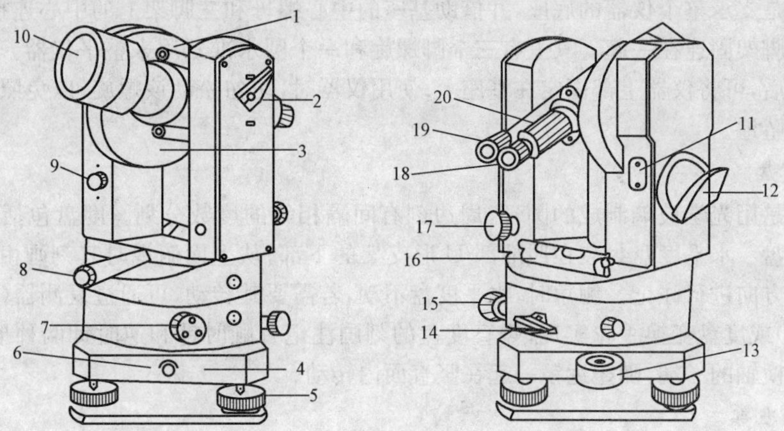


(a) (b)

图 2-39 $J_6$ 型光学经纬仪

1—粗瞄器；2—望远镜制动螺旋；3—竖盘；4—基座；5—脚螺旋；6—固定螺旋；7—度盘变换手轮；8—光学对中器；9—自动归零旋钮；10—望远镜物镜；11—指标差调位盖板；12—反光镜；13—圆水准器；14—水平制动螺旋；15—水平微动螺旋；16—照准部水准管；17—望远镜微动螺旋；18—望远镜目镜；19—读数显微镜；20—对光螺旋

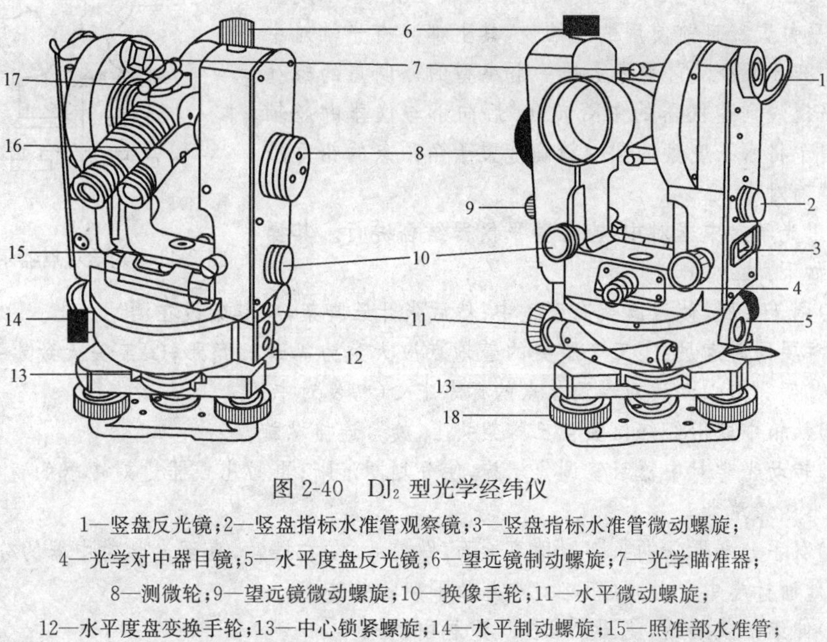


图 2-40 $DJ_2$ 型光学经纬仪

1—竖盘反光镜；2—竖盘指标水准管观察镜；3—竖盘指标水准管微动螺旋；4—光学对中器目镜；5—水平度盘反光镜；6—望远镜制动螺旋；7—光学瞄准器；8—测微轮；9—望远镜微动螺旋；10—换像手轮；11—水平微动螺旋；12—水平度盘变换手轮；13—中心锁紧螺旋；14—水平制动螺旋；15—照准部水准管；16—读数显微镜；17—望远镜反光扳手轮；18—脚螺旋

**1. 基座**

基座是支承整个仪器的底座，并借助基座的中心螺母和三脚架上的中心连接螺旋，将仪器与三脚架固连在一起。其上有三个脚螺旋和一个圆水准器用来整平仪器。轴套固定螺旋拧紧后，可将仪器上部固定在基座上；使用仪器时，切勿松动该螺旋，以免照准部与基座分离而坠地。

**2. 度盘**

度盘是用光学玻璃制成的圆环，周边刻有间隔相等的度数分划。度盘包括水平度盘和竖直度盘。水平度盘封装在照准部U形支架的下部，从上面俯视时其刻画由0°～360°按顺时针方向进行注记。测角时，水平度盘不动，若需要其转动，可通过复测器（复测钮或复测扳手）或度盘变换手轮实现；竖直度盘的刻画注记有顺时针和逆时针两种形式，它固定封装在横轴的一端，随望远镜一起在竖直面内转动。

**3. 照准部**

照准部是指仪器上部可水平转动的部分，主要由U形支架、望远镜、照准部水准管、读数设备等构成。照准部在水平方向的转动，由水平制动扳手（螺旋）和水平微动螺旋来控制。望远镜在竖直面内的转动，则由望远镜制动扳手（螺旋）和望远镜微动螺旋来控制。不论是水平微动螺旋还是望远镜微动螺旋，都必须在各自动螺旋拧紧的情况下才起作用。

## 关键细节24 光学经纬仪的对中、整平

对中的目的是使仪器的中心（竖轴）与测站点位于同一铅垂线上。整平的目的是使仪器的竖轴竖直，水平度盘处于水平位置。目前使用的经纬仪，其上都装有光学对中器，如图2-41所示。它实际上是一个小型的外调焦的望远镜，水平视线到达仪器的中心转90°后向下与仪器的竖轴重合，用于将水平度盘的圆心精确地置于角顶点的铅垂线上，即精确对中。

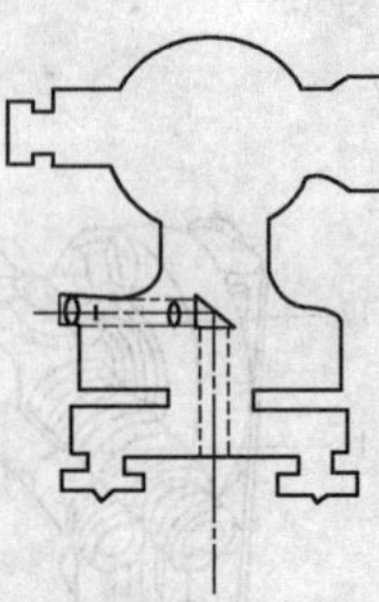

图2-41 光学对点器示意图

使用光学对中器对中，应与整平仪器结合进行。其操作步骤如下：

(1)调节架腿，使三脚架高度适中；然后张开三脚架，将其架设在测站点上。

注意要同时满足：①三个脚尖的着地点应大致为等边三角形；②架头大致水平（初步整平）；③架头中心大致对准测站点的标志中心（初步对中）。

(2)从箱中取出经纬仪放在三脚架头上，旋紧连接螺旋。

(3)转动光学对中器目镜调焦螺旋，使分划圈清晰；再拉出或推进对中器的镜管，使测站点标志成像清晰。

(4)双手分别握住两条架腿稍离地面，做前后、左右摆动，直至光学对中器的分划圈中心对准地面标志中心为止（粗略对中），放下架腿并踏实。

(5)伸缩三架架腿，使圆水准器气泡居中（粗平）。

(6)调整脚螺旋使照准部水准管气泡居中，精确整平仪器（精平）。如图2-42(a)所示，

先转动照准部，使水准管平行于任意两个脚螺旋的连线，接着同时向内或向外调节这两个脚螺旋使气泡居中(气泡移动的方向与转动脚螺旋时左手大拇指运动方向一致)；然后将照准部旋转90°，再调节第三个脚螺旋使气泡居中，如图2-42(b)所示；反复调节，直至照准部旋转到任何位置气泡都居中为止(通常，气泡偏离零点不应大于一格)。

(7)通过对中器检查是否仍然对中。若未对中，可稍微旋松连接螺旋，在架头上平移仪器使其精确对中；最后再次精确整平仪器即可(最好再次检查是否已精确对中；否则仍需"精确对中——精确整平"反复交替操作，直至既精确对中又严格地整平)。

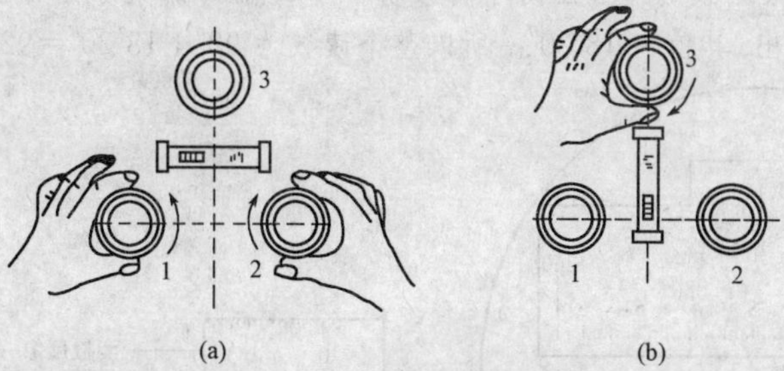


图2-42 整平示意图

### 关键细节25 瞄准

利用光学经纬仪进行角度测量时，要用十字丝精确地瞄准照准标志。一般为竖立于地面点上的花(标)杆、测钎、吊垂球(铅垂线)等。测水平角时，应该用十字丝的竖丝精确瞄准目标。当目标影像较细时，用双丝夹准；当目标影像较粗时，用单丝平分。测竖直角时，应该用十字丝的横丝精确切准目标。具体操作步骤如下：

(1)松开望远镜和照准部的制动螺旋，调节望远镜目镜调焦螺旋使十字丝清晰。

(2)利用望远镜上的粗瞄器(或准星)粗略照准目标，拧紧制动螺旋。

(3)调节望远镜物镜调焦螺旋使目标清晰，并检查消除视差。

(4)调节望远镜和照准部的微动螺旋，使十字丝精确地瞄准目标。

### 关键细节26 分微尺测微及其读数方法

$J_6$型光学经纬仪采用分微尺测微器进行读数。这类仪器的度盘分划值为1°，按顺时针方向注记每度的度数。在读数显微镜的读数窗上装有一块带分划的分微尺，度盘上的分划线间隔经显微物镜放大后成像于分微尺上。图2-43为分微尺读数窗，上面注有"H"(或"水平")为水平度盘读数窗，注有"V"(或"竖直")为竖直度盘读数窗，分微尺的长度等于放大后度盘分划线间隔1°的长度，分微尺分为60个小格，每小格为1′。分微尺每10小格注有数字，表示0′，10′，20′，…，60′，注记增加方向与度盘相反。读数装置直接读到1′，估读到0.1′(6″)。

读数时，分微尺上的0分划线为指标线，它在度盘上的位置就是度盘读数的位置。如在水平度盘的读数窗中，分微尺的0分划线已超过261°，水平度盘的读数应该是261°多。所多出的数值，再由分微尺的0分划线至度盘上261°分划线之间的小格来确定。图中为4.4格，故为04′24″。水平度盘的读数应是261°04′24″。

### 关键细节 27　单平板玻璃测微器及其读数方法

单平板玻璃测微器的组成部分主要包括平板玻璃、测微尺、连接机构和测微轮。当转动测微轮时，平板玻璃和测微尺即绕同一轴作同步转动。如图 2-44(a)所示，光线垂直通过平板玻璃，度盘分划线的影像未改变原来位置，与未设置平板玻璃一样，此时测微尺上读数为零，如按设在读数窗上的双指标线读数应为 92°＋$a$。转动测微轮，平板玻璃随之转动，度盘分划线的影像也就平行移动，当 92°分划线的影像夹在双指标线的中间时，如图 2-44(b)所示，度盘分划线的影像正好平行移动一个 $a$，而 $a$ 的大小则可由与平板玻璃同步转动的测微尺上读出，其值为 18′20″。所以整个读数为 92°＋18′20″＝92°18′20″。

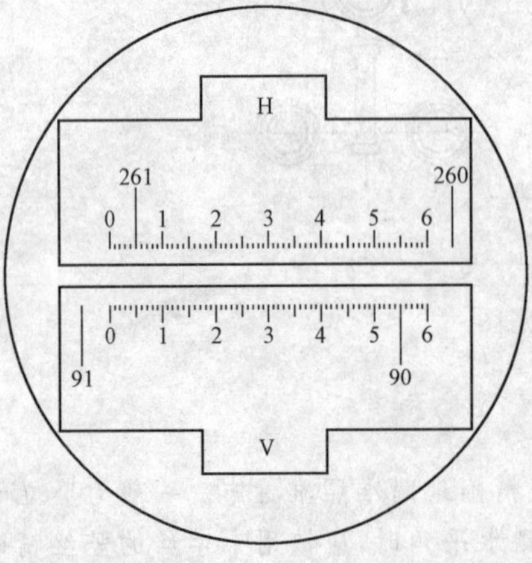


图 2-43　分微尺读数窗

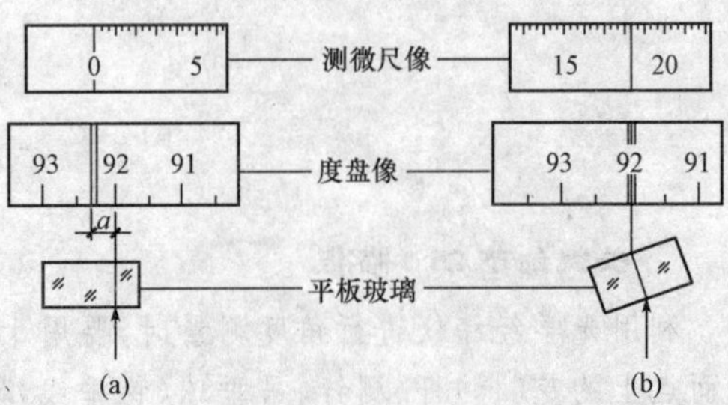


图 2-44　单平板玻璃测微器读数原理

## 二、电子经纬仪

电子经纬仪利用物理光学器件、电子器件和光电转换原理显示度盘读数并将测量结果输出到仪器显示窗显示，如将其与电子手簿连接，可以自动存储测量结果。电子经纬仪的特点如下：

(1)采用电子测角系统，能自动显示测量结果，减轻外业劳动强度，提高工作效率。

(2)可与电磁波测距仪组成全站型电子速测仪；配合适当的接口，可将观测的数据输入计算机，实现数据处理和绘图自动化。

电子经纬仪的测角系统有三种：编码度盘测角系统、光栅度盘测角系统和动态测角系统。

电子经纬仪有 ET 和 DT 两个系列，其中 ET 为光栅度盘，DT 为绝对编码度盘，图2-45为 ET—02 电子经纬仪，各部件的名称见图中注记。

### 关键细节 28　光电编码度盘测角系统

如图 2-46 所示，光电编码度盘是在光学度盘刻度圈圆周设置等间隔的透光与不透光区域(称白区与黑区)，由它们组成的分度圈称为码道。一个编码度盘有很多同心码道，码道越多，编码度盘的角度分辨率越高。电子计数采用二进制编码方法，码盘上的白区与黑区分别表示二进制代码“0”和“1”。为了读取编码，需在编码度盘的每一个码道的一侧设置发光二极管，另一侧设置光敏二极管，它们严格地沿度盘半径方向成一直线。发光二极管发出的光通过码盘产生透光或不透光信号，由光敏二极管转换成电信号，经处理后，以十进制或六十进制自动显示。

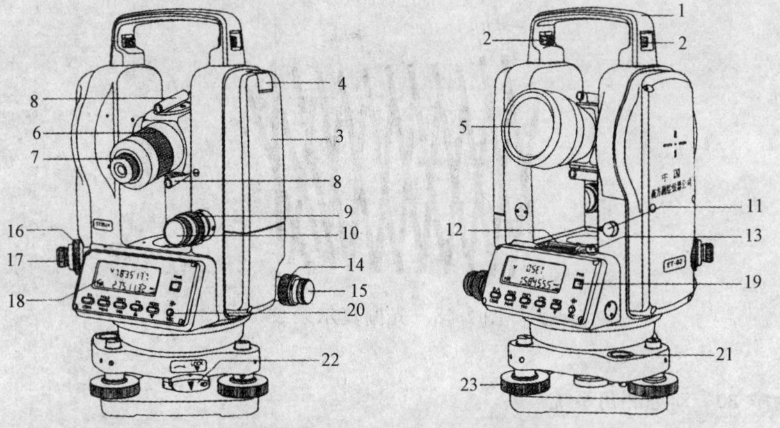

图 2-45　ET—02 电子经纬仪

1—手柄；2—手柄固定螺钉；3—电池盒；4—电池盒按钮；5—物镜；6—物镜调焦螺旋；7—目镜调焦螺旋；8—光学粗瞄器；9—望远镜制动螺旋；10—望远镜微动螺旋；11—光电测距仪数据接口；12—管水准器；13—管水准器校正螺钉；14—水平制动螺旋；15—水平微动螺旋；16—光学对中器物镜调焦螺旋；17—光学对中器目镜调焦螺旋；18—显示窗；19—电源开关键；20—显示窗照明开关键；21—圆水准器；22—轴套锁定钮；23—脚螺旋

## 关键细节 29　光栅度盘测角系统

如图 2-47 所示，在圆盘上均匀地刻有许多等间隔的狭缝，称为光栅。光栅的线条处为不透光区，缝隙处为透光区。在光栅盘上下对应位置设置发光二极管和光敏二极管，则可使计数器累计求得所移动的栅距数，从而得到转动的角度值。

图 2-46　4 个码道的光电编码度盘

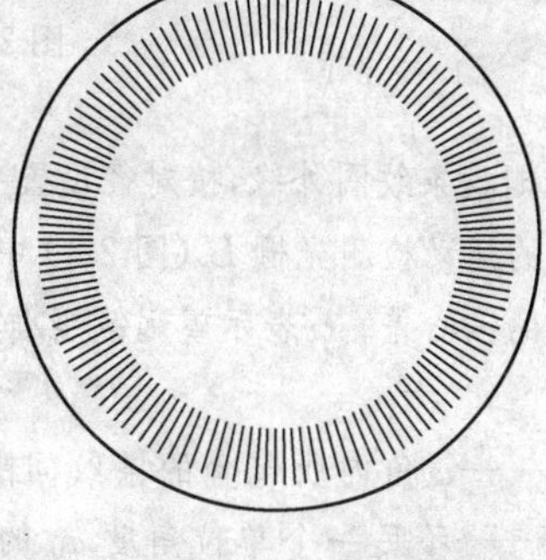

图 2-47　径向光栅

为了提高测角精度，在光栅测角系统中采用了莫尔条纹技术，光栅莫尔条纹如图 2-48 所示。产生莫尔条纹的方法是：取一小块与光栅盘具有相同密度和栅距的光栅，与光栅盘以微小的间距重叠，并使其刻线互成一微小夹角 $\theta$，这时就会出现放大的明暗交替的莫尔条纹（栅距由

$d$ 放大到 $W$)。测角过程中,转动照准部时,产生的莫尔条纹也随之移动。设栅距和纹距的分划值均为 $\delta$,移动条纹的个数 $n$,和计数不足整条纹距的小数 $\Delta\delta$,则角度值 $\varphi$ 可写为

$$\varphi = n\delta + \Delta\delta \tag{2-9}$$

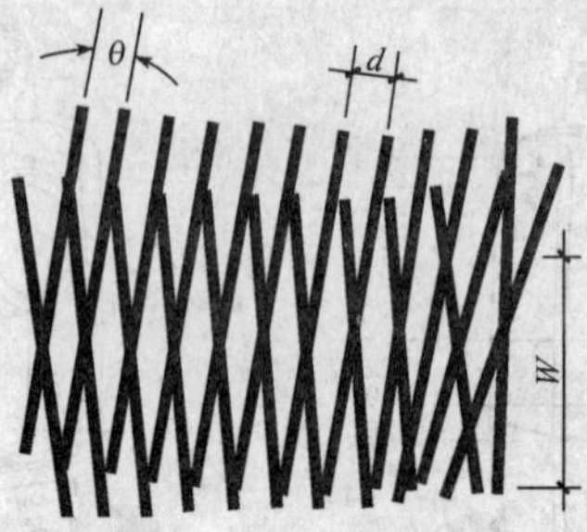


图 2-48 光栅莫尔条纹

## 关键细节 30 动态测角系统

如图 2-49 所示,在度盘上刻有 1024 个分划,两条分划条纹的角距为 $\varphi_0$,则

$$\varphi_0 = \frac{360°}{1024} = 21'05.625''$$

$\varphi_0$ 即为光栅盘的单位角度。

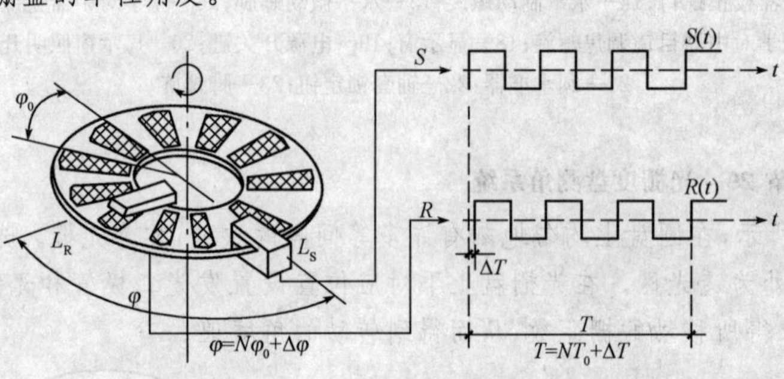


图 2-49 动态测角原理

在光栅盘条纹圈外缘,按对径设置一对固定检测光栅 $L_S$,在靠近内缘处设置一对与照准部相固联的活动检测光栅 $L_R$(图 2-49 中仅画出其中的一个)。对径设置的检测光栅可用来消除光栅盘的偏心差。$\varphi$ 表示望远镜照准某方向后 $L_S$ 和 $L_R$ 之间的角度。由图 2-49 可以看出

$$\varphi = N\varphi_0 + \Delta\varphi \tag{2-10}$$

式中 $N$——$\varphi$ 角内所包含的条纹间隔数;

$\Delta\varphi$——不足一个单位角度 $\varphi_0$ 的小数。

测角时,光栅盘由马达驱动绕中心轴作匀速旋转,记取分划信息,经过粗测、精测处理后,从显示器中显示所测角度值。

## 关键细节 31 电子经纬仪的使用

ET—02 电子经纬仪的操作面板如图 2-50 所示。在测站安置好仪器,打开仪器电源,

显示窗字符“HR”的右边显示的当前视线方向的水平度盘读数；显示窗字符“V”的右边将显示“OSET”字样，它提示用户应使竖盘指标归零，如图 2-51 所示。向上或向下转动望远镜，当视准轴通过水平视线位置时，显示窗字符“V”右边的字符“OSET”将变成当前视准轴方向的竖盘读数值，即可开始角度测量。

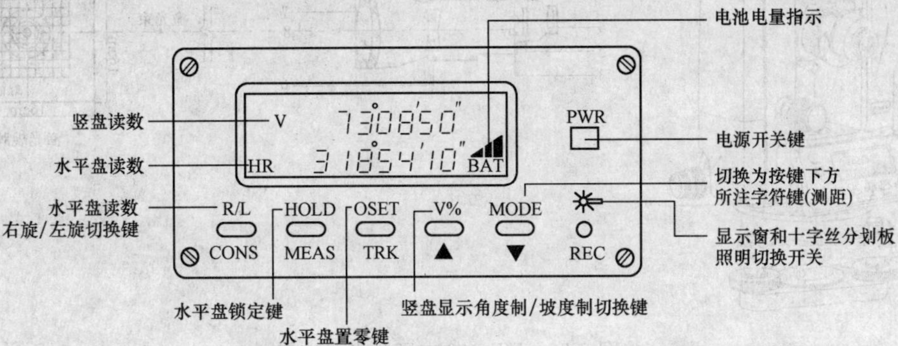


图 2-50　ET－02 电子经纬仪的操作面板

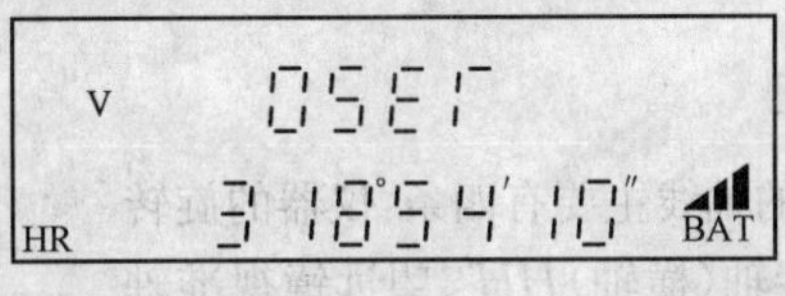


图 2-51　ET－02 电子经纬仪开机显示内容

由于 ET－02 是采用光栅度盘测角系统，当转动仪器照准部时，即自动开始测角，所以，观测员精确照准目标后，显示窗将自动显示当前视线方向的水平度盘和竖盘读数，不需要再按任何键。由此可见，仪器操作非常简单。

## 三、电子激光经纬仪

激光经纬仪主要用于准直测量。准直测量是定出一条标准的直线，作为土建安装、施工放样或轴线投设的基准线。

图 2-52 为 ET－02 激光电子经纬仪，它是在 ET－02 电子经纬仪上设置了一个半导体激光发射装置，将发射的激光导入望远镜的视准轴方向，从望远镜物镜端发射。激光光束与望远镜视准轴保持同轴、同焦。ET－02 激光电子经纬仪发射的激光波长范围为 0.630～0.670μm，发射功率为 5mW，在 100m 处的光斑直径≤5mm，白天遮阳的有效射程为 180m，激光装置由仪器机载可充电镍氢电池供电，一块充满电的电池可连续使用 8h。

ET－02 激光电子经纬仪的操作方法与 ET－02 电子经纬仪基本相同，唯一的区别是，按㊌键，在打开照明灯的同时也打开了视准轴激光；再按一次㊌键，关闭照明灯与视准轴激光。打开照明灯与视准轴激光 10s 内如没有进行任何按键操作，仪器将自动关闭照明灯与视准轴激光，以节省电能。

ET－02 激光电子经纬仪可应用于高层建筑的轴线投测、隧道测量、大型管线的铺设、桥梁工程、大型船舶制造、飞机形架安装等领域。

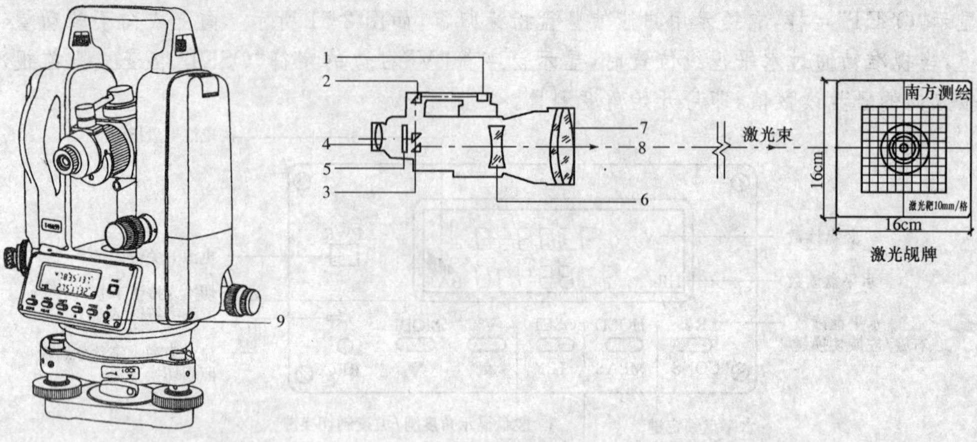


图 2-52　ET—02 电子激光经纬仪

1—半导体激光器；2—转向棱镜；3—分光棱镜；4—目镜；5—十字丝分划板；6—调焦透镜；7—物镜；8—发射激光束；9—半导体激光装置

## 四、经纬仪检验与校正

如图 2-53 所示，经纬仪的轴线主要有四条：仪器的旋转轴（竖轴）$VV'$、望远镜的旋转轴（横轴）$HH'$、望远镜视准轴 $CC'$、照准部水准管轴 $LL'$。它们之间应满足以下几何条件：

（1）照准部水准管轴垂直于仪器竖轴，即 $LL' \perp VV'$。

（2）望远镜视准轴垂直于横轴，即 $CC' \perp HH'$。

（3）横轴垂直于仪器竖轴，即 $HH' \perp VV'$。

（4）除以上（1）～（3）外，经纬仪还应满足：望远镜十字丝竖丝垂直于横轴，光学对中器的光学垂线与仪器竖轴重合，水平度盘的圆心位于仪器竖轴上，并保证水平度盘与竖轴相垂直等。

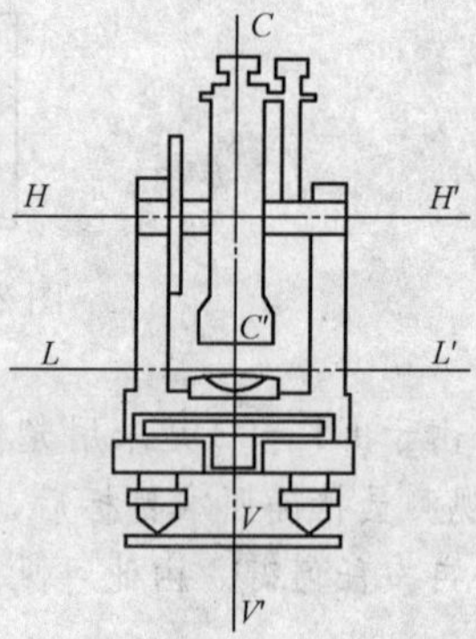


图 2-53　经纬仪主要轴线示意图

### 关键细节 32　一般性检查

在检验与校正之前应对仪器外观各部位做全面检查。安置仪器后，应先检查仪器脚架各部分性能是否良好，然后检查仪器各部件是否有效，照准部和望远镜转动是否灵活，望远镜成像与读数系统成像是否清晰等。确认各部分性能良好后才可以进行仪器的检校，否则应及时处理所发现的问题。

### 关键细节 33　照准部水准管轴垂直于竖轴（$LL' \perp VV'$）的检验与校正

检验：初步整平仪器后，转动照准部使水准管平行于任意一对脚螺旋的连线，调节该两个脚螺旋，使水准管气泡居中，然后将照准部旋转 180°，若气泡仍然居中，表明条件满足（$LL' \perp VV'$），否则需校正。

校正：转动与水准管平行的两个脚螺旋，使气泡向中间移动偏离距离的 1/2，剩余的

1/2 偏离量用校正针拨动水准管的校正螺钉，以使气泡居中。

此项校正，由于目估 1/2 气泡偏移量，因此，检验校正需反复进行，直至照准部旋转到任何位置，气泡偏离中央不超过一格为止，最后勿忘将旋松的校正螺钉旋紧。

### 关键细节 34 十字丝竖丝垂直于横轴检验与校正

检验：整平仪器后，用竖丝一端照准一个固定清晰的点状目标 $P$（图 2-54），拧紧望远镜和照准部制动螺旋，然后转动望远镜微动螺旋，如果该点始终不离开竖丝，则说明竖丝垂直于横轴，否则需要校正。

校正：取下目镜端的十字丝分划板护盖，放松四个压环螺钉（图 2-55），微微转动十字丝环，使竖丝与照准点重合，直至望远镜上下微动时，$P$ 点始终在竖丝上移动为止。然后拧紧四个压环螺钉，旋上护盖。若每次都用十字丝交点照准目标，即可避免此项误差。

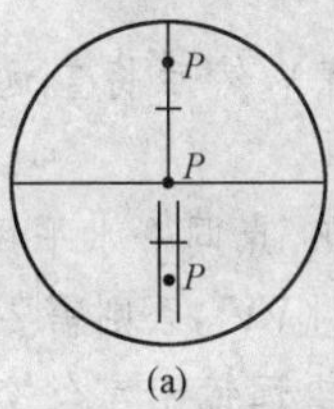


图 2-54 十字丝竖丝垂直于横轴检验

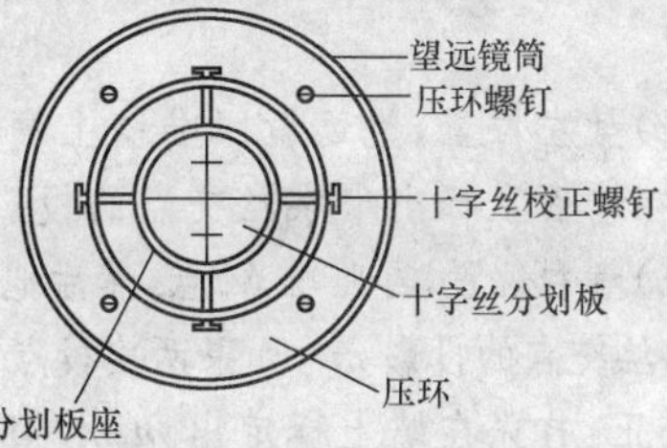


图 2-55 十字丝竖丝垂直于横轴校正

### 关键细节 35 望远镜视准轴垂直于横轴（$CC' \perp HH'$）检验与校正

检验：(1)在较平坦地区，选择相距约 100m 的 $A$、$B$ 两点，在 $AB$ 的中点 $O$ 安置经纬仪，在 $A$ 点设置一个照准标志，$B$ 点水平横放一根水准尺，使其大致垂直于 $OB$ 视线，标志与水准尺的高度基本与仪器同高。

(2)盘左位置视线大致水平照准 $A$ 点标志，拧紧照准部制动螺旋，固定照准部，纵转望远镜在 $B$ 尺上读数 $B_1$[图 2-56(a)]；盘右位置再照准 $A$ 点标志，拧紧照准部制动螺旋，固定照准部，再纵转望远镜在 $B$ 尺上读数 $B_2$[图 2-56(b)]。若 $B_1$ 与 $B_2$ 为同一个位置的读数（读数相等），则表示 $CC' \perp HH'$，否则需校正。

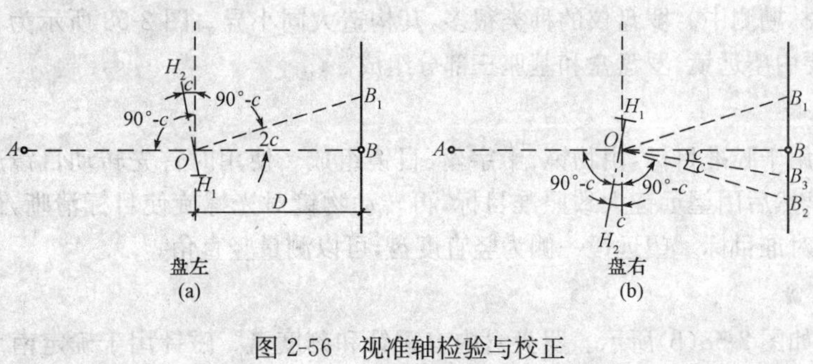


图 2-56 视准轴检验与校正

校正：如图 2-56(b)所示，由 $B_2$ 向 $B_1$ 点方向量取 $B_1B_2/4$ 的长度，定出 $B_3$ 点，用校正针拨动十字丝环上的左、右两个校正螺钉，使十字丝交点对准 $B_3$ 即可。校正后勿忘将旋松的螺钉旋紧。此项校正需反复进行。

**关键细节 36　横轴垂直竖轴($HH' \perp VV'$)检验与校正**

检验:(1)如图 2-57 所示,安置经纬仪距较高墙面 30m 左右处,整平仪器。

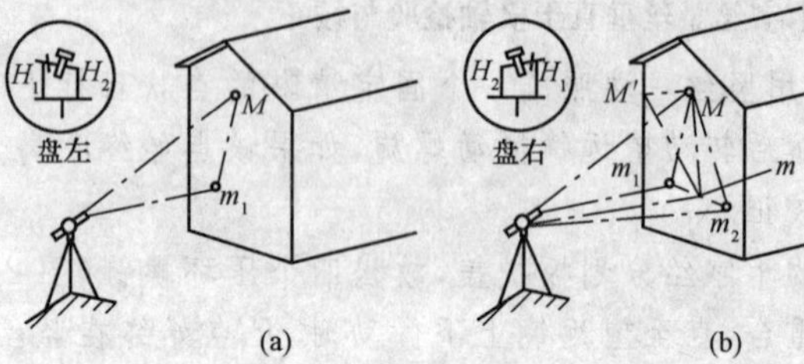


图 2-57　横轴垂直于竖轴检验与校正

(2)盘左位置,望远镜照准墙上高处一点 $M$(仰角 30°~40°为宜),然后将望远镜大致放平,在墙面上标出十字丝交点的投影 $m_1$[图 2-57(a)]。

(3)盘右位置,再照准 $M$ 点,然后把望远镜放置水平,在墙面上与 $m_1$ 点同一水平线上再标出十字丝交点的投影 $m_2$,如果两次投点的 $m_1$ 与 $m_2$ 重合,则表明 $HH' \perp VV'$,否则需要校正。

校正:首先在墙上标定出 $m_1m_2$ 直线的中点 $m$[图 2-57(b)],用望远镜十字丝交点对准 $m$,然后固定照准部,再将望远镜上仰至 $M$ 点附近,此时十字丝交点必定偏离 $M$ 点,而在 $M'$ 点,这时打开仪器支架的护盖,校正望远镜横轴一端的偏心轴承,使横轴一端升高或降低,移动十字丝交点,直至十字丝交点对准 $M$ 点为止。对于光学经纬仪,横轴校正螺旋均由仪器外壳包住,密封性好,仪器出厂时又经过严格检查,若不是巨大震动或碰撞,横轴位置不会变动。一般测量前只进行此项检验,若必须校正,应由专业检修人员进行。

# 第五节　罗　盘　仪

## 一、罗盘仪的构造

罗盘仪是利用磁针测定直线磁方位角的一种仪器。通常用于独立测区的近似定向以及线路和森林勘测中。罗盘仪的种类很多,其构造大同小异。图 2-58 所示为 DQL－1 型罗盘仪,主要由望远镜、罗盘盒和基座三部分组成。

**1. 望远镜**

望远镜用于瞄准目标,由物镜、十字丝、目镜组成。使用时首先转动目镜进行调焦使十字丝清晰,然后用望远镜大致照准目标,再转动物镜对光螺旋使目标清晰,最后以十字丝竖丝精确对准目标。望远镜一侧为竖直度盘,可以测量竖直角。

**2. 罗盘盒**

罗盘盒如图 2-58(b)所示。罗盘盒内有磁针和刻度盘。磁针用于确定南北方向并用来指示读数,它安装在度盘中心顶针上,能自由转动。为减少顶针的磨损,不用时用磁针制动螺旋将磁针抬起,固定在玻璃盖上。磁针南端装有铜箍以克服磁倾角,使磁针转动时保持水平。观测时随望远镜转动的不是磁针(磁针永指南北),而是刻度盘,为了直接读取磁方位角，刻度盘以逆时针注记。

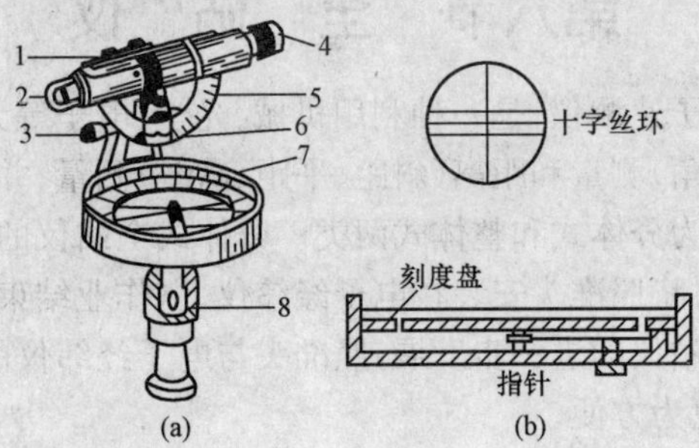


图 2-58　DQL－1 型罗盘仪

1—望远镜制动螺旋；2—目镜；3—望远镜微动螺旋；4—物镜；
5—竖直度盘；6—竖直度盘指标；7—罗盘盒；8—球臼

**3. 基座**

基座是球臼结构，安装在三脚架上，松开球臼接头螺旋，摆动罗盘盒使水准气泡居中，此时刻度盘已处于水平位置，旋紧接头螺旋。

## 二、罗盘仪的使用

应用罗盘仪测定直线的磁方位角时，先将罗盘仪安置在直线的起点，使罗盘仪水平后，放下磁针，瞄准直线的另一端点，待磁针静止后，即可在度盘上读数，所得读数为该直线的磁方位角。使用罗盘时，若指物觇标位于 N°，则用磁针北端读数。由于两点之间的方位是相互的，所以使用盘针时要机动灵活。如：$A$ 点在 $B$ 点的 NE30°方向，那么 $B$ 点则位于 $A$ 点的 SW210°方向。如果站在 $A$ 上，要知道 $A$ 点位于 $B$ 点的什么方位，那么直接读罗盘南针即可。

**关键细节 37　罗盘仪使用步骤**

罗盘仪使用步骤如下：

(1)安置罗盘仪于直线的一个端点，进行对中和整平。

(2)用望远镜瞄准直线另一端点的标杆。

(3)松开磁针制动螺旋，将磁针放下，待磁针静止后，磁针在刻度盘上所指的读数即为该直线的磁方位角。读数时，当刻度盘的 0°刻划在望远镜的物镜一端，应按磁针北端读数；如果在目镜一端，则应按磁针南端读数。图2-59中刻度盘0°刻划在物镜一端，应按北针读数，其磁方位角为 240°。

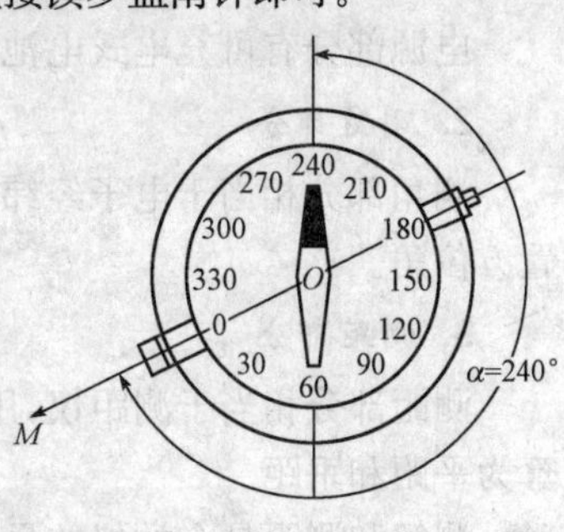


图 2-59　罗盘仪的使用

**关键细节 38　罗盘仪使用注意事项**

罗盘仪使用过程中，应注意下列事项：

(1)罗盘仪不能在高压线区、铁矿区、铁路线旁等区域使用。

(2)罗盘仪在使用时，为避免影响磁针位置的正确性，不要让铁质物体接近罗盘。

(3)罗盘仪使用完毕后，应将磁针升起，固定在顶盖上。

# 第六节　全　站　仪

全站仪即全站型电子速测仪，是一种利用机械、光学、电子等元件组合而成，可以同时进行角度（水平角、垂直角）测量和距离（斜距、平距、高差）测量，并可进行有关计算的高科技测量仪器。全站仪分为分体式和整体式两类。分体式全站仪的照准头和电子经纬仪不是一个整体，进行作业时将照准头安装在电子经纬仪上，作业结束后卸下来分开装箱。整体式全站仪是分体式全站仪的进一步发展，照准头与电子经纬仪的望远镜结合在一起，形成一个整体，使用起来更为方便。

## 一、全站仪的构造

一般全站仪的功能组合框图如图 2-60 所示。

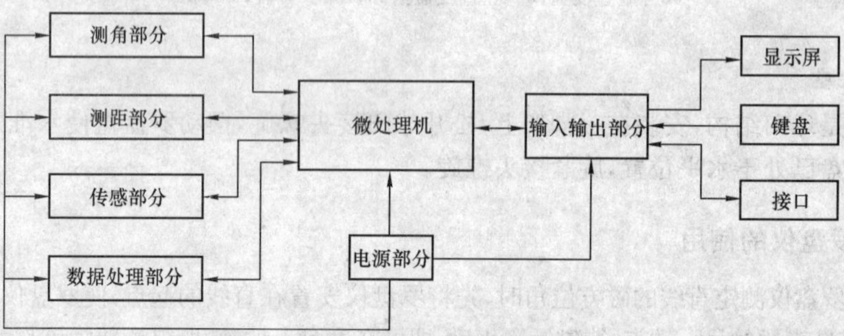


图 2-60　全站仪的功能组合框图

**1. 电源部分**

电源部分有可充电式电池的电池盒装入仪器内，或用外接电源，供各部分用电需要。

**2. 测角部分**

测角部分相当于电子经纬仪，有水平度盘和垂直度盘，可以测定水平角、垂直角和设置方位角。

**3. 测距部分**

测距部分相当于测距仪，用调制的红外光或激光按相位式或脉冲式测定斜距，并可归算为平距和垂距。

测解和测距是全站仪的最基本功能。

**4. 传感部分**

传感部分是光电管传感器或 CCD 传感器，目的是使全站仪的总体性能和精度得到提高。例如用于仪器纵轴倾斜改正的双轴补偿器，用于提高度盘读数精度的编码读数传感器，用于自动寻找目标的搜索传感器。

**5. 数据处理部分**

数据处理部分是一系列应用程序和存储单元，按输入的已知数据和观测数据推算出所需的测量成果，例如坐标计算、放样数据计算等，并进行数据的存取。

**6. 输入输出部分**

输入输出部分包括键盘、显示屏和通信接口。从键盘可以输入操作指令、数据和设置参数;显示器可以及时显示仪器当前的工作方式、观测数据和运算结果,并有参数设置和数据输入的对话框;通信接口使仪器能与磁卡、磁盘、微机等交互通信,传输数据。中央处理单元接受指令和调度支配各部分的工作。

**7. 微处理机**

微处理机是全站仪的核心部件,它如同计算机的中央处理器(CPU),主要由寄存器系列(缓冲寄存器、数据寄存器、指令寄存器等)、运算器和控制器组成。微处理机的主要动能是根据键盘指令启动仪器进行测量工作,执行测量过程的检核和数据的传输、处理、显示、存储等工作,保证整个光电测量工作有条不紊的完成。

全站仪的基本功能是在仪器照准目标后,通过微处理机的控制,自动完成测距、水平方向和天顶距读数、观测数据的显示、存储。

现代的全站仪上装置了先进的电子系统和读数设备。一台全站仪除能自动测距、测角外,还能快速完成一个测站所需完成的工作,包括平距、高差、高程、坐标以及放样等方面数据的计算。现代的全站仪具有以下特点:

(1)采用先进的同轴双速制、微动机构,使照准更加快捷、准确。

(2)具有完善的人机对话控制面板,由键盘和显示窗组成,除照准目标以外的各种测量功能和参数均可通过键盘来实现。仪器两侧均有控制面板,操作方便。

(3)设有双轴倾斜补偿器,可以自动对水平和竖直方向进行补偿,以消除竖轴倾斜误差的影响。

(4)机内设有测量应用软件,能方便地进行三维坐标测量、放样测量、后方交会、悬高测量、对边测量等多项工作。

(5)具有双路通视功能,仪器将测量数据传输给电子手簿式计算机,也可接受电子手簿和计算机的指令和数据。

## 关键细节 39 望远镜

目前的全站仪基本上采用望远镜光轴(视准轴)和测距光轴完全同轴的光学系统,如图 2-61 所示,一次照准就能同时测出距离和角度。望远镜能作 360°自由纵转,其操作方法同一般经纬仪。

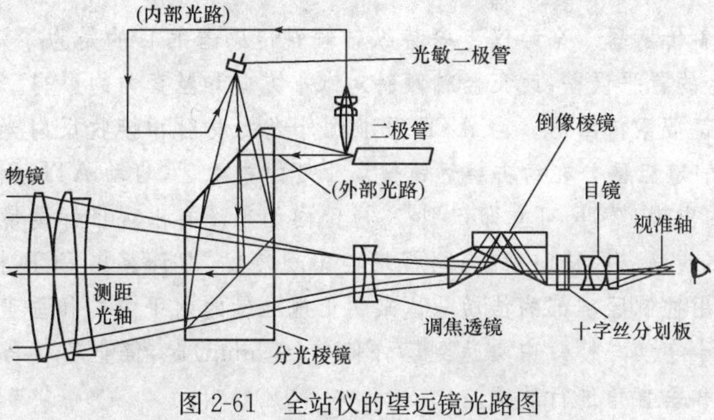


图 2-61 全站仪的望远镜光路图

## 关键细节 40 显示屏和键盘

显示屏和键盘是全站仪操作面板的两部分。

(1)显示屏。全站仪一般都有较大的显示屏,可显示4×36～8×36个字符(4～8行),能充分表达全站仪的各种功能、已知数据、观测值和计算数据,并附有照明设备。最先进的有彩色触摸屏,兼有输入和显示功能。

(2)键盘。全站仪的操作键大致可分为开关键、照明键,功能键、输入键、控制键和回车键。输入键有一组,可以输入数字(含小数点、正负号)和英文字母;控制键分为移位键、变换健、空格键、退格键、取消键、光标移动键等;回车键一般用于某种功能的确认或输入数据的确认;功能键用于改变各功能页的显示,全站仪的各种功能的主菜单一般以4个项目或5个项目为一页(page,编号为P1,P2,…),功能名称以一页为一组列于显示屏的最下一行(称为功能行),并与显示屏下的各个功能键相对应;有些功能的主菜单尚有若干级子菜单,可显示于屏幕,并用光标移动键选中调用。

## 关键细节 41 传感器

(1)度盘读数传感器。全站仪的度盘读数一般采用增量式编码度盘,用光电传感器按通光量变化进行角度读数。较先进的是用条码编码度盘用CCD传感器读数。角度的编码信息用发光管发光透过度盘,由一组线性CCD列阵和一个8位A/D转换器读出,如图2-62所示。

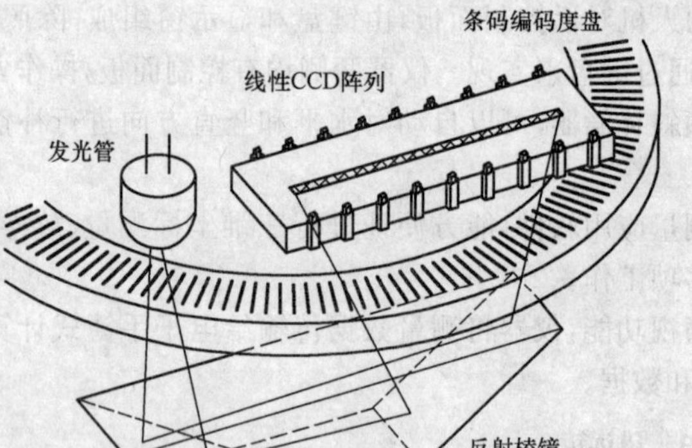


图2-62 度盘读数的CCD传感器

(2)纵轴倾斜传感器。全站仪上安装纵轴倾斜传感器的目的是为了消除由于仪器的纵轴倾斜而产生的置平误差,改正竖轴倾斜对水平方向和竖直角的影响。

(3)目标棱镜搜索传感器。由ATR照准红外光的发射和接收反射光的线性CCD阵列构成。ATR的感应区分在约占望远镜视场1/3的中心区,启动ATR测量时,如果目标棱镜在此区域内出现,ATR可立即识别;感应区内如果没有出现目标棱镜,即进行螺旋式扫描,搜索目标,使感应区移向棱镜;当视场内出现棱镜,即计算出CCD相机中心与接收光点的偏移量,用控制照准部的传动马达来纠正视准轴的水平方向和垂直方向,自动照准目标;当望远镜十字丝与棱镜中心达到容许偏差(≤5mm)时,停止转动马达,测出其偏移量,并对水平角和垂直角进行改正。

**关键细节 42 存储器**

全站仪的存储器可以存储已知数据、观测数据和计算数据。除了能将数据显示以外，可将其传输到外部设备(存储卡、电子记录手簿和计算机)，这是全站仪的基本功能之一。存储器分为机内存储器和存储卡两种。

(1)机内存储器。机内存储器相当于计算机的内存(RAM)，用于存/取各种数据，其主要是观测值(角度、距离、仪器高、目标高、点号、编码等)和计算值(点的坐标和高程等)。

(2)存储卡。有些全站仪有存储卡设备，可以插入全站仪，记录观测和计算数据。

**关键细节 43 通信接口**

全站仪可以将内存中的存储数据通过 RS—232C 或 USB 串行接口和通信电缆传输给计算机，也可以接收从计算机传输过来的数据，称为双向通信。通信时，全站仪和计算机各自调用有关数据通信程序，先设置好相同的通信参数，然后启动程序，完成数据通信。

**关键细节 44 仪器等级和技术参数**

全站仪以度盘的测角精度划分等级并设置相应的技术参数。表 2-3 列出了各等级全站仪的技术参数。

**表 2-3 全站仪系列技术参数及用途**

<table>
<tr><td colspan="3">仪器等级</td><td>1″级</td><td>2″级</td><td>3″级</td><td>5″级</td></tr>
<tr><td rowspan="3">测角部分</td><td colspan="2">测角精度</td><td>±1″</td><td>±2″</td><td>±3″</td><td>±5″</td></tr>
<tr><td colspan="2">最小显示</td><td colspan="2">0.5″/1″</td><td colspan="2">1″/5″</td></tr>
<tr><td colspan="2">补偿器类型</td><td colspan="4">液体双轴倾斜传感器，补偿范围：±3′</td></tr>
<tr><td rowspan="8">测距部分</td><td rowspan="4">测程</td><td>免棱镜</td><td colspan="4">白色面：<500m，灰色面：<250m</td></tr>
<tr><td>反射片</td><td colspan="4"><500m</td></tr>
<tr><td>单棱镜</td><td colspan="4">按通视条件：<3000m～<5000m</td></tr>
<tr><td>三棱镜</td><td colspan="4">按通视条件：<6000m～<10000m</td></tr>
<tr><td rowspan="4">测距精度</td><td>免棱镜</td><td colspan="4">$\pm(5+10\times10^{-6}\cdot D)$mm</td></tr>
<tr><td>反射片</td><td colspan="4">$\pm(3+2\times10^{-6}\cdot D)$mm</td></tr>
<tr><td>一般棱镜</td><td colspan="4">$\pm(2+2\times10^{-6}\cdot D)$mm</td></tr>
<tr><td>精密棱镜</td><td colspan="2">$\pm(1+2\times10^{-6}\cdot D)$mm</td><td colspan="2"></td></tr>
<tr><td rowspan="2">水准器灵敏度</td><td colspan="2">管水准器</td><td colspan="2">20″/2mm</td><td colspan="2">30″/2mm</td></tr>
<tr><td colspan="2">圆水准器</td><td colspan="4">10′/2mm</td></tr>
</table>

## 二、常见全站仪及其功能介绍

### 1. SET230R 全站仪

SET230R 全站仪的外形如图 2-63 所示。标称测角精度为±2″，标称测距精度为$\pm(2+2\times10^{-6}\cdot D)$mm，在 250m 以内可以“免棱镜测距”。基本测量功能有角度测量、距离测量和坐标测量等；高级测量功能有放样测量、后方交会、偏心测量、对边测量和悬高测量等;有测量数据记录和输入、输出功能。

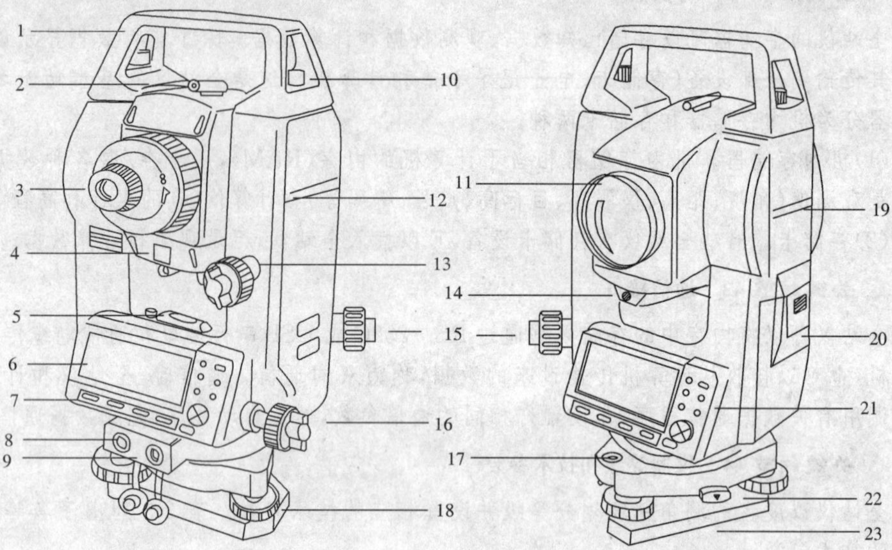

图 2-63 SET230R 全站仪

1—提柄;2—粗瞄准器;3—目镜;4—指示光显示器;5—平盘水准管;6—显示屏;7—软键;8—外接电源插口;9—数据输入输出插口;10—提柄固紧螺钉;11—物镜;12—无线遥控器接收点;13—垂直微动螺旋;14—指示光发射器;15—光学对中器;16—水平微动螺旋;17—圆水准器;18—脚螺旋;19—仪器高标志;20—电池护盖;21—操作面板;22—基座制动控制杆;23—底板

SET230R 全站仪的显示屏和操作键如图 2-64 所示,屏上共有 6 行,每行 20 个字符。第一行为标题行,显示本次操作的主要内容。第 6 行为功能菜单行,显示主菜单、子菜单和菜单项的名称。中间几行显示已知数据、观测数据以及供选择的功能菜单等。当进行角度和距离测量时,屏幕右上角显示棱镜常数(即加常数)、气象改正的乘常数的百万分率(ppm)、电池余量、双轴倾斜改正、棱镜类型、激光发射等数据和信息。

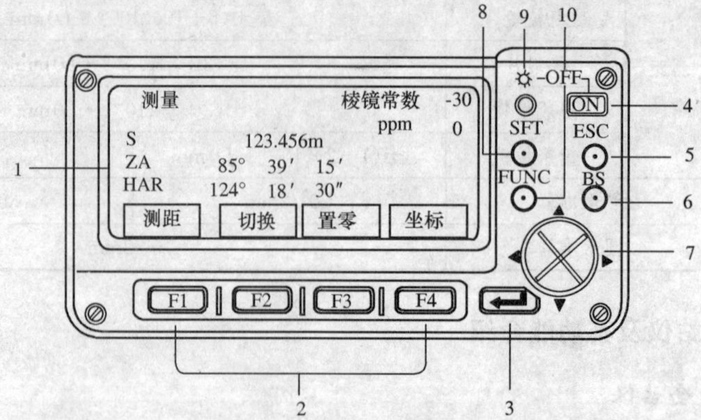


图 2-64 SET230R 全站仪的显示屏和操作键

1—显示屏;2—软键;3—回车键(输入键);4—电源开关;5—退回或取消键;6—删除键;7—光标移动键;8—大小字母转换键;9—照明键;10—功能转换键

SET230R 全站仪的键盘功能见表 2-4。

**表 2-4　　SET230R 全站仪的键盘功能**

| 按键名称 | 功　能 |
| --- | --- |
| 开机、关机和照明键 | 单独按电源开关键(ON)为开机，与照明键同时按下为关机。当外界光线不足时，可按照明键照明显示屏和望远镜中的十字丝分划板，再按一下为关闭照明 |
| 功能键 | 显示屏最下一行(F1 至 F4)为功能键，又称软件键(简称软键)，与显示屏的功能菜单行相对应，按下即为选中该期间或运用某项功能 |
| 控制键 | 操作面板右部靠上方的五个键总称为控制键，其中，“ESC”(Escape)为退出键。由于菜单的层层调用，屏幕显示也层层深入，如果要退回到上一层次的显示屏，则可用 ESC 键。“FUNC”(Function)为功能变换键。显示屏的功能菜单行一次可安排 4 个菜单项，称为一页，共有 3 页(P1，P2，P3)。仪器的功能主菜单共有 22 个菜单项，可选其常用的 12 项安排在 3 个页上，如图 2-64 所示显示屏的功能菜单行显示的 4 个菜单项为第 1 页(P1)，需要变换为 P2，P3 则用 FUNC 键。“SFT”(Shift)为转换键，用于同一个输入键需要输入数字或字母时的功能转换。“BS”(Back Space)为退格键，用于取消左边的一个数字或字母，可连续使用以消去输入错误的字符串 |
| 移动键 | 操作面板右下部圆盘形为光标移动键，其上、下、左、右有三角形箭头指示，按圆盘的上、下指示部分，可使光标在上、下行移动；按圆盘的左、右指示部分，可使光标在一行中左、右移动，用于菜单项选定或输入数据的修改 |
| 回车键 | 回车键用于功能选项的确认或输入数据和字符串的确认 |

**2. TCA2003 全站仪**

TCA2003 全站仪的外形如图 2-65 所示，它是一种高精度的多功能全站仪。仪器的标称测角精度为±0.5″，标称测距精度为±(1+1ppm×$D$)mm。基本测量功能有角度测量、距离测量、坐标测量和放样测量等，还有测量数据记录和输入、输出功能。高级测量功能有后方交会、偏心测量、对边测量、自由测站、悬高测量、面积测量、导线测量和道路放样等。此外还有激光对点、自动目标识别和瞄准以及放样时的闪烁光导向等特种功能。

仪器的显示屏和操作面板如图 2-66 所示。显示屏可显示的字符为 8 行×35 列，还加图标显示，可显示仪器的功能、状态和程序菜单、观测值和计算值以及需要输入的数据和信息，因此又称为对话框。

显示屏的末行为“可变功能行”，可随菜单的变换(按 Shift 键)或菜单层次的深入而变换功能名称；名称与以下橙色的功能键一一对应，按某一功能键，即可执行相应的功能或进入下一层次的功能菜单。

TCA2003 全站仪的键盘功能见表 2-5。

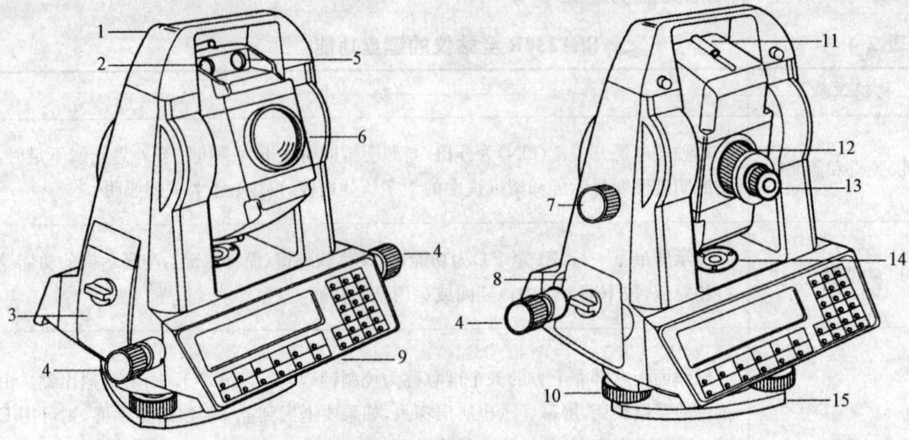


图 2-65　TCA2003 全站仪

1—提柄；2—左闪烁灯；3—存储卡盒；4—水平微动螺旋；5—右闪烁灯；6—物镜；7—垂直微动螺旋；8—电池盒；9—操作面板；10—脚螺旋；11—粗瞄准器；12—物镜调焦环；13—目镜；14—圆水准器；15—底板

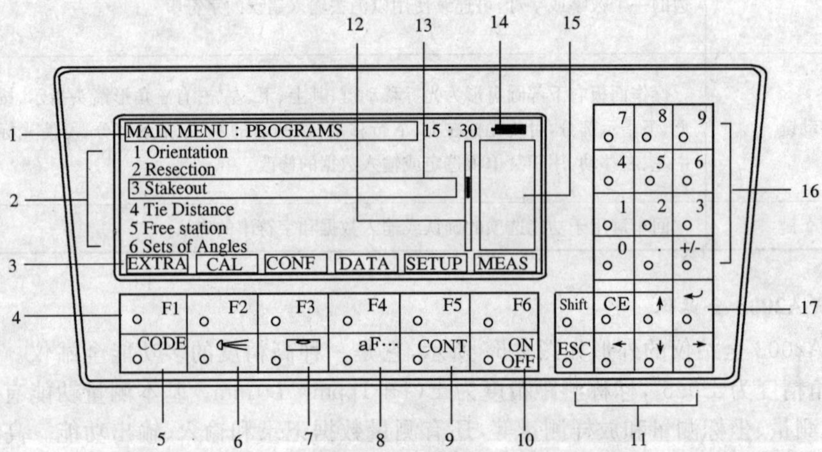


图 2-66　TCA2003 全站仪显示屏和操作面板

1—显示屏标题行；2—滚动显示行；3—可变功能行；4—功能键；5—代码输入键；6—照明键；7—电子水准键；8—辅助功能键；9—确认键；10—电源开关键；11—控制与光标移动键；12—滚动条；13—选中光条；14—电池余量；15—状态图标；16—数据输入键；17—回车键

**表 2-5　TCA2003 全站仪的键盘功能**

| 按键名称 | | 功　能 |
| --- | --- | --- |
| 固定功能键 | 编码键(CODE) | 输入点的编码信息，可使用标准编码或用户开发的编码 |
| | 照明键 | 用以照明显示屏和十字丝，调整显示屏、十字丝和导向光的亮度(%) |
| | 电子水准键 | 使屏幕显示电子气泡图形和垂直轴在纵横向的倾角 |

（续）

| 按键名称 | | 功　能 |
| --- | --- | --- |
| 固定功能键 | 辅助功能键（aF…） | 设置用户模板和调出数据文件，设置测距方式（标准、精密、快速、跟踪、平均、快速跟踪），纵轴倾斜补偿的 ON/OFF，测距信号强度检测，水平角扇区探测，设置垂直显示方式（天顶距、高度角、高度%），自动关机和休眠的时间选择，遥控测量中的附件使用 |
| | 确认键（CONT） | 屏幕菜单选择或屏幕输入的确认和返回 |
| | 电源开关键 | 仪器电源的 ON/OFF |
| 控制键 | 变换键（Shift） | 用于功能菜单的变换（功能键的第二功能） |
| | 返回键（ESC） | 返回原对话框并使选定或输入的内容无效（取消），先后按 Shift 及 ESC 键则返回主菜单 |
| 光标移动键（绿色） | | 上、下箭头键使光标在显示屏上向上、下行移动，左、右箭头键使光标在同一行中左右移动。光标移动键用于在屏幕上的菜单选取和数据输入 |
| 数字键（黄色） | | 用于数字、小数点、正负号输入，或用于屏幕中菜单选项所对应的数字进行选择。删除键（CE）用于删除输入的数字或字符。回车键用于输入数据或选项的确认 |

**3. GTS—310 型全站仪**

GTS－310 型全站仪的外貌和结构如图 2-67 所示，其结构与经纬仪相似。

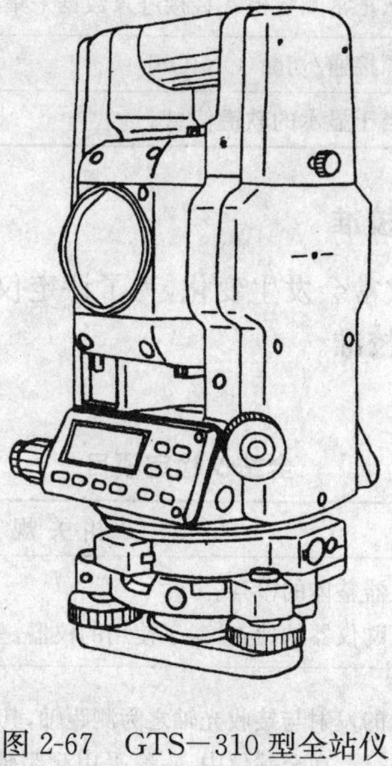

图 2-67　GTS－310 型全站仪

仪器的键盘设置情况如图 2-68 所示。键盘分为两部分，一部分为操作键，在显示屏的右上方，共有 6 个键；另一部分为功能键（软键），在显示屏的下方，共有 4 个键。

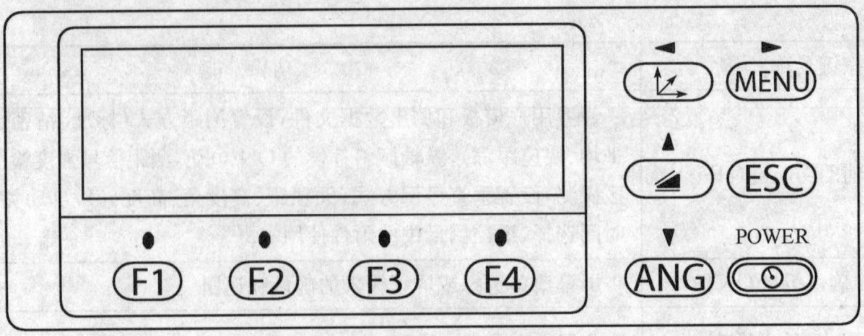


图 2-68　全站仪键盘

GTS—310 型全站仪的键盘功能见表 2-6。

**表 2-6　　GTS—310 型全站仪的键盘功能**

| 按键 | 名　称 | 功　　能 |
|---|---|---|
|  | 坐标测量键 | 坐标测量模式 |
|  | 距离测量键 | 距离测量模式 |
| ANG | 角度测量键 | 角度测量模式 |
| MENU | 菜单键 | 在菜单模式和正常测量模式之间切换，在菜单模式下设置应用测量与照明调节方式 |
| ESC | 退出键 | ①返回测量模式或上一层模式；<br>②从正常测量模式直接进入数据采集模式或放样模式 |
| POWER | 电源键 | 电源接通/切断(ON/OFF) |
| F1 至 F4 | 软键(功能键) | 相当于显示的软键信息 |

## 三、测量前全站仪检定与校准

在运输和使用时，仪器参数常会发生变化，为了评定仪器质量，保证测量的精度，在精密测量前应对仪器进行检定和校准。

全站仪检定项目见表 2-7。

**表 2-7　　全站仪检定项目**

| 序号 | 项目 | 相 关 规 定 |
|---|---|---|
| 1 | 外观功能检查 | ①针对仪器整体的检查。<br>②针对新购仪器的检查，对于使用的仪器，只要不影响测距及测角准确度即可 |
| 2 | 测距轴与视准轴吻合性检定 | 测距信号的发射与接收光轴之为测距轴，其检查与调整一般是由生产厂家或仪器维修部门进行。在全站仪中，一般采用测距轴与视准轴同轴的光学系统，即在望远镜十字丝照准反射棱镜中心时，测距信号最强 |
| 3 | 测程检定 | 由于检验基线一般较短，因此，只检验使用单棱镜测程是否涉及仪器规定的指标 |

(续)

| 序号 | 项目 | 相关规定 |
| --- | --- | --- |
| 4 | 调制光相位不均匀误差的检定 | 当向发光管注入调制电流时,发光面上各点由于电子和穴复合速度不同而导致各部分发出光的相位不同。这种现象称为调制光波相位不均匀。当仪器照准发射棱镜有偏差时,调制光波相位不均匀性会对距离测量带来误差影响。另外,即使仪器照准正确,但由于在远近不同测距时,发光管相位的不均匀性使所取载光斑百分比面积有所不同,而接收到的平均相位产生变异,并呈现为一种系统性误差 |
| 5 | 幅相误差的检定 | 在不同测程的情况下,接收信号的强弱不同会使幅度发生变化,由此而引起的测距误差称为仪器的幅相误差 |
| 6 | 测尺频率检定 | 为了提高精测尺频率的稳定性,消除精测尺频率对测距结果的影响,各仪器生产商采用了不同的手段和方法。目前,大部分采用温度补偿晶体振荡器(TCXO)来保证精测尺频率的稳定性;而德国 ZEISS 公司和瑞士 LEICA 公司则采用精测尺频率改正的方法来改正因温度变化而引起的精测尺频率偏差 |
| 7 | 测角误差检定 | 全站仪的测角部分与电子经纬仪完全一致,应满足以下三个几何条件:①视准轴 $CC'$ 应垂直于横轴 $HH'$;②横轴 $HH'$ 应垂直于竖轴 $VV'$;③水准管轴 $LL'$ 应垂直于竖轴 $VV'$。<br>除上述三轴关系的检定外,全站仪检定时还应进行补偿器零点差的调整、照准部旋转时基座位移产生的误差检定。测量数据记录功能检查、数据通信功能检查、电缆传输数据功能检查误差改正软件及其他应用软件检查 |

### 关键细节 45　全站仪外观及功能检查

全站仪外观及功能检查针对仪器整体,且多为新购仪器,对于使用中的仪器,只要不影响测距及测角准确度即可,外观及功能检查应符合下列要求:

(1)仪器表面不得有碰伤、划痕、脱漆及锈蚀,盖板及各部件结合完整,密封性好。

(2)光学部件表明清洁,无擦痕、霉斑、麻点及脱膜现象;望远镜十字丝成像清晰、粗细均匀、视场亮度均匀;目镜及物镜调焦转动平稳,不应有晃动或自行滑动现象。

(3)圆水准器和管水准器不得松动,脚螺旋转动松紧适度,水平和竖直制动、微动螺旋运转平衡可靠。

(4)操作键盘上各键反应灵敏,功能正常,液晶显示清晰、完整。

(5)数据传输接口及外接电源完好,机载电池接触良好。

(6)仪器标识(生产厂家、型号等)应完好。国家仪器必须具有计量器具制造许可证编号、CMC 标志及出厂合格证书。

### 关键细节 46　全站仪测距轴与视准轴吻合性检定

全站仪测距轴与视准轴吻合性的检定方法如下:

(1)将仪器和棱镜分别安置于 50～100m 线段的两端,照准棱镜中心,读取水平方向读数 $H$ 和天顶距读数 $Z$。

(2)用水平微动螺旋左、右偏转仪器,直至信号恰好减少到临界值为止,读取水平方向

读数 $H_1$ 和 $H_2$。

(3)照准棱镜中心后，再用竖直微动螺旋上、下转动望远镜，直至信号恰好减少到临界值为止，读取竖直方向读数 $Z_1$ 和 $Z_2$。

(4)计算水平和竖直临界角的绝对值：

$$\Delta H_1=|H_1-H| \qquad \Delta H_2=|H_2-H|$$

$$\Delta Z_1=|Z_1-Z| \qquad \Delta Z_2=|Z_2-Z|$$

(5)当 $|\Delta H_1-\Delta H_2|\leqslant\frac{1}{5}|H_1-H_2|$，$|\Delta Z_1-\Delta Z_2|\leqslant\frac{1}{5}|Z_1-Z_2|$ 时，则测距轴与视准轴吻合性合格；否则应送仪器维修中心，调整发光轴位置。

### 关键细节 47 全站仪测程检定

全站仪测程的检定应在大气透明度良好且无明显大气抖动的阴天进行。检定时，分别将仪器和反光棱镜安置于基线两端，进行 10 次重复距离测量(每次读数需重新照准)并按式(2-11)计算一次距离测量标准差 $m$。

$$m_S=\sqrt{\frac{\sum_{i=1}^{10}(D_i-D_0)}{10}} \tag{2-11}$$

式中 $D_i$——经过气象改正、加乘常数改正及倾斜改正后的距离测量值；

$D_0$——已知的基线值。

按式(2-11)求得的标准差应小于或等于仪器的距离精度。

### 关键细节 48 全站仪调制光相位不均匀误差检定

全站仪调制光相位不均匀误差的检定采用偏调法进行。选择长约 50m 的检定场地，两端分别安置全站仪和反射棱镜，并使仪器和棱镜同高。用望远镜十字丝精确照准棱镜标志，读取一组距离值，然后用水平微动螺旋对棱镜进行左右扫描，并在水平度盘每微动一个小角(30″或 1′)时，读取一组距离观测值；而后用竖直微动螺旋在垂直方向垂动一个小角，再水平进行左右扫描，每微动一个小角读取一组读数，并注记出各测点距离值的尾数；最后用勾绘等高线的方法勾绘出相位曲线。

### 关键细节 49 全站仪幅相误差检定

幅相误差的检定方法一般是在发射物镜和接收物镜前另外安置一个灰度滤光片减光系统。由于一般仪器的发射物镜和接收物镜是同轴的，由此在幅相误差的检定中，必须保证发射信号不能通过减光系统对外部直接反射到接收物镜中。为了确保检定结果的准确性，应采取以下措施：

(1)检定前应对仪器预热 30min 左右，以消除由于仪器内部温度不一致带来的测距误差。

(2)检定开始前应精确照准反射镜，此后的检定过程中，不再重新照准反射镜或者偏调仪器。

(3)检定应在室内进行，且仪器与反射镜间的距离应尽可能远(大于 50m)。

### 关键细节 50 全站仪测尺频率检定

精测尺频率检定一般是在室温下测定其频率的偏移。具体方法为：在全站仪开机后，可每隔一定时间从频率计上读取 $f_i$，共测定 30 次。若全站仪有实时显示频率，应同步记录仪器的显示频率 $f_{0i}$，则频率实测值为：

$$\bar{f}=\frac{\sum_{i=1}^{30} f_i}{30} \tag{2-12}$$

频率显示值为：

$$\bar{f}_0=\frac{\sum_{i=1}^{30} f_{0i}}{30} \tag{2-13}$$

对于采用温度补偿晶体振荡器的仪器，$\bar{f}_0=f_0$（$f_0$ 为频率标准值）。

相对频偏为：

$$\frac{\Delta f}{f_0}=\frac{\bar{f}_0-\bar{f}}{f_0} \tag{2-14}$$

其中，$\Delta f$ 的标准差可以用频率检定装置的准确度进行估计。

一般情况下，相对频偏 $\Delta f/\bar{f}_0$ 不应大于该仪器标称测距精度比例项的 2/3。

### 关键细节 51　全站仪补偿器零点差的调整

仪器经过长期使用或长途运输后，补偿器的零点位置会发生变化，需将其送到维修中心调整补偿器的几何位置，消除零点差。目前，绝大多数仪器零位是动态的，在仪器说明书中均有调整零点差的说明，可根据说明，通过软件重新设置零位，消除零点差。

### 关键细节 52　全站仪照准部旋转时基座产生的误差检定

(1)误差产生的原因。发照准部旋转时，固定在基座上的水平度盘不应被其带动，但实际上很难做到。这种度盘被带动的现象主要是由空隙带动误差和弹性带动误差引起的，见表 2-8。

表 2-8　空隙带动误差与弹性带动误差

| 项目 | 产生原因 | 对误差的影响 |
|---|---|---|
| 空隙带动误差 | 仪器脚螺旋与螺孔之间存在着空隙，当旋转照准部时，可能使脚螺旋在其螺孔内移动，从而导致基座和水平度盘发生微小的方位变动 | 基座和水平度盘的方位变动只有在照准部开始转动时才会发生，变动旋转方向时取得最大值，而后逐渐减小；当脚螺旋已压向孔壁一侧时就不再变动了。这种影响使照准部向右旋转时，度盘读数偏小，向左旋转时，度盘读数偏大。因此，当观测某一组方向时，在照准零方向前，先将仪器沿要旋转的方向转动 1～2 周，并在照准其他方向时，必须保持按同一方向旋转，这样才可以消除或减弱此项误差的影响 |
| 弹性带动误差 | 若竖轴与其轴套之间存在较大摩擦，在照准部旋转时就可能带动基座而产生弹性扭曲，同时水平度盘产生微小的方位变动 | 基座和水平度盘的扭曲主要发生在照准部开始旋转的瞬间，在转运过程中其值减小，从而使读数在顺时针旋转情况下偏小 |

空隙带动误差和弹性带动误差可采用与消除或减弱空隙误差相同的方法来消除或减弱。

(2)误差检定方法。全站仪照准部旋转时基座产生的误差的检定方法是:在仪器墩台上安置好仪器并照准一平行光管,顺时针旋转照准部一周照准目标读数,再顺转一周照准目标读数;然后逆时针旋转照准部一周照准目标读数,再逆转一周照准目标读数,完成一测回,连续测定10个测回,分别计算顺、逆两次照准目标读数的差值,并取10次平均值作为最终结果。对于0.5″级的仪器,其值不应超过0.3″;对于2″级的仪器,其值不应超过1.5″。若检定结果超限时,应送仪器维修中心修理。

### 关键细节 53 测量数据记录功能检查

全站仪一般采用配置存储卡和内置存储器两种记录数据方式。无论是配置存储卡或内置存储器,都要求其初始化工作正常;存储容量要达到说明书的标称指标;测量数据可以完整地存储到存计卡(器)中,并能在全站仪上调用这些数据。对存储卡(存储器)功能进行检查的方法是按照仪器说明书提供的操作步骤,逐步进行检查,发现异常情况及时分析原因。若故障系仪器本身原因,应及时对仪器进行维修。

### 关键细节 54 数据通信功能检查

全站仪数据通信是指全站仪与计算机之间的双向数据交换。目前主要的数据交换方式有以下两种:

(1)PCMCIA存储卡及专用存储卡传输。PCMCIA存储卡简称PC卡,是个人计算机存储卡国际协会确定的标准计算机设备的一种配件,目的是为了提高不同计算机之间以及其他电子产品之间的信息交换。一般便携机都设置有PCMIA卡插口,只要插入PC卡,即可达到扩充系统的目的。

(2)电缆传输。全站仪数据通信的另一种方式是全站仪将测得或处理后的数据,通过电缆直接传输到计算机或其他设备中,也可将计算机的数据传至全站仪,或者直接由计算机控制全站仪。全站仪每次传输的数据量有限,所以一般全站仪采用串型通信方式。

对该功能的要求是:计算机与全站仪间的数据交换能正常进行,即全站仪与计算机能实现数据互传。若传输不能正常进行,要检查计算机端口选择是否正确,波特率是否一致,电缆是否有损坏等;在排除以上原因后,若还不能正常传输数据,则应将仪器送维修中心进行修理。

### 关键细节 55 误差改正软件及其他应用软件检查

新型全站仪中不仅设置有加常数改正、大气参数改正、轴系误差(视准轴误差、横轴误差及竖轴误差)改正和竖盘指标差修正等改正软件,而且也设置有坐标放样测量、后方交会等应用软件。这些软件运算结果必须正确无误,检查时应按仪器说明书中提供的操作步骤进行实际对比。

## 四、全站仪的使用

全站仪的功能比较全面,几乎包括地面测量的所有工作,例如各种地面控制测量(导线测量、交会定点、三角高程测量)、地形测量的数据采集、工程测量的施工放样和变形观测等。

全站仪的使用可分为观测前的准备工作、角度测量、距离(斜距、平距、高差)测量、三维坐标测量等。角度测量和距离测量属于最基本的测量工作,坐标测量一般用得最多。

### 关键细节 56 测量前仪器参数设置

测量前,应对全站仪的各项参数进行校准与设置。安置仪器前,应进行加常数校准补偿器零点差设置和轴系统设置。

(1)仪器加常数校准。如图 2-69 所示,在 100m 长的一条直线上选择 $A$、$B$、$C$ 三点,并分别架设三脚架。首先将仪器安置于 $A$ 点的三脚架上,测得 $S_{AB}$、$S_{AC}$ 两段距离,然后再将仪器安置于 $B$ 点的三脚架上,测得 $S_{BC}$,则其加常数 $c$ 为:

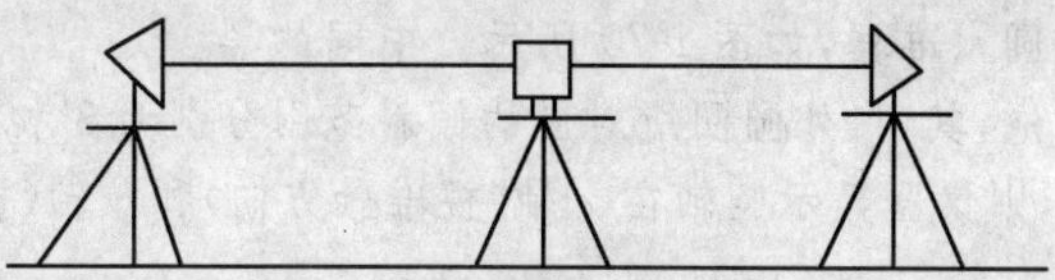


图 2-69 加常数校准

$$c=S_{AC}-(S_{AB}+S_{BC}) \tag{2-15}$$

式中 $S_{AB}$、$S_{AC}$、$S_{BC}$——经倾斜改正后的水平距离。

(2)补偿器零点差和轴系误差的设置。此两项的设置请详细阅读仪器使用说明书。

仪器安置后,在仪器参数设置模块中有多项需要进行设置,但应特别注意以下几项参数的设置。

1)气象改正。由于实际测量时的气象条件一般同仪器设计的参数气象条件不一致,因此必须对所测距离进行气象改正。在测量中,可以直接将温度、气压输入到仪器中,让仪器进行自动改正;也可将仪器的气象改正项置零,并测定测距时的温度 $t$、气压 $P$,按下式进行改正:

$$\Delta D=D\left(278.96-\frac{0.2904P}{1+0.003661t}\right)\times 10^{-6} \tag{2-16}$$

式中 $D$——仪器显示的距离;

$P$——测距时的气压(100Pa);

$t$——测距时的温度(℃)。

2)加常数。使用不同的棱镜时,应在仪器内设置不同的棱镜常数。为了在距离显示值中消除加常数的影响,应在设置棱镜常数 $P$ 值中考虑加常数的影响。

$$A=P+C \tag{2-17}$$

式中 $A$——置入仪器的加常数值;

$P$——棱镜加常数;

$C$——仪器加常数。

3)补偿器及轴系误差改正功能应处于“开”的状态。最简单的办法是将全站仪竖直制动后,调整脚螺旋,若天顶距读数发生变化,则表明补偿器处于“开”的状态;若天顶距读数不发生变化,则表明补偿器处于“关”的状态。另外,也可以采用如下方法:先将全站仪的水平制动螺旋制动后，纵转望远镜，若水平方向读数发生变化，则表明轴系误差改正功能处于“开”的状态；否则，表明轴系误差改正功能处于“关”的状态。

### 关键细节 57 全站仪安置

全站仪的安置可以采用以下两种方法：

(1)用光学对中器安置仪器。用光学对中器安置仪器的步骤与经纬仪的安置相同。

(2)利用补偿器整平仪器。下面以 SET2110 全站仪为例，说明利用补偿器整平仪器的步骤：

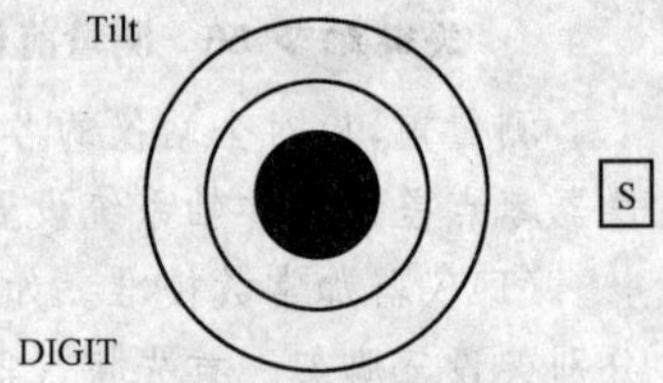


图 2-70 圆水准器的图形

1)按[SET]键进入功能切换状态后，按[O]键，显示窗内以图形形式显示出圆水准器，如图 2-70 所示。中间的黑圈点表示圆水准器气泡，其内、外圆圈所对应的倾斜范围分别为 3′和 4′。

2)按[DIGIT]键，则仪器显示竖轴在 $x$ 轴(视准轴方向)和 $y$ 轴(横轴方向)上的倾斜分量。

3)利用脚螺旋 $A$、$B$ 使 $x$ 轴方向的倾斜分量为零，用脚螺旋 $C$ 使 $y$ 轴方向上的分量为零，此时仪器就精确整平了。

### 关键细节 58 利用全站仪进行角度测量

如图 2-71(a)所示，$A$ 为后视点，$B$ 为前视点，$O$ 为测站点。全站仪使用水平方向置零方法测定 $AOB$ 角的步骤如下：

(1)用水平制动钮和微动螺旋精确照准后视点 $A$；

(2)在测量度模式第 2 页菜单下按[OSET]，将后视点方向设置成零，如图 2-71(b)中“HAR”处显示的 0°00′000″；

(3)精确照准前视点；

(4)如图 2-71(c)中“HAR”处显示的 117°32′21″即为两点间的夹角。

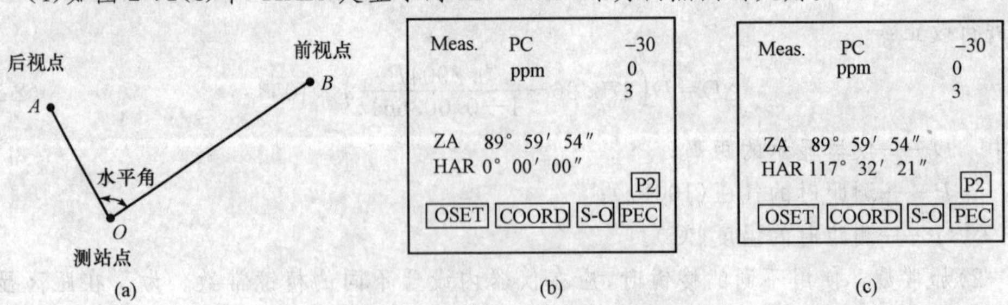


图 2-71 全站仪测水平角示意与操作屏幕

(a)欲测水平角；(b)后视方向置零显示；(c)显示水平角值

### 关键细节 59 利用全站仪进行距离测量

利用全站仪进行距离测量前，应确保以下几点：①电池电量已充足；②度盘指定已设置好；③仪器参数已按观测条件设置好；④气象改正数、棱镜常数改正数和测距模式已设置完毕；⑤已准确照准棱镜中心，返回信号强度适宜测量。

距离测量步骤如下：

(1)在如图 2-72(a)所示测量模式屏幕第 1 页菜单下，按[◢ SHV]选取所需距离类型。每按一次[◢ SHV]将改变一次距离类型：[SDIST]表示斜距；[HDIST]表示平距；[VDIST]表示高差。

(2)按[SDIST]键，开始距离测量。此时有关测距信息(距离类型、棱镜常数改正、气象改正数和测距模式)将闪烁显示在显示窗上，如图 2-72(b)所示。

(3)待仪器发出一声短声响后，距离测量完成，测量结果如图 2-72(c)所示，屏幕左侧第 2、3、4 行分别显示“S”、“ZA”、“HAR”。“S”即是距离测量结果。

(4)在多次测距求取平均值测量时，所得距离值显示为 S—1、S—2……。

(5)进行重复测距时，按[STOP]停止测距和显示测距结果，如图 2-72(d)所示。

(6)在多次测距求取平均值测量时，仪器在完成所指定测距次数后显示出距离的平均值“S-A”。

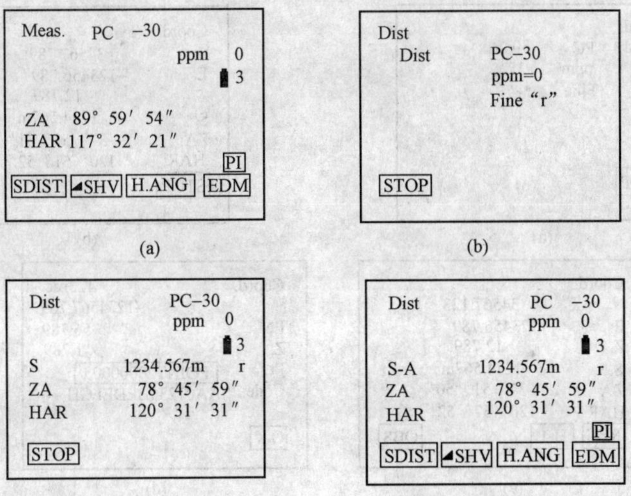


图 2-72 距离测量相关显示屏幕

(a)测量模式屏幕；(b)开始距离测量屏幕；(c)距离测量结果显示屏幕；
(d)多次测距求取平均值，完成指定次数后显示最终结果屏幕

### 关键细节 60 利用全站仪进行坐标测量

利用全站仪进行坐标测量前，应做好如下准备：①仪器已正确地安置在测点上；②电池已充足电；③度盘指标已设置好；④仪器参数已按观测条件设置好；⑤气象改正数、棱镜类型、棱镜常数改正数和测距模式已准确设置；⑥已准确照准棱镜中心，返回信号强度适宜测量；⑦测站数据已输入。

坐标测量步骤如下：

(1)精确照准目标点棱镜中心。

(2)在坐标测量菜单屏幕下选择“1. Observation”后按回车键，屏幕显示如图 2-73(a)所示。测定完成后，显示出目标点坐标值以及目标点距离、垂直角和水平角值，如图 2-73

(b)所示。

(3)若为重复测量模式,按[STOP]停止测量并显示测量值,如图 2-73(c)所示。

(4)若需将坐标数据记录于工作文件按[REC],显示如图 2-73(d)所示。

(5)输入下列各数据项:

1)pt:目标点点号(最大点号长度为 14 字符)。

2)Code:特征码或备注信息等每输完一数据项后按回车键。若按[↓]或[↑],可以显示和选取预先输入内存的特征码。

(6)按[OK]记录数据。

(7)照准下一目标点,按[OBS]开始下一目标点的坐标测量。按[HT]键可进入测站数据输入屏幕,重新输入测站数据。重新输入的测站数据,将对下一观测值起作用。因此,如当目标高等发生变化时,应在测量前输入变化后的值。

(8)按[ESC]结束坐标测量并返回坐标测量菜单屏幕。

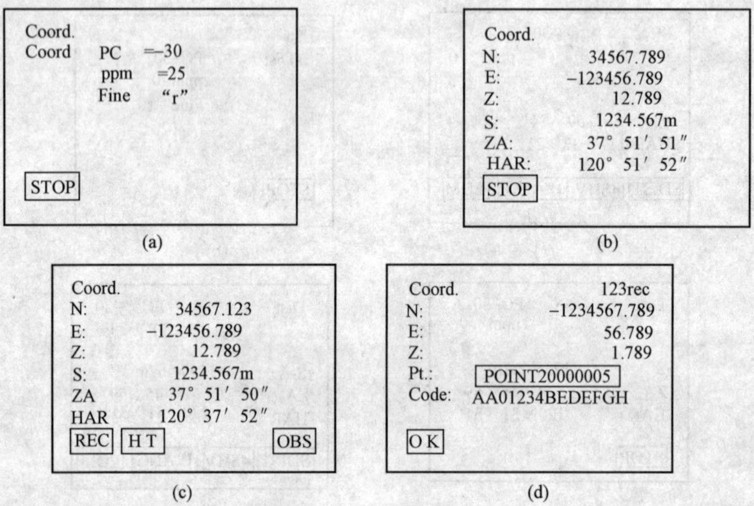


图 2-73 坐标测量

(a)开始坐标测量屏幕;(b)目标点坐标显示屏幕;
(c)重复测量模式下按[STOP]后的显示屏幕;(d)坐标数据记录屏幕

## 关键细节 61 全站仪使用注意事项

全站仪结构复杂、价格昂贵,对于新购置的仪器,如果首次使用,应结合仪器认真阅读仪器使用说明书。通过反复学习、使用和总结,力求做到“得心应手”,最大限度地发挥仪器的作用。仪器使用应注意下列问题:

(1)测量时,测距仪的测距头不能直接照准太阳,以免损坏测距的发光二极管,在阳光下或阴雨天进行作业时,应打伞遮阳、遮雨。

(2)在整个操作过程中,观测者不得离开仪器,以免发生意外。

(3)仪器应保持干燥,遇雨后应将仪器擦干,放在通风处,完全晾干后才能装箱。

(4)全站仪在迁站时,即使很近也应取下仪器装箱。

(5)运输过程中必须注意防振,长途运输最好装在原包装箱内。

(6)仪器应保持清洁,用完后使用毛刷、软布将仪器上落的灰尘除去。如果仪器出现故障,应与厂家或厂家委派的维修部联系修理,决不可随意拆卸仪器,造成不应有的损害。仪器应放在清洁、干燥、安全的房间内,并由专人保管。

(7)棱镜应保持干净,不用时要放在安全的地方,如有箱子应装在箱内,以避免碰坏。

(8)电池充电应按说明书的要求进行。

# 第七节　激光铅直仪

## 一、激光铅直仪的使用

激光铅直仪用来测量相对铅垂线的微小水平偏差,进行铅垂线的点位传递、物体垂直轮廓的测量以及方位的垂直传递,广泛用于高层建筑施工、高塔、烟囱、电梯、大型机械设备的施工安装、工程监理和变形观测等。激光铅直仪的构造如图 2-74 所示。

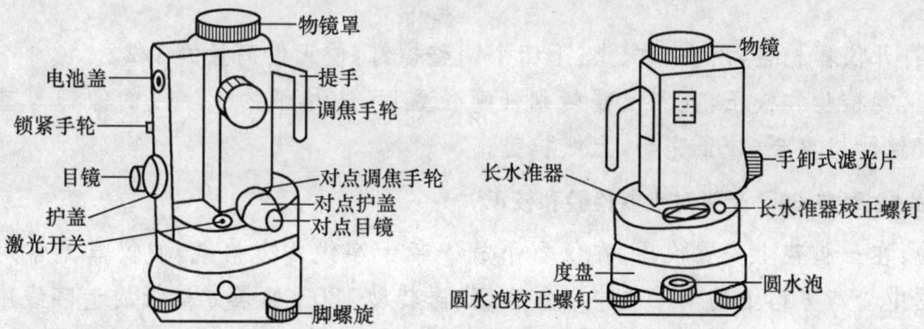


图 2-74　激光铅直仪的构造

### 关键细节 62　激光铅直仪的对中、整平

在基准点上架设三脚架,使三脚架架头大致水平。将仪器安放在三脚架上,用脚螺旋使圆水准器及长水准器气泡居中,在三脚架架头上平移仪器使对点器对准基准点。此时长水准器气泡仍应居中,否则,平移仪器或伸缩三脚架架腿使长水准器气泡居中,同时光学对点器也能对准基准点。

### 关键细节 63　激光铅直仪垂准测量

(1)瞄准目标。在测量处安放方格形激光靶。旋转望远镜目镜至能清晰看见分划板的十字丝,旋转调焦手轮,使激光靶清晰地成像在分划板的十字丝上,此时眼睛作上、下、左、右移动,激光靶的像与十字丝无任何相对位移即无视差。

(2)光学垂准测量。通过望远镜读取激光靶的读数,此数即为测量值。欲提高测量精度可按下列方法进行:旋转度盘,对好度盘 0°,读取并记下激光靶刻线读数,分别旋转仪器到 90°、180°、270°并分别读取并记下激光靶刻线读数,取上述四组读数的平均值为其测量值。

(3)激光垂准测量。按下激光开关,此时应有激光发出,直接读取激光靶上激光光斑中心处的读数,此值即为测量值。

## 二、激光铅直仪检验与校正

激光铅直仪的检验项目如下：

(1)望远镜视准轴与竖轴重合的检验；

(2)光学对点器的检验；

(3)激光光轴与望远镜视准轴同焦的检验；

(4)激光光轴与望远镜视准轴同轴的检验。

### 关键细节 64 望远镜视准轴与竖轴重合检验和校正

检验:在一定高度(高度越高,检验和校正越精确)处放一带十字线的方格纸,在方格纸下方架设仪器,使仪器精确照准方格纸的十字线,仪器转动180°,如果方格纸的十字线的像与望远镜十字丝有偏移,应进行校正。

校正：

(1)打开仪器护盖,用左、右、上、下四个调整螺钉,校正偏离量的1/2。

(2)反复检验和校正,直到仪器转到任意位置时,方格纸的十字线的像都与望远镜分划板十字丝严格重合,校正完毕,上好护盖。

### 关键细节 65 光学对点器检验和校正

检验:在三脚架上安置仪器,在仪器下放一带十字线的方格纸,使仪器光学对点器分划板圆圈中心与方格纸的十字线中心重合,仪器转动180°,如果方格纸的十字线中心的像与对点器分划板中偏离量大于1mm,需要进行校正。

校正:打开仪器对点器的对点护盖,用左、右、上、下四个调整螺钉校正偏离量的1/2,反复检验和校正,直到仪器转到任意位置时,方格纸的十字线的像都与对点器分划十字丝严格重合(偏离量不大于1mm),校正完毕,上好对点护盖。

### 关键细节 66 激光光轴与望远镜视准轴同焦检验和校正

检验:在一定高度(高度越高,检验和校正越精确)处放一带十字线的方格纸,在方格纸下方架设仪器,旋转望远目镜至能清晰看见分划板的十字丝,旋转调焦手轮,使方格纸清晰地成像在分划板的十字丝上。此时眼睛作上、下、左、右移动,方格纸的像与十字丝无任何相对位移即无视差,调焦完毕。按下激光开关,此时方格纸上的激光光斑应最小。微动调焦手轮使激光光斑最小,然后在望远镜处眼睛作上、下、左、右移动,方格纸的像与十字丝应无任何相对位移即无视差,如果有视差,应校正。

校正:关闭激光,旋转望远目镜至能清晰看见分划板的十字丝,旋转调焦手轮,使方格纸清晰地成像在分划的十字丝上,此时眼睛作上、下、左、右移动,方格纸的像与十字丝无任何相对位移即无视差,这样,调焦完毕。按下激光开关,点亮激光,拧下护盖,拧下电池盖上的锁紧手轮,两手指按住激光护罩并向外取出激光护罩,松开紧定螺钉,微量调整激光座上的四个压紧螺钉,使方格纸上的激光光斑最小,反复检验和校正,直到符合要求为止。最后，拧紧紧定螺钉。

**关键细节 67　激光光轴与望远镜视准轴同轴的检验和校正**

检验：在一定高度（高度越高，检验和校正越精确）处放一带十字线的方格纸，在方格纸下方架设仪器，旋转望远镜目镜至能清晰看见分划板的十字丝。旋转脚螺旋使仪器精确照准方格纸上的十字线，按下激光开关，此时方格纸上的激光光斑中心应与方格纸的十字线中心重合，否则应校正。

校正：调整前、后、左、右四个激光校正螺钉，使激光光斑中心与方格纸的十字丝中心严格重合。最后，上好激光护罩，盖好护盖，装好电池盖并拧上电池盖上的锁紧手轮，套上可卸式滤光片。

## 第八节　平　板　仪

平板仪测量是根据图解的原理测定水平角，如果用图解交会法测定待定点的平面位置，则点与点之间的距离也可以从图上量得，所以平板仪测量又称图解测量。

平板仪分为大平板仪和小平板仪两种。这种仪器除了用图解法测定角度外，还常用视距法或量距法测定水平距离和用三角高程测量法测定高差，因此还应具有测距离的视距丝和测定竖角的竖盘或其他装置。平板仪的平板正是可以导致水平的图板，大平板仪所用的照准仪装有带视距丝的望远镜、直尺和竖盘。小平板仪则是用比较简单的照准器代替望远镜和竖盘。

### 一、大平板仪

如图 2-75 所示，大平板仪由平板、照准仪及其附件组成。

图 2-75　大平板仪的组成

**1. 平板**

平板由测板、基座和三脚架构成。

(1)测板。测板用风干的木料制成，通常做成边长为 60cm 的正方形，其厚度为 2～4cm。

(2)基座。基座是各种结构平板的主要区别，有金属的、木质的和球窝状的。

(3)三脚架。平板的三脚架与经纬仪或水准仪的三脚架大致相同。

**2. 照准仪**

照准仪主要由望远镜、竖盘、直尺组成。望远镜和竖盘与经纬仪的构造相似，可以用来做视距测量。直尺代替了经纬仪上的水平度盘，直尺边和望远镜的视准轴在同一竖直面内，望远镜瞄准后，直尺在平板上划出的方向线就是瞄准的直线方向。

**3. 附件**

大平板仪的附件包括对点器、定向罗盘、圆水准器，如图 2-76 所示。

(1)对点器：用来对点，使平板上的点和相对地面点在同一条铅垂线上。

(2)定向罗盘：初步定向，使平板仪图纸上的南北方向和实际南北方向接近一致。

(3)圆水准器：用来整平平板仪的平板。

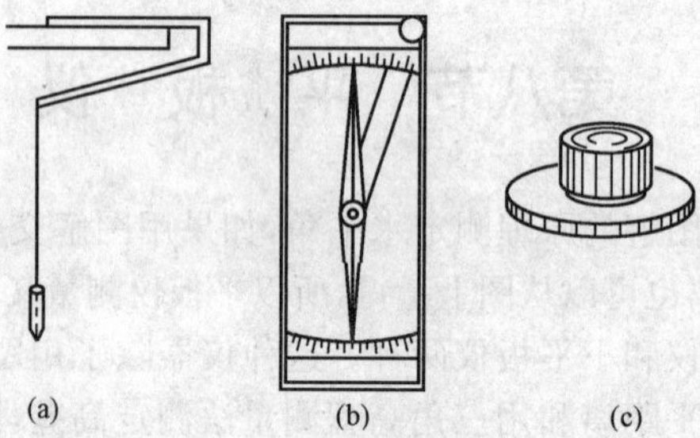

图 2-76 大平板仪的附件

(a)对点器；(b)定向罗盘；(c)圆水准器

### 关键细节 68 大平板仪初步安置

大平板仪的初步安置步骤为：先以目估将测板定向；接着移动脚架，仍用目估使测图板大致水平；然后移动整个测图板进行大概对中，此时应尽可能不破坏前面的定向与整平。进行这项初步安置后，要进一步作较精确的安置。

### 关键细节 69 大平板仪对中

对中的目的就是使地面点和测图板(测板上糊上画图纸或加上图板之后，就称之为测图板)上的相应点位于同一铅垂线上。对中时，用对点器金属框尖部对准图板上测站点对应的点，然后移动脚架使垂球尖对准地面上测站点。

由实践得知，对距离小于 0.1mm 的两点，无法再用肉眼分辨出来，即图纸上以 0.1mm 为直径的小圆看起来只是一点，因此对中误差在图纸上不超过 0.05mm 时，则认为是可以容许的，也就是说比例尺精度的一半可认为是容许的对中误差。例如，当比例尺为 1∶5000 时，容许对中误差为 0.25m，因此可直接用目估对中。若比例尺为 1∶2000 时容许对中误差为 0.1m，此时必须用对点器进行对中。由以上两例可知，当比例尺等于或大于 1∶2000 时，均须利用对点器进行对中；而比例尺等于或小于 1∶5000 时，则可用目估对中。但是也必须注意到，由于它会影响到定向工作，有必要进行较上述更精确的对中。

### 关键细节 70 大平板仪整平

整平的目的是使测图板呈水平位置。置圆水准器于图板中部，松开上手柄约半圆，调整图板使圆水泡居中，轻轻拧紧上手柄。

### 关键细节 71 大平板仪定向

定向的目的是使测图板上的直线与相应的地面线重合或互相平行。定向可先用方框罗盘初步定向，再用已知直线精密定向。

(1)罗盘定向：用方框罗盘定向时，将方框罗盘的侧边切于图上坐标格网的纵坐标线，转动图板直到磁针两端与罗盘零指标线对准为止。

(2)用已知直线定向：平板安置在 $A$ 点上，已知直线 $AB$ 定向，可将照准仪的直尺边紧贴在图板上相应的直线 $ab$ 处，转动图板，使照准仪瞄准地面上 $B$ 点，然后固定图板。图板定向对测图的精度影响极大，一般要求定向误差不大于图上的 0.2mm。

### 关键细节 72 大平板仪测水平距离及高程

测图时，将大平板仪安置在测站点上，量取仪器高，即可测绘碎部点。用照准仪的直尺边紧贴图上的测站点，照准碎部点上所立的尺，沿直尺边绘出方向线(也可使照准仪的直尺边离开图上的测站点少许，照准碎部点上所立的尺，拉开直尺的平行尺使尺边通过图上的测站点，然后沿平行尺绘方向线)，在尺上读取读数，由读数计算视距。然后使竖盘指标水准管气泡居中，读取竖盘读数，计算竖直角。根据视距测量公式可计算出碎部点至测站点水平距离及碎部点的高程：

$$D=Kn\cos^2\alpha \tag{2-18}$$

$$H_p=H_{站}+\frac{1}{2}Kn\sin2\alpha+i-v \tag{2-19}$$

式中 $D$——碎部点至测站点的水平距离；

$K$——乘常数，等于 100；

$n$——视距间隔，上、下丝读数之差；

$H_p$——碎部点高程；

$H_{站}$——测站点高程；

$\alpha$——竖直角；

$i$——仪器高；

$v$——中丝读数。

## 二、小平板仪

小平板仪即测板较小，测板与三脚架的连接简单，并以测斜照准仪作为照准设备。其构造如图 2-77 所示，由三脚架、平板、照准仪和对点器等组成。

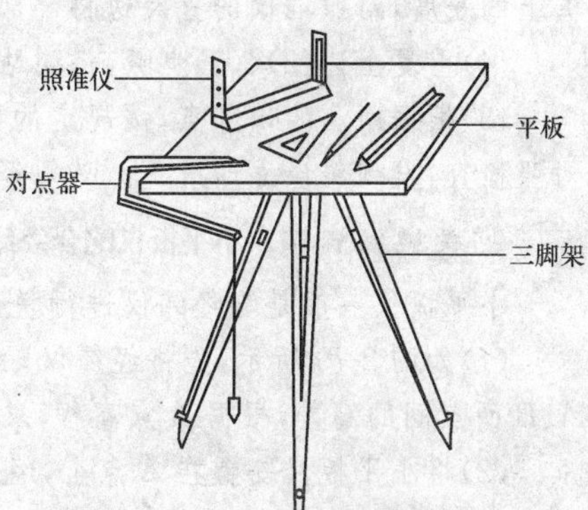


图 2-77 小平板仪

照准仪如图 2-78 所示，由直尺、觇孔板和分划板组成。直尺有木制和金属制的两种，长 20～30cm，在其斜边上刻有分划。为了能够置平测板，在直尺上附有一水准管。靠近尺的两头，还有两个校正水准杆，在不动平板时，用以纠正照准仪使其水平。

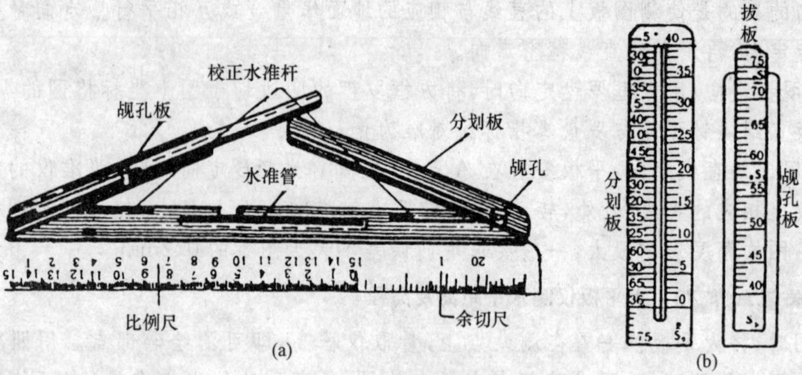


图 2-78　照准仪

觇孔板与分划板分别连接在直尺的两端，使用时可使其垂直于直尺，不用时可与直尺贴靠在一起。分划板上有一长方形小窗，窗中张一细丝，作为观测方向的标准；觇孔板的中央装有伸拔板，上面有上、中、下三个觇孔，作瞄视方向之用。在分划板和伸拔板上都刻有分划，最小的分划值等于两板之间距离的 1/100，利用这些分划可以测定距离和高差。

用觇板上的分划来测定距离和高差，视线不能过长，故在实际工作中，常用卷尺量距，以水平视线测高。小平板仪可以与经纬仪或与水准仪联合使用。

### 关键细节 73　小平板仪测图步骤

小平板仪是碎部测图的常用仪器，测图步骤如下：

(1)在测站上整置仪器，进行对中、整平、定向工作，并量取仪器高。

(2)用照准仪瞄准碎部点上的视距尺，使照准仪的直尺边正确地通过图板上测站点的刺孔，读取测站至标尺的视距和竖角，根据《高差计算表》查取高差主值 $h$，计算出高程。

(3)按测图比例尺，用卡规(或叫两脚规)在复式比例尺(或三棱尺)上截取水平距离在图上的长度，沿照准仪的直尺边将碎部点刺于图上，并在点位旁注记高程。

(4)重复上述(2)、(3)步骤，将测站四周所要测的全部碎部点测完为止。

(5)根据所测的碎部点，按规定的图式符号，着手描绘地物、地貌，并随时注意和实地对照检查，发现错误立即改正。必须经检查后方可迁至下一测站工作。

### 关键细节 74　小平板仪配合经纬仪测图

小平板仪一般是与经纬仪进行联合测图，其具体做法如下。

(1)如图 2-79 所示，先将经纬仪置于距测站点 $A$1～2m 处的 $B$ 点，量取仪器高 $i$，测出 $A$、$B$ 两点间的高差，根据 $A$ 点高程，求出 $B$ 点高程。

(2)将小平板仪安置在 $A$ 点上，经对点、整平、定向后，用照准仪直尺紧贴图上 $a$ 点瞄准经纬仪的垂球线，在图板上沿照准仪的直尺绘出方向线，用尺量出 $AB$ 的水平距离，在图上按测图比例尺从 $A$ 沿所绘方向线定出 $B$ 点在图上的位置 $b$。

(3)测绘碎部点 $M$ 时，用照准仪直尺紧贴 $a$ 点瞄准点 $M$，在图上沿直尺边绘出方向线

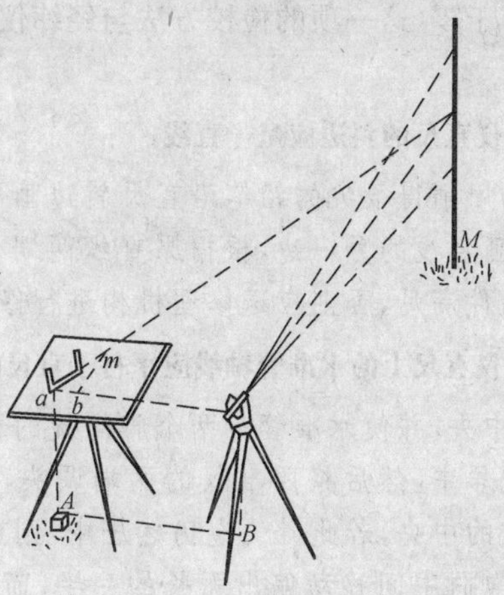


图 2-79　小平板仪与经纬仪联合测图

am，用经纬仪按视距测量方法测出视距间隔和竖直角，以此求出 BM 的水平距离和高差。根据 B 点高程即可计算出 M 点高程。

(4)用两脚规按测图比例尺自图上 b 点量 BM 长度与 am 方向线交于 m 点，m 点即是碎部点 M 在图上的相应位置。

(5)将尺移至下一个碎部点，以同样方法进行测绘，待测绘出一定数量的碎部点后，即可根据实地的地貌勾绘等高线，用地物符号表示地物。

**关键细节 75　小平板仪配合皮尺测图**

在平坦地区，作大比例尺测图时，可利用小平板仪与皮尺配合进行碎部测图，即将小平板仪安装在测站点上，用测斜照准器来瞄准碎部点的方向，距离直接用皮尺量出。使用这种方法时，测站点到碎部点的距离不能太长，适用于测绘地物平面图。在城市中经常用这种方法修测地形图。

## 三、平板仪检验与校正

平板仪作为用图解法测定水平角的仪器，经纬仪应满足条件，由于以画直线代替了水平度盘读数，故用以画直线的直尺边应当是笔直的。平板仪还用以测定竖直角，所以竖盘的指标差也应等于 0°。综合这些必须满足的条件，对平板仪的照准仪应作如下检验和校正。

(1)照准仪直尺的斜边应呈一直线。

(2)照准仪直尺上的水准管轴线应平行于直线的底平面。

(3)十字丝的竖丝应在望远镜的视准面内(此项检验校正与经纬仪中十字丝竖丝应垂直于横轴的检验校正相同)。

(4)视准轴应垂直于横轴。

(5)横轴应平行于照准仪直尺的底平面。

(6)视准面应通过直尺的斜边或与它平行。

(7)竖盘的指标差应等于零(这一项的检校方法与经纬仪相同)。

(8)附件的检验。

### 关键细节 76 照准仪直尺的斜边应呈一直线

将照准仪放在测板上,用削得很尖的铅笔沿直尺斜边画一条与直尺一样长的直线,然后将照准仪调头而放到所画直线的另一边,根据原直线两端点,再画一条直线。如果所画的两条直线重合,则表示条件满足,否则应送修理机构进行修整。

### 关键细节 77 照准仪直尺上的水准管轴线应平行于直尺的底平面

将照准仪放在测板的中央,并使水准管与两个脚螺旋的连线平行,沿着直尺斜边画一直线,并转动脚螺旋使气泡居中,然后将照准仪的两端调头,使直线斜边仍贴在原来的直线上,同时支柱仍放在测板的中央,若此时气泡仍然居中,则此条件是满足的,否则应拨动水准管上的校正螺旋使气泡向中间移动偏出弧长的一半,而另一半用脚螺旋整平测板移动之。这一检验校正要重复进行直至条件满足为止。

### 关键细节 78 视准轴应垂直于横轴

首先使测板水平,以望远镜大致水平的位置瞄准远处一明显目标,并沿直尺斜边画一直线,在线上接近观测者的一端定一点,倒转望远镜,并将整个照准仪调头,使直尺斜边仍经过刚才所定的一点,再瞄准原来的目标,沿直尺斜边画一直线,若两直线重合,则表示条件已满足,否则,两直线交成一夹角,把直尺边放在所交夹角的分角线上,利用十字丝的校正螺旋,使十字丝交点对准远处的原目标。

### 关键细节 79 横轴应平行于照准仪直尺的底平面

整平测板后,在距仪器约30m处,先瞄准一高点,交沿直尺斜边画一直尺,再以望远镜水平位置瞄准另一低点并作标志;然后倒转望远镜并将整个照准仪调头,使直尺斜边仍切于原画的直线,同样先照准高点,再放平望远镜照准低点,若仍照准原标志的低点,则条件满足,否则需进行校正,两低点的差异即为横轴误差影响的两倍。

校正时,应根据检查的情况确定横轴倾斜的方向,然后按校正经纬仪横轴倾斜的方法,利用有关螺旋改正两个低点差的一半。

在山区作业时,此项检验校正应特别仔细,若发现横轴倾斜很大,在校正后,必须重新检验视准轴是否垂直于横轴。

### 关键细节 80 视准面应通过直尺的斜边或与它平行

检验时可将十字丝交点对准远处一点,并沿直尺斜边画一直线,在此直线的两端插两根细针,然后看这两根细针是否遮住所瞄准的点,如果遮住了,则此条件满足,否则将固定支住于直尺上的螺旋放松,转动支柱使条件满足。对于那种也是利用这些螺旋校正横轴的照准仪,经过这一项检校后,要重新检验横轴是否仍平行于直尺的底平面。

### 关键细节 81 附件检验与校正

关于水准器附件的检验校正原理和方法,与水准仪或经纬仪上有关的检验校正相同。

(1)定向罗盘的检验校正:主要检查磁针是否灵敏,凡不够灵敏的,若因顶针磨损则磨尖之,磁性失效的则增强磁性。若磁性不平衡,则移动针上的铜丝圈使其平衡。

(2)对点器的检验校正：如图 2-80 所示，检验时，置测板于水平位置，将对点器的尖端对准测板上的 $m$ 点，并在地面上标出对应于垂球尖端的 $M'$ 点，然后把对点器放在测板上的对称边；仍对准 $m$ 点，若此时垂球尖端仍对着 $M'$ 点，则表示条件已满足，假如垂球尖端对到另一点 $M''$，则对点器必须校正。校正的方法即稍微移动一下挂垂球线的位置，使垂球尖端对准 $M'M''$ 的中点。

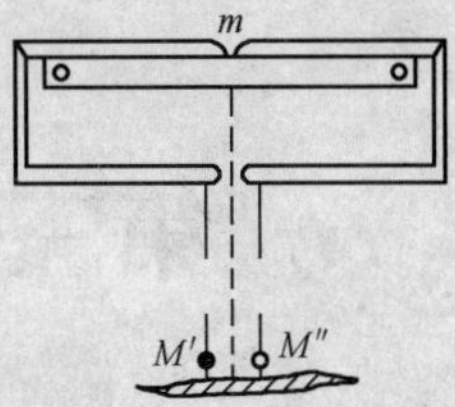


图 2-80　对点器的校正

# 第三章　建筑工程测量误差

## 第一节　测量误差来源及分类

概括地讲，测量工作的任务是确定待定点之间的空间相对关系，通过测定两点之间的长度、方位、高差等称为观测值的基本数值，然后利用这些相互之间有联系的观测值，确定某一点位在给定的参照系中的位置。观测值的正确值理论上是客观存在的，在测量学中称为真值，但实际上由于观测条件不可能完美无缺，所以真值是不可能测量到的。设某观测量的真值为 $X$，观测值为 $L$，则观测误差为

$$\Delta = X - L \tag{3-1}$$

由于是误差的真值，又称真误差。显然，$X$ 是不可知的，从而 $\Delta$ 也是不可知的。

测量上使用精度的概念来衡量观测质量的高低，因此，观测误差大，称为观测值精度低；反之，观测误差小，称为观测值精度高。

### 一、测量误差来源

在测量工作中，可能发生错误，例如测错、读错、算错等，这是由于观测者的疏忽大意造成的。只要观测者仔细认真地作业，并采取必要的检核措施，错误就可以避免。

在测量工作实践中，对于某一客观存在的量，例如地面某两点之间的距离或高差、某三点之间连线构成的水平角等，尽管采用了合格的测量仪器和合理的观测方法，测量技术人员的工作态度也是认真负责的，但是，多次重复测量的结果总是有差异，这说明观测值中存在测量误差，或者说，测量误差是不可避免的。产生测量误差的原因，概括起来有仪器、人、环境三个方面。

**关键细节1　因测量仪器产生的误差**

测量工作是需要用测量仪器进行的，测量仪器尽管在不断地改进，但总是受到当前科技和生产水平的限制而只具有一定的精确度，影响测量结果。高质量的观测仪器会产生较小的观测误差，反之会产生较大的观测误差。例如，一般测角仪器的度盘分划误差可能达到±2″，由此使所测的角度也产生误差。另外，仪器结构的不完善，例如，测量仪器轴线位置不准确，也会引起测量误差。

**关键细节2　因测量人员产生的误差**

观测者受其感觉器官辨别能力的局限，在观测过程的仪器对中、整平、照准、读数等各个环节都会产生误差，并且由于观测者技术水平、感觉器官辨识能力、工作态度的差异，都会对观测成果造成不同程度的误差。例如，在厘米分划的水准尺上，由观测者估读毫米

数，则1mm左右的读数误差是完全有可能的。

### 关键细节3 因外界环境产生的误差

测量观测工作是在野外进行的，外界的观测环境会对观测值质量产生不容忽视的影响。气温急剧变化时，会使观测目标成像跳动；光线昏暗时，会使目标成像不清晰，这都会造成照准误差。另外，观测时视线通过密度不等的空气时，会由于大气折光使光线不再是直线，事实上也造成照准误差。

## 二、测量误差分类

人、仪器和环境是测量工作得以进行的必要条件，但是，这些观测条件都有其本身的局限性和对测量精度的不利因素。测量误差按其产生的原因和对观测结果影响性质的不同，可以分为系统误差、偶然误差和粗差三类。

### 关键细节4 系统误差

在相同的观测条件下，对某一量进行一系列的观测，如果出现的误差在符号和数值上都相同，或按一定的规律变化，则称这种误差为系统误差。

例如，用名义长度为30m而实际正确长度为30.004m的钢卷尺量距，则每量一尺段就使距离量短了0.004m，即具有－0.004m的距离误差，误差的符号不变，且与所量距离的长度成正比。

系统误差是由仪器构造不完善、观测环境不理想等有规律的因素造成的。系统误差对观测值的影响所具有的符号、大小上的规律性，使其一般不能通过多次观测简单地取平均值加以削弱，其对观测值的影响通常具有积累作用，对成果质量危害特别显著。因此，测量作业时必须采取相应的处理措施将其消除，或削弱到可以忽略不计的程度。实践中的做法主要有两类：

(1)模型改正法。根据误差的规律性，建立数学模型计算对其观测值的改正量，如对丈量的距离观测值加尺长改正数，消除钢尺标称长度与实际不符对距离测量的影响；计算折光改正数削弱大气折光对距离测量的影响等。

(2)观测程序法。利用一定的观测程序来消除、减弱系统误差的影响。例如，角度测量时，盘左、盘右分别测定上下半测回取中数；水准测量时，前后视距相等，可以消除仪器构造不完善对观测值产生的影响。

### 关键细节5 偶然误差

在相同的观测条件下，作一系列的观测，如果观测误差在大小和符号上都表现出随机性，即大小不等，符号不同，但统计分析的结果都具有一定的统计规律性，则称这种误差为偶然误差。偶然误差是由人的感觉器官和仪器的性能受到一定的限制，以及观测时受到外界条件的影响等原因造成的。

例如，在厘米分划的水准尺上读数，估读毫米数时，有时估读偏大，有时估读偏小；大气折光使望远镜中目标成像不稳定，使瞄准目标时有时偏左、有时偏右。因此，多次重复观测，取其平均值，可以抵消一部分偶然误差。

对于测量中的偶然误差，应取平均值或按闭合差进行改正。

### 关键细节 6 粗差

由于观测者的粗心或受某种干扰造成的特别大的测量误差称为粗差，也称为错误。如大数被读错、读数被记录员记错、照准错误的目标等。

粗差是可以避免的，包含粗差的观测值应该舍弃，并重新进行观测。在测量误差理论的讨论中，应不包括粗差。

为了防止粗差的发生和提高观测成果的精度，在测量工作中，一般需要进行多于必要的观测，称为多余观测。例如，一段距离用往返丈量，如果将往测作为必要观测，则返测就属于多余观测；又如，由三个地面点构成一个平面三角形，为确定其形状，在三个点上进行水平角观测，其中两个角度属于必要观测，第三个角度的观测就属于多余观测。由于观测值中的偶然误差不可避免，有了多余观测，观测值之间必然产生矛盾（例如存在往返差、不符值、闭合差等），根据这些差值的大小，可以评定测量的精度。差值如果大到一定程度，就认为观测值中含有粗差（不属于偶然误差），称为误差超限，应进行重测。差值如果不超限，则按偶然误差的规律加以处理。

## 三、偶然误差统计规律性

就单个偶然误差而言，其大小和符号均没有规律性，但就其总体而言，却呈现出一定的统计规律性。

例如，在相同观测条件下，对一个三角形的内角进行观测，由于观测带有误差，其内角和观测值($l_i$)不等于它的真值($X=180°$)，两者之差称为真误差($\Delta_i$)，即

$$\Delta_i = l_i - X (i=1,2,\cdots,n) \tag{3-2}$$

现观测162个三角形的全部三个内角，将其真误差按绝对值大小排列组成表3-1。

表 3-1 真误差绝对值大小排列表

| 误差区间(3″) | 正误差 | | 负误差 | | 合计 | |
|---|---|---|---|---|---|---|
| | 个数 $k$ | 频率 $k/n$ | 个数 $k$ | 频率 $k/n$ | 个数 $k$ | 频率 $k/n$ |
| 0～3 | 21 | 0.130 | 21 | 0.130 | 42 | 0.260 |
| 3～6 | 19 | 0.117 | 19 | 0.117 | 38 | 0.234 |
| 6～9 | 12 | 0.074 | 15 | 0.093 | 27 | 0.167 |
| 9～12 | 11 | 0.068 | 9 | 0.056 | 20 | 0.124 |
| 12～15 | 8 | 0.049 | 9 | 0.056 | 17 | 0.105 |
| 15～18 | 6 | 0.037 | 5 | 0.030 | 11 | 0.067 |
| 18～21 | 3 | 0.019 | 1 | 0.006 | 4 | 0.025 |
| 21～24 | 2 | 0.012 | 1 | 0.006 | 3 | 0.018 |
| 24以上 | 0 | 0 | 0 | 0 | 0 | 0 |
| Σ | 82 | 0.506 | 80 | 0.494 | 162 | 1.000 |

从上表可以看出，偶然误差具有以下四个特性。

(1)有限性。偶然误差的绝对值不会超过一定的限值。

(2)聚中性。绝对值小的误差比绝对值较大的误差出现的机会多。

(3)对称性。绝对值相等的正、负误差出现的机会相等。

(4)抵消性。随着观测次数的无限增加,偶然误差的理论平均值趋近于零。即

$$\lim_{n \to \infty} \frac{[\Delta]}{n} = 0 \tag{3-3}$$

由偶然误差特性可知:当对某量有足够的观测次数时,其正、负误差是可以相互抵消的。

**关键细节 7 频率直方图**

为了更直观地表达偶然误差的统计规律性,可以用图形的方式来表达,即频率直方图。

例如,在平面直角坐标系中,以横坐标表示误差的大小,单位取秒(″),用纵坐标表示误差落入各区间的频率除以区间的间隔值,也就是 $\frac{v_i}{n\mathrm{d}\Delta}$(本例 $\mathrm{d}\Delta$ 是 0.2″),其数值等于误差落入单位区间内的频率,单位是频率/形。若分别以各小区间的 $\frac{v_i}{n\mathrm{d}\Delta}$ 为高,区间间隔为宽绘制矩形长条,则所绘制的频率直方图如图 3-1 所示。其中每一个矩形长条的面积值就代表误差落入该区间的频率值,而所有矩形长条面积的和等于1。

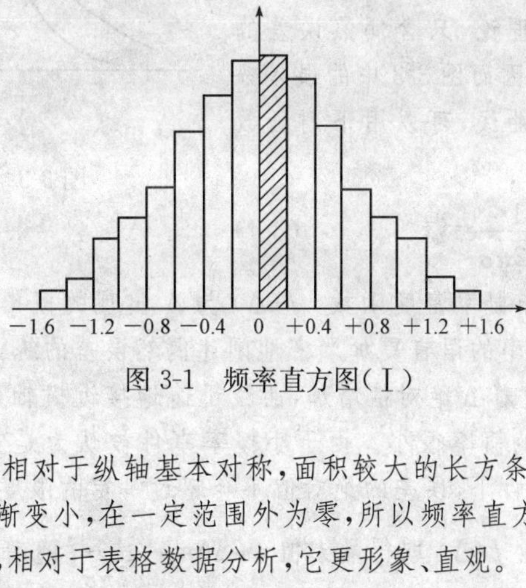


图 3-1 频率直方图(Ⅰ)

由图 3-1 可见,图形相对于纵轴基本对称,面积较大的长方条集中在纵轴两侧,并随着横坐标绝对值加大而逐渐变小,在一定范围外为零,所以频率直方图同样表达了偶然误差的统计规律。不同的是,相对于表格数据分析,它更形象、直观。

长期的观测实践表明,观测条件不同,偶然误差出现在同一区间内的频率就不同,但同样的观测条件下,只要观测值数量足够多,偶然误差出现在各个区间内的频率分布总是符合统计规律的。为了说明这一点,下面将另一个测区在不同观测条件下所测得的 421 个三角形内角和的真误差,按同样的方法作出频率直方图,如图 3-2 所示。

对比可见,由于观测条件不同,两个直方图图形有明显差异。相对于图 3-1,图 3-2 中偶然误差落入各区间内的频率较为分散,但是同样符合偶然误差的统计规律。

**关键细节 8 偶然误差概率分布曲线**

对于一种统计规律来说,显然观测数行越大,偶然误差出现在各小区间的频率值越稳定,随着 $n \to \infty$,各区间的频率值变化幅度越来越小,最后稳定在某一常数附近,称该常数

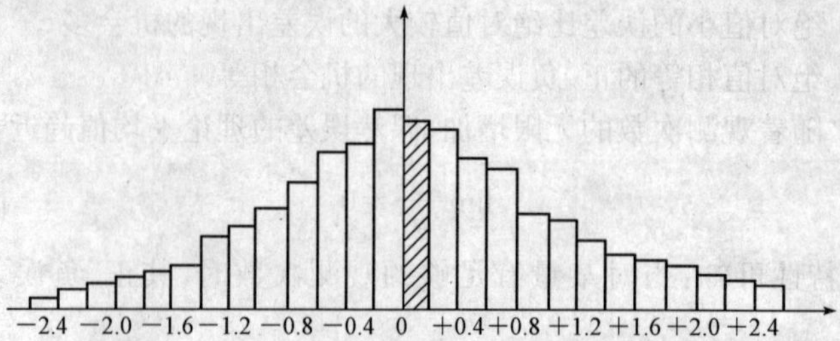


图 3-2 频率直方图(Ⅱ)

为理论频率,定义为观测值数 $n\rightarrow\infty$ 时的频率值。如果将 $n\rightarrow\infty$ 时偶然误差在各小区间内已经趋于稳定的频率分布称为误差分布,那么,误差分布是由观测条件决定的,换句话说,在一定的观测条件下对应着一种确定的误差分布。

若设想在 $n\rightarrow\infty$ 的条件下,区间间隔 $d\Delta\rightarrow 0$,那么直方图 3-1、图 3-2 中各长方条顶边所形成的折线将分别变成图 3-3 所示的两条光滑曲线。这种曲线称为偶然误差的概率分布曲线,或简称为误差分布曲线。

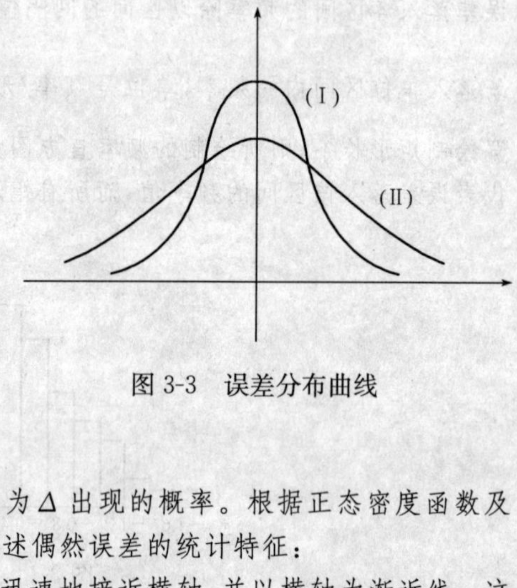


图 3-3 误差分布曲线

根据概率论的有关理论,只含偶然误差的测量误差服从正态分布,因而图 3-3 中的误差分布曲线又称为正态分布曲线,可以用下列函数表达:

$$f(\Delta)=\frac{1}{\sqrt{2\pi}\sigma}e^{-\frac{\Delta^2}{2\sigma^2}} \tag{3-4}$$

该函数称为正态分布概率密度函数,$f(\Delta)$ 为 $\Delta$ 出现的概率。根据正态密度函数及误差分布曲线,可以用概率的语言更加严密地阐述偶然误差的统计特征:

(1)由图 3-3 可见,随着 $\Delta$ 绝对值增加,曲线迅速地接近横轴,并以横轴为渐近线。这表明出现绝对值较大 $\Delta$ 的概率很小。由于小概率事件被认为是实际上不可能发生的,所以结论是:在一定观测条件下,误差的绝对值不会超过一定的限度。

(2)在 $\Delta=0$ 时,函数 $f(\Delta)$ 取得最大值 $f(\Delta)=\frac{1}{\sqrt{2\pi}\sigma}$,随着 $\Delta$ 绝对值加大,$f(\Delta)$ 减小,表明绝对值较小的误差出现的概率比绝对值较大的误差出现的概率高。

(3) $f(\Delta)$ 是偶函数,概率密度曲线对称于纵轴,即绝对值相等的正误差和负误差出现的概率相等。

(4)偶然误差的理论平均值为 0,即:

$$\lim_{n\to\infty}\frac{1}{n}\sum_{i=1}^{n}\Delta_i=0 \tag{3-5}$$

性质(3)、性质(4)是通常采用对同一量观测多次,取平均值作为最后成果的理论根据。

# 第二节　测量精度评定

## 一、评定测量精度标准

精度是指对某一个量的多次观测中，其误差分布的密集或离散的程度。在一定的观测条件下进行一组观测，如果小误差的个数相对较多，误差较为集中于零的附近，从直方图上看，则显示为纵轴附近的长方条形成高峰，且各长方条构成的阶梯比较陡峭，即表明这组观测值的误差分布较密集，观测值间的差异较小，也就是说这组观测值的精度较高。如果小误差的个数相对较小，误差较为分散，从直方图上看，则显示为纵轴附近的长方条顶峰较低，且各长方条构成的阶梯较平缓，即表明其误差分布较离散，观测值间的差异较大，也就是说这组观测值的精度较低。

在相同的观测条件下所测得的一组观测值，虽然它们的真误差不相等，但都对应于同一误差分布，称这些观测值是等精度的。为了鉴定观测结果的精确程度，必须有一个衡量精度的标准。

### 关键细节 9　中误差评定测量精度

为了统一衡量在一定观测条件下观测结果的精度，以标准差 $\sigma$ 作为依据，在理论上是合理的。但是，在实际测量工作中，不可能对某一量作无穷多次观测，因此，定义按有限次数观测的偶然误差求得的标准差称为中误差($m$)，即

$$m=\pm\sqrt{\frac{\Delta_1^2+\Delta_2^2+\cdots+\Delta_n^2}{n}}=\pm\sqrt{\frac{[\Delta\Delta]}{n}} \tag{3-6}$$

式中　$m$——中误差；

$[\Delta\Delta]$——一组等精度观测误差 $\Delta_i$ 自乘的总和；

$n$——观测数。

中误差不同于各个观测值的真误差，它是衡量一组观测精度的指标，它的大小反映出一组观测值的离散程度。中误差 $m$ 值小，表明误差的分布较为密集，各观测值之间的差异也较小，这组观测的精度就高；反之，中误差 $m$ 值较大，表明误差的分布较为离散，观测值之间的差异也大，这组观测的精度就低。

### 关键细节 10　极限误差评定测量精度

在一定的观测条件下，偶然误差的绝对值不应超过的限值，称为极限误差，也称限差或容允误差。偶然误差的第一特性说明，在一定的观测条件下，误差的绝对值有一定的限值。根据误差理论和大量的实践证明，在等精度观测某量的一组误差中，大于两倍中误差的偶然误差，其出现的概率为 4.6%，大于三倍中误差的偶然误差，其出现的概率为 0.3%，0.3%是概率接近于零的小概率事件。因此，在测量规范中，为确保观测成果的质量，通常规定以其中误差的两倍或三倍为偶然误差的允许误差或限值。当精度要求较高时，采用两倍中误差作为容许误差，即

$$\Delta_{容}=2m \text{ 或 } \Delta_{容}=3m$$

超过上述限差的观测值应舍去不用或返工重测。

### 关键细节 11 平均误差评定测量精度

在相同的观测条件下，一组独立的真误差为 $\Delta_1,\Delta_2,\cdots,\Delta_n$，则平均误差的定义式为

$$\theta=\lim_{n\to\infty}\frac{[|\Delta|]}{n} \tag{3-7}$$

式中 $|\Delta|$——真误差的绝对值；

$n$——观测数。

当观测数 $n$ 有限时，可用下式计算 $\theta$ 的估计值，称之为平均误差，即

$$\theta=\pm\frac{[|\Delta|]}{n} \tag{3-8}$$

平均误差与中误差的关系为

$$\theta\approx0.797m\approx\frac{4}{5}m$$

计算平均误差较为方便，当 $n$ 有限时，其可靠性不如中误差。

### 关键细节 12 相对误差评定测量精度

对于某些观测成果，用中误差还不能完全判断测量精度。例如，用钢尺丈量 100m 和 200m 两段距离，观测值的中误差均为 0.01m，但不能认为两者的测量精度是相同的，因为量距误差与其长度有关。为了能客观反映实际精度，通常用相对误差来表达边长观测值的精度。相对误差 $K$ 就是观测值中误差 $m$ 的绝对值与观测值 $D$ 的比，并将其化成分子为 1 的形式，即

$$K=\frac{|m|}{D}=\frac{1}{\frac{D}{|m|}} \tag{3-9}$$

## 二、观测值的精度评定

**1. 算术平均值**

在相同的观测条件下，对某个未知量进行 $n$ 次观测，其观测值分别为 $l_1,l_2,\cdots,l_n$。将这些观测值取算术平均值 $\bar{x}$，作为该量的最可靠的数值，所以也称为最或然值，即

$$\bar{x}=\frac{l_1+l_2+\cdots+l_n}{n}=\frac{[l]}{n} \tag{3-10}$$

**2. 改正值**

算术平均值（最或然值）与观测值之差称为观测值的改正值（$v$），此处的最或然值是算术平均值，即

$$\left.\begin{aligned}v_1&=\bar{x}-l_1\\v_2&=\bar{x}-l_2\\&\vdots\\v_n&=\bar{x}-l_n\end{aligned}\right\} \tag{3-11}$$

将上列等式相加，得

$$[v]=n\bar{x}-[l]$$

再根据式(3-10),得到

$$[v]=n\frac{[l]}{n}-[l]=0 \tag{3-12}$$

一组观测值取算术平均值后,其改正值之和恒等于零。这一公式可以作为计算算术平均值及各个观测值的改正值时的检核。

**关键细节 13 用算术平均值提高观测值精度**

对同一量进行多次观测,获得多个观测值而取其算术平均值的合理性和可靠性,可以用偶然误差的特性来证明:设某一量的真值为 $X$,各次观测值为 $l_1,l_2,\cdots,l_n$,其相应的真误差为 $\Delta_1,\Delta_2,\cdots,\Delta_n$,则

$$\begin{aligned}\Delta_1&=X-l_1\\ \Delta_2&=X-l_2\\ &\vdots\\ \Delta_n&=X-l_n\end{aligned} \tag{3-13}$$

将上列等式相加,并除以 $n$,得到

$$\frac{[\Delta]}{n}=\frac{X}{n}-\frac{[l]}{n} \tag{3-14}$$

根据偶然误差的抵消性特性,当观测次数无限增多时,$\frac{[\Delta]}{n}$就会趋近于零,即

$$\lim_{n\to\infty}\frac{[\Delta]}{n}=0$$

$$\lim_{n\to\infty}X=\frac{[l]}{n} \tag{3-15}$$

也就是说,当观测次数无限增大时,观测值的算术平均值在理论上趋近于该量的真值。在实际工作中,不可能对某一量进行无限次的观测,但是将有限个观测值的算术平均值作为该量的最或然值,由于偶然误差的抵消性,可以不同程度地向真值逼近,提高该量的观测精度。

**关键细节 14 按观测值的改正值计算中误差**

观测值的精度最理想的是以标准差 $\sigma$ 来衡量,但是,由于在实际工作中不可能对某一量进行无限次数的观测,因此,只能根据有限次观测,估算中误差 $m$ 来衡量其精度。

用中误差衡量精度时,需要已知观测对象的真值 $X$,但在一般情况下,观测值的真值 $X$ 是不知道的,真误差 $\Delta_i$ 也就无法求得,此时,可以取多次观测的平均值 $\bar{x}$,以 $\bar{x}$ 代替 $X$ 即相应于以改正值 $v_i$ 代替真误差 $\Delta_i$。参照式(3-6),得到按观测值的改正值,计算观测值的中误差的公式为

$$m=\pm\sqrt{\frac{[vv]}{n-1}} \tag{3-16}$$

可以按式(3-6)演化出式(3-16),用于对同一量进行多次观测时的观测值精度评定。例如,对于某一水平距离,在同样观测条件下进行 6 次观测,求其算术平均值及观测值的中误差。计算在表 3-2 中进行。在计算算术平均值时,由于各个观测值必然大同小异,因

此，令其数值的共同部分为 $l_0$，差异部分为 $\Delta l_i$，即

$$l_i = l_0 + \Delta l_i \tag{3-17}$$

则算术平均值的实用计算公式为

$$\bar{x} = l_0 + \frac{[\Delta l]}{n} \tag{3-18}$$

表 3-2　按观测值的改正值计算中误差

| 次序 | 观测值 $l$/m | $\Delta l$/cm | 改正值 $v$/cm | $vv$/$cm^2$ | 计算算术平均值及观测值中误差 |
|---|---|---|---|---|---|
| 1 | 120.031 | +3.1 | −1.4 | 1.96 | 算术平均值：$\bar{x}=l_0+\frac{[\Delta l]}{n}=120.017m$ 观测值中误差：$m=\pm\sqrt{\frac{[vv]}{n-1}}=\pm 3.0cm$ |
| 2 | 120.025 | +2.5 | −0.8 | 0.64 | |
| 3 | 119.983 | −1.7 | +3.4 | 11.56 | |
| 4 | 120.047 | +4.7 | −3.0 | 9.00 | |
| 5 | 120.040 | +4.0 | −2.3 | 5.29 | |
| 6 | 119.976 | −2.4 | +4.1 | 16.81 | |
| $\sum$ | ($l_0$=120.000) | +10.2 | 0.0 | 45.26 | |

# 第三节　误差传播定律

在测量工作中，有一些需要知道的量并非直接观测值，而是根据一些直接观测值按一定的数学公式（函数关系）计算而得，因此称这些量为观测值的函数。由于观测值中含有误差，所以函数受其影响也含有误差，称之为误差传播。

## 一、观测值的函数关系

### 1. 线性函数

（1）倍数函数。例如，用尺子在 1∶1000 的地形图上量得两点间的距离 $d$，其相应的实地距离 $D=1000\times d$，即 $D$ 是 $d$ 的倍函数。

（2）和差函数。例如，两点间的水平距离 $D$ 分为 $n$ 段来测量，各段测量的长度分别为 $d_1,d_2,\cdots,d_n$，则 $D=d_1+d_2+\cdots+d_n$，即距离 $D$ 是各分段观测值之和。这种函数称为和差函数。

### 2. 非线性函数

凡是在自变量之间用到乘、除、乘方、开方、三角函数等数学运算符的函数称为非线性函数。例如，测量直角三角形斜边 $c$ 和一锐角 $\alpha$，则可求出其对边 $a$ 和邻边 $b$，公式为 $a=c\cdot\sin\alpha$，$b=c\cdot\cos\alpha$。

### 关键细节 15　倍函数中误差

设函数

$$Z = kx$$

其中，$k$ 为常数；$x$ 为独立观测值；$Z$ 为 $x$ 的函数。当观测值 $x$ 含有真误差 $\Delta x$ 时，使函数 $Z$

也将产生相应的真误差 $\Delta Z$，设 $x$ 值观测了 $n$ 次，则

$$\Delta Z_n = k\Delta x_n$$

将上式两端平方，求其总和，并除以 $n$，得

$$\frac{[\Delta Z\Delta Z]}{n} = k^2\frac{[\Delta x\Delta x]}{n}$$

根据中误差的定义，则有

$$m_Z^2 = k^2 m_x^2 \tag{3-19}$$

或

$$m_Z = km_x$$

**【例 3-1】** 对一个三角形，已观测了 $A$、$B$ 两角，其值分别为：$\angle A = 38°42'16'' \pm 7.0''$，$\angle B = 85°32'42'' \pm 8.0''$，求 $\angle C$ 及其中误差。

**【解】** 根据题意，可得 $\angle A + \angle B + \angle C = 180°$，即有

$$\angle C = 180° - \angle A - \angle B = 55°45'02''$$

此处 180°为常数，$\angle A$、$\angle B$ 的中误差分别为 $m_A = \pm 7.0''$，$m_B = \pm 8.0''$，得

$$m_C{}^2 = m_A{}^2 + m_B{}^2，即\ m_C = \pm\sqrt{49+64} = \pm 10.6''$$

可得

$$\angle C = 55°45'02'' \pm 10.6''$$

### 关键细节 16 和差函数中误差

设有函数

$$Z = x \pm y$$

其中，$x$ 和 $y$ 均为独立观测值；$Z$ 是 $x$ 和 $y$ 的函数。当独立观测值 $x$、$y$ 含有真误差 $\Delta x$、$\Delta y$ 时，函数 $Z$ 也将产生相应的真误差 $\Delta Z$，如果对 $x$、$y$ 观测了 $n$ 次，则

$$\Delta Z_n = \Delta x_n + \Delta y_n$$

将上式两端平方，求其总和，并除以 $n$，得

$$\frac{[\Delta Z\Delta Z]}{n} = \frac{[\Delta x\Delta x]}{n} + \frac{[\Delta y\Delta y]}{n} + \frac{2[\Delta x\Delta y]}{n}$$

根据偶然误差的抵消性和中误差定义，得

$$m_Z^2 = m_x^2 + m_y^2 \tag{3-20}$$

或

$$m_Z = \pm\sqrt{m_x^2 + m_y^2}$$

由此得出结论：和差函数的中误差，等于各个观测值中误差平方和的平方根。

**【例 3-2】** 在 1∶1000 的图上，量得某两点间的距离 $d = 158.6\text{mm}$，$d$ 的量测中误差 $m_d = \pm 0.04\text{mm}$。试求实地两点间的距离 $D$ 及其中误差 $m_D$。

**【解】** $D = 1000 \times 158.6\text{mm} = 158600\text{mm} = 158.6\text{m}$

$m_D = 1000 \times (\pm 0.04\text{mm}) = \pm 0.04\text{m}$

所以 $D = 158.6\text{m} \pm 0.04\text{m}$

### 关键细节 17 非线性函数中误差

设有函数

$$Z = f(x_1, x_2 \cdots, x_n)$$

上式中，$x_1, x_2 \cdots, x_n$ 为独立观测值，其中误差为 $m_1, m_2 \cdots, m_n$。当观测值 $x_i$ 含有真误差 $\Delta x_i$ 时，函数 $Z$ 也必然产生真误差 $\Delta Z$，但这些真误差都是很小值，故对上式全微分，并以真误差代替微分，即

$$\Delta Z=\frac{\partial f}{\partial x_1}\Delta x_1+\frac{\partial f}{\partial x_2}\Delta x_2+\cdots+\frac{\partial f}{\partial x_n}\Delta x_n$$

式中，$\frac{\partial f}{\partial x_1},\frac{\partial f}{\partial x_2}\cdots,\frac{\partial f}{\partial x_n}$是函数 $Z$ 对 $x_1,x_2\cdots,x_n$ 的偏导数，当函数值确定后，偏导数值恒为常数，故上式可以认为是线性函数，于是有

$$m_Z=\pm\sqrt{\left(\frac{\partial f}{\partial x_1}\right)m_{x_1}^2+\left(\frac{\partial f}{\partial x_2}\right)m_{x_2}^2+\cdots+\left(\frac{\partial f}{\partial x_n}\right)m_{x_n}^2} \tag{3-21}$$

## 二、误差传播定律应用

### 1. 距离测量精度

(1)钢尺量距。用钢尺量距，设所用钢尺长度为 $L$，测量 $A$、$B$ 两点间总长为 $S$ 的长度，需测量 $n$ 个尺段累加。设观测条件相同，即每个尺段测量误差相同，均为 $m$，求 $S$ 的中误差。

根据问题写出 $A$、$B$ 间总长 $S$ 与观测值的关系式：$S=L_1+L_2+\cdots+L_n$，由于各测段测量误差相同，得：

$$m_S=m\sqrt{n} \tag{3-22}$$

即距离丈量结果的中误差与所用尺段数的平方根成正比。

(2)充电测量距仪测距。用光电测距仪进行距离测量时的误差包括测距仪本身的误差，仪器对中误差，棱镜对中误差，气温气压测定误差，倾斜改正垂直角测定误差，等等。因此，对于具体条件下的光电测距误差估算，可以用多种独立误差来源的总误差计算方法。

相位式光电测距的仪器误差来源有相位测定误差、调制频率误差等。已知相位式光电测距测定斜距 $S$ 的函数式：

$$S=\frac{\lambda}{2}\left(N+\frac{\Delta\varphi}{2\pi}\right)=\frac{C_0}{2nf}\left(N+\frac{\Delta\varphi}{2\pi}\right) \tag{3-23}$$

式中 $\lambda$——测距仪的调制波长；
$N$——整波段数；
$\Delta\varphi$——测定项位差；
$C_0$——真空光速；
$n$——大气折射率(由测定气象参数求得)；
$f$——测距仪的调制频率。

由于 $\Delta\varphi,n,f$ 均可能存在误差，因此将上列函数对这几个自变量求微分，得到

$$\mathrm{d}S=\frac{C_0}{4\pi nf}\mathrm{d}\Delta\varphi-\frac{S}{n}\mathrm{d}n-\frac{S}{f}\mathrm{d}f$$

根据误差传播定律中和差函数和倍函数的公式，可以得到测距中误差为

$$m_S=\pm\sqrt{\left(\frac{C_0}{4\pi nf}\right)^2m_{\Delta\varphi}^2+S^2\left(\frac{m_n}{n}\right)^2+S^2\left(\frac{m_f}{f}\right)^2} \tag{3-24}$$

式中 $\left(\frac{C_0}{4\pi nf}\right)m_{\Delta\varphi}^2$——常误差，为测量相位差的误差影响，与距离的长短无关。

$S^2\left(\frac{m_n}{n}\right)^2$——大气折射率误差，与距离长度成正比。

$S^2\left(\frac{m_f}{f}\right)^2$——频率误差，与距离长度成正比。

大气折射率误差与频率误差对中误差的共同影响称为“比例误差”，一般以“$b$”表示。因此，由仪器本身误差（与外界特殊条件和仪器操作者的技术水平无关）引起的测距误差的估算公式为

$$m_S = \pm\sqrt{a^2 + (S \cdot b)^2} \tag{3-25}$$

上式中的 $a$，$b$ 通常作为测距仪本身精度的指标。$a$ 的单位为毫米（mm）；$b$ 为百万分率（ppm），用每千米的毫米数（mm/km）表示。

**2. 角度测量精度**

（1）水平角观测的精度规定。用 $DJ_6$ 型经纬仪观测水平角，根据仪器的设计标准，一测回方向观测中误差（仅包括瞄准与读数误差）$m=\pm 6''$，水平角为两个方向值之差，故一测回水平角观测的中误差为

$$m_\beta = m\sqrt{2} = \pm 6'' \times \sqrt{2} = \pm 8.5''$$

由于一测回的水平角值取盘左、盘右两个半测回角度的平均值，故半测回水平角值的中误差为

$$m'_p = m_\beta\sqrt{2} = \pm 12.0''$$

盘左、盘右水平角值之差的中误差为

$$m_{\Delta\beta} = m'_\beta\sqrt{2} = \pm 17''$$

取两倍中误差为极限误差，则为 $\pm 34''$。考虑观测水平角时还有仪器对中和目标偏心误差的影响，故用 $DJ_6$ 型经纬仪观测水平角，盘左、盘右分别测得水平角值之差的允许值，一般规定为 $\pm 40''$。

（2）多边形水平角闭合差规定。多边形的内角和在理论上应为 $(n-2)\times 180°$，其中，$n$ 为多边形边数。由于观测水平角时每个角度都有偶然误差，使多边形内角之和不等于理论值而产生角度闭合差，即：

$$f_\beta = \beta_1 + \beta_2 + \cdots + \beta_n - (n-2)\times 180° = \sum\beta - (n-2)\times 180°$$

设每个角度的测角中误差为 $m_\beta$，则各角之和的中误差为

$$m_{\sum\beta} = \pm m_\beta\sqrt{n} \tag{3-26}$$

如果以两倍中误差为极限误差，则允许的 $n$ 边多边形的角度闭合差为

$$f_{\beta允} = \pm 2m_\beta\sqrt{n} \tag{3-27}$$

**3. 水准测量精度**

（1）水准仪两次测定高差的限差。一次测定高差的计算式为 $h=a-b$，设用 DS3 型水准仪前视或后视在水准尺上的读数中误差 $m=\pm 1$mm，则一次测定高差的中误差为

$$m_h = m\sqrt{2} = \pm 1.4\text{mm}$$

两次测定高差之差的计算式为 $\Delta h = h_1 - h_2$，则高差之差的中误差为

$$m_{\Delta h} = m_h\sqrt{2} = \pm 2\text{mm}$$

如果以两倍中误差为极限误差，则为±4mm。考虑到在水准测量中还有水准管气泡置平误差的影响，故一般规定用DS3型水准仪两次测定高差之差不应超过±5mm。

(2)水准路线高差测定的精度。设在两水准点之间的一条水准路线上进行水准测量，共设置$n$个测站。两水准点间的高差为各站所测高差的总和，即

$$\sum h=(a_1-b_1)+(a_2-b_2)+\cdots+(a_n-b_n)$$

设每次在水准尺上的读数中误差为$m$，每次高差测定的中误差为$m_h$，则高差总和的中误差为

$$m_{\Sigma h}=m_h\sqrt{n}=m\sqrt{2n}$$

设两水准点间的水准路线的长度为$L$，各测站前视和后视的平均距离为$d$，则测站数$n=L/2d$，代入上式，得到

$$m_{\Sigma h}=m\sqrt{\frac{L}{d}}=\frac{m}{\sqrt{d}}\sqrt{L}$$

设$m_0=m/\sqrt{d}$，则

$$m_{\Sigma h}=\pm m_0\sqrt{L} \tag{3-28}$$

在上式中，如果$L=1$，则$m_{\Sigma h}=m_0$，故$m_0$称为水准路线单位长度的高差中误差，它的数值决定于水准测量的等级(所用水准仪的级别和测量的方法)。

**4. 坐标计算精度**

根据点位的极坐标法计算公式，首先按两点间的坐标方位角$\alpha$和水平距离$D$计算两点间的坐标增量$\Delta x$和$\Delta y$，然后按其中一个已知点$A$的坐标计算另一个特定点$B$的坐标。设已知观测值$\alpha$和$D$的中误差为$m_\alpha$和$m_D$，需要估算坐标增量中误差为$m_{\Delta x}$和$m_{\Delta y}$。坐标增量的函数式为

$$\Delta x=D\cdot\cos\alpha$$
$$\Delta y=D\cdot\sin\alpha$$

按误差传播定律，对上式求微分，得到

$$\mathrm{d}\Delta x=\cos\alpha\cdot\mathrm{d}D-D\sin\alpha\cdot\mathrm{d}\alpha$$
$$\mathrm{d}\Delta y=\sin\alpha\cdot\mathrm{d}D+D\cos\alpha\cdot\mathrm{d}\alpha$$

化为中误差的表达式，并将方位角误差以角秒表示，即

$$m_{\Delta x}=\sqrt{\cos^2_\alpha\cdot m_D^2+(D\sin\alpha)^2\frac{m_\alpha^2}{\rho''^2}}=\sqrt{\cos^2\alpha\cdot m_D^2+\Delta y^2\frac{m_\alpha^2}{\rho''^2}}$$

$$m_{\Delta y}=\sqrt{\sin^2_\alpha\cdot m_D^2+(D\cos\alpha)^2\frac{m_\alpha^2}{\rho''^2}}=\sqrt{\sin^2\alpha\cdot m_D^2+\Delta x^2\frac{m_\alpha^2}{\rho''^2}} \tag{3-29}$$

$A$，$B$两点的相对点位中误差可用下式计算

$$M_{AB}=\sqrt{m_{\Delta x}^2+m_{\Delta y}^2}=\sqrt{m_D^2+\left(D\frac{m_\alpha}{\rho''}\right)^2} \tag{3-30}$$

式中，右端根号内第一项为两点间的纵向误差$m_t$，第二项为横向误差$m_u$；即两点间的距离误差形成纵向误差，方位角误差形成横向误差。因此，两点的相对点位中误差也可表示为

$$M_{AB}=\sqrt{m_t^2+m_u^2} \tag{3-31}$$

# 第四节 权

## 一、权的定义及确定方法

在测量工作中，观测值往往不是等精度的。典型的如水准网，各测段路线长度 $S$ 不等，其中误差 $m_{h_{AB}}$ 和 $m_{km}\sqrt{S}$ 就不相等；另外，在导线测量控制网中，观测值中方向值和边长是两种不同类型的观测值，一般也不是等精度的。容易理解，对于一组不同精度的观测值，在运用误差理论处理观测数据，消除不符值，求观测值及其函数最佳估值的“平差”过程中，不应同等对待。为了消除不符值，观测值都要作一定“改正”，但基本的原则是，精度高的观测值应有较小的改正量，而精度低的观测值应有较大的改正量。

在实际工作中，中误差作为衡量观测值精度的绝对指标估值，在平差前一般是不知道的，而表示各观测值精度指标之间比值关系的数字特征，却可以通过一定的条件得出，测量上称这种数字特征为“权”。权是衡量轻重的意思，顾名思义，它是衡量一组观测值之间相对精度的数字指标。

测量中定义精度较高的观测值，有较大的权；反之有较小的权。由于精度较高的观测值，中误差较小，所以观测值 $L_i$ 的权 $p_i$ 可定义为：

$$p_i=\frac{m_0^2}{m_i^2} \tag{3-32}$$

式中 $m_i$——观测值的中误差；

$m_0$——任意给定的常数。

从上述定义式可以看出：

(1)观测值的权与中误差的平方成反比，精度较高的观测值权较大，反之权较小。

(2)由权的比例关系式可知：

$$p_1:p_2:\cdots:p_n=\frac{m_0^2}{m_1^2}:\frac{m_0^2}{m_2^2}:\cdots:\frac{m_0^2}{m_n^2}=\frac{1}{m_1^2}:\frac{1}{m_2^2}:\cdots:\frac{1}{m_n^2} \tag{3-33}$$

可见，随着常数 $m_0$ 的不同，权也不同，即权不是唯一的，但是一组观测值权之间的比值是唯一的，与常数 $m_0$ 无关。

由于一组观测值权之间的比值是唯一的，所以权能够作为一种数字指标，衡量观测值的“重要性”，以便在平差中对不同精度观测值区别对待。这里需要指出的是，对于一组观测值，作为参照标准的常数 $m_0$ 必须是唯一的，否则各观测值的权不再具有可比性，也就失去了相对精度指标的意义。

### 关键细节 18 水准测量高差的权

设水准测量中每千米路线长度的观测高差相同，为 $m_{km}$，一组水准测量高差观测值为 $h_1,h_2,\cdots,h_n$，其对应的水准测量路线长度为 $S_1,S_2,\cdots,S_n$。已知，$m_i=m_{km}\sqrt{S_i}$。令 $m_0=m_{km}\sqrt{C}$，即取路线长度为 $C$ 的高差中误差为任意常数 $m$。其中 $C$ 可以是实际存在的高差观测值路线长度，也可以是不存在的高差观测值路线长度。由权的定义可知，高差观

测值 $h_i$ 的权为：

$$p_i = \frac{C}{S_i} \tag{3-34}$$

即水准测量高差的权，与水准测量路线长度成反比。

### 关键细节 19 同精度观测值算术平均值的权

设有一组观测值 $L_1, L_2, \cdots, L_n$，分别是 $N_1, N_2, \cdots, N_n$ 次同精度观测值的平均值。由算术平均值精度公式可知，设单次观测值中误差为 $m$，则 $N_i$ 次算术平均值的中误差为 $m_i = \frac{m}{\sqrt{N_i}}$。设常数 $m_0$ 是 $C$ 次同精度观测值的算术平均值的中误差，即 $m_0 = \frac{m}{\sqrt{C}}$，根据权的定义就有：

$$p_i = \frac{N_i}{C} \tag{3-35}$$

即由不同次数同精度观测值所计算得到的算术平均值，权与观测次数成正比。

### 关键细节 20 光电测距观测值的权

在平面控制网中常常有两类不同性质的观测值，分别是角度(方向)观测值和边长观测值。由于角度(方向)观测值的精度与角度大小、距离远近没有直接的联系，所以可将所有角度(方向)观测值视为等精度观测值，根据仪器的标称精度、观测条件和实践经验，确定中误差。若令其为权定义式中的常数 $m_0$，则所有角度(方向)观测值的权均为 1。确定光电测距观测值的权，一般先根据测距仪的标称精度确定观测中误差，例如设某观测边长度为 $S_i$，则其中误差为 $m_i = A + BS_i$。式中 $A$ 称为固定误差，是与距离无关的误差；$B$ 称为比例误差，与距离成正比，$A$、$B$ 均是仪器标称精度。在确定了两类观测值的中误差估值后，可以直接按权的定义确定边长观测值的权。这里需要指出的是，在观测值均属同一类型时，权是无单位的，而存在两种类型的观测值时，权有单位。

### 关键细节 21 加权平均值的权

设对某一观测量 $X$ 进行了 $n$ 次不等精度的观测，得到观测值 $L_1, L_2, \cdots, L_n$，其相应的中误差为 $m_1, m_2, \cdots, m_n$，权为 $p_1, p_2, \cdots, p_n$。设 $x$ 为 $X$ 的最优估值，则 $x$ 为

$$x = \frac{p_1 L_1 + p_2 L_2 + \cdots + p_n L_n}{[p]} \tag{3-36}$$

对式(3-36)应用误差传播定律，得到：

$$m_x^2 = \frac{p_1^2 m_1^2 + p_2^2 m_2^2 + \cdots + p_n^2 m_n^2}{[p]^2}$$

顾及到权的定义式 $p_i = \frac{m_0^2}{m_i^2}$，可得

$$\frac{m_0^2}{p_x} = \frac{p_1^2 \frac{m_0^2}{p_1} + p_2^2 \frac{m_0^2}{p_2} + \cdots + p_n^2 \frac{m_0^2}{p_n}}{[p]^2}$$

从而有

$$\frac{1}{p_x} = \frac{p_1 + p_2 + \cdots + p_n}{[p]^2} = \frac{1}{[p]}, p_x = [p] \tag{3-37}$$

即加权平均值的权，为各不等精度观测值权的累加。

## 二、单位权中误差

在式(3-32)中,若选择某一实际存在观测值的中误差作为常数 $m_0$,则这个观测值的权必为1;或者说,权等于1的观测值,其中误差值必等于式(3-32)中的常数 $m_0$ 。由此,$m_0$ 被称为单位权中误差,相应的观测值称为单位权观测值。

由于 $m_0$ 是可以任意选定的一个常数,所以实际上可能并不存在一个观测值的中误差等于 $m_0$ 。但是即使不存在一个权为1的真实观测值,$m_0$ 仍然被称为单位权中误差,并且它在测量平差中具有极其重要的作用。由式(3-32)可知,若知道了单位权中误差 $m_0$ 和某估算参数的权倒数 $1/p_i$,则参数的中误差为

$$m_i = m\sqrt{1/p_i}$$

设某控制网有一组不等精度观测值 $L_i(i=1,2,\cdots,n)$,其权分别为 $p_i$,平差消除不符值后,各观测值平差值为 $\hat{L}_i=L_i+v_i$,利用改正数求单位权中误差的公式为:

$$m_0=\sqrt{\frac{[pvv]}{r}} \tag{3-38}$$

## 三、权倒数传播定律

设有观测值 $L_i(i=1,2,\cdots,n)$ 的线性函数:

$$y=a+a_1L_1+a_2L_2+a_3L_3+\cdots+a_nL_n$$

根据误差传播定律及权的定义公式,可得出:

$$\frac{1}{p_y}=a_1^2\frac{1}{p_1}+a_2^2\frac{1}{p_2}+\cdots+a_n^2\frac{1}{p_n} \tag{3-39}$$

式(3-39)表达了观测线性函数的权 $p_y$ 与各观测值权 $p_1$ 之间的关系式。由于式(3-39)中权以倒数形式出现,所以称为权倒数传播定律,它实质上只是误差传播定律的另一种表现形式。

# 第四章　建筑工程测量基本工作

## 第一节　高程测量与测设

测量地面上各点高程的工作称为高程测量。高程测量根据所使用的仪器和施测方法不同，分为：

(1)水准测量(leveling)；

(2)三角高程测量(trigonometric leveling)；

(3)气压高程测量(air pressure leveling)；

(4)GPS 测量(GPS leveling)。

水准测量是高程测量中最基本和精度较高的一种测量方法，在国家高程控制测量、工程勘测和施工测量中广泛采用。

### 一、水准测量方法

水准测量原理是利用水准仪提供一条水平视线，借助竖立在地面点上的水准尺，直接测定地面上各点的高差，然后根据其中一点的已知高程推算其他各点的高程。

如图 4-1 所示，已知地面 $A$ 点的高程为 $H_A$，如果要测得 $B$ 点的高程 $H_B$，就要测出两点的高差 $h_{AB}$。

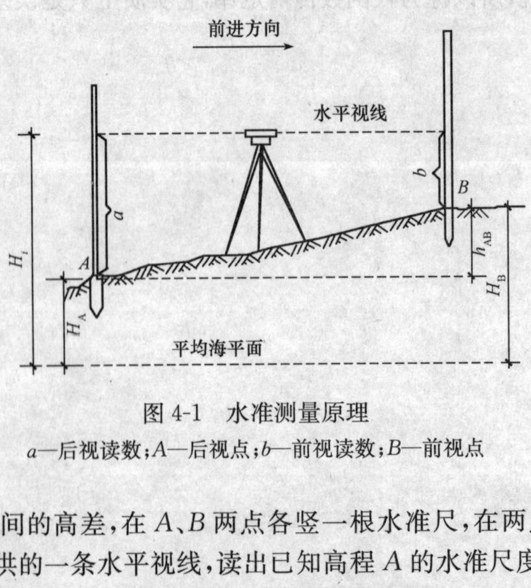


图 4-1　水准测量原理

$a$—后视读数；$A$—后视点；$b$—前视读数；$B$—前视点

欲测定 $A$、$B$ 两点间的高差，在 $A$、$B$ 两点各竖一根水准尺，在两点之间安置水准仪。测量时利用水准仪提供的一条水平视线，读出已知高程 $A$ 的水准尺度数 $a$，这一度数在测量上称为后视度数。同时测出未知高程点 $B$ 的水准尺度数 $b$，这一度数在测量上称为前视度数。A、B 两点的高差 $h_{AB}$ 可由下式求得：

$$h_{AB}=a-b \tag{4-1}$$

也就是说，A、B 两点的高差等于后视度数减去前视度数。即

A、B 两点间高差：$$h_{AB}=H_B-H_A=a-b \tag{4-2}$$

测得两点间高差 $h_{AB}$ 后，若已知 A 点高程 $H_A$，则可得 B 点的高程。

$$H_B=H_A+h_{AB} \tag{4-3}$$

根据水准测量原理，可采用高差法和视线法两种方法进行高程的测量。

(1)高差法水准测量。高差法即根据已知点高程和两点之间的高差求未知点高程的方法。

(2)视线法水准测量。视线法水准测量是工程中的常用方法，即指由求得的视线高，根据已知点高程求未知点高程的方法。

上述测量中，只需要在两点之间安置一次仪器就可测得所求点的高程的方法叫做简单水准测量。

如图 4-2 所示，如果两点之间的距离较远或高差较大，仅安置一次仪器不能测得它们的高差，需要加设若干个临时的立尺点，作为传递高程的过渡点，即转点。欲求 A 点至 B 点的高差 $h_{AB}$，选择一条施测路线，用水准仪依次测出 AP 的高差 $h_{AP}$、PQ 的高差 $h_{PQ}$ 等，直到最后测出的高差 $h_{WB}$。每安置一次仪器，称为一个测站，而 P,Q,R,…,W 等点即为转点。

$$h_{AB}=h_{AP}+h_{PQ}+\cdots+h_{WB} \tag{4-4}$$

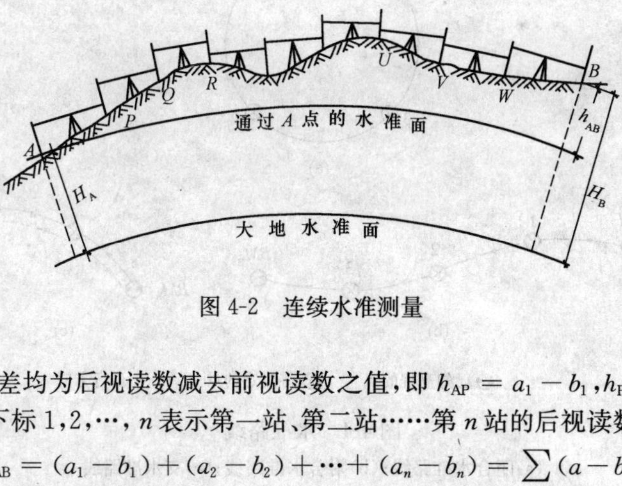


图 4-2　连续水准测量

各测站的高差均为后视读数减去前视读数之值，即 $h_{AP}=a_1-b_1$，$h_{PQ}=a_2-b_2$，…，$h_{WB}=a_n-b_n$，下标 1,2,…，$n$ 表示第一站、第二站……第 $n$ 站的后视读数和前视读数，则

$$h_{AB}=(a_1-b_1)+(a_2-b_2)+\cdots+(a_n-b_n)=\sum(a-b) \tag{4-5}$$

在实际作业中可先算出各测站的高差，然后取它们的总和而得 $h_{AB}$。再用后视读数之和 $\sum a$ 减去前视读数之和 $\sum b$ 来计算高差 $h_{AB}$，检核计算是否有错误。

## 二、水准测量实施

### 1. 水准点

水准测量的主要目的是测出一系列点的高程。通常称这些点为水准点(Benchmark)，

简记为BM。水准点有永久性和临时性两种。建筑工地上的永久性水准点一般用混凝土预制而成，顶面嵌入半球形的金属标志[图4-3(a)]表示该水准点的点位。临时性的水准点可选在地面突出的坚硬岩石或房屋勒脚、台阶上，用红漆做标记，也可用大木桩打入地下，桩顶上钉一半球形钉子作为标志，如图4-3(b)所示。

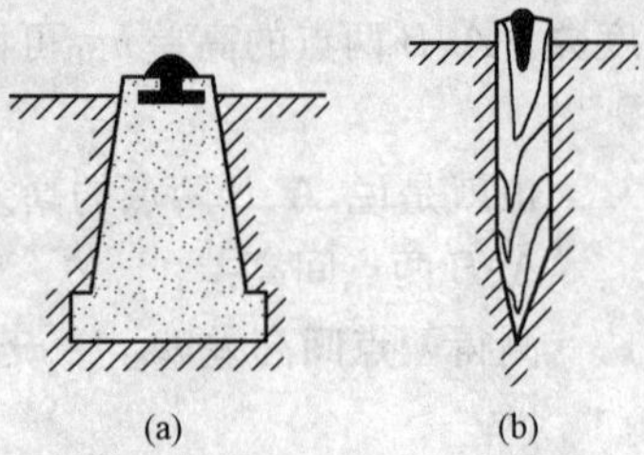

图4-3 建筑工地上的水准点

**2. 水准路线**

(1)闭合水准路线。闭合水准路线适用于补充测量，如图4-4(a)所示，从一已知高程的水准点$BM_A$出发，沿一条环形路线进行水准测量，测定沿线1、2、3水准点的高程，最后又回到原水准点$BM_A$的路线，称为闭合水准路线。

从理论上讲，闭合水准路线上各点间高差的代数和应等于零，即：

$$\sum h_{理} = 0 \tag{4-6}$$

但实际上总会有误差，致使高差闭合差不等于零，则高差闭合差为：

$$f_h = \sum h_{测} - \sum h_{理} = \sum h_{测} \tag{4-7}$$

(2)附合水准路线。附合水准路线适用于开阔区域，如图4-4(b)所示。从一个已知高程的水准点$BM_A$起，沿一条路线进行水准测量，经过测定另外一些水准点1、2、3的高程，最后联测到另一个已知高程的水准点$BM_B$的路线，称为附合水准路线。

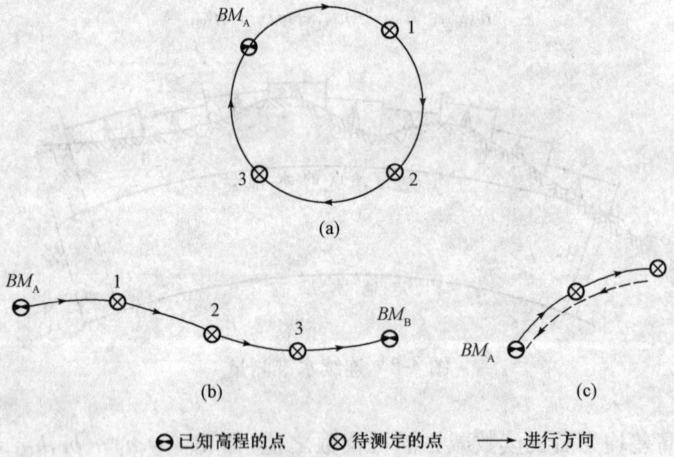

图4-4 水准路线
(a)闭合水准路线；(b)附合水准路线；(c)支水准路线

理论上，附合水准路线中各待定高程点间的高差代数和，应等于始、终两个水准点的高程之差，即：

$$\sum h_{理} = (H_{终} - H_{始}) \tag{4-8}$$

如果不相等，两点之差称为高差闭合差，用$f_h$表示：

$$f_h = \sum h_{测} - \sum h_{理} = \sum h_{测} - (H_{终} - H_{始}) \tag{4-9}$$

(3)支水准路线。支水准路线适用于狭长区域,如图 4-4(c)所示,从一已知水准点 $BM_A$ 出发,沿待定高程点进行水准测量,如果最后没有联测到已知高程的水准点,则这样的水准路线称为支水准路线。为了对测量成果进行检核,并提高成果的精度,单一水准支线必须进行往、返测量。往测高差与返测高差的代数和 $\sum h_{往} + \sum h_{返}$ 理论上应等于零,并以此作为支水准路线测量正确与否的检验条件。如不等于零,则高差闭合差为:

$$f_h = \sum h_{往} + \sum h_{返} \tag{4-10}$$

**关键细节 1　埋设水准点,拟设水准路线**

国家等级水准点一般用石料或钢筋混凝土制成,深埋到地面冻结线以下,在标石的顶面设有不锈钢或其他不易锈蚀的材料制成的半球状标志,如图4-5(a)所示,半球状标志顶点表示水准点的点位。有的用金属标志埋设于基础稳固的建筑物墙脚下,称为墙上水准点,如图 4-5(b)所示。在城镇和厂矿区,常采用稳固建筑物墙脚的适当高度埋设墙脚水准标志作为水准点。

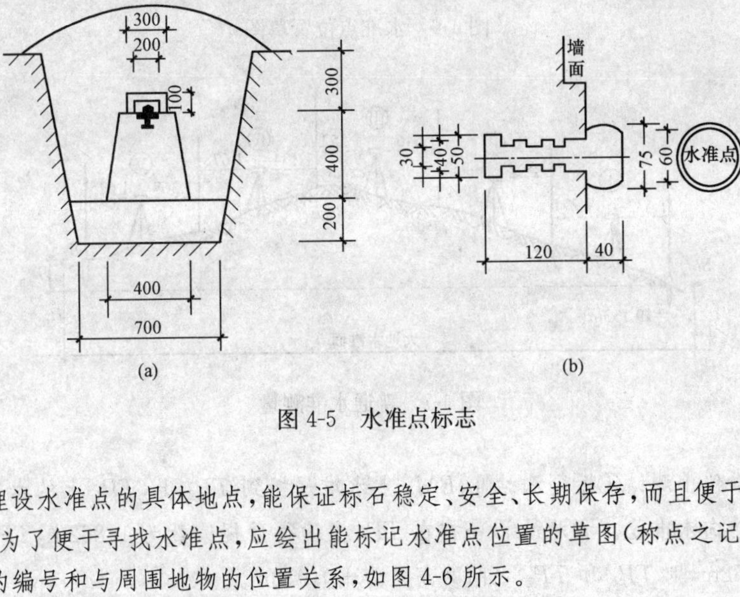


图 4-5　水准点标志

选择埋设水准点的具体地点,能保证标石稳定、安全、长期保存,而且便于使用。埋设水准点后,为了便于寻找水准点,应绘出能标记水准点位置的草图(称点之记),图上要注明水准点的编号和与周围地物的位置关系,如图 4-6 所示。

在水准测量中,为了避免在观测、记录和计算中发生人为粗差并保证测量成果达到一定的精度要求,必须布设某种形式的水准路线,利用一定的条件来检验所测成果的正确性。

**关键细节 2　水准测量观测与记录**

水准点埋设完毕即可按拟定的水准路线进行水准测量,如图 4-7 所示,当欲测的高程点距水准点较远或高差较大时,就需要连续多次安置仪器以测出两点的高差。已知 $BM_A$ 的高程为 19.153m,欲测定 $BM_B$ 的高程。水准测量步骤如下:

(1)将水准仪安置在 $BM_A$。和 $TP_1$ 点约等距离的测站①上,水准仪经粗平、瞄准、精

平后对 $BM_A$ 尺的后视读数为 1.632m，转动望远镜瞄准 $TP_1$ 尺，精平后读对 $TP_1$ 尺的前视读数为 1.271m，将后视读数和前视读数记入表 4-1 中，$BM_A$ 和 $TP_1$ 的高差为 +0.361m，填入高差栏中。

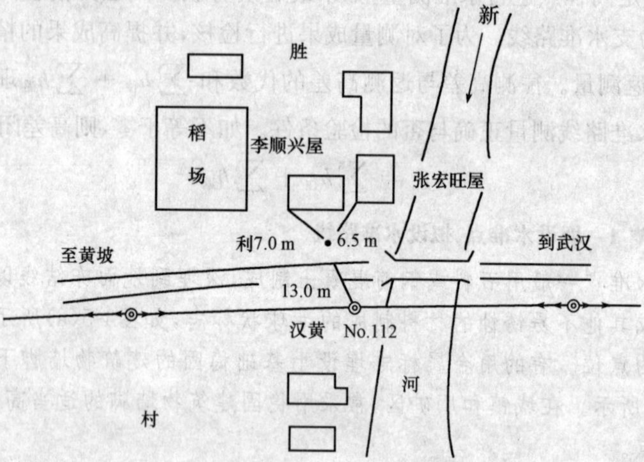


图 4-6　水准点位置草图

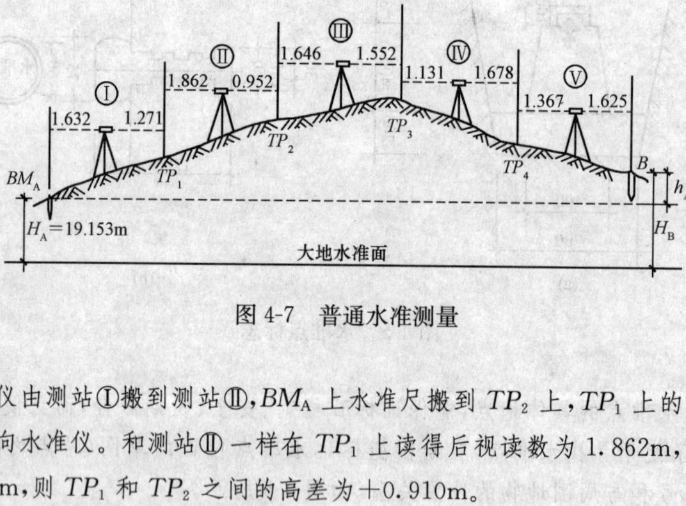


图 4-7　普通水准测量

(2)水准仪由测站①搬到测站②，$BM_A$ 上水准尺搬到 $TP_2$ 上，$TP_1$ 上的水准尺尺垫不动，将尺面转向水准仪。和测站②一样在 $TP_1$ 上读得后视读数为 1.862m，$TP_2$ 上的前视读数为 0.952m，则 $TP_1$ 和 $TP_2$ 之间的高差为 +0.910m。

(3)依次测出各段的高差，将所有的前、后读数和高差填入表 4-1 中。

(4)对记录表中每一项所计算的高差和高程都要进行计算检核，即后视读数总和减去前视读数总和、高差之和及 $B$ 点高程与 $A$ 点高程的差值，这三个数字应当相等；否则，计算有误。

$$\sum a - \sum b = 7.638 - 7.078 = +0.560$$

$$\sum h = +0.560$$

$$H_B - H_A = 19.713 - 19.153 = +0.560$$

表 4-1　　　　水准测量手簿

日期：　　　　仪器：　　　　观测：

天气：　　　　地点：　　　　记录：

| 测站 | 点号 | 后视度数/m | 前视度数/m | 高差/m | 高程/m | 备注 |
|---|---|---|---|---|---|---|
| 1 | $BM_A$ | 1.632 | | +0.361 | 19.153 | 已知 |
| | $TP_1$ | | 1.271 | | 19.514 | |
| 2 | $TP_1$ | 1.862 | | 0.910 | | |
| | $TP_2$ | | 0.952 | | 20.424 | |
| 3 | $TP_2$ | 1.646 | | +0.094 | | |
| | $TP_3$ | | 1.552 | | 20.518 | |
| 4 | $TP_3$ | 1.131 | | −0.547 | | |
| | $TP_4$ | | 1.678 | | 19.971 | |
| 5 | $TP_4$ | 1.367 | | −0.258 | | |
| | $B$ | | 1.625 | | 19.713 | |
| 计算检核 | | $\sum a = 7.638$ | $\sum b = 7.078$ | $\sum h = +0.560$ | −19.153 | |
| | | $\sum a - \sum b = 7.638 - 7.078 = 0.560$ | | | +0.560 | |

上述水准测量称为往测。为保证观测的质量，一般要求用同样的方法返测一次，两次观测所得的高差不符值在误差容许范围内，方可取平均值作为最后结果。

### 关键细节 3　水准测量计算检核

水准测量的计算检核，就是及时检查计算是否有误，计算检核的数据应如实填入水准测量手簿中，不得缺项。例如，在表 4-1 中，每测得一站的后、前视读数后，都应立即现场计算出该站之高差；待整个测段观测结束后，将各测站高差求代数和即为该测段高差 $h_{AB}$；最后根据 $A$ 点的高程 $H_A$ 和测得的高差 $h_{AB}$，计算出 $B$ 点的高程 $H_B$。显然，不论是计算某一站高差，还是各测站高差求和或推算 $B$ 点的高程，任何一个环节若计算有误，则 $B$ 点的高程 $H_B$ 就会不正确。此时，所有后视读数之和减去所有前视读数之和应该等于所有高差之和，即

$$\sum a - \sum b = 7.638 - 7.078 = +0.560\text{m} = \sum h = +0.560\text{m}$$

这说明高差计算是正确的。

终点 $B$ 的高程 $H_B$ 减去 $A$ 点的高程 $H_A$，也应等于 $\sum h$，即

$$H_B - H_A = \sum h$$

在表 4-1 中

$$H_B - H_A = 19.713 - 19.153 = +0.560\text{m}$$

这说明高程计算也是正确的。

### 关键细节 4　水准测量测站检修

在进行连续水准测量时，其中任何一个后视或前视读数有错误，都会影响高差的正确

性。对于每一测站而言，为了校核每次水准尺读数有无差错，可采用改变仪器高的方法或双面尺法进行测站检核。

(1)变动仪器高的方法。变动仪器高的方法是在同一测站通过调整仪器高度(即重新安置与整平仪器)，两次测得高差，改变仪器高度在0.1m以上；或者用2台水准仪同时观测，当两次测得高差的差值不超过容许值(如等外水准测量的容许值为±6mm)，则取两次高差平均值作为该站测得的高差值。否则需要查找原因，重新观测。

(2)双面尺法。双面尺法是在同一个测站上，仪器高度不变，而立在前视点和后视点上的水准尺分别用黑面和红面各进行一次读数，测得两次高差，互相检核。若同一水准尺红面与黑面(加常数后)之差在3mm以内，且黑面尺高差 $h_{黑}$ 与红面尺高差 $h_{红}$ 之差不超过±5mm，则取黑、红面高差平均值作为该站测得的高差值。否则需要检查原因，重新观测。

**关键细节5　水准测量注意事项**

为了提高测量结果的精确度，避免在测量时因人为因素而导致有错误。在进行水准测量时，应注意以下几方面：

(1)放置水准仪时，尽量使前、后视距相等。

(2)每次读数时水准管气泡必须居中。

(3)观测前，测量仪器必须进行检验和校正。

(4)读数时水准尺必须竖直，有圆水准器的尺子应使气泡居中。

(5)尺垫顶部和水准尺底部不应沾带泥土，以降低对读数的影响。

(6)望远镜应仔细调焦，严格消除视差。

(7)前后视线长度一般不超过100m，视线离地面高度一般应不小于0.3m。

(8)在强烈光照下必须撑伞，以避免仪器的结构因局部的温度增高而发生变化，影响视线的水平。

(9)读数要清楚。如记录有错误，错误记录应用铅笔划去，再重写，不得涂改。

(10)读数后，记录者必须当场计算，测站检核无误，方可迁站。

(11)仪器迁站，要注意不能碰动转点上的尺垫。

## 三、水准测量成果整理

水准测量外业观测结束后，首先应复查与检核记录手簿，计算各点间高差。经检核无误后，根据外业观测的高差计算闭合差。若闭合差符合规定的精度要求，则调整闭合差，最后计算各点的高程。

按水准路线布设形式进行成果整理，其内容包括：

(1)水准路线高差闭合差计算与校核；

(2)高差闭合差的分配和计算改正后的高差；

(3)计算各点改正后的高程。

不同等级的水准测量，对高差闭合差的容许值有不同的规定。等外水准测量的高差闭合差容许值：

$$\text{对于普通水准测量，有：}\begin{cases} f_{h容}=\pm 40\sqrt{L}\text{，适用于平原区} \\ f_{h容}=\pm 12\sqrt{n}\text{，适用于山区} \end{cases} \tag{4-11}$$

式中　$f_{h容}$——高差闭合差限差(mm)；

$L$——水准路线长度(km)；

$n$——测站数。

在山丘地区，当每千米水准路线的测站数超过 16 站时，容许高差闭合差可用下式计算：

$$f_{h容}=\pm 12\sqrt{n}\ (\mathrm{mm})$$

式中　$n$——水准路线的测站总数。

在施工中，如设计单位根据工程性质提出具体要求，应按要求精度施测。

### 关键细节 6　附合水准路线成果计算步骤

图 4-8 为某附合水准路线观测成果略图。$BM_A$ 和 $BM_B$ 为已知高程的水准点，$A$ 点的高程为 65.376m，$B$ 点的高程为 68.623m，图中箭头表示水准测量前进方向，点 1，2，3 为待测水准点，各测段高差、测站数、距离如图 4-2 所示。其测量成果计算见表 4-2，具体步骤如下：

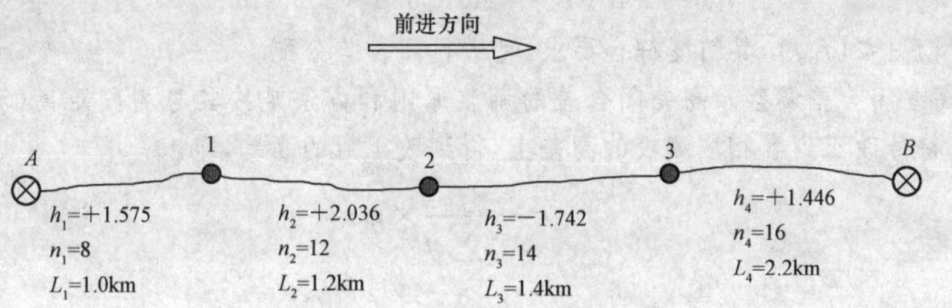


图 4-8　附合水准路线观测成果略图

表 4-2　　附合水准测量成果计算表

| 测段编号 | 点名 | 距离/km | 测站数 | 实测高差/m | 改正数/m | 改正后的高差/m | 高程/m | 备注 |
|---|---|---|---|---|---|---|---|---|
| | $A$ | | | | | | 65.376 | |
| 1 | | 1.0 | 8 | +1.575 | −0.012 | +1.563 | | |
| | 1 | | | | | | 66.939 | |
| 2 | | 1.2 | 12 | +2.036 | −0.014 | +2.022 | | |
| | 2 | | | | | | 68.961 | |
| 3 | | 1.4 | 14 | −1.742 | −0.016 | −1.758 | | |
| | 3 | | | | | | 67.203 | |
| 4 | | 2.2 | 16 | +1.446 | −0.026 | +1.420 | | |
| | $B$ | | | | | | +68.623 | |
| Σ | | 5.8 | 50 | +3.315 | −0.068 | +3.247 | | |
| 辅助计算 | $f_h=+68\mathrm{mm}$　　$L=5.8\ \mathrm{km}$<br>$f_{容}=\pm 40\sqrt{5.8}=\pm 96\ \mathrm{mm}$　　$-f_h/L=-12\mathrm{mm}$ | | | | | | | |

(1)准备工作。将图 4-8 中的点号、测段编号、测站数、实测高差以及水准点 $A$、$B$ 的已知高程填入表 4-2 的相关栏中。

(2)计算高差闭合差。从理论上讲,附合水准路线各测段高差的代数和应等于起点 $A$ 与终点 $B$ 的高程之差,即

$$\sum h = H_B - H_A$$

但实际上,由于测量误差的存在,致使上式并不相等,其差值称为高差闭合差,常用 $f_h$ 表示,即

$$f_h = \sum h - (H_B - H_A) \tag{4-12}$$

图 4-8 中,高差闭合差 $f_h = 3.315 - (68.623 - 65.376)\text{m} = 68\text{mm}$

(3)成果检核。不同等级的水准测量,对高差闭合差的限差规定也不同。图 4-8 中,每千米测站数:$n = 50 \div 5.8 = 8.6 < 16$ 站,故采用平地计算公式:

$$f_{h容} = \pm 40\sqrt{L} = \pm 40\sqrt{5.8} = \pm 96(\text{mm})$$

因为 $|f_h| < |f_{h容}|$,其精度符合要求,可进行闭合差分配。

(4)高差闭合差调整。高差闭合差的调整原则和方法是按其与测段距离(测站数)成正比并反符号改正到各相应测段的高差上,得到改正后的高差,即:

$$v_i = -\frac{f_h}{\sum n} \times n_i$$

或 (4-13)

$$v_i = -\frac{f_h}{\sum l} \times l_i$$

改正后的高差: $h_{i改} = h_{i测} + v_i$

式中 $v_i, h_{i改}$ ——第 $i$ 段测段的高差改正数和改正后的高差;

$\sum n, \sum l$ ——路线总测站数与总长度;

$n_i, l_i$ ——第 $i$ 段测段的测站数与长度。

各测段改正数:

$$v_1 = -\frac{0.068}{5.8} \times 1.0 = -0.012(\text{m})$$

$$v_2 = -\frac{0.068}{5.8} \times 1.2 = -0.014(\text{m})$$

$$v_3 = -\frac{0.068}{5.8} \times 1.4 = -0.016(\text{m})$$

$$v_4 = -\frac{0.068}{5.8} \times 2.2 = -0.026(\text{m})$$

将各测段高差改正数分别填入相应改正数栏内,并检核:改正数的总和与所求得的高差闭合差绝对值相等、符号相反,即 $\sum v = -f_h = -0.068\text{m}$。

各测段改正后的高差为:

$$h_{1改} = h_{1测} + v_1 = +1.575 - 0.012 = +1.563(\text{m})$$
$$h_{2改} = h_{2测} + v_2 = +2.036 - 0.014 = +2.022(\text{m})$$
$$h_{3改} = h_{3测} + v_3 = -1.742 - 0.016 = -1.758(\text{m})$$
$$h_{4改} = h_{4测} + v_4 = +1.446 - 0.026 = +1.420(\text{m})$$

将各测段改正后的高差分别填入相应的栏内，并检核：改正后的高差总和应等于两已知高程之差，即 $\sum h_{改} = H_B - H_A = +3.247\text{m}$。

(5)计算待定与高程。由水准点 $BM_A$ 已知高程开始，逐一加各测段改正后的高差，即得各待定点高程，并填入相应高程栏内。

$$H_1 = H_A + h_{1改} = 65.376 + 1.563 = 66.939(\text{m})$$
$$H_2 = H_1 + h_{2改} = 66.939 + 2.022 = 68.961(\text{m})$$
$$H_3 = H_2 + h_{3改} = 68.961 - 1.758 = 67.203(\text{m})$$
$$H_4 = H_3 + h_{4改} = 67.203 + 1.420 = 68.623(\text{m})$$

推算的 $B$ 点的高程应该等于该点的已知高程，以此作为计算的检核。

### 关键细节 7 闭合水准路线成果计算

闭合水准路线可看成是起、终于同一已知水准点的附合水准路线，因此其成果整理的步骤与附合水准路线类似，公式可直接写成

$$f_h = \sum h \tag{4-14}$$

另外，闭合水准路线成果计算的检核条件与附合水准路线稍有不同，具体为：

(1)改正后高差的代数和，其值应等于零；

(2)最后继续利用改正后的高差推算出的终点高程，应与起点的高程相等。

### 关键细节 8 支水准路线成果计算

对于支水准路线取其往返测高差的平均值作为成果，高差的符号应以往测为准，最后推算出待测点的高程。

如图 4-9 所示，已知山区水准点 $A$ 的高程为 186.785m，往、返测站共 16 站。高差闭合差为：

$$f_h = h_{往} + h_{返} = -1.357 + 1.396 = 0.039\text{m}$$

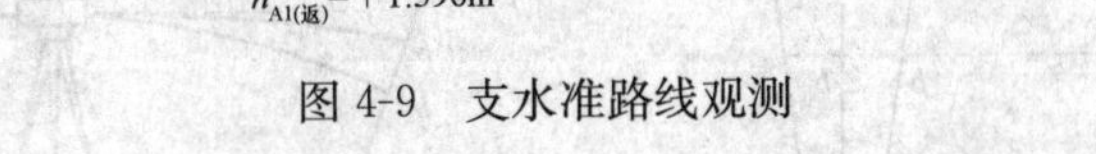


图 4-9 支水准路线观测

闭合差容许值为：

$$f_{h容} = \pm 12\sqrt{n} = \pm 12 \times \sqrt{16} = \pm 48(\text{mm})$$

$|f_h| < |f_{h容}|$ 说明符合普通水准测量的要求。经检核符合精度要求后，可取往测和返测高差绝对值的平均值作为 $A$,1 两点间的高差，其符号与往测高差符号相同，即：

$$h_{AB} = \frac{|h_{往}| + |h_{返}|}{2} = \frac{|-1.357| + |+1.396|}{2} = -1.377 (往测高差为负值，故高差取负值)$$

$$H_1 = 186.785 - 1.377 = 185.408(\text{m})$$

## 四、水准测量误差分析

水准测量误差包括仪器误差、观测误差和外界条件的影响三个方面。

**1. 仪器误差**

(1)仪器校正后的残余误差。在水准测量前虽然经过严格的检验校正,但是仍然存在残余误差。这种误差大多数是系统性的,可以在测量中采取一定的方法加以减弱或消除。例如,水准管轴与视准轴不平行误差,当前后视距相等时,在计算高差时其偏差值将相互抵消。因此,在作业中,应尽量使前后视距相等。

(2)水准尺的误差。水准尺分划不准确、尺长变化、尺身弯曲,都会影响读数精度。因此,水准尺要经过检验才能使用,不合格的水准尺不能用于测量作业。此外,由于水准尺长期使用而使低端磨损,或有水准尺使用过程中粘上泥土等,这些情况相当于改变了水准尺的零点位置,称为水准尺零点误差。对于水准尺零点误差,可采取两固定点间设置偶数测站的方法,消除其对高差的影响。

**2. 观测误差**

(1)水准管气泡居中误差。水准测量时,视线的水平是根据水准管气泡居中来实现的。由于气泡居中存在误差,致使视线偏离水平位置,从而带来读数误差。消除此误差的办法是:每次读数时,使气泡严格居中。

(2)读数误差。在水准尺上估读毫米数的误差,与人眼的分辨能力、望远镜的放大倍数及视线长度有关。在作业中,应遵循不同等级的水准测量对望远镜放大率和最大视线长度的规定,以保证估读精度。

(3)视差影响。水准测量时,如果存在视差,由于十字丝平面与水准尺影像不重合,眼睛的位置不同,读出的数据不同,会给观测结果带来较大的误差。因此,在观测时应仔细调焦,严格消除视差。

(4)水准尺倾斜影响。如图4-10所示,水准尺倾斜将使尺上的读数增大。误差大小与在尺上的视线高度以及尺子的倾斜程度有关。为消除这种误差的影响,扶尺必须认真,应使尺既直又稳;有的水准尺上装有圆水准器,扶尺时应使气泡居中。

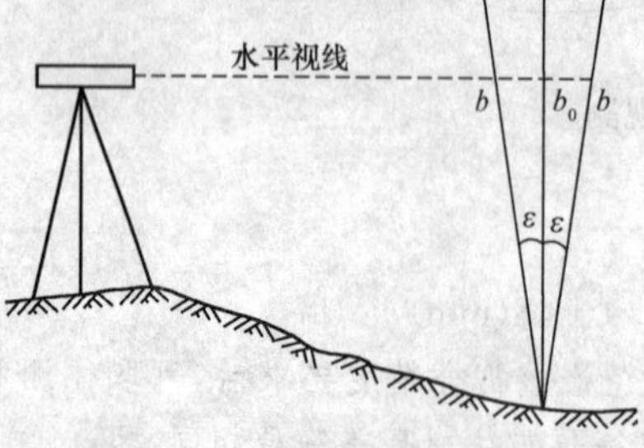


图4-10 水准尺倾斜误差

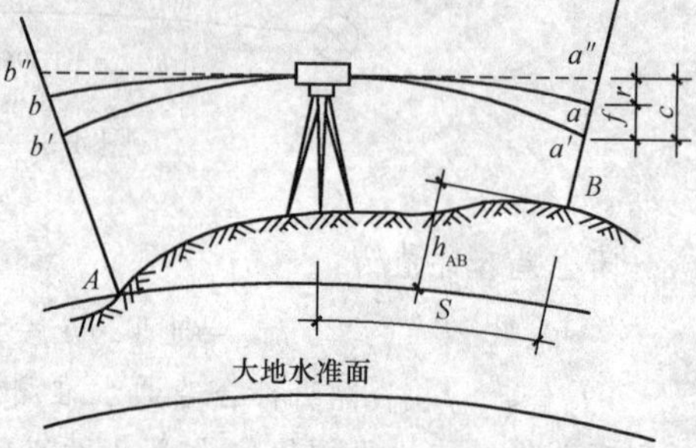


图4-11 地球曲率及大气折光的影响

**3. 外界条件的影响**

(1)仪器下沉。当仪器安置在土质疏松的地面上时,会产生缓慢下降现象,由后视转前视时视线下降,读数减小,可采用"后、前、前、后"的观测顺序减小误差。

(2)尺垫下沉。如果转点选在松软的地面,转站时,尺垫发生下沉现象,使下一站后视读数增大,引起高差误差,可采取往返测取中数的办法减小误差的影响。

(3)地球曲率及大气折光的影响。如图 4-11 所示,用水平视线代替大地水准面在水准尺上的读数产生误差 $c$:

$$c=\frac{D^2}{2R} \tag{4-15}$$

式中 $D$——仪器到水准尺的距离;

$R$——地球的平均半径,$R=6371\text{km}$。

另外,由于地面大气层密度的不同,仪器的水平视线因折光而弯曲,弯曲的半径大约为地球半径的 6~7 倍,且折射量与距离有关。它对读数产生的影响为:

$$r=\frac{D^2}{2\times 7R} \tag{4-16}$$

地球曲率及大气折光两项影响之和为:

$$f=c-r=0.43\frac{D^2}{R} \tag{4-17}$$

计算测站的高差时,应从后视和前视读数中分别减去 $f$,方能得出正确的高差,即:

$$h=(a-f_a)-(b-f_b) \tag{4-18}$$

若前、后视距离相等,则 $f_a=f_b$,地球曲率及大气折光的影响在计算高差时可以抵消。所以,在水准测量中,前、后视距应尽量相等。

(4)大气温度和风力的影响。大气温度的变化会引起大气折光的变化,以及水准管气泡的不稳定。尤其是当强阳光直射仪器时,会使仪器各部件因温度的急剧变化而发生变形,水准管气泡会因烈日照射而收缩,从而产生气泡居中误差。另外,大风可使水准尺竖立不稳,水准仪难以置平。因此,在水准测量时,应随时注意撑伞,以遮挡强烈阳光的照射,并应避免在大风天气里观测。

## 五、已知高程测设

所谓已知高程测设,就是根据附近已知水准点的高程,在地面(或其他作业面)上标定出某设计高程的位置。

如图 4-12 所示,$A$ 为地面一已知水准点,其高程为 $H_A$,现要将设计高程 $H_设$ 测设到木桩 $B$ 上,其具体步骤如下:

(1)在水准点 $A$ 和木桩 $B$ 之间,前、后视距大致相等处安置水准仪;在 $A$ 点上竖立水准尺,读得读数 $a$,则可算得视线高 $H_i$ 为

$$H_i=H_A+a \tag{4-19}$$

(2)根据视线高和设计高程,按下式算出 $B$ 点尺上应有的读数 $b_应$:

$$b_应=H_i-H_设 \tag{4-20}$$

(3)将水准尺紧靠在 $B$ 点木桩的侧面上下移动,直到水准尺读数为 $b_应$ 时,沿尺底在木

桩侧面上画线，此线即为要测设高程的位置。

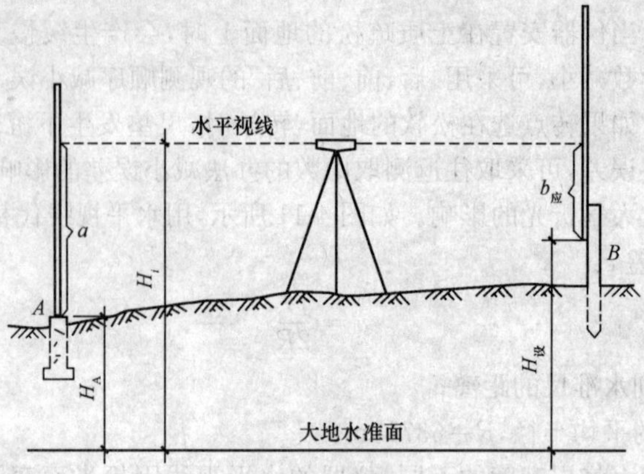


图 4-12 高程测设示意图

## 第二节 角度测量与测设

### 一、水平角测量

地面上从一点出发的两直线之间的夹角，在水平面上的投影称为水平角。水平角测量的主要目的是确定地面点的水平位置。如图 4-13 所示，$A$、$O$、$B$ 为地面上任意三个点，将此三个点沿铅垂线方向投影到同一水平面 $P$ 上，得到 $A'$、$O'$、$B'$ 三个点。水平面上 $O'A'$ 与 $O'B'$ 之间的平角 $\beta$，即是地面上 $OA$ 和 $OB$ 两方向之间的水平角。换言之，地面上任意两方向之间的水平角就是通过这两个方向的竖直面所夹的二面角。

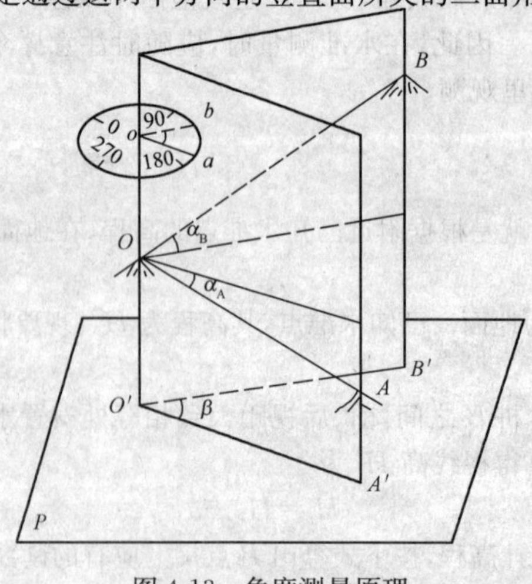


图 4-13 角度测量原理

为了测出水平角的大小，设在 $o$ 点水平地放置一个度盘，度盘的刻度中心 $o$ 通过二面角的交线，也就是使 $o$ 位于 $O$ 点的铅垂线上。过 $OA$ 和 $OB$ 的两竖直面与度盘的交线在度盘上的读数分别为 $a$ 和 $b$，如果度盘注记的增加方向是顺时针的，则水平角为：

$$\beta = a - b \tag{4-21}$$

用经纬仪进行水平角测量时，必须把仪器安置在右测站上，并进行对中、整平操作，水平角的测量方法，一般是根据测角的精度要求、所使用的仪器以及观测方向的数目确定。工程上常用的方法有测回法和方向观测法。

(1)测回法。测回法是观测水平角的一种最基本方法。测回法适用于观测只有两个方向的单角。这种方法要用盘左和盘右两个位置进行观测。观测时目镜朝向观测者，如果竖盘位于望远镜的左侧，称为盘左；如果位于右侧，则称为盘右。通常先以盘左位置测角，称为上半测回。两个半测回合在一起称为一测回。有时水平角需要观测数测回。

(2)方向观测法。方向观测法也称为方向法，是水平角观测的一种常用方法。在一个测站上需要观测 2 个以上的方向时，一般采用方向观测法。若方向数大于 3 个时，每半测回均应从一个选定的零方向开始观测；依次观测完应测目标后，还应再次观测零方向(归零)，称之为全圆方向法观测。

**关键细节 9　测回法观测水平角**

如图4-14所示，测回法观测水平角 $\beta$，具体步骤如下：

图 4-14　测回法观测水平角

(1)在 $O$ 点安置 $DJ_6$ 型光学经纬仪，对中、整平、调焦、照准。

(2)盘左(即竖盘在望远镜的左侧，又称正镜)。

1)先瞄准左方目标 $A$，转动测微轮使水平度盘读数为 $a_{左} = 0°00'00''$，记入观测手簿(表4-3)。

2)松开水平制动螺旋，顺时针方向转动照准部再瞄准右方目标 $B$，读取水平度盘读数 $b_{左} = 92°24'12''$，记入观测手簿。

盘左水平角为：

$$\beta_{左} = b_{左} - a_{左} \quad (称为：上半测回)$$

(3)盘右(即竖盘在望远镜的右侧，又称倒镜)。

1)先瞄准右方目标 $B$，读记水平度盘读数 $b_{右}$。

2)逆时针方向转动照准部，瞄准左方目标$A$，读记水平度盘读数$a_{右}$，则盘右水平角为：

$$\beta_{右}=b_{右}-a_{右} \quad \text{(称为：下半测回)}$$

(4)$DJ_6$型光学经纬仪盘左、盘右允许误差：

$$\beta_{左}-\beta_{右}\leqslant\pm40''$$

上半测回与下半测回合称一测回，一测回取其平均值：$\beta=\dfrac{(\beta_{左}+\beta_{右})}{2}$。

表 4-3　　水平角观测记录

| 测站 | 竖直度盘 | 目标 | 水平度盘读数 | | | 水平角观测值 半测回值 | | | 水平角观测值 一测回值 | | | 各测回平均值 | | |
|---|---|---|---|---|---|---|---|---|---|---|---|---|---|---|
| | | | (°) | (′) | (″) | (°) | (′) | (″) | (°) | (′) | (″) | (°) | (′) | (″) |
| O | 盘左 | A | 0 | 00 | 00 | 92 | 24 | 12 | 92 | 24 | 15 | 92 | 24 | 18 |
| | | B | 92 | 24 | 12 | | | | | | | | | |
| | 盘右 | A | 180 | 00 | 00 | 92 | 24 | 18 | | | | | | |
| | | B | 272 | 24 | 18 | | | | | | | | | |
| O | 盘左 | A | 90 | 00 | 00 | 92 | 24 | 30 | 92 | 24 | 21 | | | |
| | | B | 182 | 24 | 30 | | | | | | | | | |
| | 盘右 | A | 270 | 00 | 00 | 92 | 24 | 12 | | | | | | |
| | | B | 2 | 24 | 12 | | | | | | | | | |

当需要用测回法测$n$个测回时，为了减小度盘刻画不均匀误差的影响，各测回之间要按$180°/n$的差值变换度盘的起始位置。如$n=4$时，各测回的起始方向读数为：0°，45°，90°和135°。

### 关键细节 10　方向观测法观测水平角

如图 4-15 所示，用方向观测法一次性测出三个水平角$\alpha$、$\beta$、$\gamma$，具体步骤如下：

(1)在测站点$O$安置经纬仪，对中、整平、调焦、照准。

(2)盘左：瞄准$A$点转动测微轮使水平度盘读数为0°00′00″，并记入表 4-4，然后顺时针转动仪器，依次瞄准$A$，$B$，$C$，$D$，$A$，读记水平度盘读数，见表 4-4(称为上半测回)。

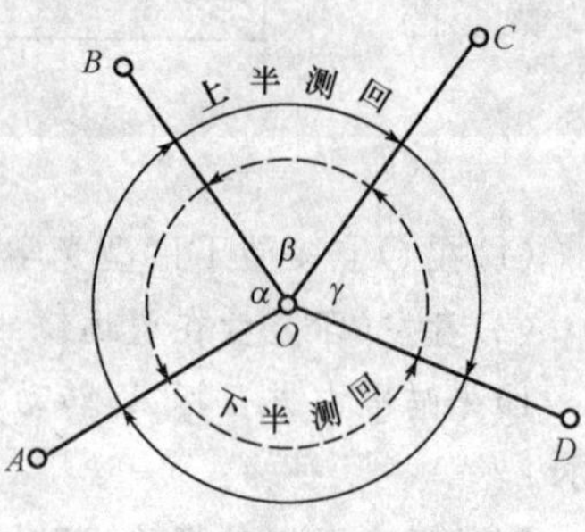

图 4-15　方向观测法观测水平角

(3)盘右，逆时针转动仪器，按$A$，$D$，$C$，$B$，$A$的顺序依次瞄准目标，读记水平度盘读数，见表 4-4(称为下半测回)。

以上过程为一个测回。当需要观测$n$个测回时，测回数仍按$180°/n$变换起始方向读数。此外，起始于$A$又终止于$A$的过程称为归零的方向观测法，又称全圆方向观测法。

**表 4-4　　　　水平角观测记录(方向观测法)**

日期：　　　　　　　　　天　　气　　　　　　　　　班　　级

仪器：　　　　　　　　　观测者　　　　　　　　　　记录者

| 测站 | 测回数 | 标目 | 读数 | | | | | | 2c | 平均读数＝1/2［左＋右±180°］ | | | 归零后的方向值 | | | 各测回归零后方向值的平均值 | | |
|---|---|---|---|---|---|---|---|---|---|---|---|---|---|---|---|---|---|---|
| | | | 盘左 | | | 盘右 | | | | | | | | | | | | |
| | | | (°) | (′) | (″) | (°) | (′) | (″) | | (°) | (′) | (″) | (°) | (′) | (″) | (°) | (′) | (″) |
| | | | | | | | | | | 00006 | | | | | | | | |
| O | 1 | A | 0 | 00 | 00 | 180 | 00 | 06 | −6 | 0 | 00 | 03 | 0 | 00 | 00 | | | |
| | | B | 96 | 51 | 54 | 276 | 51 | 48 | +6 | 96 | 51 | 51 | 96 | 51 | 45 | | | |
| | | C | 143 | 31 | 36 | 323 | 31 | 36 | 0 | 143 | 31 | 36 | 143 | 31 | 30 | | | |
| | | D | 214 | 05 | 00 | 34 | 04 | 54 | +6 | 214 | 04 | 57 | 214 | 04 | 51 | 0 | 00 | 00 |
| | | A | 0 | 00 | 12 | 180 | 00 | 06 | +6 | 0 | 00 | 09 | | | | 96 | 51 | 42 |
| | | | $\Delta_{左}=12$ | | | $\Delta_{右}=00$ | | | | 900007 | | | | | | 143 | 31 | 30 |
| O | 2 | A | 90 | 00 | 00 | 270 | 00 | 02 | −2 | 90 | 00 | 01 | 0 | 00 | 00 | 214 | 05 | 02 |
| | | B | 186 | 51 | 38 | 6 | 51 | 56 | −18 | 186 | 51 | 47 | 96 | 51 | 40 | | | |
| | | C | 233 | 31 | 32 | 53 | 31 | 44 | −12 | 233 | 31 | 38 | 143 | 31 | 31 | | | |
| | | D | 304 | 05 | 14 | 124 | 05 | 26 | −12 | 304 | 05 | 20 | 214 | 05 | 13 | | | |
| | | A | 90 | 00 | 14 | 270 | 00 | 14 | 0 | 90 | 00 | 14 | | | | | | |
| | | | $\Delta_{左}=+14$ | | | $\Delta_{右}=+12$ | | | | | | | | | | | | |

(4)计算。

1)计算归零差。起始方向的两次读数的差值称为半测回归零差，以Δ表示。例如，表4-4中盘左的归零差为$\Delta_{左}=0°00'12''-0°00'00''=+12''$，盘右的归零差为$\Delta_{右}=0''$。对$DJ_6$型仪器，Δ应小于±18″($DJ_2$型不应超过±12″)，否则应查明原因调整后重测。

2)计算两倍照准差。表中2c称为两倍照准差。

$$2c=[盘左读数-(盘右读数\pm180°)]$$

例如，第一测回OB方向的2c值为：

$$2c=96°51'54''-(276°51'48''-180°)=+6''$$

对$DJ_2$型经纬仪，一测回内2c的变化范围不应超过±18″；对$DJ_6$型经纬仪，考虑到度盘偏心差的影响，2c的互差只做自检，不做限差规定。

3)计算平均方向值：

$$各方向平均读数=\frac{1}{2}[盘左读数+(盘右读数\pm180°)]$$

例如，第一测回OB方向的平均方向值为：$[96°51'54''+(276°51'48''-180°)]\div2=96°51'51''$，由于OA方向有两个平均方向值，故还应将这两个平均值再取平均，得到唯一的一个平均值，填在对应列的上端，并用圆括号括起来。如第一测回OA方向的最终平均方向值为：

$$\frac{1}{2}\times(0°00'03''+0°00'09'')=0°00'06''$$

4)计算归零后方向值。将起始方向值化为零后各方向对应的方向值称为归零后方向值。归零后方向值等于平均方向值减去起始方向的平均方向值。如第一测回 $OB$ 方向的归零后方向值为：

$$96°51'51''-0°00'06''=96°51'45''$$

5)计算归零后方向平均值。如果在一测站上进行多测回观测，当同一方向各测回的归零方向值的互差对 $DJ_6$ 型仪器不超过±24″($DJ_2$ 型不超过±12″)时，取平均值作为结果。例如表 4-4 中 $OB$ 方向两测回的平均归零后方向值为

$$\frac{1}{2}\times(96°51'45''+96°51'40'')=96°51'42''$$

6)计算水平角。任意两个方向值相减，即得这两个方向间的水平夹角。如 $OB$ 与 $OC$ 方向的水平角为：

$$\angle BOC=143°31'30''-96°51'42''=46°39'48''$$

## 关键细节 11 仪器误差对水平角测量的影响

仪器误差的来源主要有两个方面：一方面是仪器检校后还存在着残余误差，另一方面是仪器制造、加工不完善而引起的误差。可以采用适当的观测方法来减弱或消除其中一些误差，如视准轴不垂直于横轴、横轴不垂直于竖轴及度盘偏心等误差，可通过盘左、盘右观测取平均值的方法消除；度盘刻画不均匀的误差可以通过改变各测回度盘起始位置的办法来削弱。

## 关键细节 12 观测误差对水平角测量的影响

(1)仪器对中误差——仪器中心未严格安置在角顶点的铅垂线上而引起的水平角误差。如图4-16所示，$O$ 为测站点，$A$，$B$ 为观测目标，$O'$ 为仪器中心。$OO'$ 为对中误差，其长度称为偏心距，以 $e$ 表示。由图可知，观测角值 $\beta'$ 与正确角值 $\beta$ 之间的关系式为：

$$\beta=\beta'+(\varepsilon_1+\varepsilon_2)$$

因 $\varepsilon_1$，$\varepsilon_2$ 很小，可写成：

$$\varepsilon_1''=\frac{\rho''}{D_1}\times e\sin\theta$$

$$\varepsilon_2''=\frac{\rho''}{D_2}\times e\sin(\beta'-\theta)$$

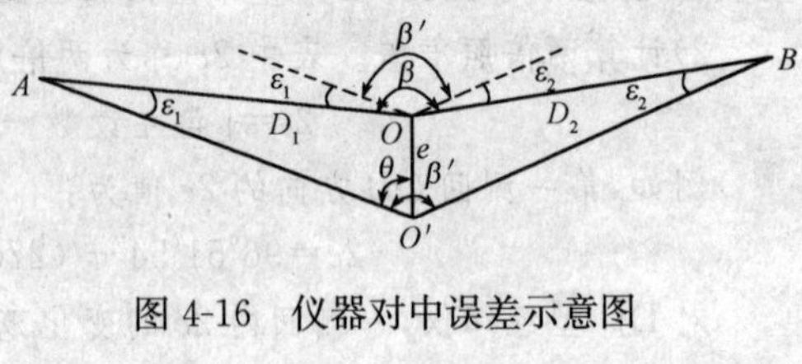


图 4-16 仪器对中误差示意图

对中误差对水平角的影响为

$$\varepsilon''=\varepsilon_1''+\varepsilon_2''=\rho''\cdot e\left(\frac{\sin\theta}{D_1}+\frac{\sin(\beta'-\theta)}{D_2}\right)$$

当 $\beta=180°$，$\theta=90°$ 时，$\varepsilon$ 角值最大，

$$\varepsilon''=\rho''\cdot e\left(\frac{1}{D_1}+\frac{1}{D_2}\right)$$

四边越短，其 $\varepsilon$ 值越大。这项误差不能靠观测方法消除，所以对中应当仔细，尤其对于短边更是如此。

(2)低度器整平误差——仪器未严格整平，从而引起竖轴倾斜和水平度盘不水平而给所测水平角带来的误差。

(3)目标偏心误差——照准标志倾斜或没有立在目标点的标志中心而使照准点偏离目标点所带来的测角误差。如图 4-17 所示，水平角观测时，常用测杆立于目标上作为照准标志。当测杆倾斜而又瞄准测杆上部时，将使照准点偏离地面目标而产生目标偏心误差。设照准点至地面的测杆长度为 $L$，测杆与铅垂线的夹角为 $\gamma$，则照准点的偏心距 $e$ 对水平角的影响类似于对中误差的影响；边长越短，测杆越倾斜，瞄准点越高，影响就越大。因此，在观测水平角时，测杆要竖直，并要尽量瞄准其底部，以减小目标倾斜引起的水平角观测误差。

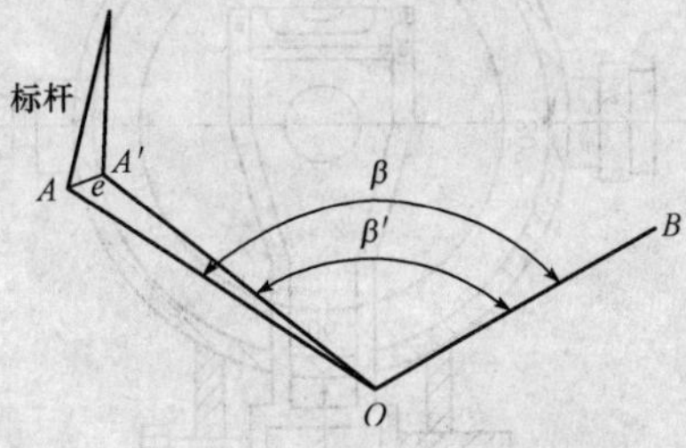


图 4-17 目标偏心误差示意图

(4)瞄准误差——影响瞄准的因素很多，现只从人眼的鉴别能力做简单的说明。人眼分辨两个点的最小视角约为 60″，通常以此作为眼睛的鉴别角。当使用放大倍率为 $V$ 倍，这时的瞄准误差为

$$mV=\pm\frac{60''}{V}$$

设望远镜的放大倍率为 28 倍，则该仪器的瞄准误差为±2.1″。在观测过程中，若观测员操作不正确，就会产生较大误差。

(5)读数误差——用分微尺测微器读数时，一般可估到最小格值的 1/10，即±6″。如果反光镜进光情况不佳，读数显微镜调焦不好和观测者的技术不够熟练，则估读误差可能超过±6″。

**关键细节 13 外界环境对水平角测量的影响**

各种外界条件的变化对角度观测值精度会有一定的影响。外界条件的影响因素很多，如温度变化会影响仪器的正常状态；视线贴近地面或通过建筑物旁、冒烟的烟囱上方、接近水面的上空会产生不规则折光；大风会影响仪器的稳定；地面辐射热会影响大气的稳定；空气透明度会影响瞄准精度；地面松软会影响仪器稳定等。这些影响是非常复杂的，要想完全避免这些因素的影响是不可能的。由于这些影响因素大多与时间有关，因此，在角度测量时只能采取一些措施，如选择有利的观测条件和时间，安稳脚架、打伞遮阳等，使其影响降低到最低程度。

## 二、竖直角测量

在同一竖直面内，目标视线方向与水平线的夹角称为竖直角。竖直角的测量主要是确定地面两点间的高差，即将地面的倾斜距离改化成水平距离。当视线方向位于水平线之上，竖直角为正值，称为仰角；反之，竖直角为负值，称为俯角。如图 4-13，$\alpha_A$、$\alpha_B$ 分别为 $OA$ 方向和 $OB$ 方向的竖直角。$\alpha_A$ 为负值，是俯角；$\alpha_B$ 为正值，是仰角。

为了测量竖直角，可在 $o$ 点上放置竖直度盘，视线方向与水平线在竖直度盘上的读数之差，即为所求的竖直角。

进行竖直角的测量，首先应了解光学经纬仪竖直度盘的构造。光学经纬仪竖直度盘部分包括竖盘、竖盘指标水准管和竖盘指标水准管微动螺旋，如图 4-18 所示。竖盘固定在望远镜横轴的一端，其面与横轴垂直。望远镜绕横轴旋转时，竖盘亦随之转动，而竖盘指标不动。竖盘指标为分(测)微尺的零分划线，与竖盘指标水准管固连在一起，当旋转竖盘指标水准管微动螺旋使指标水准管气泡居中时，竖盘指标即处于正确位置。

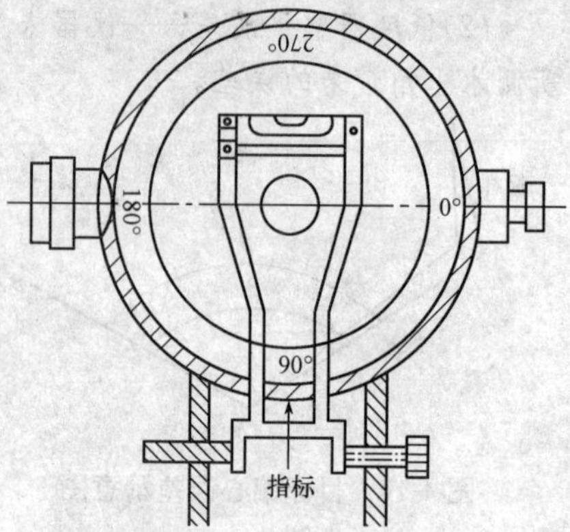

图 4-18 竖直度盘

竖盘的注记形式有顺时针与逆时针两种。当望远镜视线水平，竖盘指标水准管气泡居中时，盘左竖盘读数应为 90°，盘右竖盘读数则为 270°。

在竖直角观测中，照准目标时的竖盘读数并非竖直角，应根据盘左、盘右的读数值来计算竖直角。由于竖盘的注记形式不同，其竖直角的计算公式也不一样，应根据竖盘的具体注记形式推导其相应的计算公式。

以仰角为例，只需将所使用仪器望远镜大致放在水平位置观察一下读数，再将望远镜慢慢上倾并观察读数是增大还是减小，即可得出计算公式。

当望远镜视线上倾，竖盘读数增加时，竖直角＝(照准目标时读数)－(视线水平时读数)；当望远镜视线上倾，竖盘读数减小时，竖直角＝(视线水平时读数)－(照准目标时读数)。

### 关键细节 14 顺时针注记形式竖直角计算

顺时针注记的竖盘形式如图 4-19 所示。盘左时，视线水平的读数为 90°，当望远镜逐渐抬高(仰角)时竖盘读数在减少，因此竖直角为：

$$\alpha_{左}=90°-L \tag{4-22}$$

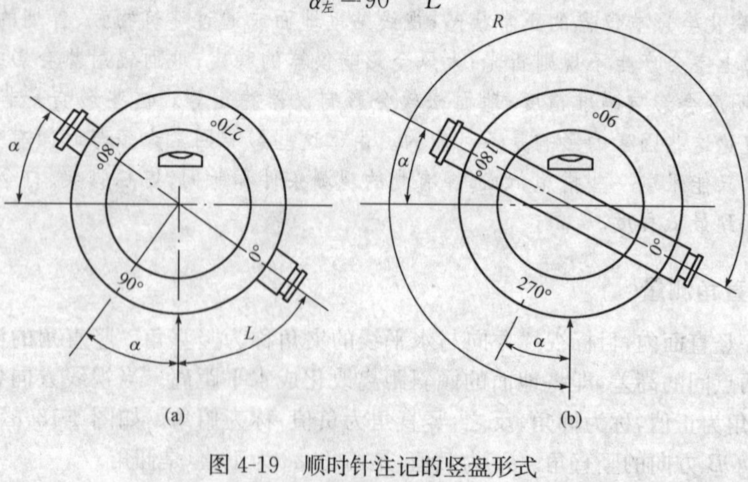

图 4-19 顺时针注记的竖盘形式

(a)盘左；(b)盘右

同理
$$\alpha_{右}=R-270° \tag{4-23}$$

式中 $L$——盘左瞄准目标的竖盘读数；

$R$——盘右瞄准目标的竖直读数。

一测回的竖直角值为：

$$\alpha=\frac{1}{2}(\alpha_{左}+\alpha_{右})$$

或者

$$\alpha=\frac{1}{2}(R-L-180°) \tag{4-24}$$

### 关键细节 15 逆时针注记形式竖直角计算

图 4-20 为逆时针注记的竖盘形式。仿照顺时针注记的推求方法，可得其竖直角计算公式：

$$\alpha_{左}=L-90° \tag{4-25}$$
$$\alpha_{右}=270°-R$$

一测回的竖直角值为：

$$\alpha=\frac{1}{2}(\alpha_{左}+\alpha_{右})$$

或者

$$\alpha=\frac{1}{2}(L-R+180°)$$

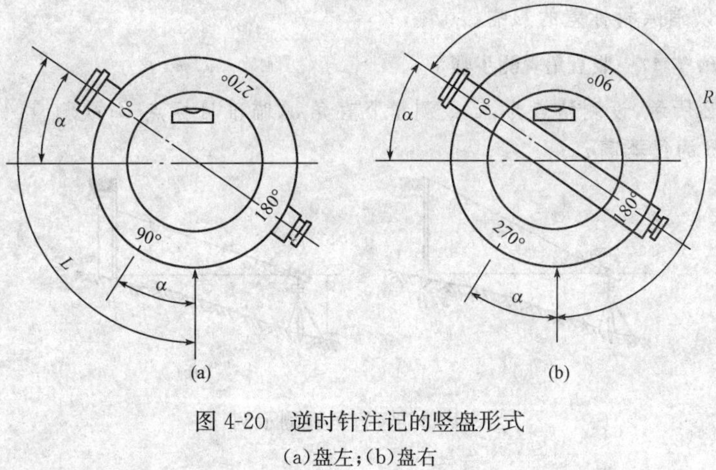


图 4-20 逆时针注记的竖盘形式

(a)盘左；(b)盘右

### 关键细节 16 竖盘指标差计算

理想的情况(当视线水平，竖盘指标水准管气泡居中)下，竖盘读数为 90°或 270°。但实际上这个条件往往不能满足，因为竖盘指标不是恰好指在 90°或 270°整数上，而与 90°或 270°相差一个 $x$ 角，称为竖盘指标差。如图 4-21 所示，竖盘指标的偏移方向与竖盘注记增加方向一致时，$x$ 值为正；反之为负。

由图 4-21 可以明显看出，由于指标差 $x$ 的存在，盘左、盘右读得的 $L$、$R$ 均大了一个 $x$。

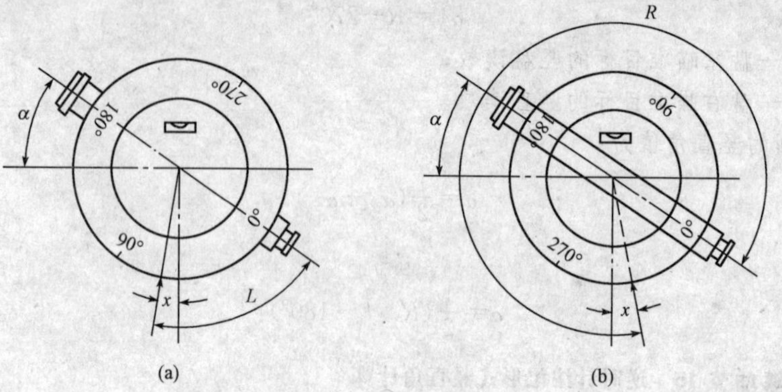


图 4-21 竖直度盘指标差
(a)盘左;(b)盘右

为了得到正确的竖直角 α,应使:

$$\alpha=90^\circ-(L-x) \tag{4-26}$$

$$\alpha=(R-x)-270^\circ \tag{4-27}$$

式(4-26)与式(4-27)相加,可得竖盘指标差计算公式:

$$\alpha=\frac{1}{2}(R-L-180^\circ) \tag{4-28}$$

这与式(4-24)完全相同,说明用盘左、盘右各观测一次竖直角,然后取其平均值作为最后结果,可以消除指标差的影响。

## 关键细节 17 竖直角观测步骤

如图 4-22 所示,设测站点为 A,欲测量竖直角 α,瞄准目标点 B;欲测量 AB 坡度角 α,瞄准目标点 B 的仪器高 i。

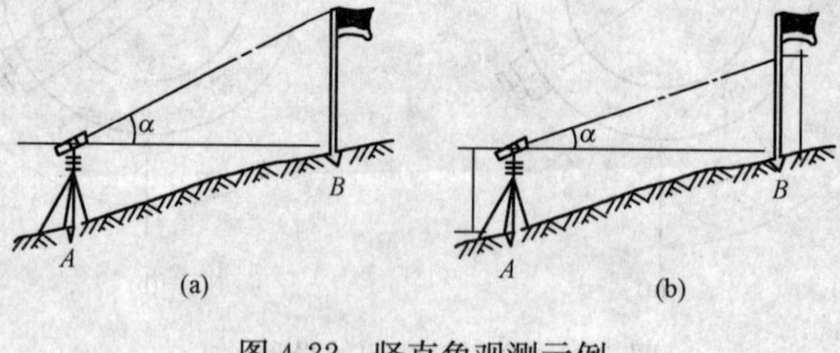


图 4-22 竖直角观测示例

其观测步骤如下(表 4-5):

(1)在 A 点安置经纬仪(对中、整平)。

(2)盘左十字丝横丝精确瞄准目标 B(或目标点的仪器高 i),转动指标水准管微动螺旋,使指标水准管气泡居中,读取竖盘读数 $L=81^\circ18'42''$,则

$$\alpha_{左}=90^\circ-L=90^\circ-81^\circ18'42''=+8^\circ41'18''$$

以上为上半测回的观测值。

(3)盘右再次瞄准 B(或目标点的仪器高 i),转动指标水准管微动螺旋,使指标水准管

气泡居中，读取竖盘读数 $R=278°41'30''$，则

$$\alpha_{右}=R-270°=278°41'30''-270°=+8°41'30''$$

以上为下半测回的观测值。

故竖直角为：

$$\alpha=\frac{1}{2}(\alpha_{左}+\alpha_{右})$$
$$=\frac{1}{2}\times(8°41'18''+8°41'30'')$$
$$=+8°41'24''$$

表 4-5　　竖直角观测记录

| 测站 | 目标 | 竖盘位置 | 竖盘读数 | | | 半测回垂直角 | | | 指标差 | 一测回垂直角 | | | 备注 |
|---|---|---|---|---|---|---|---|---|---|---|---|---|---|
| | | | (°) | (′) | (″) | (°) | (′) | (″) | (″) | (°) | (′) | (″) | |
| A | B | 左 | 81 | 18 | 42 | +8 | 41 | 18 | +6 | +8 | 41 | 24 | 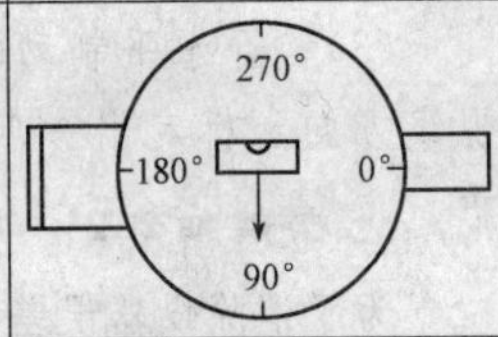 |
| | | 右 | 278 | 41 | 30 | +8 | 41 | 30 | | | | | |

### 关键细节 18　竖直角观测注意事项

为确保竖直角观测的精确度，竖直角观测应注意下列事项：

(1)竖直角测定应在目标成像清晰稳定的条件下进行。

(2)盘左、盘右两盘位照准目标时，其目标成像应分别位于竖丝左、右附近的对称位置。

(3)观测过程中，若发现指标差绝对值大于 30″时，应注意予以校正。

(4)DJ6 型经纬仪竖盘指标差的变化范围不应超过 15″。

### 关键细节 19　竖直角测量误差分析

竖直角的测量，同样会受到仪器误差、观测误差及外界环境的影响。

(1)仪器误差。仪器误差主要是指竖盘的指标差。当用盘左、盘右观测取平均值时，指标差的影响可以自动消除。因此，在实际工作中，应采用合理的观测方法进行竖直角的观测。

(2)观测误差。观测误差主要包括指标水准管的整平误差、瞄准误差及读数误差等。

在每次整平时，都应使指标水准管气泡严格居中；因为气泡偏移的角值，就是对竖直角的相应影响值。对装有竖盘指标自动补偿器的经纬仪，在安置后测量前，首先要打开其补偿器开关，轻轻来回摆动照准部，细听补偿器有无摆动的声音，据此判断补偿器有无停摆和卡死现象。使用完毕，应及时关闭补偿器开关，以保护补偿器吊丝及精度(不包括无开关或锁紧手轮的液体补偿器)。

至于瞄准和读数误差，与测水平角的观测误差相同，此处不再赘述。

(3)外界环境的影响。除了有与不平角测量的一些共同因素外，竖直角的外界环境影

响还包括大气竖直折光的影响。当视线通过不同高度的大气层时，由于大气密度的变化会引起视线的弯曲，产生竖直折光差，从而对竖直角产生影响。因此，应选择有利的观测时间和条件，以减小竖直折光差的影响。

## 三、已知角度测设

所谓已知角度测设，一般是指已知水平角的测设。其任务是根据地面上一个已知方向(该角之始边)及设计的水平角值，把该角的另一方向(该角之终边)在地面上标出来。

### 关键细节 20 已知角度测设一般方法

一般方法进行已知角度测设，其精度较低。如图 4-23 所示，设 $OA$ 为地面上一已知方向，现要在 $O$ 点以 $OA$ 为起始方向向右(左)测设出给定的水平角 $\beta$。具体做法如下：

(1)在角的顶点 $O$ 安置经纬仪。

(2)盘左瞄准地面已知点 $A$ 读取水平度盘读数。

(3)松开水平制动螺旋向右(左)转动照准部，当不平度盘读数增加(减小)$\beta$ 角值时，在视线方向上标定出一点 $B$ 得到 $OB$ 方向，水平角 $\beta$ 即测设完毕。

### 关键细节 21 用盘左盘右分中法进行已知角度测设

为了消除仪器误差和提高测设精度，可采用盘左盘右分中法。如图 4-24 所示，先按一般方法盘左、盘右各测设一次，得 $B'$、$B''$ 两点，然后取其中点 $B$ 即取 $OB$ 作为最终的测设方向。

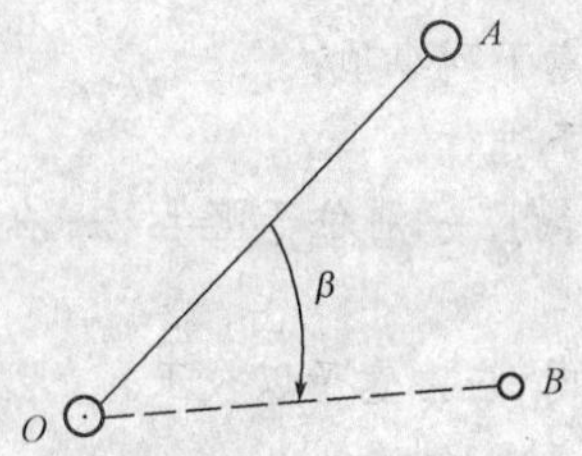


图 4-23 角度测设一般方法示意图

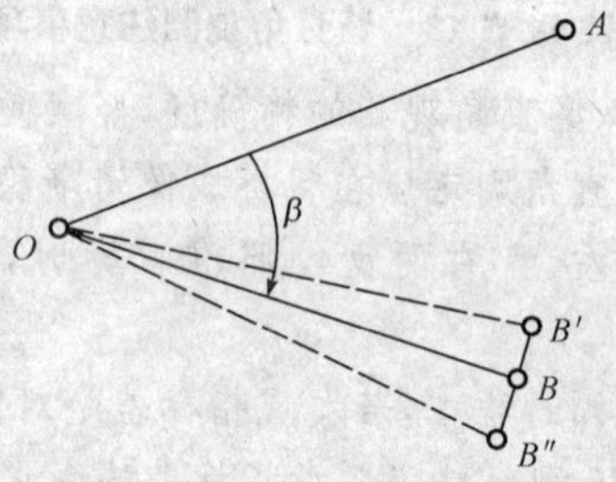


图 4-24 盘左盘右分中法示意图

### 关键细节 22 归化法测设已知角度

当测设水平角的精度要求较高时，可采用作垂线改正的方法即归化法(多测回修正法)，以提高测设的精度，如图4-25所示，具体作法如下：

(1)用一般方法在地面上标定出点 $B'$；

(2)用测回法对 $\angle AOB'$ 观测多个测回(测回数根据精度要求而定)，求得其平均值(设为 $\beta'$)，并测量出 $OB'$ 之平距，按下式计算出垂直改正值 $BB'$，即

$$BB' = OB'\tan(\beta - \beta') = OB'\tan\Delta\beta \qquad (4\text{-}29)$$

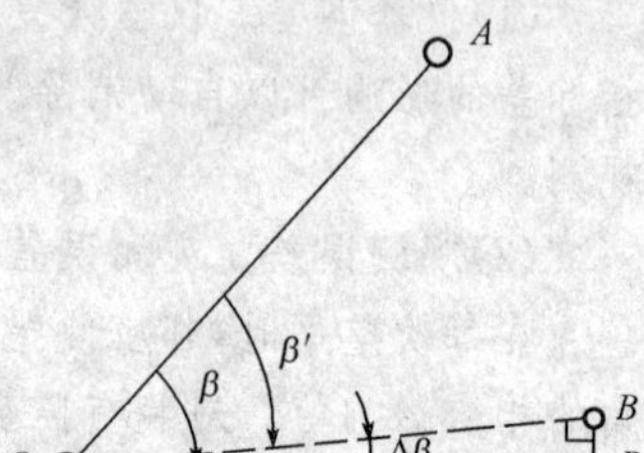


图 4-25 归化法测设示意图

(3)根据 $BB'$ 的符号和大小在实地用小钢卷尺沿过 $B'$ 点的 $OB'$ 之垂线方向将 $B'$ 调整至 $B$ 点，则 $\angle AOB$ 就是要测设的水平角。

# 第三节　距离测量与测设

距离测量是测量的基本工作之一。地面上两点间的距离是指这两点沿铅垂线方向在大地水准面上投影点间的弧长。在测区面积不大的情况下,可用水平面代替水准面。两点间连续投影在水平面上的长度称为水平距离。不在同一水平面上的两点间连线的长度称为两点间的倾斜距离。

测量地面两点间的水平距离是确定地面点位的基本测量工作。距离测量的方法有多种,常用的距离测量方法有钢尺量距、视距测量、光电测距及卫生测距等。

## 一、直线定线

距离丈量前应先进行直线定线。所谓直线定线,就是在地面两点连线上标定出若干点的位置,以便分段丈量。按精度要求的不同,可采用目视定线或经纬仪定线。

### 关键细节 23　目视定线

如图 4-26(a)所示,要在线段 $AB$ 上标定出各分段点,具体做法如下:

(1)在端点 $A$,$B$ 上各竖立一花杆。

(2)由甲站在 $A$ 点,由 $A$ 瞄向 $B$,使视线与花杆边缘相切,并指挥持杆的乙左、右移动,直到 $A$,1,$B$ 三花杆在一条直线上,此时乙将花杆竖直地插下即完成 1 点的标定(可将花杆插于地面当作标记,也可直接在地面上画一"十"字作为标记)。

(3)同理,依次定出其他各分段点。

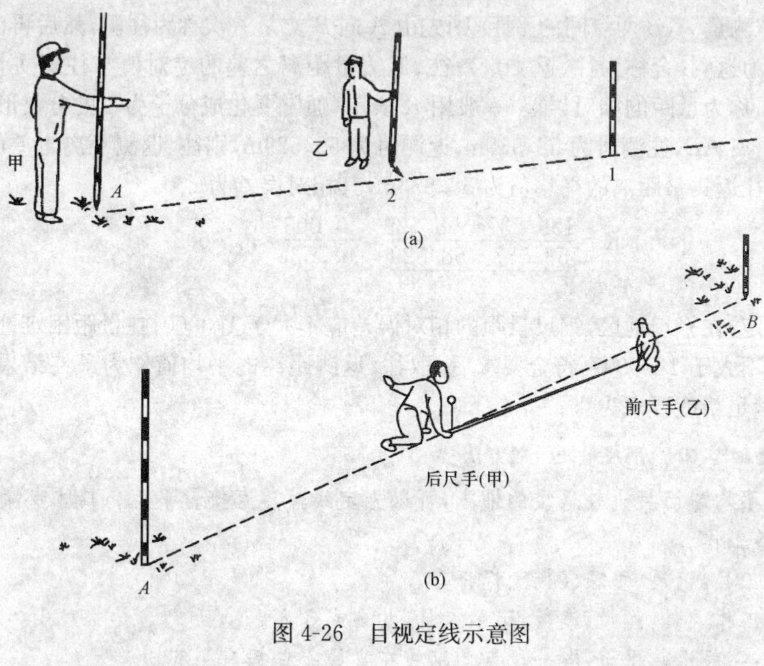


图 4-26　目视定线示意图

目视定线，精度不高。因此，也可边定线边丈量，如图 4-26(b)所示。

### 关键细节 24 经纬仪定线

对于精度要求较高的直线定线，可采用经纬仪进行，如图 4-27 所示，要在线段 $AB$ 上标定出各分段点，具体作法如下：

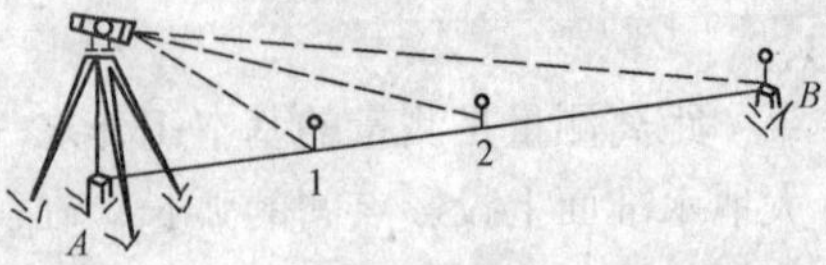


图 4-27 经纬仪定线示意图

(1)由甲安置经纬仪于 $A$ 点。

(2)由甲用望远镜照准 $B$ 点，固定水平制动螺旋，此时甲通过望远镜利用竖直的视准面指挥乙移动测钎，当测钎移动至与十字丝竖丝重合时竖直地插下即完成 $C$ 点的标定(可将测钎插于地面当作标记，也可直接在地面上画一“十”字作为标记)。

(3)用同样的方法依次定出其他各分段点。

分段点的多少要视待量线段的长短和具体地形情况而定。总的原则是：在便于量距的前提下，分段点尽量少一些，以减小测量误差，但每段都不能超过一个尺长。

## 二、钢尺量距

钢尺量距的基本要求是“直、平、准”。直，就是要量两点间的直线长度，要求定线直；平，就是要量出两点间的水平距离，要求尺身水平；准，要求对点、投点、读数要准确，要符合精度要求。

量距的精度通常采用往、返丈量求得的“相对误差”来衡量。而且，为了更好地防止出现错误和提高距离丈量的精度，返测时要重新定线。另外，当地面倾斜时，为了便于丈量，两次丈量皆可从高处向低处进行，但要分别定线。

例如，欲测量 $A$,$B$ 两点间的平距，则先由 $A$ 向 $B$ 丈量一次称为往测，然后再由 $B$ 向 $A$ 丈量一次称为返测(合称为往、返丈量)；往、返丈量距离之差的绝对值与往返丈量距离平均值的比值，称为量距的相对误差，一般用 $K$ 表示(通常要化成分子为 1 的分数形式)。

例如，距离 $AB$，往测时为 58.537m，返测时为 58.529m，则往、返测距离之差的绝对值为 0.008m，往返丈量距离的平均值为 58.533m，其相对误差为

$$K=\frac{|58.537-58.529|}{\frac{58.537+58.529}{2}}=\frac{0.008}{58.533}\approx 0.0002$$

一般规定：在平坦地区，钢尺量距的相对误差应不大于 1/3000；在量距困难地区，其相对误差也应不大于 1/1000。符合要求后，取往、返测距离的平均值作为最终结果；否则应重测，直至满足精度要求为止。

### 关键细节 25 钢尺量距一般方法

在坡度不均匀而且比较平缓的地方，可以先定线然后直接量平距。具体步骤如下：

(1)准备工作。

1)主要工具：钢尺、垂球、测钎、标杆等。

2)主要工作人员：拉尺、读数、记录人员，共 2 或 3 人。

3)场地：一般比较平坦，各分段点已定线在直线上并插有测钎。

(2)丈量工作。

1)逐段丈量整尺段,尺段长为 $l_0$,最后丈量零尺段长 $q$。

2)返测全长。步骤(1)丈量工作从 $A$ 丈量至 $B$,往测长度记为 $D_{往}$;在此基础上再按步骤1)的丈量工作从 $B$ 丈量至 $A$,返测长度记为 $D_{返}$。

(3)计算与检核。

1)计算往测、返测全长,即

$$D_{往}=nl_0+q_{往} \tag{4-30}$$

$$D_{返}=nl_0+q_{返} \tag{4-31}$$

2)检核。为了防止错误和提高丈量精度,把往返丈量所得距离的差除以该距离的概值 $D_{往}$ 或 $D_{返}$,并化为分子为1的分数 $K$,该分数叫做相对较差。一般丈量要求相对较差 $K$ 不大于1/2000,即

$$\Delta D=D_{往}-D_{返} \tag{4-32}$$

$$K=\frac{\Delta D}{D_{往}}=\frac{1}{\frac{D_{往}}{\Delta D}} \tag{4-33}$$

3)计算往返平均值。在往返相对较差 $K$ 满足要求时,按下式计算往返平均值作为 $AB$ 全长的观测值:

$$D=\frac{D_{往}+D_{返}}{2} \tag{4-34}$$

在比较陡峭的地方,如果坡度不均匀,可分段量得斜距并测得各分段两端点间的高差,求出各分段的平距,再求和得到全长;也可用垂球投点分段直接量平距(图4-28),如果坡度均匀,则可以测得斜距全长,再根据两端点之间的高差求得平距全长(图4-29)。

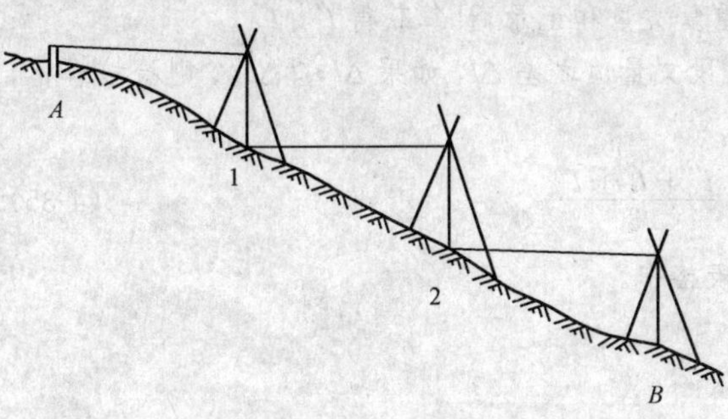


图4-28 垂球投点分段直接量平距

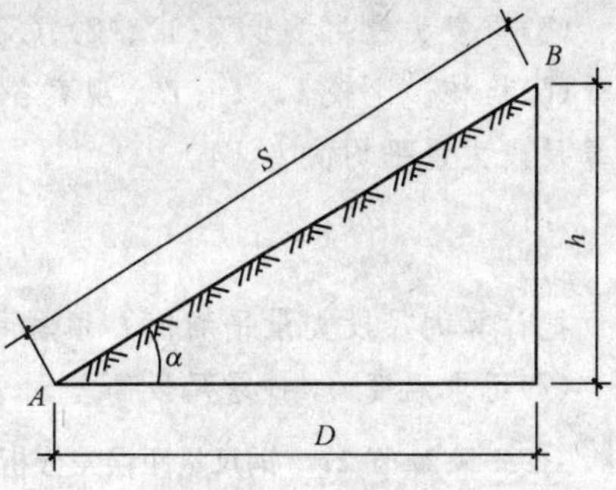


图4-29 测得斜距全长后根据高差求平距

## 关键细节26 钢尺量距精密方法

用精密方法钢尺量距的具体步骤如下:

(1)准备工作。

1)丈量工具:钢尺、弹簧秤、温度计等。

2)主要工作人员:通常有5人,其中拉尺员2人、读数员2人、记录员1人,他们的分工安排如图4-30所示。

3)场地：

①经整理便于丈量。

②定线后的分段点设有精确的丈量标志，如图 4-31 所示。分段点设有木桩顶面的定线方向有“十”字标志(或小钉)。

③测量各分段点顶面尺段高差 $h_i$ 。

(2)拉尺。拉尺员在尺段两个分段点上拉着弹簧秤摆好钢尺，其中钢尺零端在后分段点，整尺端在前分段点。前方拉尺员发出“预备”，同时进行拉尺准备，后方两拉尺员在听到拉尺准备就绪回声“好”的口令后，同时用力拉弹簧秤，使弹簧秤拉力指示为检定时拉力(如 10kgf，约 100N)，钢尺面刻画与分段点标志纵线对齐。

图 4-30 用精密方法钢尺量距的人员组成与分工

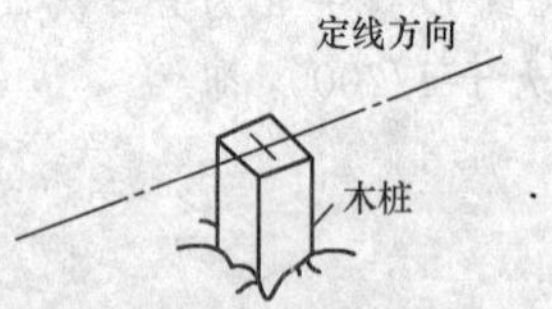

图 4-31 精确的丈量标志

(3)读数。两位读数员两手轻扶钢尺，在钢尺刻画与分段点标志相对稳定时，前方读数员使钢尺厘米刻画与分段点标志横线对齐，同时发出“预备”口令。后方读数员预备就绪(即看准钢尺刻画面与分段点标志横线对齐的读数)发出“好”的口令。就在“好”的口令发出后的瞬间，两位读数员依次读取分段点标志横线所对的钢尺刻画值，前端读数员读前端读数 $l_{前}$，后端读数员读后端读数 $l_{后}$。

(4)记录。记录 $l_{前}$、$l_{后}$，计算尺段丈量值 $l' = l_{前} - l_{后}$。

(5)重复丈量。按步骤(1)、(2)、(3)重复丈量和记录，计算获得 $l''$、$l'''$。

(6)检核。比较 $l'$、$l''$、$l'''$，观察各尺段丈量值之差 $\Delta l$，如果 $\Delta l \leqslant \Delta l_{容}$，则检核合格，计算尺段丈量平均值 $l_i$，即

$$l_i = \frac{l' + l'' + l'''}{3} \tag{4-35}$$

把计算的尺段丈量平均值 $l_i$ 填写到表格中。

(7)记录温度 $t_i$，抄录尺段高差 $h_i$ 。

## 关键细节 27 钢尺量距误差分析

钢尺量距中的误差来源有尺长本身的误差、温度变化的误差、拉力误差、丈量本身误差、钢尺垂面误差、钢尺不水平误差及定线误差。

(1)尺长本身的误差。如果钢尺未经检定或未按尺长方程式进行改算，仅用钢尺名义长度计算丈量的距离，则其中就包含了尺长误差。

(2)温度变化的误差。进行距离测量时一般测定的是空气温度，并未反映钢尺的实际温度，特别是沿地面丈量时，钢尺温度与空气温度可能相差较大，这都会影响测量的精度，产生误差。

(3)拉力误差。拉力的大小会影响钢尺的长度。如果丈量不用弹簧秤衡量拉力，仅凭

拉尺员手臂感觉，则与检定时拉力相比难免会存在误差。

(4)丈量本身的误差。如钢尺端点对准的误差、插测钎的误差等。钢尺基本分划为厘米，若读数只要求读到厘米，就可能会有 5mm 的凑整误差。

(5)钢尺垂曲误差。这是指钢尺悬空丈量时中间下垂而产生的误差。

(6)钢尺不水平的误差。直接丈量水平距离时钢尺应尽量水平，否则会产生距离测量的误差，这与下面谈到的把倾斜距离改算为水平距离具有相同的性质。

(7)定线误差。钢尺丈量时应伸直紧靠所量直线，如果偏离定线方向，就成一条折线，把实际距离量长了。这类情况与上述钢尺不水平相似，只不过前者是竖直面内的偏斜，而后者是水平面内的偏斜，故误差值的计算公式也相同。使用标杆目估定线使每 30m 整尺段偏离直线方向不大于0.4m很容易做到，实际会更小，故这项误差也很小。

## 三、视距测量

钢尺量距所用工具简单，但易受地形限制，适合在平坦地区近距离测量。视距测量是利用望远镜内的视距装置配合视距尺，根据几何光学和三角测量原理，同时测定距离和高差的方法。最简单的视距装置是在测量仪器(如经纬仪、水准仪)的望远镜十字丝分划板上，刻制上、下对称的两条短线，称为视距丝。如图 4-32 视距测量中的视距尺可用普通水准尺，也可用专用视距尺。

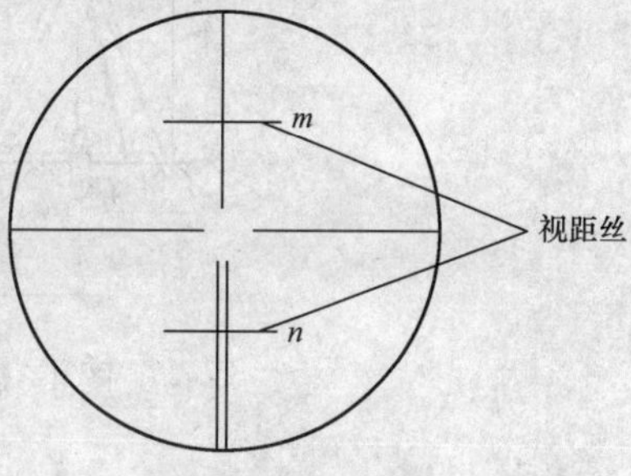

图 4-32　视距丝

视距测量精度一般为 1/300～1/200，精密视距测量可达 1/2000。视距测量用一台经纬仪即可同时完成两点间的平距和高差的测量，操作简便。当地形起伏较大时，常用于碎部测量和图根控制网的加密。

目前，视距测量上常用的望远镜是内调焦望远镜，其工作原理如图 4-33 所示。图中，$R$ 为视距尺，$L_1$ 为望远镜物镜，焦距为 $f_1$。$L_2$ 为调焦物镜，焦距为 $f_2$。$V$ 为仪器中心，即竖轴中心。$K$ 为十字丝板，$b$ 为十字丝板与调焦物镜 $L_2$ 间的距离。$\delta$ 为仪器中心与物镜 $L_1$ 间的距离。当望远镜瞄准视距尺时，移动 $L_2$ 使标尺像落在十字丝面上。通过上、下两个视距丝 $m$、$n$ 就可读取视距尺上 $M$、$N$ 两点读数。

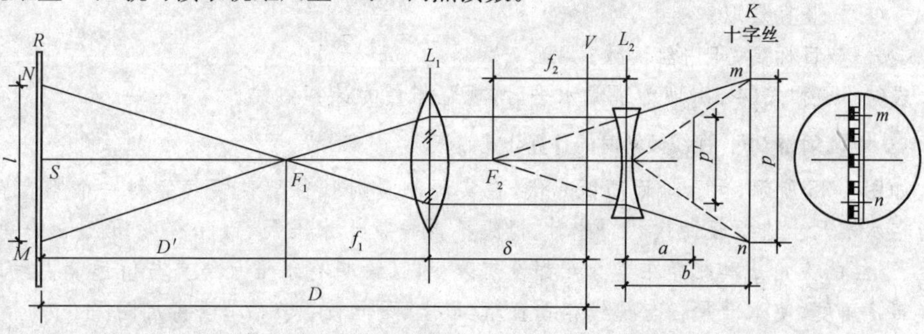

图 4-33　内调焦望远镜工作原理

## 关键细节 28 视线水平时的计算公式

如图 4-34 所示，欲测定 $A$、$B$ 两点间的水平距离 $D$ 及高差 $h_{AB}$，可先在 $A$ 点安置水准仪或经纬仪，$B$ 点竖立水准尺；然后将望远镜视线置平，瞄准 $B$ 点水准尺（此时，视线与水准尺相垂直）读取上丝和下丝读数 $a$、$b$。上、下丝读数之差的绝对值 $l$，即

$$l=|a-b| \tag{4-36}$$

式中 $L$——尺间隔。

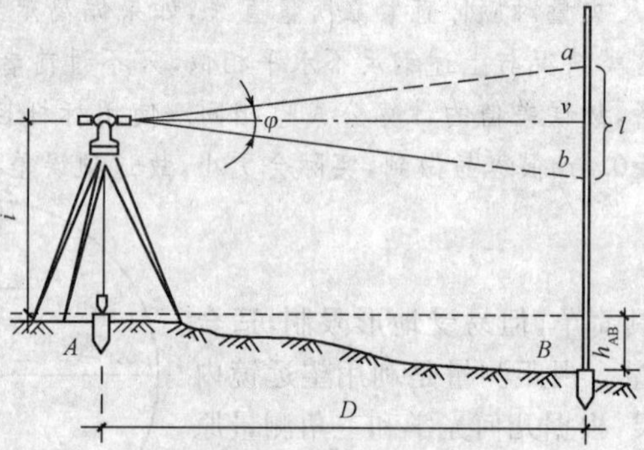


图 4-34 视线水平时视距测量示意图

由于上、下丝间距是固定的，从它们引出的视线在竖直面内的夹角 $\varphi$ 为一固定角度，因此，尺间隔 $l$ 与 $AB$ 两点间的水平距离（视距）$D$ 成正比，即

$$\frac{D}{l}=k$$

式中 $k$——比例系数，又称为视距乘常数。

视距乘常数由上、下丝的间距决定；制造仪器时，通常使 $k=100$。因而，视线水平时的视距公式为

$$D=kl=100l \tag{4-37}$$

同时，由图 4-34 可以看出，$A$、$B$ 两点的高差 $h_{AB}$ 为

$$h_{AB}=i-v \tag{4-38}$$

式中 $i$——仪器高，即桩顶到水准仪视线或经纬仪横轴的铅垂距离，可用水准尺或卷尺竖直量取；

$v$——目标高，即中丝读数。

式(4-37)和式(4-38)即为视线水平时，视距测量的计算公式。

## 关键细节 29 视线倾斜时的计算公式

如图 4-35 所示，由于地面高低起伏，在实际测量时往往要使视线倾斜一个竖直角 $\alpha$，才能在水准尺上进行视距读数。此时，视线不再垂直于水准尺，而相交成 $90°\pm\alpha$ 的角度，但上、下丝的夹角 $\varphi$ 和视距乘常数 $k$ 都没有改变，可设想将水准尺绕其与望远镜视线之交点旋转 $\alpha$ 角度，使水准尺仍与视线相垂直，读取上、下丝读数 $a'$、$b'$，求得尺间隔 $l'$ 为

$$l'=|a'-b'| \tag{4-39}$$

由此即可利用公式(4-37)求得斜距 $S$ 为

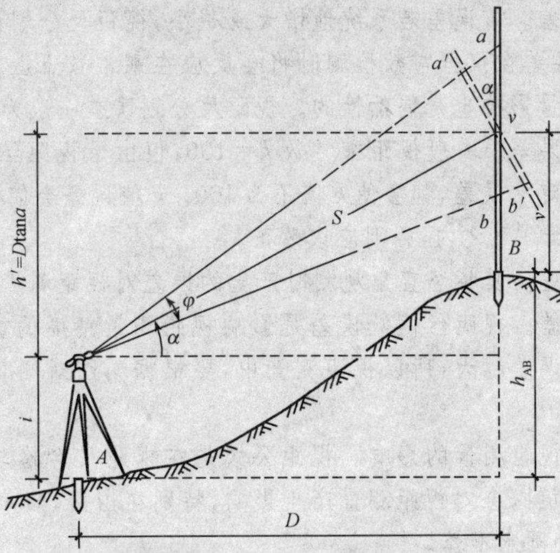


图 4-35 视线倾斜时视距测量示意图

$$S=kl' \tag{4-40}$$

进而可求得水平距离为

$$D=S\cos\alpha=kl'\cos\alpha \tag{4-41}$$

即

$$l'=l\cos\alpha \tag{4-42}$$

将上式代入式(4-41),即得视线倾斜时的视距计算公式

$$D=kl\cos^2\alpha \tag{4-43}$$

同时,可求得初算高差 $h'$

$$h'=D\tan\alpha=\frac{1}{2}kl\sin2\alpha \tag{4-44}$$

进而可求得 $A$、$B$ 两点的高差 $h_{AB}$

$$h_{AB}=h'+i-v=\frac{1}{2}kl\sin2\alpha+i-v \tag{4-45}$$

式(4-43)和式(4-45)即为视线倾斜时,视距测量的计算公式。

**关键细节 30 视距测量观测步骤**

视距测量主要用于测定测站点至地形点的水平距离及高差。其观测步骤如下:

(1)在测站上安置经纬仪,量取仪器高 $i$(桩顶至仪器横轴中心的距离),精确到 cm。

(2)瞄准竖直于测点上的标尺,并读取中丝读数 $s$ 值。

(3)用上、下视距丝在标尺上读数,将两数相减得视距间隔 $l$。

(4)使竖盘水准管气泡居中,读取竖盘读数,求出竖直角 $\alpha$。

(5)计算平距和高差。

**关键细节 31 视距测量误差分析**

视距测量误差来源包括视距尺分划误差、乘常数 $k$ 值误差、竖直角测量误差、视距丝读数误差、视距尺倾斜对视距测量的影响、外界气象条件的影响等。

(1)视距尺分划误差。该误差若系统地增大或减小，视距尺分划误差对视距测量将产生系统性误差。这个误差在仪器常数检测时将会反应在乘常数 $k$ 上。若视距尺分划误差是偶然误差，对视距测量影响也是偶然性的。视距尺分划误差一般为±0.5mm。

(2)乘常数 $k$ 值的误差。一般视距乘常数 $k=100$，但由于视距丝间隔有误差，视距尺有系统性误差，仪器检定有误差，都会使 $k$ 值不为100。$k$ 值误差会使视距测量产生系统误差，因此，$k$ 值应在100±0.1之内，否则应该改正。

(3)竖直角测量误差。其指竖直角观测时产生的误差对视距测量的影响。

(4)视距丝读数误差。视距丝读数误差是影响视距测量精度的重要因素。它与视距远近成正比，距离越远误差越大，所以视距测量中，要根据测图对测量精度的要求限制最远视距。

(5)视距尺倾斜对视距测量的影响。视距公式是在视距尺严格与地面垂直条件下推导出来的。若视距尺倾斜，会对视距测量产生影响，特别在山区，倾角大时，更要注意。必要时可在视距尺上附加圆水准器。

(6)外界气象条件对视距测量的影响。

1)大气折光的影响。视线穿过大气时会产生折射，使光程从直线变成曲线，造成误差。由于视线靠地面时折光大，所以规定视线应高出地面1m以上。

2)大气湍流的影响。空气的湍流使视距成像不稳定，造成视距误差。当视线接近地面或水面时，这种现象更为严重，所以视线要高出地面1m以上。除上述因素之外，风和大气能见度对视距测量也会产生影响。风力过大，尺子会抖动，空气中灰尘和水汽会使视距尺成像不清晰，造成读数误差，所以视距测量应选择良好的天气进行。

## 四、光电测距

用钢尺直接量距，外业工作繁重，工作效率低，在复杂的地形条件下甚至无法工作。用光学视距法测距，虽然操作比较简单，可以克服某些地形条件的限制(如测线通过高低起伏的地区，跨过河流、池塘等障碍物)，但测程较短，测距精度也不高。随着光电技术的发展，人们又创造出一种新的测距方法——电磁波测距法。

电磁波测距的基本原理是通过测定电磁波(无线电波或光波)在测线两端点间往返传播的时间，按下列公式算出距离 $D$：

$$D=\frac{1}{2}ct \tag{4-46}$$

式中 $c$——电磁波在大气中的传播速度，它可以根据观测时的气象条件来确定。

电磁波测距一般采用光波(可见光或红外光)作为载波，因此又称为光电测距。

过去光电测距仪多属于中长程(测程为5km至几十千米)测距仪，一般应用于大地测量。近几十年来，短程(测程在5km以内)光电测距仪发展很快，它具有小巧轻便、自动化程度高、测距精确等特点，应用日益广泛，特别适用于小面积的控制测量、地形测量和各种工程测量。

由式(4-46)可知，光在1km路程的往返时间约为1/150000s。准确测定这样短的瞬时时间，有相位法、脉冲法等技术。

**1. 相位法测距**

相位法测距的实质是利用测定光波的相位移 $\varphi$ 来代替测定电磁波在测线两端点间往返传播的时间 $t$，以实现距离的测量。

(1)光的调制。光的调制亦即对光的发射或发射的光进行改造，使光的传输特征按照某种特定信号出现有规律的变化。如图 4-36(a)所示，一种称为 GaAs(砷化镓)发光二极管的光源接收了按正弦变化的激发电流，由于光源具有如图 4-36(b)所示的光强-电流($J-I$)特性曲线，光源 GaAs 便发出强度按交变电流特征变化的光波，如图 4-36(c)所示。由此可见，光的发射接收了电流信号的传输特征，亦即发射的光束成为一种光强度有规律明暗变化的调制光波。调制光波是相位法测距的基本条件。

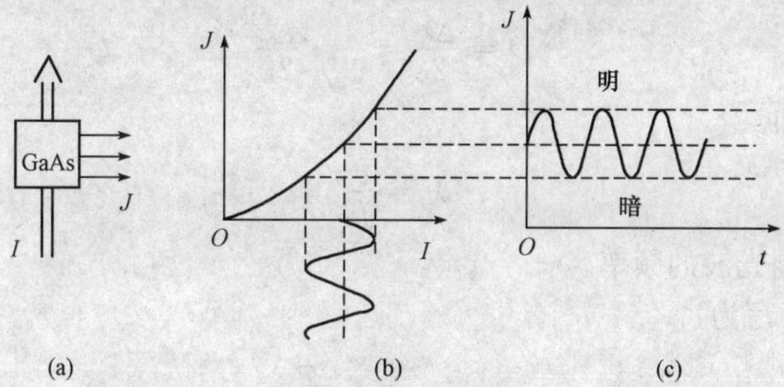


图 4-36　光的调制

(2)相位法测距的基本公式。相位法光电测距是通过测量调制光波在测线上往返传播所产生的相位移，测定调制波长的相对值来求出距离 $D$。如果将调制光波的往程和返程摊平，则有如图 4-37 所示的波形。

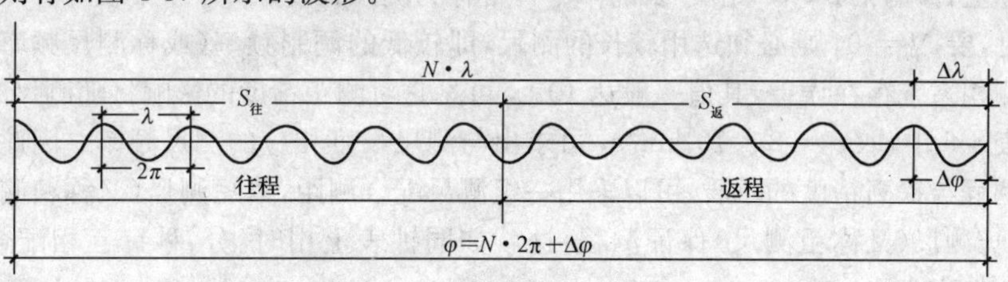


图 4-37　将调制光波的往程和返程摊平后的波形

由图 4-37 可见，调制光全程的相位变化值为：

$$\varphi = N \cdot 2\pi + \Delta\varphi = 2\pi\left(N + \frac{\Delta\varphi}{2\pi}\right) \tag{4-47}$$

式中　$N$——相位移的整周期数和调制光波整波长的个数；

$\Delta\varphi$——不足一个周期的相位移尾数。

对应的距离值为：

$$D = \frac{1}{2}(N\lambda + \Delta\lambda) = \frac{\lambda}{2}\left(N + \frac{\Delta\lambda}{\lambda}\right) \tag{4-48}$$

式中　$N$——相位移的整周期数和调制光波整波长的个数；

$\lambda$——调制光波的波长；

$\Delta\lambda$——不足一个波长的调制光波的长度。

式中的$\lambda$可以看做一根“光尺”的长度，光电测距仪就是用这根“光尺”去测量距离。括号中的$N$表示“光尺”的整尺段数，$\Delta\lambda$为不足一个“光尺”长的余长，且有

$$\frac{\Delta\lambda}{\lambda}=\frac{\Delta\varphi}{2\pi} \tag{4-49}$$

即

$$\Delta\lambda=\lambda\frac{\Delta\varphi}{2\pi} \tag{4-50}$$

实际上，相位式光电测距仪中的相位计只能测定全程相位移尾数$\Delta\varphi$，而无法测定整周期数$N$。如果$N=0$，则式(4-48)可求得唯一确定的解，即

$$D=\frac{\Delta\lambda}{2}=\frac{\lambda}{2}\cdot\frac{\Delta\varphi}{2\pi} \tag{4-51}$$

由物理学可知，

$$\lambda=\frac{c}{f} \tag{4-52}$$

式中　$f$——调制光波的频率。

式(4-51)亦可写为：

$$D=\frac{c}{2f}\cdot\frac{\Delta\varphi}{2\pi} \tag{4-53}$$

令

$$u=\frac{c}{2f} \tag{4-54}$$

则

$$D=u\cdot\frac{\Delta\varphi}{2\pi} \tag{4-55}$$

实际上，$u$为$\lambda/2$(即“光尺”长的一半)，常称为测尺长度。

可见，要$N=0$，则必须选用较长的测尺，即较低的调制频率(或称测尺频率)。由于仪器的测相系统存在误差，其值一般达$10^{-3}$，可见它对测距精度的影响将随测尺的增长而增大。表4-6中，取$c=3\times10^{5}$km/s，可求出与测尺长度相应的测尺频率。因此，为了解决扩大测程与提高精度的矛盾，可以采用一组测尺配合测距，以短测尺(又称精测尺)保证精度，用长测尺(又称粗测尺)保证测程，这就如同钟表上用时、分、秒针互相配合来确定12h内的准确时间一样。

**表4-6　　测尺频率、测尺长度与测距精度**

| 测尺频率 | 15MHz | 1.5MHz | 150kHz | 15kHz | 1.5kHz |
|---|---|---|---|---|---|
| 测尺长度 | 10m | 100m | 1km | 10km | 100km |
| 测距精度 | 1cm | 10cm | 1m | 10m | 100m |

设仪器中采用了两把测尺配合测距，其中精测频率为$f_1$，相应的测尺长度为$u_1=\frac{c}{2f_1}$，粗测频率为$f_2$，相应的测尺长度为$u_2=\frac{c}{2f_2}$。

若取$f_2$=150kHz，则$u_2$=1km，即在1km长度范围内$N_2=0$，因此，由$u_2$可以准确测得“百米”和“十米”的数值。至于第三位“米”的值，因存在测相误差而为近似值。再取

$f_1=15\text{MHz}$,则 $u_1=10\text{m}$,即在 $N_1$ 未知的情况下可以准确知道 10m 以下的余长,即"米"和"分米"的数值。同样,因测相误差的存在,第三位"厘米"的值为近似值。对同一距离,将 $u_1$ 和 $u_2$ 所测的值联合起来便可得到在 1km 以内的距离,其准确度可达厘米。

某些短程相位式测距仪就采用这种办法,其测程最大为 2km。因为测尺 $u_1$ 、$u_2$ 只能测得 1km 以内的值,所以在距离大于 1km 时,这可用目估求得。

例如,由 $u_1$ 测得 $\Delta N_1=0.698$,即以 10m 为单位的 0.698,实际为 6.98m。由 $u_2$ 测得 $\Delta N_2=0.387$,即以 1000m 为单位的 0.387,实际为 387m。另由目估可知所测距离 $S$ 在 1～2km,则 $S$ 由如下关系求得:由 $u_1$ 得 6.98m,由 $u_2$ 得 387m,由距离概值得 1km,所测距离 $S=1386.98\text{ m}$。

在实际仪器结构上,由精、粗测尺读数计算距离(小于 $u_2$ 的部分)的工作,已由仪器内部的逻辑电路自动完成。

**2. 脉冲法测距**

脉冲法测距是通过直接测定光脉冲在测线上往返传播的时间 $t$,并按式(4-56)求得距离。

$$D=\frac{1}{2}c\cdot t \tag{4-56}$$

脉冲法测距仪的工作原理如图 4-38 所示。具体工作过程如下:

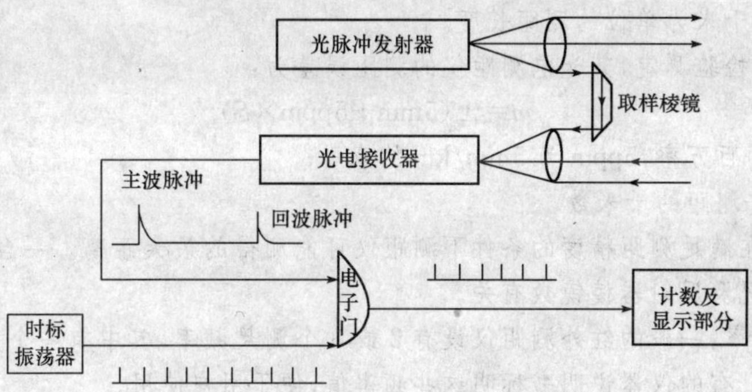


图 4-38　脉冲式光电测距仪原理

首先由光脉冲发射器发射出一束光脉冲,经发射光学系统后射向被测目标。与此同时,由仪器内的取样棱镜取出一小部分光脉冲送入接收光学系统,再由光电接收器转换为电脉冲(称为主波脉冲),作为计时的起点。从目标反射回来的光脉冲通过接收光学系统后,也被光电接收器接收并转换为电脉冲(称为回波脉冲),作为计时的终点。因此,主波脉冲和回波脉冲之间的时间间隔,就是光脉冲在测线上往返传播的时间 $t$。为了测定时间 $t$,将主波脉冲和回波脉冲先后(相隔时间 $t$)送入"门"电路,分别控制"电子门"的"开门"和"关门"。由时标振荡器不断地产生具有一定时间间隔 $T$ 的电脉冲(称为时标脉冲),如同钟表一样提供一个电子时钟。在测距之前,"电子门"是关闭的,时标脉冲不能通过"电子门"进入计数系统。测距时,在光脉冲发射的同一瞬间,主波脉冲把"电子门"打开,时标脉冲一个一个地通过"电子门"进入计数系统,当从目标反射回来的光脉冲到达测距仪时,回波脉冲立即把“电子门”关闭，时标脉冲就停止进入计数系统。由于每进入计数系统一个时标脉冲就要经过时间 $T$，所以，如果在“开门”（即光脉冲离开测距仪的时刻）和“关门”（即目标反射回来的光脉冲到达测距仪的时刻）之间有 $n$ 个时标脉冲进入计数系统，则主波脉冲和回波脉冲之间的时间间隔 $t=nT$。由式(4-44)可求得待测距离 $D=\frac{1}{2}cnT$。令 $l=\frac{1}{2}cT$，表示在时间间隔 $T$ 内光脉冲往返所走的一个单位距离，则有：

$$D=nl \tag{4-57}$$

由上式可以看出，计数系统每记录一个时标脉冲，就等于记下一个单位距离 $l$。由于测距仪中 $l$ 值是预先选定的（如 10m、5m 或 1m），因此计数系统在计数通过“电子门”的时标脉冲个数 $n$ 之后，就可以直接把待测距离 $D$ 用数码管显示出来。

### 关键细节 32 光电测距技术指标

光电测距的主要技术指标包括：测距误差、测程、测尺频率及测距时间。

(1)测距误差：光电测距仪的误差表达公式为：

$$m=\pm(a+b\cdot S) \tag{4-58}$$

式中 $a$——非比例误差；

$b$——比例误差；

$S$——以千米为单位的测距长度。

例如，通过检验测定，某光电测距仪的测距误差为：

$$m=\pm(5\text{mm}+5\text{ppm}\times S) \tag{4-59}$$

式中 ppm——百万率，5ppm 为 5mm/km 的意思；

$S$——测距的千米数。

(2)测程：在满足测距精度的条件下测距仪可能测得的最大距离。一台测距仪的实际测程与大气状况及反射器棱镜数有关。

(3)测尺频率：一般的红外测距仪设有 2 或 3 个测尺频率，其中有一个是精测频率，其余是粗测频率。有的仪器说明书标明这些频率值，便于用户使用。

(4)测距时间：不同测距模式的测距时间不一样，一般为 1～4s。

此外，光电测距的技术指标还有功耗、工作温度、测距分辨率、光束发散角、发光波长、测尺长度、仪器重量、体积等。

### 关键细节 33 光电测距主要设备

光电测距的主要设备有测距仪主机、反射镜、蓄电池、充电器、气象仪器等。

(1)测距仪主机。测距仪主机内装有红外光调制及调制光波发射系统、接收光学系统、内外光路转换系统、测相系统及微处理系统。主机外可看到有发射、接收的物镜，操作键盘及数据接口。测距的结果可通过数据接口和有关的电缆连接输出。

(2)反射镜（又称棱镜）。被安置在被测距离的另一端，它的作用是将调制光反射回主机。单个的反射镜一般为一个矩形角镜，即将一个矩形体切下一角形成的反射镜。这种反射镜的特点是可以使从任何方向进入反射镜的光线都沿入射方向平行地反射回去。与光电测距仪配合使用的反射镜在近距离可用一块，对远距离则要用一组，如 3 块、4 块、6

块、9块、12块等。

(3)蓄电池。蓄电池为适合测距仪的一种小型化学电源，具有电池本身电能与化学能相互转化的性能，在反复充放电中具有重复应用功能。充电则把电能转化为化学能存储在蓄电池中；蓄电池对负载供电则是把化学能转化为电能释放出来。

(4)充电器。充电器是对蓄电池充电的专用设备，可接入AC 220V市电，经降压和整流电路输出。

(5)气象仪器。主要的气象仪器是空盒气压计和温度计(图4-39)，用以测量测线两端的大气压力和温度$t$。在精密的光电测距中，必须配备精密度较高的通风干湿温度计，用以测量空气温度$t$和湿度$t'$。

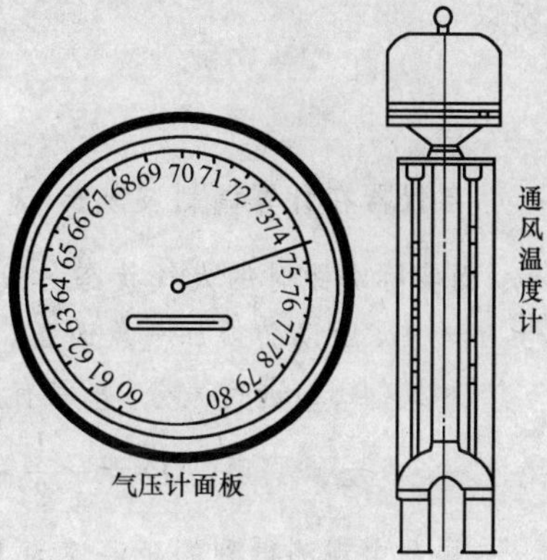

图4-39 空盒气压计和温度计

### 关键细节34 光电测距观测结果系统误差改正

仪器系统误差改正一般包括加常数改正和乘常数改正。

(1)加常数改正。测距仪的加常数是由于仪器内光路等效反射面和仪器的安置中心不一致，以及镜站反射镜等效反射面和反射镜安置中心不一致，使仪器所测得的距离与所要测定的距离不相等，通常称其差数为仪器加常数。其值一般是通过对测距仪(包括反射镜)的检定得到的。

(2)乘常数改正。由于种种原因使仪器的调制频率产生漂移，由此而引起的距离误差与距离成正比，这个比例系数便是乘常数；由此而给距离测量值带来的改正数叫乘常数改正$\Delta D_f$，也叫频率改正。乘常数改正的计算公式是：

$$\Delta D_f = D' \times \frac{f_1 - f_1'}{f_1} \tag{4-60}$$

式中 $\Delta D_f$——乘常数改正；

$D'$——光电测距的观测值；

$f_1$——测尺的调制频率设计值；

$f_1'$——测尺的调制频率实际值。

### 关键细节35 光电测距观测结果气象改正

使用测距仪测距时的大气状态(温度、气压、湿度)一般不会与仪器选定的基准大气状态(气象参考点)相同，而大气折射率随大气状态而改变引起测尺长度发生变化，所以必须加入气象改正。

光电测距的基本公式是：

$$S = \frac{1}{2}ct$$

而光在大气中的传播速度为：

$$c = \frac{c_0}{n} \tag{4-61}$$

式中 $c_0$——真空中的光速；

$n$——大气折射率。

所以

$$S=\frac{1}{2}\cdot\frac{c_0}{n}t \tag{4-62}$$

各仪器在计算调制波波长（$\lambda=\frac{c}{f}=\frac{c_0}{nf}$）时，$n$ 是采用基准大气状态下的大气折射率 $n_0$，而实际测距时的大气状态一般不同于基准大气状态。设相应的大气折射系数为 $n$，由于 $n\neq n_0$，所以必须加气象改正，用 $\Delta D_{tp}$ 表示气象改正值。

对式(4-62)进行微分，并用有限增量代替微分量，可求得：

$$\Delta D=-\frac{1}{2}\cdot\frac{c_0 t}{n^2}\Delta n=-\frac{1}{2}\cdot\frac{c_0}{n}t\frac{\Delta n}{n}=-D\frac{\Delta n}{n} \tag{4-63}$$

顾及由观测得到的距离值为 $D'$，$\Delta n=n-n_0$，$n_0\approx 1$，则式(4-63)可改写为：

$$\Delta D_{tp}=-D'\frac{n-n_0}{n_0}=D'\frac{n-n_0}{n_0}\approx(n_0-n)D' \tag{4-64}$$

### 关键细节 36 光电测距观测结果倾斜改正

当测线两端不等高时，对观测结果加入仪器系统误差改正和气象改正后，还只能求出实际的倾斜距离；要再加入倾斜改正，才能得到水平距离。当然，全站仪可直接测得水平距离，用 $\Delta_{D_h}$ 表示倾斜改正值。

当测线两端之间的高差 $h$ 已知时，设 $D$ 是实际倾斜距离，$S$ 为实际水平距离，则倾斜改正为：

$$\Delta D_h=S-D=(D^2-h^2)^{\frac{1}{2}}-D=D\left[\left(1-\frac{h^2}{D^2}\right)^{\frac{1}{2}}-1\right] \tag{4-65}$$

将 $\left(1-\frac{h^2}{D^2}\right)^{\frac{1}{2}}$ 展开成级数，则可写成

$$\Delta D_h=D\left[\left(1-\frac{h^2}{2D^2}-\frac{1}{8}\cdot\frac{h^4}{D^4}-\cdots\right)-1\right]=-\frac{h^2}{2D}-\frac{1}{8}\cdot\frac{h^4}{D^3}-\cdots$$

一般情况下，$h$ 与 $D$ 相比总是很小，式中二次以上的各项可以忽略不计，所以倾斜改正数为：

$$\Delta D_h=-\frac{h^2}{2D} \tag{4-66}$$

式中 $h$——经纬仪横轴与反射镜中心之间的高差。

水平距离：

$$S=D+\Delta D_h \tag{4-67}$$

当测线两端之间的高差未知时，可用经纬仪测定测线的竖直角 $\alpha$，按下式计算水平距离：

$$S=D\cdot\cos\alpha \tag{4-68}$$

### 关键细节 37 光电测距误差来源

由相位式测距的基本公式知：

$$D=N\cdot\frac{c}{2nf}+\frac{\varphi}{2\pi}\cdot\frac{c}{2nf}+K \tag{4-69}$$

式中各符号的意义同前。

对式(4-69)取全微分后，转换成中误差表达式，即：

$$m_D^2=\left[\left(\frac{m_c}{c}\right)^2+\left(\frac{m_n}{n}\right)^2+\left(\frac{m_f}{f}\right)^2\right]\cdot D^2+\left(\frac{\lambda}{4\pi}\right)^2\cdot m_\varphi^2+m_k^2 \tag{4-70}$$

式中 $\lambda$——调制波的波长$\left(\lambda=\frac{c}{f}\right)$；

$m_c$——真空中光速测定中误差；

$m_n$——折射率求定中误差；

$m_f$——测距频率中误差；

$m_\varphi$——相位测定中误差；

$m_k$——仪器中加常数测定中误差。

此外，由于仪器内部信号的串扰会产生周期误差，设其测定的中误差为 $m_A$，测距时不可避免地存在对中误差 $m_g$，因而测距误差较为完整的表达式应为：

$$m_D^2=\left[\left(\frac{m_c}{c}\right)^2+\left(\frac{m_n}{n}\right)^2+\left(\frac{m_f}{f}\right)^2\right]D^2+\left(\frac{\lambda}{4\pi}\right)^2m_\varphi^2+m_k^2+m_A^2+m_g^2 \tag{4-71}$$

由式(4-71)可见，测距误差可分为两部分：一部分是与距离 $D$ 成比例的误差，即光速值误差、大气折射率误差和测距频率误差；另一部分是与距离无关的误差，即测相误差、加常数误差、对中误差。周期误差有其特殊性，它与距离有关但不成比例，仪器设计和调试时可严格控制其数值，实用中如发现其数值较大而且稳定，可以对测距成果进行改正，这里暂不顾及。故一般将测距仪的精度表达式简化成：

$$m_D=\pm(A+B\cdot D) \tag{4-72}$$

式中 $A$——固定误差(mm)；

$B$——比例误差系数(mm/km)；

$D$——被测距离(km)。

## 五、已知距离测设

所谓已知距离测设，一般是指已知水平距离的测设。它是指从给定的线段起点出发，沿指定的方向，按设计的水平距离在地面上标出线段的终点。其常用的测设方法主要有钢尺测设法和光电测距测设法。

### 关键细节 38 用钢尺测设法测设已知距离

钢尺测设法适用于精度要求不太高的短距离测设，如图 4-40 所示，设 $A$ 为地上一已知点(线段的起点)，$D$ 为设计的水平距离，现要在地面 $AB$ 方向上测设出水平距离 $D$，以定出线段的终点 $B$，具体做法如下：

(1)当待测设的水平距离 $D$ 不超过一个尺长时，如图 4-40(a)所示，可将钢尺的零点对准 $A$ 点，沿 $AB$ 方向拉直、拉平钢尺，在尺上读数为 $D$ 处竖直地插一测钎或吊垂球，即可标定出线段的终点 $B$。

为了校核和提高测设精度，可将钢尺移动 10～20cm，同法再定出一点，取其中间点作为最终位置。

(2)当待测设的水平距离$D$超过一个尺长时,可先在给定的方向上,从起点$A$出发用钢尺丈量的一般方法,量得线段终点$B$的概略位置$B'$点;然后,再往返丈量$A$、$B'$两点间的平距,若往返丈量的相对误差在限差之内,则求得其平均值$D'$;最后,求出$D'$与应测设的水平距离$D$之差$\Delta D=D'-D$,并据此沿测设方向进行调整,以确定$B$点的位置,如图4-40(b)所示。调整时,以$B'$为准,当$\Delta D<0$时沿$AB$方向向外改正;反之,则向内改正。

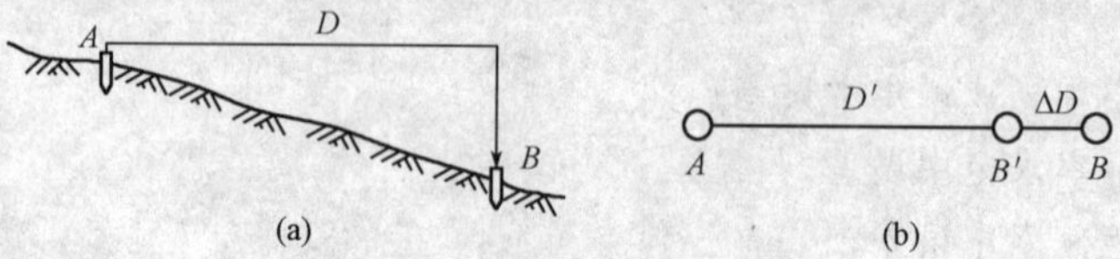


图4-40 卷尺测设法示意图

## 关键细节39 用光电测距法测设已知距离

光电测距测设法适用于精度要求较高的远距距离测设,如图4-41所示,设$A$为地上已知点(线段的起点),$D$为设计的水平距离,现要在地面的$AC$方向上测设出水平距离$D$,以定出线段的终点$C$点。其具体做法如下:

(1)在起点$A$上安置测距仪,瞄准给定方向$AC$。

(2)持镜人在给定方向$AC$上前后移动反射棱镜杆,使仪器显示值略大于待测设的距离。先定出概略位置$C'$点,如图4-41(a)所示。

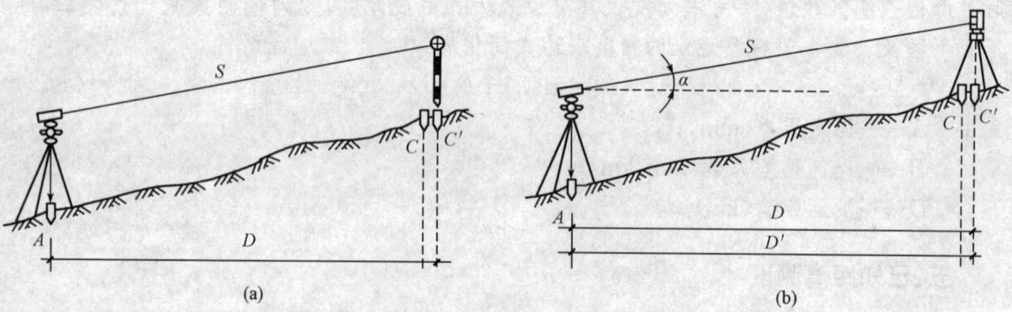


图4-41 光电测距测设法示意图

(3)在$C'$点安置反射棱镜,测出仪器至反射棱镜的竖直角$\alpha$和斜距$S$,计算水平距离$D'=S\cos\alpha$,求出$D'$与应测设的水平距离$D$之差$\Delta D=D'-D$;

(4)根据$\Delta D$的符号和大小,在实地用小钢卷尺沿测设方向调整$C'$至$C$点,如图4-41(b)所示。

(5)将反射棱镜安置于$C$点,再实测$AC$的水平距离,对已测距离进行检核,其不符值应在限差之内,否则应再次进行调整,直至符合要求为止。

# 第五章　控制测量

测量工作应遵循“从整体到局部，先控制后碎部”的原则。这里的“整体”是指控制测量，其意义为控制测量应按由高等级到低等级逐级加密进行，直至最低等级的图根控制测量，再在图根控制点上安置仪器进行碎部测量或测设工作。控制测量包括平面控制测量和高程控制测量，称测定点位的 $x$、$y$ 坐标为平面控制测量，测定点位的 $H$ 坐标为高程控制测量。

平面控制测量即建立平面控制网，可采用 GPS 测量，三角形网测量和导线测量的方法。

高程控制测量的方法主要有水准测量和三角高程测量。

## 第一节　GPS 测量

### 一、GPS 全球定位系统的组成

全球定位系统（GPS）是导航卫星测时和测距全球定位系统（Navigation Satellite Timing and Ranging Global Positioning System）的简称。GPS 是利用卫星发射的无线电信号进行导航定位，具有全球性、全天候、高精度、快速实时的三维导航、定位、测速和授时功能，以及良好的保密性和抗干扰性。它已成为美国导航技术现代化的重要标志，被称为 20 世纪继阿波罗登月、航天飞机之后又一重大航天技术。

GPS 全球定位系统能独立、迅速和精确地确定地面点的位置。与常规控制测量技术相比，GPS 全球定位系统有许多优点：①不要求测站间的通视，因而可以按需要来布点，不用建造测站标志；②控制网的几何图形已不是决定精度的重要因素，点与点之间的距离长短可以自由布设；③可以在较短时间内以较少的人力消耗来完成外业观测工作，观测（卫星信号接收）的全天候优势更为显著；④由于接收仪器的高度自动化，内外业紧密结合，软件系统日益完善，可以迅速提交测量成果；⑤精度高，用载波相位进行相对定位，可达到 ±(5mm+1ppm×$D$) 的精度；⑥节省经费、工作效率高，用 GPS 定位技术建立大地控制网，要比常规大地测量技术节省 70％～80％的外业费用，同时，由于作业速度快，工期大大缩短，经济效益显著。

GPS 主要由空间卫星部分、地面监控部分和用户设备部分组成，如图 5-1 所示。

**关键细节 1　空间卫星部分的组成**

空间卫星部分由 24 颗 GPS 卫星组成 GPS 卫星星座，其中有 21 颗工作卫星、3 颗备用卫星，其作用是向用户接收机发射天线信号。

GPS 卫星星座（图 5-2）由 6 个近似圆形轨道面组成，每个轨道上有 4 颗卫星；卫星轨

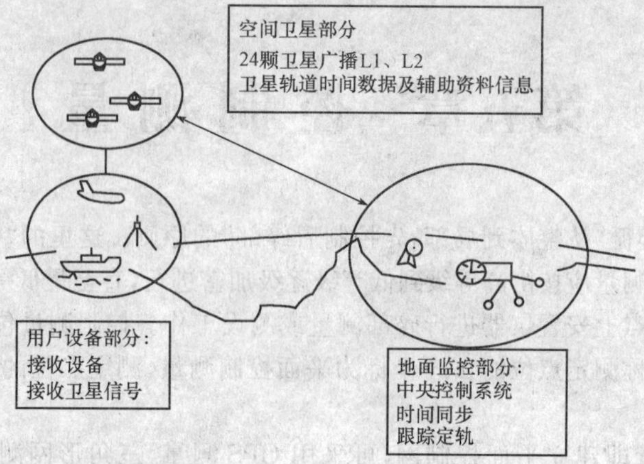


图 5-1 GPS 的组成部分

道平面相对地球赤道面的倾角均为 55°，各轨道平面升交点的赤经相差 60°，相邻轨道上卫星的升交距角相差 30°，同一轨道上卫星的升交距角相差 90°；轨道平均高度为 20200km，卫星运行周期为 11 小时 58 分，每颗卫星可覆盖全球 38%的面积。

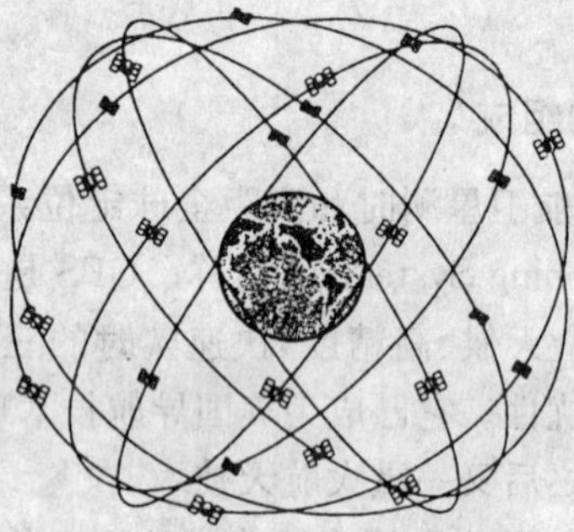

图 5-2 GPS 卫星星座示意图

GPS 卫星信号实质上是一种调制波，其内容包括载波、测距码和导航电文三部分，见表 5-1。

**表 5-1　　GPS 卫星信号的内容**

| 序号 | 项目 | 内容 |
|---|---|---|
| 1 | 载波 | 载波即 GPS 选择位于 L 波段的两种频率的微波。一是频率为 1575.42MHz、波长为 19.03cm 的 $L_1$ 载波，二是频率为 1227.60MHz、波长为 24.42cm 的 $L_2$ 载波；它们分别由卫星上的原子钟产生的基本频率(10.23MHz)经倍频(154 倍和 120 倍)后生成 |
| 2 | 测距码 | 测距码是用于测定星站距离的伪随机码(PRN)，有 C/A 码和 P 码之分。<br>(1)C/A 码。C/A 码是频率为 1.023MHz、波长 293.1m 的伪随机噪声码，由卫星上的原子钟产生的基本频率(10.23MHz)经分频(1/10)后生成，并被调制在 $L_1$ 载波上。<br>(2)P 码。P 码是频率为 10.23MHz、波长 29.31m 的伪随机噪声码，直接由卫星上的原子钟产生的基本频率(10.23MHz)生成，并同时被调制在 $L_1$ 和 $L_2$ 载波上 |

（续）

| 序号 | 项目 | 内容 |
| --- | --- | --- |
| 3 | 导航电文 | 导航电文是用户用来导航定位的数据基础，包含有广播星历、卫星的时钟改正、电离层延迟改正等重要信息，并以二进制码的形式按规定格式编制，故又称数据码。<br>在 $L_1$ 和 $L_2$ 载波上皆调制有导航电文 |

### 关键细节 2　地面监控部分的组成

地面监控部分由主控站、信息注入站和监测站组成。

(1)主控站。主控站一个，设在美国的科罗拉多空间中心。其主要功能是协调和管理所有地面监控系统的工作，主要任务是：①根据本站和其他监测站的所有观测资料推算编制各卫星的星历、卫星钟差和大气层的修正参数等，并把这些数据传送到注入站。②提供全球定位系统的时间基准。各监测站和GPS卫星的原子钟均应与主控站的原子钟同步或测出其间的钟差，并把这些钟差信息编入导航电文送到注入站。③调整偏离轨道的卫星，使之沿预定的轨道运行。④启用备用卫星以代替失效的工作卫星。

(2)信息注入站。信息注入站现有3个，分别设在印度洋的迭戈加西亚、南大西洋的阿松森群岛和南太平洋的卡瓦加兰。信息注入站有天线、发射机和微处理机，其主要任务是在主控站的控制下，将主控站推算出和编制的卫星星历、钟差、导航电文和其他控制指令注入相应卫星的存储系统，并监测注入信息的正确性。

(3)监测站。监测站共有5个，除上述4个地面站具有监测站功能外，还在夏威夷设有一个监测站。监测站的主要任务是连续观测和接收所有GPS卫星发出的信号并监测卫星的工作状况，将采集到的数据连同当地气象观测资料和时间信息经初步处理后传送到主控站。

### 关键细节 3　用户设备部分的组成

用户设备部分包括GPS接收机硬件、数据处理软件和微处理机及其终端设备等。GPS接收机的主要功能是捕获卫星信号，跟踪并锁定卫星信号，对接收的卫星信号进行处理，测量出GPS信号从卫星到接收机天线间的传播时间，译出GPS卫星发射的导航电文，实时计算接收机天线的三维坐标、速度和时间。GPS接收机从结构来讲，主要由五个单元组成：天线和前置放大器；信号处理单元，它是接收机的核心；控制和显示单元；存储单元；电源单元。

常见的S82双频接收机的技术参数如下：

通道：独立24通道。

跟踪信号：$L_1/L_2$。

静态平面精度：3mm＋1ppm。

静态高程精度：5mm＋2ppm。

静态作用距离：优于80km。

静态内存：内置32m。

RTK平面精度：1cm＋1ppm。

RTK 高程精度：2cm＋1ppm。

通讯方式：USB、串口、蓝牙。

数据链：25W/15W(发射功率)。

RTK 初始化时间：典型 15s。

## 二、GPS 测量施测

### 1. GPS 坐标系统

任何一项测量工作都需要一个特定的坐标系统(基准)。由于 GPS 是全球性的定位导航系统，其坐标系统也必须是全球性的，根据国际协议确定，称为协议地球坐标系(Coventional Terrestrial System，CTS)。目前，GPS 测量中使用的协议地球坐标系为 WGS—84 世界大地坐标系，其几何定义为原点选在地球质心 $O$，$z$ 轴指向国际时间局(BIH)1984.0 定义的协议地极(CTP)方向，$x$ 轴指向(BIH)1984.0 定义的零子午面和 CTP 相对应的赤道的交点，$y$ 轴垂直于 $zxO$ 平面且与 $z$、$x$ 轴构成右手坐标系，如图 5-3 所示。

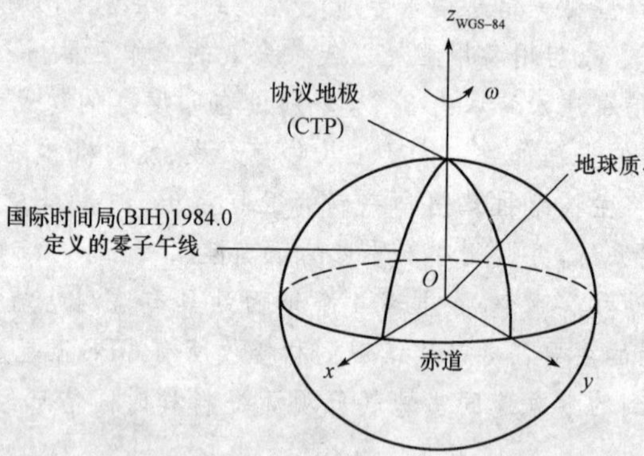


图 5-3　WGS—84 坐标系示意图

WGS—84 坐标系是一个空间三维直角坐标系。在实际测量定位工作中，需注意 GPS 测量结果与国家大地坐标系或当地独立坐标系间的转换。

### 2. GPS 时间系统

GPS 时间系统采用国际原子时(ATI)的秒长作为时间基准，其原点定义在 1980 年 1 月 6 日协调世界时(UTC)0 时，启动后不跳秒以保持时间的连续性，之后 GPS 时与 UTC 时的整秒差以及秒以下的差异则通过时间服务部门定期公布。卫星播发的卫星钟差就是相对 GPS 时间系统的，因此在利用 GPS 直接进行时间校对时应注意这一问题。

### 3. GPS 定位基本原理

如图 5-4 所示，若设某一时刻卫星的瞬时坐标为$(x_s,y_s,z_s)$，接收机天线相位中心的坐标为$(x,y,z)$，GPS 卫星和用户接收机天线相位中心(观测站)之间的几何距离(即星站距离 $\rho$)之间的关系如下：

$$\rho=\sqrt{(x_s-x)^2+(y_s-y)^2+(z_s-z)^2} \tag{5-1}$$

卫星瞬时坐标$(x_s,y_s,z_s)$，可根据导航电文获得；星站距离 $\rho$，可通过 GPS 接收机棱收其卫星信号测定；故而公式(5-1)中只有 $x$、$y$、$z$ 三个未知量。可见只要同时接收 3 颗 GPS 卫星，就能解出观测站的三维坐标($x,y,z$)。因此，GPS 定位的实质就是一种空间的距离后方交会。

星站距离的测定，起初是利用测距码从卫星发射到达接收机天线所经历的时间 $t$ 乘以其在真空中的传播速度 $c$ 求得。然而由于 GPS 采用的是单程测距原理，这就要求卫星时钟与接收机时钟严格同步；但实际上，卫星时钟与接收机时钟却难于严格同步，存在一个不同步误差。此外，测距码在大气中传播还受到大气电离层折射及大气对流层的影响，产生延迟误差。因此，实际上由测距码所求得的距离值 $ct$ 并非真正的站星几何距离，习惯上将其称为“伪距”，一般用 $\rho'$ 表示。

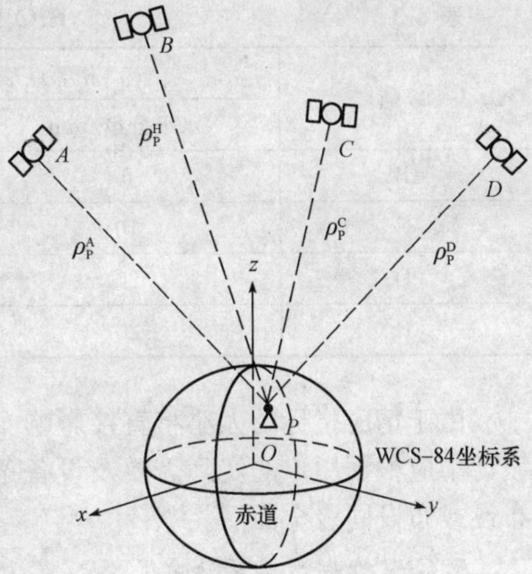


图 5-4 GPS 定位基本原理示意图

由于卫星钟差、电离层折射及大气对流层的影响，可以通过导航电文中所给出的有关参数加以修正，而接收机钟差却一般难以确定，所以通常将接收机钟差当作一个未知数，与站点坐标一起在数据处理中进行解算。这样，在一个观测站上要解出四个未知参数(三个点位坐标分量和一个钟差参数)，就至少得同时观测到 4 颗卫星，这也正是要求 GPS 卫星在空间的分布必须保证在地球上任何地点、任何时刻、在高度角 15°以上的空间范围内至少能同时观测到 4 颗卫星的原因。

综上所述，用户只要拥有一台 GPS 接收机，就可实时地测定其空间位置。利用一台接收机进行测量定位，称为单点定位或绝对定位。

**4. GPS 测量精度指标**

GPS 测量的精度指标通常是以网中相邻点之间的距离中误差来表示，其形式为：

$$m_R = \delta_D + pp \times D \tag{5-2}$$

式中 $m_R$——网中相邻点的距离中误差(mm)；

$\delta_D$——固定误差(mm)；

$pp$——比例误差(ppm)；

$D$——相邻点间距离(km)。

国家测绘局 2009 年颁布的《全球定位系统(GPS)测量规范》(GB/T 18314—2009)将 GPS 控制网分为 A、B、C、D、E 五级，各级控制网的精度指标见表 5-2 和表 5-3。其中 A、B 两级为国家 GPS 控制网，C、D、E 三级是针对局域性 GPS 网规定的。此外，各部委根据本部门 GPS 工作的实际情况也制定了其他的 GPS 规程或细则。

**表 5-2　A 级精度指标**

| 类别 | 坐标年变化率中误差 | | 相对精度 | 地心坐标各分量年平均误差/mm |
|---|---|---|---|---|
| | 水平分量/(mm/a) | 垂直分量/(mm/a) | | |
| A | 2 | 3 | $1\times10^{-8}$ | 0.5 |

表 5-3　B、C、D 和 E 级精度指标

| 级别 | 相邻点基线分量中误差 | | 相邻点间平均距离/km |
|---|---|---|---|
| | 水平分量/mm | 垂直分量/mm | |
| B | 5 | 10 | 50 |
| C | 10 | 20 | 20 |
| D | 20 | 40 | 5 |
| E | 20 | 40 | 3 |

由于精度指标的大小将直接影响 GPS 网的布设方案及 GPS 作业模式，因此，在实际设计中应根据用户的实际需要及设备条件慎重确定。控制网可以分级布设，也可以越级布设或布设同级全面网。

**5. GPS 控制网构网方式**

根据用途不同，GPS 网的基本构网方式有点连式、边连式、网连式和边点混合连接四种。

(1)点连式是指相邻的同步图形(即多台接收机同步观测卫星所获基线构成的闭合图形，又称同步环)之间仅用一个公共点连接，如图 5-5(a)所示。这种方式所构成的图形几何强度很弱，一般不单独使用。

(2)边连式是指相邻同步图形之间由一条公共基线连接，如图 5-5(b)所示。这种布网方案中，复测的边数较多，网的几何强度较高。非同步图形的观测基线可以组成异步观测环(称为异步环)，异步环常用于检查观测成果的质量。边连式的可靠性优于点连式的。

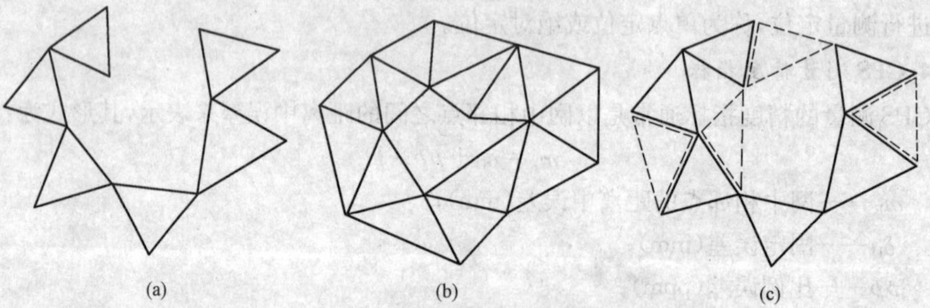

(a)　(b)　(c)

图 5-5　GPS 网的基本构网方式

(3)网连式是指相邻同步图形之间由两个以上的公共点连接。这种方法要求 4 台以上的接收机同步观测。它的几何强度和可靠性更高，但所需的经费和时间也更多，一般仅用于较高精度的控制测量。

(4)边点混合连接是指将点连式与边连式有机地结合起来组成 GPS 网，如图 5-5(c)所示。它是在点连式基础上加测四个时段，把边连式与点连式结合起来得到的。这种方式既能保证网的几何强度，提高网的可靠性，又能减少外业工作量，降低成本，因而是一种较为理想的布网方法。

对于低等级的GPS测量或碎部测量，也可采用图5-6所示的星形布设。这种图形的主要优点是观测中只需要两台GPS接收机，作业简单。但由于直接观测边之间不构成任何闭合图形，所以其检查和发现粗差的能力比点连式更差。这种方式常采用快速定位的作业模式。

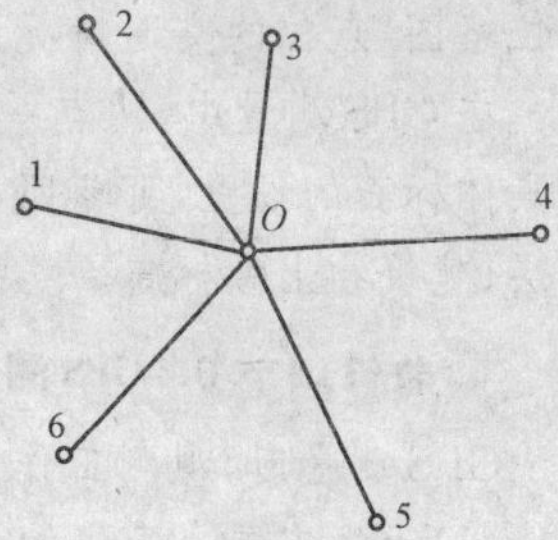


图5-6 GPS网的星形布设

## 关键细节4 GPS控制网网形设计

GPS测量时，由于不要求测站点间通视，因此，其图形设计具有较大的灵活性，GPS网的图形设计主要考虑网的用途、用户要求、经费、时间、人力及后勤保障条件等，同时还应考虑所投入的接收机的类型和数量等条件。进行网形设计时，应注意以下几个问题：

(1)GPS网一般应通过独立观测边构成闭合图形，例如三角形、多边形或附合线路，以增加检核条件，提高网的可靠性。GPS测量有很多优点，如测量速度快、测量精度高等，但是由于是无线电定位，受外界环境影响大，所以在图形设计时应重点考虑成果的准确可靠，并考虑有较可靠的检验方法。

(2)GPS网点应尽量与原有地面控制网点重合。重合点一般不应少于3个(不足时应联测)且在网中应分布均匀，以便可靠地确定GPS网与地面网之间的转换参数。

(3)GPS网点虽然不需要通视，但是为了便于用常规方法联测和扩展，要求控制点至少与一个其他控制点通视，或者在控制点附近300m外布设一个通视良好的方位点，以便建立联测方向。

(4)为了利用GPS进行高程测量，在测区内GPS网点应尽可能与水准点重合，而非重合点一般应根据要求以水准测量方法(或相当精度的方法)进行联测，或在网中设一定密度的水准联测点，进行同等级水准联测。

(5)GPS网点要尽量选在视野开阔、交通方便的地点，并要远离高压线、变电所及微波辐射干扰源。

## 关键细节5 GPS测量前选点与建立标志

GPS测量的选点工作较常规测量简便，但GPS测量又有其自身的特点，因此选点时应满足以下要求：

(1)观测站(即接收天线安置点)应远离大功率的无线电发射台和高压输电线，以避免其周围磁场对GPS卫星信号的干扰。接收机天线与其距离一般不得小于200m。

(2)观测站附近不应有大面积的水域或对电磁波反射(或吸收)强烈的物体，以减弱多路径效应的影响。

(3)观测站应设在易于安置接收设备的地方，且视野开阔。在视场内周围障碍物的高度角，一般应大于10°～15°，以减弱对流层折射的影响。

(4)观测站应选在交通方便的地方，并且要便于用其他测量手段联测和扩展。

(5)对于基线较长的GPS网，还应考虑观测站附近具有良好的通信设施(电话与电报、邮电)和电力供应，以供观测站之间的联络和设备用电。

(6)点位选定后，均应按规定绘制点位注记(包括方位点)，其主要内容应包括点位及点位略图，点位的交通情况以及选点情况等。

在GPS测量中，网点一般应设置在具有中心标志的标石上，以精确标志点位。埋石是指具体标石的设置，可参照有关规范。对于一般的控制网，只需要采用普通的标石，或在岩层、建筑物上做标志。

### 关键细节6 GPS测量观测

GPS测量时，观测工作主要包括天线安置、观测作业和观测记录等。

(1)天线安置。天线的相位中心是GPS测量的基准点，妥善安置天线是实现精密定位的重要条件之一。天线安置的内容包括对中、整平、定向和量测天线高。

进行静态相对定位时，天线应架设在三脚架上，并安置在标志中心的上方直接对中，天线基座上的圆水准气泡必须居中(对中与整平方法与经纬仪安置相同)。天线高是指天线的相位中心至观测点标志中心的垂直距离，用钢尺在互为120°的方向量3次，要求互差小于3mm，满足要求后取3次结果平均值记入测量手簿中。

(2)观测。天线安置完成后，将GPS接收机安置在距天线不远的安全处，接通接收机与电源、天线的连接电缆，经检查无误后，打开电源，启动接收机进行观测。

观测作业的主要任务是捕获GPS卫星信号并对其进行跟踪、接收和处理，以获取所需的定位信息和观测数据。

观测时，作业人员需定期查看接收机的工作状况并做好记录。观测时注意下列问题：

1)观测过程中接收机不得关闭或重新启动。

2)不得更改有关设置参数。

3)不得碰动天线或阻挡信号。

4)不准改变天线高。

5)观测站的全部预定作业项目，经检查均已按规定完成，且记录与资料完整无误后方可迁站。

(3)观测记录。观测记录的形式一般有两种，一种是由接收机自动形成，并保存在接收机存储器中供随时调用和处理。这部分内容主要包括：GPS卫星星历和卫星钟差参数；观测历元及伪距和载波相位观测值；实时绝对定位结果；测站控制信息及接收机工作状态信息。另一种是测量手簿，由观测人员填写，内容包括天线高、气象数据测量结果、观测人员、仪器及时间等，同时对于观测过程中发生的重要问题、问题出现的时间及处理方式也应记录。观测记录是GPS定位的原始数据，也是进行后续数据处理的唯一依据，必须真实、准确，并要妥善保管。

### 关键细节7 GPS测量成果检核与数据处理

GPS测量观测成果应进行外业检核，这是确保外业观测质量和实现预期定位精度的重要环节。观测任务结束后，必须在测区及时对观测数据的质量进行检核，对于外业预处理成果，要按《全球定位系统(GPS)测量规范》(GB/T 18314—2009)的要求严格检查、分析，以便及时发现不合格结果，并根据情况采取重测或补测措施。

成果检核无误后，即可进行内业数据处理。内业数据处理过程大体可分为：预处理，平差计算，坐标系统的转换或与已有地面网的联合平差。GPS接收机在观测时，一般15～

20s 自动记录一组数据，故其信息量大，数据多。同时，数据处理时采用的数学模型和算法形式多样，使数据处理的过程相当复杂。实际应用中，一般是借助电子计算机通过相关软件来完成数据处理工作。

### 关键细节 8 卫星星历误差对 GPS 定位的影响

所谓卫星星历，就是描述卫星运动轨道的有关信息。有了卫星星历，就可以算得卫星的空间位置。然而，由于卫星在运行中要受到多种摄动力的复杂影响，且通过地面监测站又难以充分可靠地测定这些作用力并掌握它们的作用规律，因此在星历预报时会产生较大的误差，即从导航电文中解译出来的星历即广播星历(又称预报星历)存在较大的误差(由 C/A 码所传送的预报星历，其误差一般可达数十米；即使是由 P 码所传送的预报星历，其误差也达数米)，它将严重影响 GPS 单点定位的精度。

### 关键细节 9 卫星钟的钟误差对 GPS 定位的影响

尽管 GPS 卫星上均设有高精度的原子钟，但与理想的 GPS 时间之间仍存在总量在 1ms 以内的偏差，由此引起的等效距离误差约达 300km，严重影响了 GPS 单点定位的精度。

为了降低卫星星历误差对 GPS 测量结果的影响，一些国家纷纷建立了自己的 GPS 卫星跟踪网，利用跟踪站所获得的精密观测资料，在事后向用户有偿提供在其观测时刻卫星轨道的精密信息；另外，为降低卫星钟的钟误差对 GPS 测量结果的影响，需对卫星钟的运行状态进行精确连续监测，推算出钟差改正数，并通过卫星的导航电文提供给用户。经过改正后，卫星的钟误差可保持在 20ns 以内，由此引起的等效距离误差不会超过 6m。

### 关键细节 10 与信号传播有关的误差对 GPS 定位的影响

与信号传播有关的误差，主要有电离层延迟误差、对流层延迟误差以及多路径效应误差。

(1)电离层延迟误差。由于电离层(距离地面高度在 50～1000km 的大气层)中的气体分子，在受到太阳等天体各种射线的辐射后，会产生强烈的电离，形成大量的自由电子和正离子。因此，当 GPS 信号通过电离层时，带电粒子会使信号传播的路径发生弯曲，穿过电离层的时间也会被延长，从而使测定的星站距离产生偏差，这种偏差即为电离层延迟误差。

(2)对流层延迟误差。对流层是指距离地面高度 50km 以下的大气层，也就是靠近地面最近的那部分大气层，不仅对流作用很强，而且大气状态也变化无常。因此当 GPS 信号通过对流层时，也会使信号传播的路径发生弯曲，空过时间被延长，从而使测定的星站距离产生偏差，这种偏差即为对流层延迟误差。

(3)各路径效应误差。在 GPS 测量中，如果测站周围的反射物所反射的卫星信号进入接收机天线，就会和直接来自卫星的信息产生干涉，从而使观测值偏离值产生所谓的多路径效应误差。它不仅严重损害 GPS 测量的精度，严重时甚至还会引起信号失锁。

在实际工作中，为降低 GPS 定位与信号传播的误差，可采取以下措施：

1)对于双频接收机，可采用双频改正技术有效地减弱电离层延迟误差的影响，其残余误差一般不会超过几个厘米，所以双频接收机在精密定位中得到广泛的应用。对于单频接收机而言，一般是采用导航电文提供的电离层改正模型加以改正，大体上可以消除电离层延迟误差的 75%左右。同时，在实际工作中，应注意对卫星高度角的限制。

2)对流层延迟的影响与 GPS 信号的高度角有关，在天顶方向最大可达 2～3m，在地面方向(高度角为10°)时可达20m。在选用卫星进行定位导航时,一般都需要设置截止高度角。此外,利用现有的数学模型加上在测站直接测定的气象参数进行改正,可以消除对流层延迟误差的92%～95%。

3)在天线下设置抑径板,延长观测时间或选择合适的站址等,避免或削弱多路径效应误差。

### 关键细节11 与接收机有关的误差对GPS定位的影响

与接收机有关的误差,主要是指接收机的位置误差,即接收机天线相位中心相对于测站标石中心的偏差,包括天线的整平、对中以及量取天线高的误差。当天线高为1.6m,整平误差为0.1°时,就会产生3mm的对中误差。

实际工作中,精密定位时,必须仔细操作,以减小位置误差的影响。

## 三、GPS相对定位方法

绝对定位具有数据处理简单、定位速度快、无多值性问题等优点,但精度较低。因此,在测量工作中,为了满足高精度的需要,目前广泛采用的是相对定位,而且是基于载波相位的相对定位。

GPS相对定位的基本原理,如图5-7所示。把两台接收机分别安置在基线的两端点上,同步观测相同的GPS卫星,并对观测量进行求差组合即进行差分处理,以确定基线端点的相对位置(三维坐标差,双称基线向量);如果已知其中一点的坐标,就可以推算出另一点的坐标。在实际作业中,也可用多台接收机置于多条基线端点,通过同步观测一并确定多条基线向量。

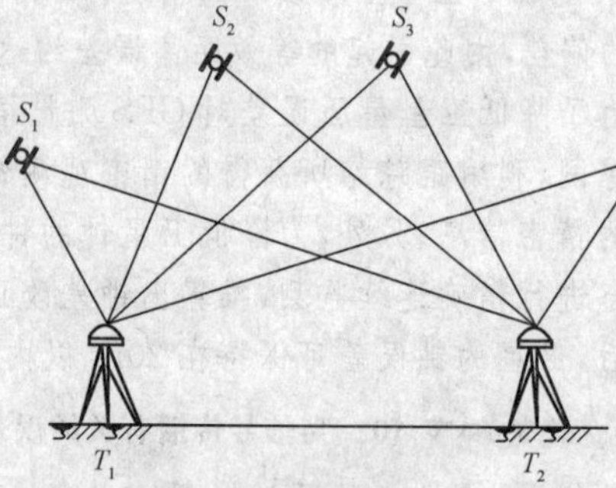

图5-7 GPS相对定位示意图

由于采用同步观测相同的卫星,而这些卫星的星历误差、钟差以及电离层、对流层延迟误差等对观测量的影响具有一定的相关性,因此利用这些观测量的不同组合即进行差分处理,可有效地消除或减弱上述误差的影响,从而提高相对定位的精度。

目前,常用的相对定位作业方法包括静态相对定位、单基站实时动态定位和多基站实时动态定位。

### 关键细节12 静态相对定位

静态相对定位是指利用两台或两台以上接收机在两个或两个以上观测站上同步观测相同的卫星信号若干时间(一般40min以上),事后再用相应的解算软件处理这些数据的一种GPS定位方法。

静态相对定位测量精度较高,广泛应用于建立各种等级的大地网、精密工程控制网、变形监测网等高精度测量工作中。

### 关键细节13 单基站实时动态定位

静态相对定位虽然精度高,但不具备实时性。实时动态定位技术,即所谓的GPS-

RTK测量技术,既保留了GPS测量的高精度,又具有实时性。

GPS-RTK测量的原理,可简单描述为在GPS接收机之间增加一套无线通信系统(亦称数据链),将两台(或两台以上)相对独立的GPS接收联成有机的整体;安置在基准站(已知点,又称参考站)上的GPS接收机,接收到卫星信号后,通过电台将观测信息、测站数据等实时地传输给流动站(运动中的GPS接收机);流动站将基准站传来的载波观测信号与流动站本身测得的载波信号进行差分处理,实时解算出基准站与流动站之间的基线向量,从而实现流动站cm级的实时动态定位。

由GPS-RTK测量原理可知,一个完整的GPS-RTK系统需由一个基准站、一个或多个流动站和数据实时传输系统三部分组成,因此又称为单基站实时动态定位或常规RTK测量。

**关键细节14 多基站实时动态定位**

单基站实时动态定位是建立在"流动站与基准站误差强烈类似"这一假设基础之上的。随着流动站与基准站间距离的增加,其误差的类似性会越来越差,定位精度也就越来越低;同时,数据通信也会受到因作用距离拉长而干扰因素增多的影响。因此,常规PTK技术的作用距离是有限的,一般要小于10km。人们为了拓展RTK技术的应用,网络实时动态定位(Network RTK)技术即多基站实时动态定位便应运而生。

网络RTK的基本原理,可概括为在一定区域内,建立多个GPS基准站,对该地区构成网络覆盖;各基准站按规定的数据采样率进行连续观测,并通过数据通信链(可采用数字数据网DDN或无线通信等方法进行)实时将观测传送给数据处理中心;同时,数据处理中心根据流动站送来的近似坐标(可根据伪距法单点定位求得),判断该流动站位于哪三个基准站所组成的三角形内;然后,再根据这三个基准站的观测资料求出流动站相位观测值的各种误差,并播发给流动用户(可通过移动电话GSM等方式)进行修正,从而实现流动cm级的实时动态定位。

与单基站RTK相比,多基站RTK具有覆盖面广、可靠性高,用户不需架设参考站,真正实现单机作业等优点。当前,我国青岛等很多城市已建成的连续运行参考站卫星定位综合服务——CORS系统,就是利用上述网络RTK技术建立的。

## 第二节 三角形网测量

### 一、三角形网布设

三角形网测量是建立平面控制的一种方法,主要用于丘陵地区或山区的测图控制和施工控制测量。将测区各控制点组成相互连接的若干个三角形而构成三角形网,这些三角形的顶点,称为三角点。三角形网测量可用于建立国家平面控制网和小区域平面控制网。建立国家平面控制网的三角形网测量等级一般为一等、二等、三等、四等三角测量;建立小区域控制网的三角测量称为小三角测量,其等级为一级、二级和图根小三角测量。

三角形网的布设、应符合下列要求:

(1)首级控制网中的三角形,宜布设为近似等边三角形。其三角形的内角不应小于

30°；当受地形条件限制时，个别角可放宽，但不应小于25°。

(2)加密的控制网，可采用插网、线形网或插点等形式。

(3)三角形网点位的选定，除应符合下列规定，二等网视线距障碍物的距离不宜小于2m。

1)点位应选在土质坚实、稳固可靠、便于保存的地方，视野应相对开阔，便于加密、扩展和寻找。

2)相邻点之间应通视良好，其视线距障碍物的距离：三等、四等不宜小于1.5m；四等以下宜保证便于观测，以不受旁折光的影响为原则。

3)当采用电磁波测距时，相邻点之间视线应避开烟囱、散热塔、散热池等发热体及强电磁场。

4)相邻两点之间的视线倾角不宜过大。

## 二、三角形网测量实施

各等级三角形网测量的主要技术要求，应符合表5-4的规定。

表5-4　三角形网测量的主要技术要求

| 等级 | 平均边长/km | 测角中误差(″) | 测边相对中误差 | 最弱边边长相对中误差 | 测回数 | | | 三角形最大闭合差(″) |
|---|---|---|---|---|---|---|---|---|
| | | | | | 1″位仪器 | 2″位仪器 | 6″位仪器 | |
| 二等 | 9 | 1 | ≤1/250000 | ≤1/120000 | 12 | — | — | 3.5 |
| 三等 | 4.5 | 1.8 | ≤1/150000 | ≤1/70000 | 6 | 9 | — | 7 |
| 四等 | 2 | 2.5 | ≤1/100000 | ≤1/40000 | 4 | 6 | — | 9 |
| 一级 | 1 | 5 | ≤1/40000 | ≤1/20000 | — | 2 | 4 | 15 |
| 二级 | 0.5 | 10 | ≤1/20000 | ≤1/10000 | — | 1 | 2 | 30 |

注：当测区测图的最大比例尺为1∶1000时，一二级网的平均边长可适当放长，但不应大于表中规定长度的2倍。

三角形网中的角度宜全部观测，边长可根据需要选择观测或全部观测；观测的角度和边长均应作为三角形网中的观测量参与平差计算；首级控制网定向时，方位角传递宜联测两个已知方向。

### 关键细节15　三角形网选点与埋石

三角形网测量选点前，应搜集测区已有的地形图和各级控制点资料，先在地形图上设计布网方案，然后到野外去踏勘选点，根据实际地形选定布网方案及点位。

选定三角点时应注意以下几点：

(1)各三角形的边长应接近于相等，其平均边长应符合表5-5的规定，内角值不应小于30°；当受地形条件限制时，个别角可放宽，但不应小于25°。

(2)三角点应选在土质坚实、视野开阔、便于保存点位和便于测图的地方，并且相邻三角点之间应通视良好，便于角度观测。

表 5-5 相邻点间平均边长参照值

| 测量等级 | 平均边长/km | 测量等级 | 平均边长/km |
|---|---|---|---|
| 二等 | 3.0 | 一级 | 0.5 |
| 三等 | 2.0 | 二级 | 0.3 |
| 四等 | 1.0 | | |

(3)为桥梁、隧道布设的三角形网，应尽量将桥梁轴线的端点或隧道进出口控制点选为三角点。

(4)基线位置应选在地势平坦、便于量距的地段。

三角点选定后，应在地上打下木桩或埋设标石(图 5-8)作为标志，并依次进行编号绘制点位略图。观测时，为了照准的需要，应在三角点上设立标杆[图 5-9(a)]或觇标[图 5-9(b)]。

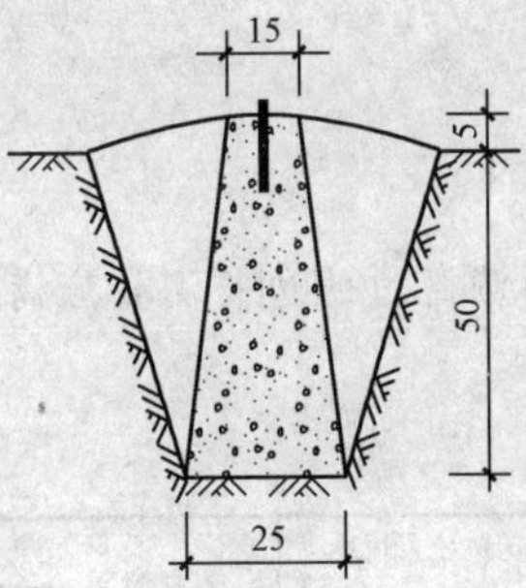


图 5-8 标石图(尺寸单位：cm)

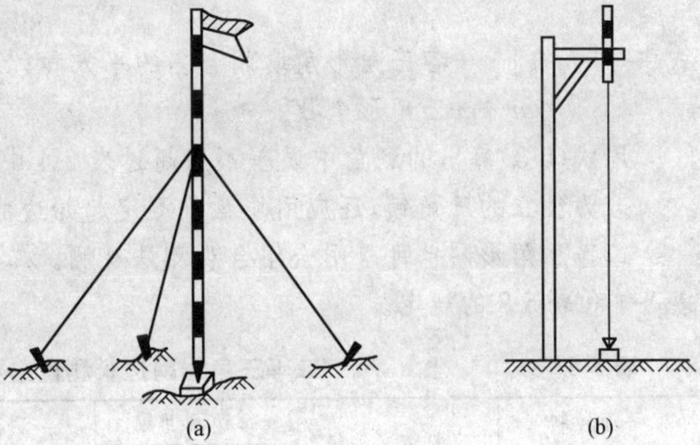


图 5-9 对点方式图

### 关键细节 16 三角形网测量基线丈量

基线是推算三角形边长的起始边，其精度高低直接影响整个三角网的精度。因此，丈量基线应使用检定过的钢尺按精密量距的方法进行，或用测距仪、全站仪采用对向观测法测量。技术要求见表 5-6 和表 5-7。

表 5-6 光电测距的主要技术要求

| 测量等级 | 观测次数 | | 每边测回数 | | 一测回读数间较差/mm | 单程各测回较差/mm | 往返较差 |
|---|---|---|---|---|---|---|---|
| | 往 | 返 | 往 | 返 | | | |
| 二等 | ≥1 | ≥1 | ≥4 | ≥4 | ≤5 | ≤7 | |
| 三等 | ≥1 | ≥1 | ≥3 | ≥3 | ≤5 | ≤7 | |
| 四等 | ≥1 | ≥1 | ≥2 | ≥2 | ≤7 | ≤10 | $\sqrt{2}(a+b\cdot D)$ |
| 一级 | ≥1 | — | ≥2 | — | ≤7 | ≤10 | |
| 二级 | ≥1 | — | ≥1 | — | ≤12 | ≤17 | |

注：1. 测回是指照准目标 1 次，读数 4 次的过程。

2. 表中 $a$ 为固定误差，$b$ 为比例误差系数，$D$ 为水平距离(km)。

表 5-7　　普通钢尺丈量距离的主要技术要求

| 定线偏差/mm | 尺段往返高差之差/cm | 最小读数/mm | 三组读数之差/mm | 同段尺长差/mm | 外业手簿计算取值/mm | | |
|---|---|---|---|---|---|---|---|
| | | | | | 尺长 | 各项改正 | 高差 |
| ≤5 | ≤1 | 1 | ≤3 | ≤4 | 1 | 1 | 1 |

### 关键细节 17　三角形网观测

三角形网的水平角观测，宜采用方向观测法，水平角观测应符合表 5-4 的要求。

观测时，可用 $J_6$ 或 $J_2$ 型经纬仪或全站仪按方向观测法进行。当观测方向少于或等于 3 个时，可用测回法观测。当一个三角形的内角测出后，应立即计算角度闭合差。若超过限差规定，应及时分析原因重测；若三角形的闭合差均满足要求，按菲列罗公式计算测角中误差：

$$m_\beta=\pm\sqrt{\frac{[f_\beta f_\beta]}{3n}} \tag{5-3}$$

式中　$[f_\beta f_\beta]$——各三角形角度闭合差的平方和；

$n$——三角形个数。

用式(5-3)算出的测角中误差不应超过表 5-4 中的规定。

若为独立的三角锁，还应用罗盘仪测定起始边的磁方位角。

二等三角形网也可采用全组合观测法观测。二等三角形网测距边的边长测量应满足表 5-4 和表 5-8 的规定。

表 5-8　　二等三角形网边长测量主要技术要求

| 平面控制网等级 | 仪器精度等级 | 每边测回数 | | 一测回读数较差/mm | 单程各测回较差/mm | 往返较差/mm |
|---|---|---|---|---|---|---|
| | | 往 | 返 | | | |
| 二等 | 5mm 级仪器 | 3 | 3 | ≤5 | ≤7 | $\leqslant 2(a+b\cdot D)$ |

注：1. 测回是指照准目标一次，读数 2～4 次的过程。

2. 根据具体情况，测边可采取不同时间段测量代替往返观测。

## 三、三角形网测量数据处理

用于建立国家平面控制网的三角形网测量内业计算必须采用严密平差法；用于建立小区域平面控制网的小三角形网测量可用近似平差法，三角形网测量数据处理时数字取位，二等应符合表 5-9 的规定，其余各等级应符合表 5-10 的规定。

表 5-9　　三角形网内业计算中数字取位要求

| 等级 | 观测方向值及各项修正数(″) | 边长观测值及各项修正数/m | 边长与坐标/m | 方位角(″) |
|---|---|---|---|---|
| 二等 | 0.01 | 0.0001 | 0.001 | 0.01 |

表 5-10　　内业计算中数字取位要求

| 等级 | 观测方向值及各项修正数(″) | 边长观测值及各项修正数/m | 边长与坐标/m | 方位角(″) |
|---|---|---|---|---|
| 三等、四等 | 0.1 | 0.001 | 0.001 | 0.1 |
| 一级及以下 | 1 | 0.001 | 0.001 | 1 |

### 关键细节 18　三角形网测角中误差计算

三角形网的测角中误差，应按式(5-4)计算：

$$m_{\beta}=\sqrt{\frac{[WW]}{3n}} \tag{5-4}$$

式中　$m_{\beta}$——测角中误差(″)；

$W$——三角形闭合差(″)；

$n$——三角形的个数。

### 关键细节 19　四等及以上等级方向观测值的方向改化计算

当测区需要进行高斯投影时，四等及以上等级的方向观测值，应进行方向改化计算。四等网也可采用简化公式。

方向改化计算公式为：

$$\delta_{1,2}=\frac{\rho}{6R_{m}^{2}}(x_{1}-x_{2})(2y_{1}+y_{2}) \tag{5-5}$$

$$\delta_{2,1}=\frac{\rho}{6R_{m}^{2}}(x_{2}-x_{2})(y_{1}+2y_{2}) \tag{5-6}$$

方向改化简化计算公式为：

$$\delta_{1,2}=-\delta_{2,1}=\frac{\rho}{2R_{m}^{2}}(x_{1}-x_{2})y_{m} \tag{5-7}$$

式中　$\delta_{1,2}$——测站点1向照准点2观测方向的方向改化值(″)

$\delta_{2,1}$——测站点2向照准点1观测方向的方向改化值(″)；

$(x_1,y_1),(x_2,y_2)$——1、2两点的坐标值(m)；

$R_m$——测距边中点处在参考椭球面上的平均曲率半径(m)；

$y_m$——1、2两点的横坐标平均值(m)。

### 关键细节 20　三角形网各项条件闭合差限值计算

三角形网外业观测结束后，应计算网的各项条件闭合差。各项条件闭合差不应大于相应的限值。

(1)角—极条件自由项的限值。

$$W_{j}=2\frac{m_{\beta}}{\rho}\sqrt{\sum\cot^{2}\beta} \tag{5-8}$$

式中　$W_j$——角—极条件自由项的限值；

$m_{\beta}$——相应等级的测角中误差(″)；

$\beta$——求距角。

(2)边(基线)条件项自由的限值。

$$W_{b}=2\sqrt{\frac{m_{\beta}^{2}}{\rho^{2}}\sum\cot^{2}\beta+\left(\frac{m_{S_1}}{S_1}\right)^{2}+\left(\frac{m_{S_2}}{S_2}\right)^{2}} \tag{5-9}$$

式中　$W_b$——边(基线)条件自由项的限值；

$\frac{m_{S_1}}{S_1},\frac{m_{S_2}}{S_2}$——起始边边长相对中误差。

(3)方位角条件自由项的限值。

$$W_f = 2\sqrt{m_{\alpha1}^2 + m_{\alpha2}^2 + nm_\beta^2} \tag{5-10}$$

式中 $W_f$——方位角条件自由项的限值(″)；

$m_{\alpha1}m$，$_{\alpha2}$——起始方位角中误差(″)；

$n$——推算路线所经过的测站数。

(4)固定角自由项的限值。

$$W_g = 2\sqrt{m_g^2 + m_\beta^2} \tag{5-11}$$

式中 $W_g$——固定角自由项的限值(″)；

$m_g$——固定角的角度中误差(″)。

(5)边—角条件的限值。

三角形中观测的一个角度与由观测边长根据各边平均测距相对中误差计算所得的角度限差，应按下式进行检核：

$$W_r = 2\sqrt{2\left(\frac{m_D}{D}\rho\right)^2(\cot^2\alpha + \cot^2\beta + \cot\alpha\cot\beta) + m_\beta^2} \tag{5-12}$$

式中 $W_r$——观测角与计算角的角值限差(″)；

$\frac{m_D}{D}$——各边平均测距相对中误差；

$\alpha,\beta$——三角形中观测角之外的另两个角；

$m_\beta$——相应等级的测角中误差(″)。

(6)边—极条件自由项的限值。

$$W_z = 2\rho\frac{m_D}{D}\sqrt{\sum\alpha_w^2 + \sum\alpha_f^2} \tag{5-13}$$

$$\alpha_w = \cot\alpha_i + \cot\beta_i \tag{5-14}$$

$$\alpha_f = \cot\alpha_i \pm \cot\beta_{i-1} \tag{5-15}$$

式中 $W_z$——边—极条件自由项的限值(″)；

$\alpha_w$——与极点相对的外围边两端的两底的余切函数之和；

$\alpha_f$——中点多边形中与极点相连的辐射边两侧的相邻底角的余切函数之和；四边形中内辐射边两侧的相邻底角的余切函数之和以及外侧的两辐射边的相邻底角的余切函数之差；

$i$——三角形编号。

## 第三节 导线测量

导线测量由于其布设灵活、计算简单，因而是小区域平面控制的主要方法，尤其是近年来全站仪的普及，使这种控制方法得到愈来愈广泛的应用。导线既可以用于国家控制网的进一步加密，亦常用于小地区的独立控制网。

### 一、导线网的布设

在平面控制网中，导线网为常用的布网方法。导线网布置的基本形式有支导线、闭合导线和附合导线。

### 1. 支导线

从一个已知控制点出发，支出 1 或 2 个点，既不附合至另一控制点，也不回到原来的起始点，这种形式称支导线。如图 5-10 中的 3—$a$—$b$。由于支导线缺乏检核条件，故测量规范规定支导线一般不超过 2 个点。支导线主要用于当主控导线点不能满足局部测图需要时而采用的辅助控制。

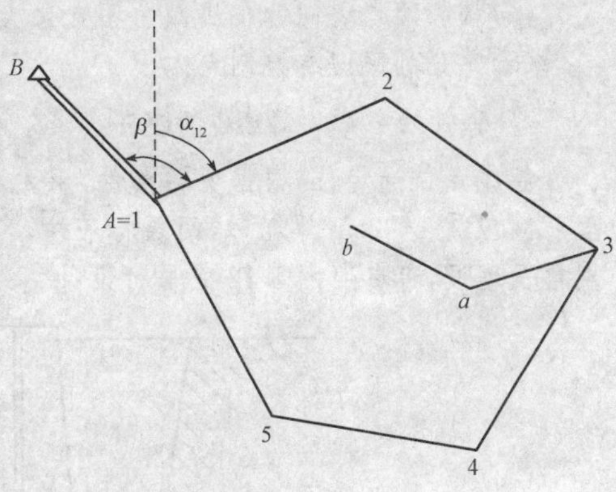

图 5-10　闭合导线和支导线

### 2. 闭合导线

如图 5-10 所示，导线从一已知高级控制点 $A$ 开始，经过一系列的导线点 2，3，…，最后又回到 $A$ 点上，形成一个闭合多边形。在无高级控制点的地区，$A$ 点也可作为同级导线点，进行独立布设。闭合导线多用于范围较为宽阔地区的控制。

### 3. 附合导线

布设在两个高级控制点之间的导线称附合导线。如图 5-11 所示，导线从已知高级控制点 $A$ 开始，经过 2，3，…导线点，最后附合到另一高级控制点 $C$ 上。附合导线主要用于带状地区的控制，如铁路、公路、河道的测图控制。

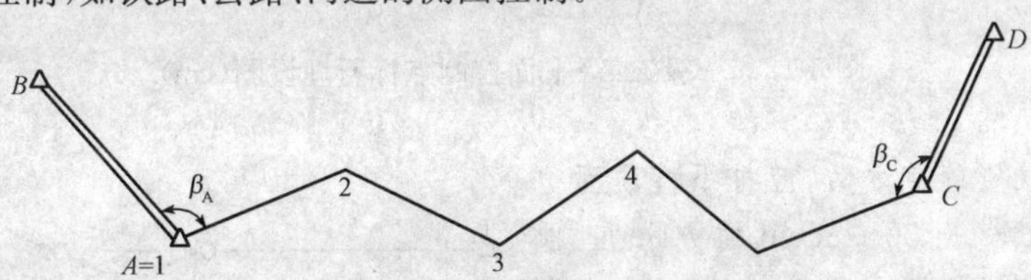

图 5-11　附合导线

## 关键细节 21　导线网布设规定

导线网的布设应符合下列规定：

(1)导线网用作测区的首级控制时，应布设成环形网，且宜联测两个已知方向。

(2)加密网可采用单一附合导线或结点导线网形式。

(3)结点间或结点与已知点间的导线段宜布设成直伸形状，相邻边长不宜相差过大，网内不同环节上的点也不宜相距过近。

## 关键细节 22　导线点位选定

导线点位的选定，应符合下列规定：

(1)点位应选在土质坚实、稳固可靠、便于保存的地方，视野应相对开阔，便于加密、扩展和寻找。

(2)相邻点之间应通视良好，其视线距障碍物的距离：三等、四等不宜小于 1.5m；四等以下宜保证便于观测，以不受旁折光的影响为原则。

(3)当采用电磁波测距时，相邻点之间视线应避开烟囱、散热塔、散热池等发热体及强电磁场。

(4)相邻两点之间的视线倾角不宜过大。

(5)充分利用旧有控制点。

### 关键细节 23　导线点的埋石

导线点位选定位，根据现场条件，用木桩、混凝土标石或大铁钉等标志点位。柱石与盘石间应放 1～2cm 厚粗砂，两层标石中心的最大偏差不应超过 3mm。三级导线点标石规格及埋设，可参照图 5-12 或自行设计。

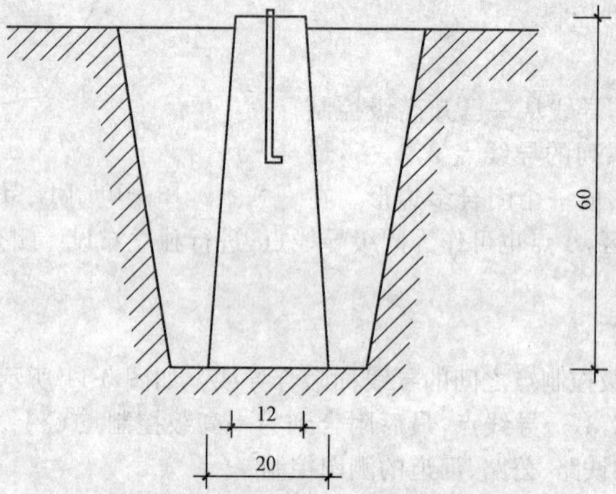


图 5-12　一级、二级平面控制点标石埋设图(cm)

导线点位置确定之后，应打下桩顶面边长为 4～5cm、桩长 30～35cm 的方木桩，顶面应打一小钉以标志导线点位，桩顶应高出地面 2cm 左右；对于少数永久性的导线点，亦可埋设混凝土标石。为便于以后使用时寻找，应作“点之记”，即将导线桩与其附近的地物关系量出绘记在草图上，如图 5-13 所示；同时在导线点方桩旁钉设标志桩(板桩)，上面写明导线点的编号及里程。

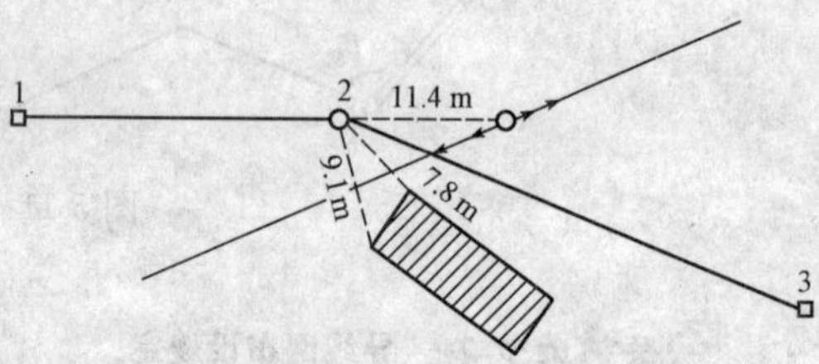


图 5-13　点之记

## 二、导线测量实施

各等级导线测量的主要技术要求，应符合表 5-11 的规定。

表 5-11　导线测量的主要技术要求

| 等级 | 导线长度/km | 平均边长/km | 测角中误差(″) | 测距中误差/mm | 测距相对中误差 | 测回数 | | | 方位角闭合差(1″) | 导线全长相对闭合差 |
|---|---|---|---|---|---|---|---|---|---|---|
| | | | | | | 1″级仪器 | 2″级仪器 | 6″级仪器 | | |
| 三等 | 14 | 3 | 1.8 | 20 | 1/150000 | 6 | 10 | — | $3.6\sqrt{n}$ | ≤1/55000 |
| 四等 | 9 | 1.5 | 2.5 | 18 | 1/80000 | 4 | 6 | — | $5\sqrt{n}$ | ≤1/35000 |

（续）

| 等级 | 导线长度/km | 平均边长/km | 测角中误差(″) | 测距中误差/mm | 测距相对中误差 | 测回数 | | | 方位角闭合差(1″) | 导线全长相对闭合差 |
|---|---|---|---|---|---|---|---|---|---|---|
| | | | | | | 1″级仪器 | 2″级仪器 | 6″级仪器 | | |
| 一级 | 4 | 0.5 | 5 | 15 | 1/30000 | — | 2 | 4 | $10\sqrt{n}$ | ≤1/15000 |
| 二级 | 2.4 | 0.25 | 8 | 15 | 1/14000 | — | 1 | 3 | $16\sqrt{n}$ | ≤1/10000 |
| 三级 | 1.2 | 0.1 | 12 | 15 | 1/7000 | — | 1 | 2 | $24\sqrt{n}$ | ≤1/5000 |

注：1. 表中 $n$ 为测站数。

2. 当测区测图的最大比例尺寸为 1∶1000 时，一、二、三级导线的导线长度、平均边长可适当放长，但最大长度不应大于表中规定相应长度的 2 倍。

当导线平均边长较短时，应控制导线边数不超过表 5-11 相应等级导线长度和平均边长算得的边数；当导线长度小于表 5-11 规定长度的 1/3 时，导线全长的绝对闭合差不应大于 13cm。

导线网中，结点与结点、结点与高级点之间的导线段长度不应大于表 5-11 中相应等级规定长度的 0.7 倍。

**关键细节 24 导线测量量边**

导线边长可以用全站仪、钢卷尺等工具来丈量。

(1)用全站仪测边时，应往返观测取平均值。对于图根导线仪进行气象改正和倾斜改正；对于精度要求较高的一级、二级导线，应进行仪器加常数和乘常数的改正。

(2)用钢尺丈量导线边长时，需往返丈量，当两者较差不大于边长的 1/2000 时，取平均值作为边长采用值。所用钢尺应经过检定或与已检定过的钢卷尺比长。

**关键细节 25 导线测量测角**

水平角的观测采用全站仪、电子经纬仪和光学经纬仪。角度的观测宜采用方向观测法，当观测方向不多于 3 个时，可不归零。当观测方向多于 6 个时，可进行分组测量。三等、四等导线的碎平角观测，当测站只有两个方向时，应在观测总测回中以奇数测回的度盘位置观测导线前进方向的左角，以偶数测回的度盘位置观测导线前进方向的右角。左右角的测回数为总测回数的一半。在观测右角时，应以左角起始方向为准变换度盘位置，也可用起始方向的度盘位置加上左角的估值在前进方向配置度盘。

对于图根导线测量，宜采用 6″级仪器一测回测定水平角。

**关键细节 26 导线的定向与联测**

为了计算导线点的坐标，必须知道导线各边的坐标方位角，应确定导线始边的方位角。当导线起始点附近有国家控制点时，应与控制点联测连接角，再来推算导线各边方位角。如果附近无高级控制点，则利用罗盘仪施测导线起始边的磁方位角，并假定起始点的坐标作为起算数据，如图 5-11 所示的 $\beta_A$、$\beta_C$，再来推算导线各边方位角。

## 三、支导线计算

支导线的计算步骤为：推算方位角→计算坐标增量→推算坐标。推算是“递推计算”

的简称。

(1)按已知点坐标反算已知边方位角，按已知边方位角和导线转折角推算各导线边方位角。

(2)按各导线边的方位角和边长(相邻导线点之间的水平距离)计算坐标增量。

(3)按坐标增量推算各导线点坐标。

### 关键细节 27 支导线起始边方位角计算

如图 5-14 所示，设支导线起始于已知点 $B$，以 $AB$ 边的方位角为起始方位角，用坐标反算公式计算，有

$$\alpha_{AB}=\arctan\frac{y_B-y_A}{x_B-x_A} \tag{5-16}$$

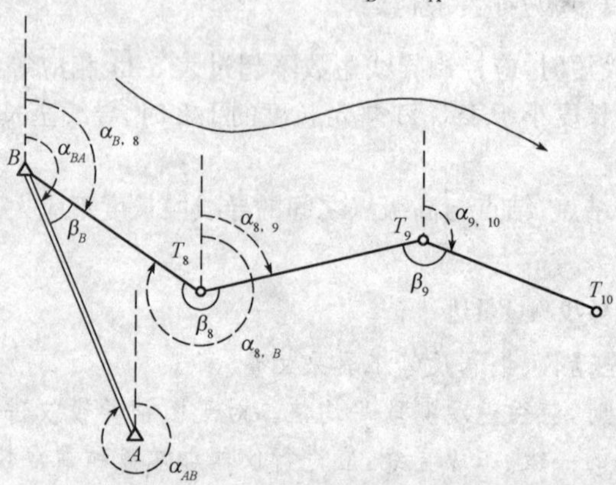


图 5-14 导线边方位角推算

### 关键细节 28 支导线导线边方位角推算

设导线的转折角为右角，按照正、反方位角相差±180°的关系从图 5-15 中可以得出：

$$\alpha_{B,8}=\alpha_{A,B}+180°-\beta_B$$
$$\alpha_{8,9}=\alpha_{B,8}+180°-\beta_8$$
$$\alpha_{9,10}=\alpha_{8,9}+180°-\beta_9$$

由此可以得出，按后面一边的已知方位角 $\alpha_{后}$ 和导线右角 $\beta_{右}$ 推算导线前进方向一边的方位角的一般公式为

$$\alpha_{前}=\alpha_{后}+180°-\beta_{右} \tag{5-17}$$

由于导线的左角和右角的关系为 $\beta_{左}+\beta_{右}=360°$，因此，按导线左角推算导线前进方向各边方位角的一般公式为

$$\alpha_{前}=\alpha_{后}-\beta_{左}-180° \tag{5-18}$$

方位角的角值范围为 0°～360°，不应有负值或大于 360°的值。如果算得的结果大于 360°，则减去 360°；如果算得的结果为负值，则需加 360°。

### 关键细节 29 支导线导线边坐标增量和导线点坐标计算

从图 5-15 可以看出，用坐标正算公式计算，可以得到各导线边的坐标增量和各待定点

$$\Delta x_{B,8}=D_{B,8}\cdot\cos\alpha_{B,8},x_8=x_B+\Delta x_{B,8}$$

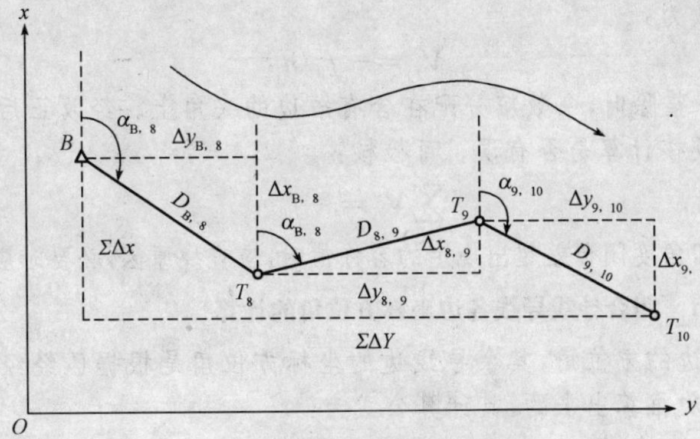


图 5-15 导线坐标增量与导线点坐标推算

$$\Delta y_{B,8}=D_{B,8}\cdot\sin\alpha_{B,8},\ y_8=y_B+\Delta y_{B,8}$$
$$\Delta x_{8,9}=D_{8,9}\cdot\cos\alpha_{8,9},\ x_9=x_8+\Delta x_{8,9}$$
$$\Delta y_{8,9}=D_{8,9}\cdot\sin\alpha_{8,9},\ y_9=y_8+\Delta y_{8,9}$$
$$\Delta x_{9,10}=D_{9,10}\cdot\cos\alpha_{9,10},\ x_{10}=x_9+\Delta x_{9,10}$$
$$\Delta y_{9,10}=D_{9,10}\cdot\sin\alpha_{9,10},\ y_{10}=y_9+\Delta y_{9,10}$$

## 四、闭合导线计算

闭合导线计算步骤为：

(1)角度闭合差的计算与调整。

(2)导线各边方位角的计算。

(3)坐标增量的计算。

(4)坐标增量闭合差的计算与调整。

(5)坐标的计算。

### 关键细节 30 闭合导线角度闭合差计算与调整

闭合导线规定测内角，而多边形内角总和的理论值为：

$$\sum\beta_{理}=(n-2)\times180^\circ \tag{5-19}$$

式中 $n$——内角的个数。图 5-16 中，$n=5$。

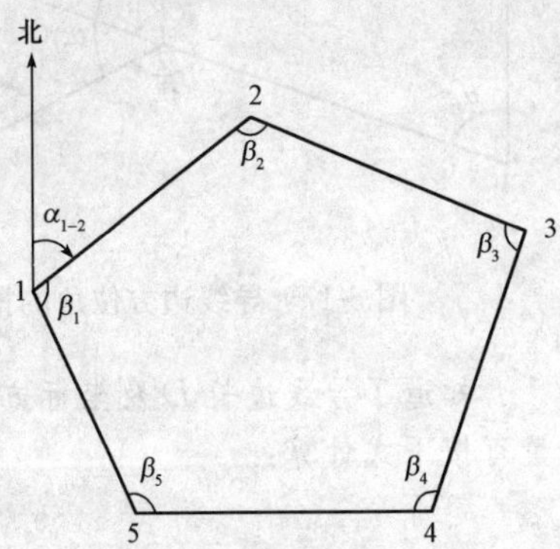


图 5-16 闭合导线角度闭合差的计算

测量过程中，误差是不可避免的，实际测量的闭合导线内角之和 $\sum\beta_{测}$ 与其理论值 $\sum\beta_{理}$ 会有一定的差别，两者之间的不符值称为角度闭合差 $f_\beta$，即

$$f_\beta=\sum\beta_{测}-\sum\beta_{理}=\sum\beta_{测}-(n-2)\times180^\circ \tag{5-20}$$

不同等级的导线规定有相应的角度闭合差容许值，见表 5-11。

若 $f_\beta\leqslant f_{\beta允}$，因各角都是在同精度条件下观测的，故可将闭合差按相反符号平均分配到各角上，即改正数为：

$$V_i=-f_\beta/n \tag{5-21}$$

当 $f_\beta$ 不能被 $n$ 整除时，余数应分配在含有短边的夹角上。经改正后的角值总和应等于理论值，以此来校核计算是否有误。可检核：

$$\sum V_i=-f_\beta$$

若 $f_\beta>f_{\beta允}$，即角度闭合差超出规定的容许值时，应查找原因，必要时应进行返工重测。

### 关键细节 31　闭合导线导线各边坐标方位角的计算

已知一条导线边的方位角，其余导线边的坐标方位角是根据已经经过角度闭合差配赋后的各个内角依次推算出来的，其计算公式为：

$$\alpha_{前}=\alpha_{后}+180°\pm\beta_{右}^{左} \tag{5-22}$$

如图 5-17 所示，假设已知 12 边的坐标方位角为 $\alpha_{12}$，则 23 边的坐标方位角 $\alpha_{23}$ 可根据式(5-22)计算出来。

坐标方位角值应在 0°～360°，它不应该为负值或大于 360°的角值。当计算出的坐标方位角出现负值时，则应加上 360°；当出现大于 360°之值时，则应减去 360°。最后检算出起始边 12 的坐标方位角，若与原来已知值相符，则说明计算正确无误。

### 关键细节 32　闭合导线坐标增量计算

在平面直角坐标系中，两导线点的坐标之差称坐标增量。它们分别表示为导线边长在纵横坐标轴上的投影，如图 5-18 中的 $\Delta x_{12}$、$\Delta y_{12}$。

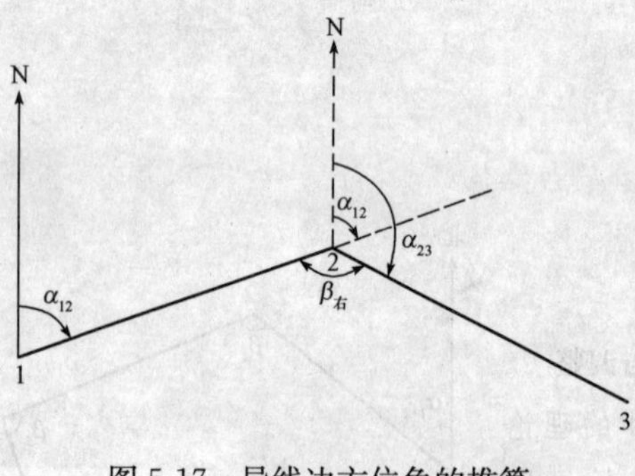


图 5-17　导线边方位角的推算

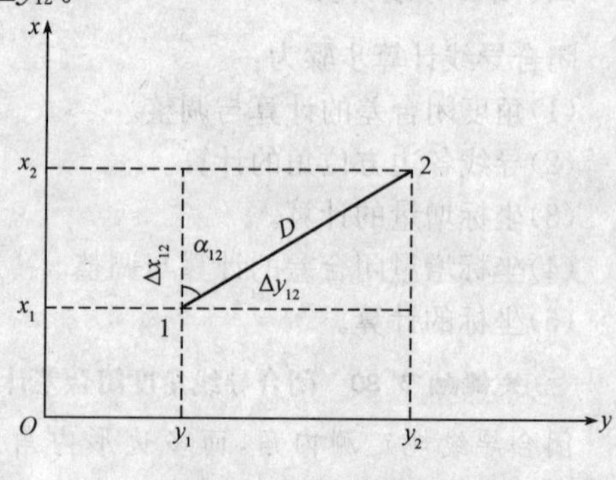


图 5-18　坐标增量

知道了导线边长 $D$ 及坐标方位角，就可以计算出两导线点之间的坐标增量。坐标增量可按下式计算：

$$\begin{aligned}\Delta x_i&=D_i\cos\alpha_i\\ \Delta y_i&=D_i\sin\alpha_i\end{aligned} \tag{5-23}$$

坐标增量有正、负之分：$\Delta x$ 向北为正、向南为负，$\Delta y$ 向东为正、向西为负。

### 关键细节 33　闭合导线坐标增量闭合差计算与调整

闭合导线的纵、横坐标增量代数和，在理论上应该等于零，即

$$\begin{aligned}\sum\Delta x_{理}&=0\\ \sum\Delta y_{理}&=0\end{aligned} \tag{5-24}$$

量边和测角中都会含有误差，在推算各导线边的方位角时，是用改正后的角度来进行的，因此可以认为第 3 步计算的坐标增量基本不含有角度误差；但是用到的边长观测值是带有误差的，故计算出的纵横坐标增量的代数和往往不等于零，其数值 $f_x$、$f_y$ 分别为纵横坐标增量的闭合差，即

$$\begin{aligned} f_x &= \sum \Delta x_{测} \\ f_y &= \sum \Delta y_{测} \end{aligned} \tag{5-25}$$

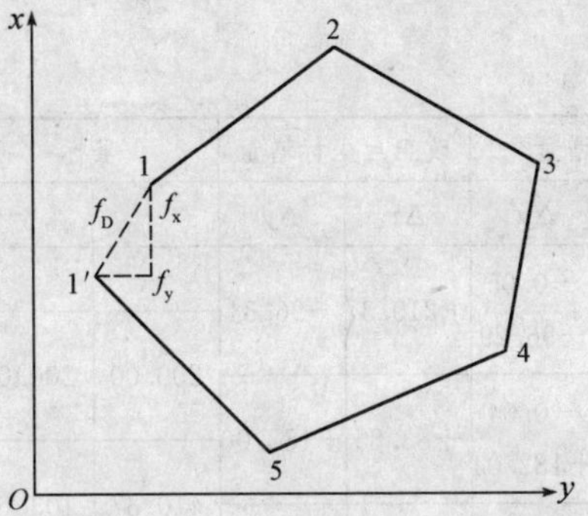

图 5-19　导线全长闭合差

由图 5-19 可看出，由于坐标增量闭合差的存在，闭合导线在起点 1 处不能闭合，而产生闭合差。$f_D$ 称为导线全长闭合差，即

$$f_D = \sqrt{f_x^2 + f_y^2} \tag{5-26}$$

导线全长闭合差可以认为是由量边误差的影响而产生的。导线愈长，则闭合差的累积愈大，故衡量导线的测量精度应以导线全长与闭合差值之比 $K$ 来表示：

$$K = \frac{f_D}{\sum D} = \frac{1}{\dfrac{\sum D}{f_D}} \tag{5-27}$$

式中　$K$——通常用分子为 1 的形式表示，称为导线全长相对闭合差；

$\sum D$——导线总长，即一条导线所有导线边长之和。

各级导线的相对精度应满足表 5-11 中的要求，否则应查找超限原因，必要时进行重测。若导线相对闭合差在容许范围内，则可进行坐标增量的调整。调整的方法是：一般钢尺量边的导线，可将闭合差反号，以边长按比例分配；若为光电测距导线，其测量结果已进行了加常数、乘常数和气象改正后，则坐标增量闭合差也可按边长成正比反号平均分配，即

$$\left.\begin{aligned} v_{xi} &= -\frac{f_x}{\sum D} \times D_i \\ v_{yi} &= -\frac{f_y}{\sum D} \times D_i \end{aligned}\right\} \tag{5-28}$$

式中　$v_{xi}$，$v_{yi}$——第 $i$ 条边的纵、横坐标增量的改正数；

$D_i$——第 $i$ 条边的边长；

$\sum D$——导线全长。

而坐标增量改正数的总和应满足下列条件：

$$\left.\begin{aligned} \sum v_x &= -f_x \\ \sum v_y &= -f_y \end{aligned}\right\} \tag{5-29}$$

改正后的坐标增量总代数和应该等于零，这可作为计算正确与否的检核。

### 关键细节 34　闭合导线坐标计算

根据调整后的各个坐标增量，从一个已知坐标的导线点开始，可以依次推算出其余导

线点的坐标。在图 5-18 中,若已知 1 点的坐标为$(x_1, y_1)$,则 2 点的坐标计算过程为:

$$\left.\begin{aligned} x_2 &= x_1 + \Delta x_{12} \\ y_2 &= y_1 + \Delta y_{12} \end{aligned}\right\} \tag{5-30}$$

已知点的坐标,既可以是高级控制点的,亦可以是独立测区中的假定坐标。

最后推算出起点 1 坐标。二者与已知坐标完全相等。以此作为坐标计算的校核。

根据上述闭合导线的计算步骤及方法,以一个五边形闭合导线为例,说明其计算过程,见表 5-12。

**表 5-12　　闭合导线计算表**

| 测站 | 右角观测值 (° ′ ″) | 改正后右角 (° ′ ″) | 坐标方位角 (° ′ ″) | 边长 /m | 坐标增量 | | 改正后坐标增量 | | 坐标 | |
|---|---|---|---|---|---|---|---|---|---|---|
| | | | | | $\Delta x'$ | $\Delta y'$ | $\Delta x$ | $\Delta y$ | $x$ | $y$ |
| 1 | | | | | | | | | | |
| | | | 3352400 | 231.30 | +0.06<br>+210.31 | −0.05<br>−96.29 | +210.37 | −96.34 | | |
| 2 | −11″<br>900702 | 900651 | | | | | | | 200.00 | 200.00 |
| | | | 651709 | 200.40 | +0.06<br>+83.79 | −0.04<br>+182.04 | +83.85 | +182.00 | | |
| 3 | −11″<br>1354912 | 1354901 | | | | | | | 410.37 | 103.66 |
| | | | 1092808 | 241.00 | +0.07<br>−80.32 | −0.05<br>+227.22 | −80.25 | +227.17 | | |
| 4 | −10″<br>841018 | 841008 | | | | | | | 494.22 | 285.66 |
| | | | 2051800 | 263.40 | +0.07<br>−238.14 | −0.05<br>−112.57 | −238.07 | −112.62 | | |
| 5 | −10″<br>1082718 | 1082708 | | | | | | | 413.97 | 512.38 |
| | | | 2765052 | 201.60 | +0.06<br>+24.04 | −0.05<br>−200.16 | +24.10 | −200.21 | | |
| 1 | −10″<br>1212702 | 1212652 | | | | | | | 224.10 | 400.21 |
| | | | 3352400 | | | | | | | |
| 2 | | | | | | | | | 200.00 | 200.00 |
| $\sum$ | 5400052 | 5400000 | | 1137.70 | −0.32 | +0.24 | 0 | 0 | | |

$f_{\beta容} = \pm 40\sqrt{n} = \pm 89''$

$\sum\beta_{理} = (5-2)\times 180° = 540°00'00''$

$f_D = \sqrt{(-0.32)^2 + 0.24^2} = 0.40(\text{m})$

$K = \dfrac{f_D}{\sum D} = \dfrac{0.40}{1137.70} = \dfrac{1}{2840} < \dfrac{1}{2000}$　　合格

$f_\beta = \sum\beta_{测} - \sum\beta_{理}$
$= 540°00'52'' - 540°00'00''$
$= +52'' < f_{\beta容}$　　合格

(1)角度闭合差的计算与调整:观测内角之和与理论角值之差 $f_\beta = +52''$,按图根导线容许角度闭合差 $f_{\beta容} = \pm 40\sqrt{5} = \pm 89''$,$f_\beta < f_{\beta容}$,说明角度观测质量合格。将闭合差按相反符号平均分配到各角上后,余下的 2″则分配到最短边 2~3 两端的角上各 1″。

(2)坐标增量闭合的计算与导线精度的评定:坐标增量初算值用改正后的角值推算各边方位角后按式(5-22)计算,最后得到坐标增量闭合差 $f_x = -0.32$,$f_y = +0.24$,则导线

全长闭合差 $f_D=0.40\text{m}$,用此计算导线全长的相对闭合精度 $K=1/2840<1/2000$,故导线测量精度合格。

(3)坐标计算:在角度闭合差、导线全长相对闭合差合格的条件下,方可按式(5-28)计算坐标增量改正数,得到改正后坐标增量,最后按式(5-30)推算各点坐标。

## 五、附合导线计算

附合导线的计算过程与闭合导线的计算过程基本相同,都必须满足角度闭合条件和纵横坐标闭合条件。附合导线是从一已知边的坐标方位角 $\alpha_{AB}$ 闭合到另一条已知边的坐标方位角 $\alpha_{CD}$ 上的,同时还应满足从已知点 $B$ 坐标推算出 $C$ 点坐标时,与 $C$ 点的已知坐标相吻合,如图 5-20 所示,因此,附合导线的计算又不同于闭合导线的计算,具体表现在角度闭合差和坐标增量闭合差的计算与调整两个方面。

### 关键细节 35 附合导线角度闭合差计算

图 5-20 中,$A$、$B$、$C$、$D$ 是高级平面控制点,因而 4 个点的坐标是已知的,$AB$ 及 $CD$ 的坐标方位角也是已知的。$\beta$ 是导线观测的右角,故可依下式推算出各边的坐标方位角:

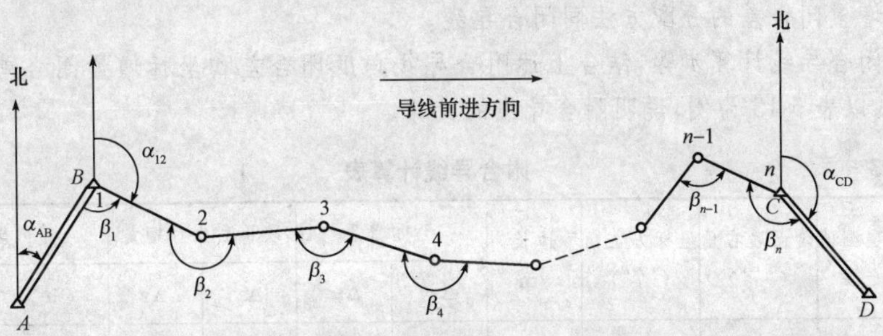


图 5-20 附合导线的计算

$$\alpha_{12}=\alpha_{AB}+180°-\beta_1$$
$$\alpha_{23}=\alpha_{12}+180°-\beta_2$$
$$\vdots$$
$$\alpha_{CD'}=\alpha_{(n-1),n}+180°-\beta_n$$

将以上各式等号两边相加,消去两边相同项可得

$$\alpha'_{CD}=\alpha_{AB}+n\cdot 180°-\sum_{i=1}^{n}\beta_i \tag{5-31}$$

由此可以得出推导终边坐标方位角的一般公式为:

若观测右角,则

$$\alpha_{终}=\alpha_{始}+n\cdot 180°-\sum_{i=1}^{n}\beta_i \tag{5-32}$$

若观测左角,则

$$\alpha_{终}=\alpha_{始}-n\cdot 180°+\sum_{i=1}^{n}\beta_i \tag{5-33}$$

由于测量角度误差所致，推算值 $\alpha'_{终}$ 与已知值 $\alpha_{终}$ 不相等，产生了附合导线的角度闭合差，即

$$f_{\beta}=\alpha'_{终}-\alpha_{终} \tag{5-34}$$

角度闭合差的调整原则上与闭合导线相同，但需注意：当用右角计算时，闭合差应以相同符号平均分配在各角上；当用左角计算时，闭合差则以相反符号分配。

### 关键细节 36　附合导线坐标增量闭合差的计算

附合导线各边坐标增量的代数和，理论上应该等于终点与始点已知坐标之差值，即：

$$\left.\begin{aligned}\sum \Delta x_{理}&=x_{终}-x_{始}\\ \sum \Delta y_{理}&=y_{终}-y_{始}\end{aligned}\right\} \tag{5-35}$$

由于测量误差的不可避免性，二者之间产生不符值，这种差值即称为附合导线坐标增量的闭合差，即

$$\left.\begin{aligned}f_{x}&=\sum \Delta x_{测}-(x_{终}-x_{始})\\ f_{y}&=\sum \Delta y_{测}-(y_{终}-y_{始})\end{aligned}\right\} \tag{5-36}$$

坐标增量闭合差的分配方法同闭合导线。

根据闭合导线计算步骤，结合上述附合导线角度闭合差和坐标增量闭合差的计算及调整方法，以表 5-13 为例，说明附合导线的计算。

**表 5-13　　附合导线计算表**

| 测站 | 右角观测值(° ′ ″) | 改正后右角(° ′ ″) | 坐标方位角(° ′ ″) | 边长/m | 坐标增量 | | 改正后坐标增量 | | 坐标 | |
|---|---|---|---|---|---|---|---|---|---|---|
| | | | | | $\Delta x'$ | $\Delta y'$ | $\Delta x$ | $\Delta y$ | $x$ | $y$ |
| Ⅱ−91 | | | | | | | | | | |
| | | | 3175206 | | | | | | | |
| Ⅱ−90 | −05″<br>2672958 | 2672953 | | | | | | | 4028.53 | 4006.77 |
| | | | 2302213 | 133.84 | −0.02<br>−85.37 | −0.05<br>−103.08 | −85.39 | −103.13 | | |
| 1 | −04″<br>2032946 | 2032942 | | | | | | | 3943.14 | 3903.64 |
| | | | 2065231 | 154.71 | −0.03<br>−138.00 | −0.07<br>−69.94 | −138.03 | −70.01 | | |
| 2 | −05″<br>1842936 | 1842931 | | | | | | | 3805.11 | 3833.63 |
| | | | 2022300 | 80.70 | −0.02<br>−74.66 | −0.03<br>−80.75 | −74.68 | −30.78 | | |
| 3 | −05″<br>1791606 | 1791601 | | | | | | | 3730.43 | 3802.85 |
| | | | 2030659 | 148.93 | −0.03<br>−136.97 | −0.06<br>−58.47 | −137.00 | −58.53 | | |
| 4 | −04″<br>811652 | 811648 | | | | | | | 3593.43 | 3744.32 |
| | | | 3015011 | 147.16 | −0.03<br>+77.63 | −0.06<br>−125.02 | +77.60 | −125.08 | | |
| Ⅱ−89 | −05″<br>1470734 | 1470729 | | | | | | | 3671.03 | 3619.24 |
| Σ | 5400052 | 10630952 | | 665.33 | −357.37 | −387.26 | | | | |

（续）

---

$\alpha_{终}' = 317°52'06'' + 6 \times 180° - 1063°09'52'' = 334°42'14''$

$f_{\beta} = \alpha_{终}' - \alpha_{终} = 334°42'14'' - 334°42'42'' = -28'' < f_{\beta容} = \pm 40''\sqrt{6} = \pm 98''$，合格

$f_{x} = +0.13 \quad f_{y} = +0.27$

$f_{D} = \sqrt{0.13^2 + 0.27^2} = 0.30(\mathrm{m})$

$K = \dfrac{f_{D}}{\sum D} = \dfrac{0.30}{665.33} = \dfrac{1}{2200} < \dfrac{1}{2000}$，合格

---

## 六、利用 Excel 软件计算导线

导线的方位角、坐标增量和坐标都是接导线边依次计算的，因此，在表格中进行导线计算是较为直观而方便的，尤其是利用 Excel 软件，将导线计算的公式纳入设计的表格之中，利用 Excel 的各种“函数”和拖曳“(递推)等功能，即可达到自动连续推算的目的。

不同的导线形式，其计算程序也稍有不同，据此设计各种导线的 Excel 表格，用以计算支导线、闭合导线和各种附合导线。支导线可以直接推算方位角、坐标增量和坐标，而闭合导线和附合导线还需要进行各种闭合差的调整，才能推算方位角、坐标增量和坐标。

Excel 的表格以 A,B,C,…为列号，以 1,2,3…为行号，每一单元格以“列号和行号”命名，如 A3,B2 等。根据计算的需要以及表达的清晰，可以合并一些单元格和添加表格的边框和内框；为了简化显示和打印输出，可以“隐藏”某些计算过程的行或列。

设计计算支导线的 Excel 表格的屏幕显示如图 5-21 所示，表中数例为图 5-22 中的支导线 $D—C—T_1—T_2—T_3$，导线的转折角为右角。

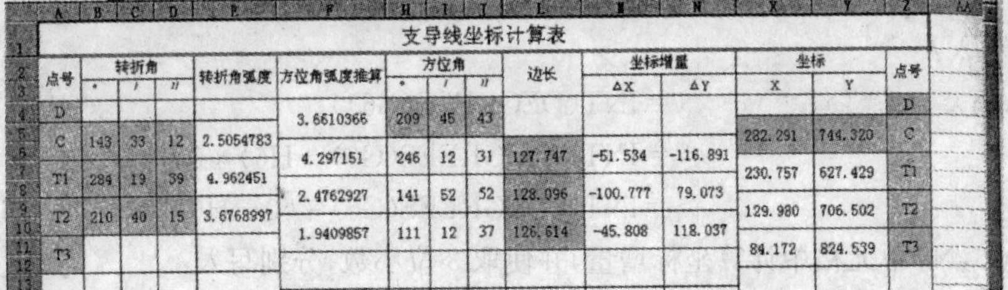

支导线坐标计算表

| 点号 | 转折角 ° | 转折角 ′ | 转折角 ″ | 转折角弧度 | 方位角弧度推算 | 方位角 ° | 方位角 ′ | 方位角 ″ | 边长 | 坐标增量 ΔX | 坐标增量 ΔY | 坐标 X | 坐标 Y | 点号 |
|---|---|---|---|---|---|---|---|---|---|---|---|---|---|---|
| D | | | | | | | | | | | | | | D |
| | | | | | 3.6610366 | 209 | 45 | 43 | | | | | | |
| C | 143 | 33 | 12 | 2.5054783 | | | | | | | | 282.291 | 744.320 | C |
| | | | | | 4.297151 | 246 | 12 | 31 | 127.747 | -51.534 | -116.891 | | | |
| T1 | 284 | 19 | 39 | 4.962451 | | | | | | | | 230.757 | 627.429 | T1 |
| | | | | | 2.4762927 | 141 | 52 | 52 | 128.096 | -100.777 | 79.073 | | | |
| T2 | 210 | 40 | 15 | 3.6768997 | | | | | | | | 129.980 | 706.502 | T2 |
| | | | | | 1.9409857 | 111 | 12 | 37 | 126.614 | -45.808 | 118.037 | | | |
| T3 | | | | | | | | | | | | 84.172 | 824.539 | T3 |

图 5-21　支导线计算表的 Excel 屏幕

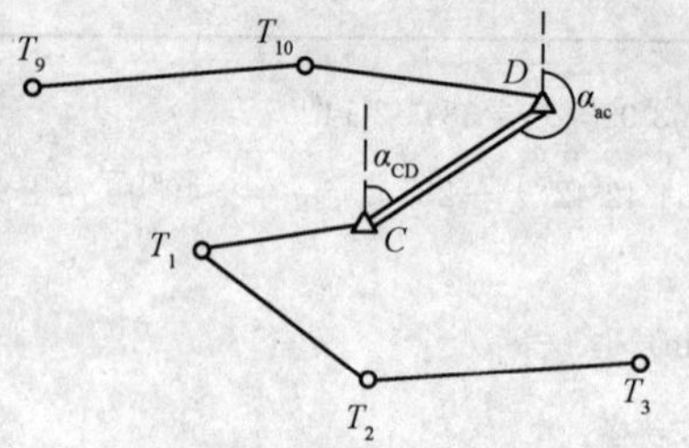


图 5-22　支导线网

每一单元格中可以写入一个计算式,并能以"拖曳"方式使在该单元格的同一列中具有同样的计算式,仅变量的下标随行号而变,实际上就是递推计算的功能。计算式中可以利用 Excel 的"粘贴函数"(快捷键为"fx")。对于导线计算,有用的函数为:INT(取整),RADIANS(角度化弧度),DEGREES(弧度化 360°制的度),SIN(正弦),COS(余弦),PI(π),IF(条件),ROUND(小数取位)等。

算例:用以上支导线计算为例。

在 E5 单元格中,为了将以 360°制的度、分、秒表示的转折角化为弧度,写入:

=RADIANS(B5+C5/60+D5/3600)

在 F6 单元格中,按右角推算方位角,写入:

=F4+PI-E5

在 G6 单元格中,为了使算得的方位角不大于 2π,不小于 0,写入:

=IF(F6>2*PI(),F6-2*PI(),IF(F6<0,F6+2*PI(),F6))

G 列在图 5-21 的表格中已作隐藏处理,它实际存在,但在图中看不到它。

在 H6,I6,J6 单元格中,为了将推算而得方位角的弧度化为以 360°制的度、分、秒表示,分别写入:

=INT(DEGREES(G6))

=INT((DEGREES(G6)-H6)*60)

=INT((DEGREES(G6)*60-H6*60-I6)*60)

在 M6,N6 单元格中计算坐标增量,并使取 3 位小数,分别写入:

=ROUND(L6*COS(F6),3)

=ROUND(L6*SIN(F6),3)

在 X6,Y6 单元格中计算各点坐标,分别写入:

=X5+M6

=Y5+N6

完成单元格的公式写入,用鼠标按住已输入计算公式的单元格的左下角,并向下"拖曳"后,该 Excel 表格就具有递推计算支导线的功能。应用时只需在表格中输入导线点号、起始点坐标和起始方位角、观测的导线右角和边长,即能自动完成待定点的坐标计算,其结果见表 5-14。输入导线的已知数据和观测数据,其余均可自动完成计算。

表 5-14　　支导线坐标计算表

| 点号 | 转折角(右) | | | 方位角 | | | 边长 | 坐标增量 | | 坐　标 | | 点号 |
|---|---|---|---|---|---|---|---|---|---|---|---|---|
| | ° | ′ | ″ | ° | ′ | ″ | | $\Delta X$ | $\Delta Y$ | $X$ | $Y$ | |
| D | | | | | | | | | | | | D |
| | | | | 209 | 45 | 43 | | | | | | |
| C | 143 | 33 | 12 | | | | | | | 282.291 | 744.320 | C |
| | | | | 246 | 12 | 31 | 127.747 | −51.534 | −116.891 | | | |
| T1 | 284 | 19 | 39 | | | | | | | 230.757 | 627.429 | T1 |
| | | | | 141 | 52 | 52 | 128.096 | −100.777 | 79.073 | | | |
| T2 | 210 | 40 | 15 | | | | | | | 129.980 | 706.502 | T2 |
| | | | | 111 | 12 | 37 | 126.614 | −45.808 | 118.037 | | | |
| T3 | | | | | | | | | | 84.172 | 824.539 | T3 |

## 七、导线计算中错误的查找

在导线计算过程中，如果发现闭合差超限，应首先对外业观测记录、内业计算的数据抄录和计算进行严格复查。经复查，如果没有发现问题，说明导线的边长或角度测量中有粗差，必须到现场返工重测。但事前如果能分析判断出错误可能发生在某处，则可以节省许多返工时间。

### 关键细节 37　一个转折角测错查找方法

导线测量中，一个转折角测错的查找方法如下：分别从导线两端的已知点和已知方位角出发，按支导线计算各点的坐标，由此得到两套坐标。如果某一导线点的两套坐标值非常接近，则该点的转折角最有可能测错。

如图 5-23 所示，设附合导线的第 3 点上的转折角 $\alpha_3$ 发生了错误，偏差为 $\Delta\alpha$，使角度闭合差超限。如果分别从导线两端的已知方位角推算各边的方位角，则到测错角度的第 3 点为止，推算的方位角仍然是正确的。经过第 3 点的转折角 $\alpha_3$ 以后，导线边的方位角开始向错误方向偏转，而且使导线点位置的偏转会越来越大。

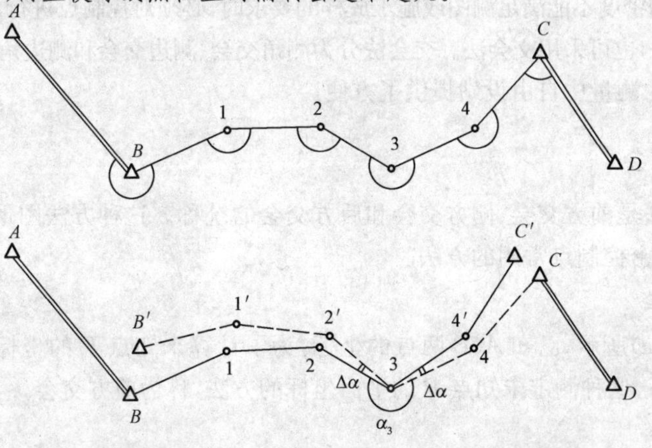


图 5-23　导线测量中一个转折角测错

### 关键细节 38　一条边长测错查找方法

导线计算过程中，如果导线的角度闭合差在允许范围以内而导线全长闭合差超限，则说明边长测量发生错误。在图 5-24 中，设导线边Ⅱ—Ⅲ发生测距粗差 $\Delta D$，而其他各边和各角没有粗差。因此从第Ⅲ点开始及以后各点均产生一个平行于Ⅱ—Ⅲ边的位移量 $\Delta D$。如果其他各边和各角中的偶然误差可以忽略不计，则计算所得的导线全长闭合差的数值 $f$ 即等于 $\Delta D$，闭合差向量的方位角 $\alpha_f$ 即等于Ⅱ-Ⅲ边的方位角，即

$$f=\sqrt{f_x^2+f_y^2}=\Delta D$$

$$\alpha_f=\arctan\left(\frac{f_y}{f_x}\right)=\alpha_{2,3}\text{（或}\pm180°\text{）} \tag{5-37}$$

据此与导线计算中各边的方位角相对照，可以找出可能有测距粗差的导线边。

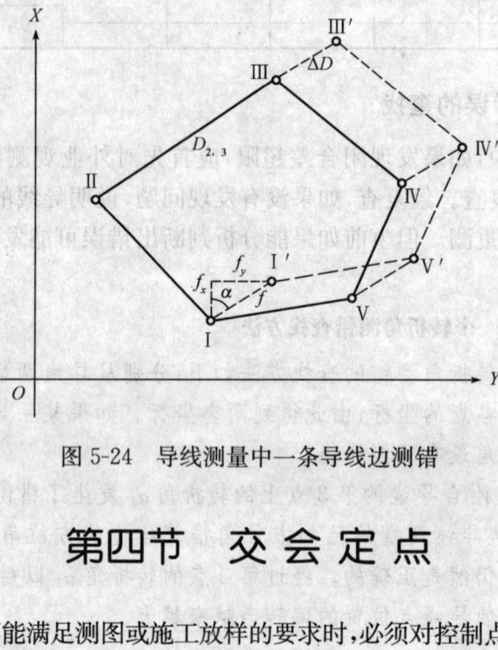


图 5-24　导线测量中一条导线边测错

# 第四节　交会定点

当控制点的密度不能满足测图或施工放样的要求时，必须对控制点进行加密，可以采用支导线测量的方法，也可采用交会法。交会法分为测角交会、测边交会和测边角交会三类。

交会定点为测量中自由设站提供了方便。

## 一、测角交会

测角交会法是前方交会、侧方交会和后方交会的统称。这种方法图形结构简单，外业工作量少，是加密控制点常用的方法。

**1. 前方交会**

如图 5-25(a)所示，已知 $A$、$B$ 两点的坐标，为了计算未知点 $P$ 的坐标，只需观测水平角 $\alpha$ 和 $\beta$ 就行了，这种测定未知点 $P$ 的平面坐标的方法，称为前方交会。

**2. 侧方交会**

如图 5-25(b)所示，是通过观测水平角 $\alpha$ 和 $\gamma$，或者 $\beta$ 和 $\gamma$ 来测定未知点 $P$ 的平面坐标

的，这种测定未知点平面坐标的方法称为侧方交会。

**3. 后方交会**

如图 5-25(c)所示，为求得未知点 $P$ 的坐标，在 $P$ 点上瞄准 $A$、$B$、$C$ 三个已知点测得水平角 $\alpha$ 和 $\beta$，这种方法称为后方交会。

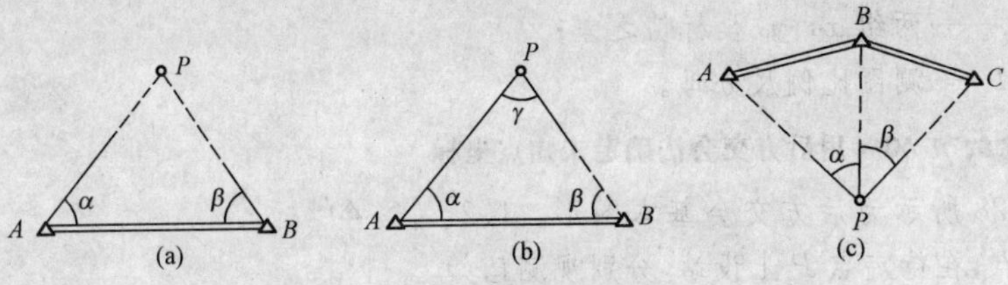

图 5-25　测角交会法起点方式

(a)前方交会；(b)侧方交会；(c)后方交会

**关键细节 39　用前方交会法确定未知点坐标**

如图 5-26 所示，为前方交会基本图形。已知 $O$ 点坐标为($x_A$，$y_B$)，$M$ 点坐标为($x_B$，$y_B$)，在 $O$、$M$ 两点上设站，观测出 $\alpha$、$\beta$，通过三角形的余切公式求出加密点 $P$ 的坐标。

按导线计算公式，由图 5-26 可知：

因　$$x_P = x_O + \Delta x_{OM} = x_O + D_{OP}\cdot\cos\alpha_{OP}$$

而　$$\alpha_{OP} = \alpha_{OM} - \alpha$$

$$D_{OP} = D_{OM}\cdot\sin\beta/\sin(\alpha+\beta)$$

则　$$x_P = x_O + D_{OP}\cdot\cos\alpha_{OP} = x_O + \frac{D_{OM}\cdot\sin\beta\cos(\alpha_{OM}-\alpha)}{\sin(\alpha+\beta)}$$

$$= x_O + \frac{(x_M - x_O)\cot\alpha + (y_M - y_O)}{\cot\alpha + \cot\beta}$$

同理得

$$\left.\begin{aligned} x_P &= \frac{x_O\cot\beta + x_M\cot\alpha + (y_M - y_O)}{\cot\alpha + \cot\beta} \\ y_P &= \frac{y_O\cot\beta + y_M\cot\alpha + (x_O - x_M)}{\cot\alpha + \cot\beta} \end{aligned}\right\} \tag{5-38}$$

在实际工作中，为了校核和提高 $P$ 点坐标的精度，通常采用三个已知点的前方交会图形。如图 5-27 所示，在三个已知点 1、2、3 上设站，测定 $\alpha_1$、$\beta_1$ 和 $\alpha_2$、$\beta_2$，构成两组前方交会，

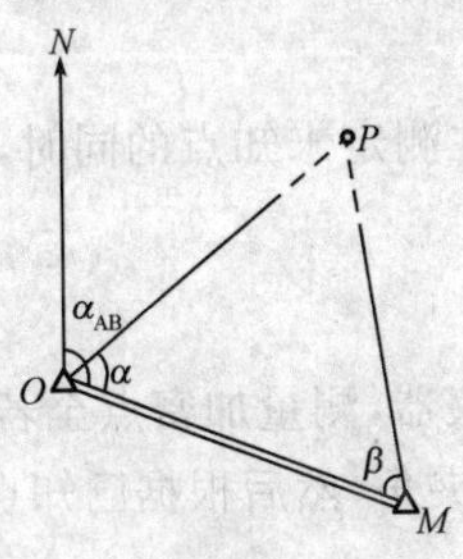

图 5-26　前方交会法基本图形

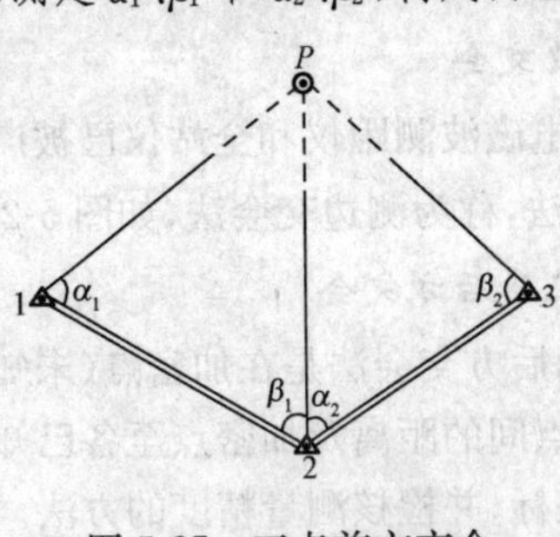

图 5-27　三点前方交会

然后分别解算两组 $P$ 点坐标。由于测角有误差，所以解算得两组 $P$ 点坐标不可能相等，如果两组坐标较差不大于两倍比例尺精度时，取两组坐标的平均值作为 $P$ 点最后的坐标。即

$$f_D=\sqrt{\delta_x^2+\delta_y^2}\leqslant f_{容}=2\times 0.1M(\text{mm}) \tag{5-39}$$

式中　$\delta_X$、$\delta_Y$——两组 $x_P$、$y_P$ 坐标值之差；

$M$——测图比例尺分母。

### 关键细节 40　用后方交会法确定未知点坐标

如图 5-28 所示为后方交会基本图形。1、2、3、4 为已知点，在待定点 $P$ 上设站，分别观测已知点 1、2、3，观测出 $\alpha$ 和 $\beta$，然后根据已知点的坐标计算出 $P$ 点的坐标。

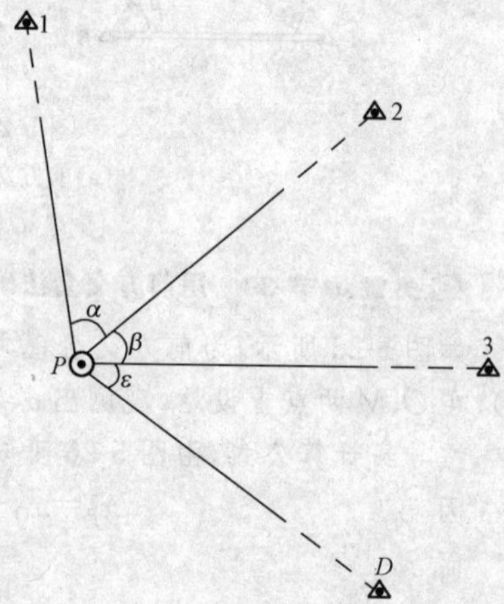

图 5-28　后方交会

$P$ 点位于 1、2、3 三点组成的三角形之外时的简便计算方法，可用下列公式求得

$$a=(x_1-x_2)+(y_1-y_2)\cot\alpha$$
$$b=(y_1-y_2)-(x_1-x_2)\cot\alpha$$
$$c=(x_3-x_2)-(y_3-y_2)\cot\beta$$
$$d=(y_3-y_2)+(x_3-x_2)\cot\beta$$
$$k=\tan\alpha_{3P}=\frac{c-a}{b-d}$$
$$\Delta x_{3P}=\frac{a+b\cdot k}{1+k^2}$$
$$\Delta y_{3P}=k\cdot\Delta x_{3P}$$
$$\left.\begin{aligned}x_P&=x_3+\Delta x_{3P}\\y_P&=y_3+\Delta y_{3P}\end{aligned}\right\} \tag{5-40}$$

为了保证 $P$ 点的坐标精度，后方交会还应该用第四个已知点进行检核。如图 5-28 所示，在 $P$ 点观测 1、2、3 点的同时，还应观测 $D$ 点，测定检核角 $\varepsilon_{测}$，在算得 $P$ 点坐标后，可求出 $\alpha_{3P}$ 与 $\alpha_{PD}$，由此得 $\varepsilon_{计}=\alpha_{PD}-\alpha_{3P}$。若角度观测和计算无误，则应有 $\varepsilon_{测}=\varepsilon_{计}$。

## 二、测边交会与测边角后方交会

### 1. 测边交会

目前，电磁波测距仪和全站仪已被广泛应用，在测定未知点的同时，采用测量边长 $D_a$ 和 $D_b$ 的方法，称为测边交会法，如图 5-29 所示。

### 2. 测边角后方交会

测边角后方交会法是在加密点（未知点）安置仪器，测量加密点至若干个（2 个或 2 个以上）已知点间的距离及加密点至各已知点方向的夹角，然后根据已知点坐标和观测值计算加密点坐标，并检核测量精度的方法。

随着测量技术的发展，目前各厂家生产的全站仪均有测边角后方交会的功能，即观测

角按规定编号，将各已知点坐标输入仪器，再在未知点安置仪器，然后按规定的操作程序和方法观测边长和夹角，则可由全站仪内置程序计算出未知点坐标。

由于测边角交会需要三个已知点作为观测和检核条件，在外业测量工作量较重，加之在外业测量中往往难以找到同时通视的三个已知点，而全站仪既可以测边，也可以测角，所以可观测加密点至两个已知点之间的水平距离和夹角。这样既可以检核观测值精度又减轻了工作量，因而被广泛采用。

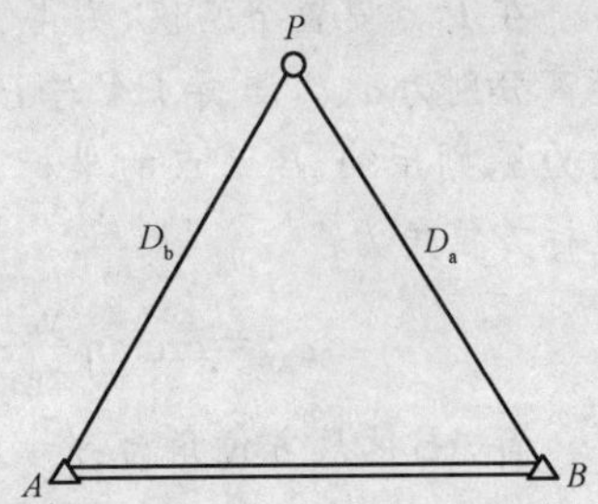

图 5-29 测边交会法定点方式

### 关键细节 41 测边交会法确定未知点坐标

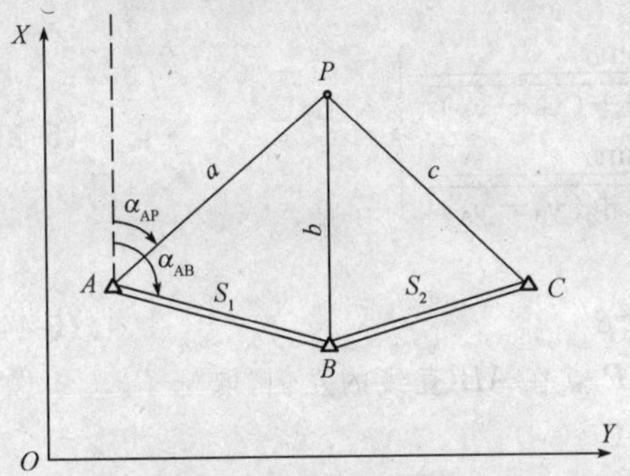

图 5-30 测边交会法

如图 5-30 所示，已知点 $A$、$B$、$C$ 按逆时针方向编号，它们之间的边长分别用 $S_1$ 和 $S_2$ 表示，$a$、$b$、$c$ 为测定的边长。

在△$ABP$ 和△$BCP$ 中

$$\cos\angle A=\frac{S_1^2+a^2-b^2}{2S_1a}$$

$$\alpha_{AP}=\alpha_{AB}-\angle A$$

所以

$$\left.\begin{aligned}x_P=x_A+a\cos\alpha_{AP}\\y_P=y_A+a\sin\alpha_{AP}\end{aligned}\right\}\tag{5-41}$$

$$\cos\angle C=\frac{S_2^2+c^2-b^2}{2S_2c}$$

$$\alpha_{CP}=\alpha_{CB}+\angle C$$

$$\left.\begin{aligned}x_P=x_C+c\cos\alpha_{CP}\\y_P=y_C+c\sin\alpha_{CP}\end{aligned}\right\}\tag{5-42}$$

根据式(5-41)和式(5-42)计算的两组坐标，如果点位较差在限差之内(同前方交会)，则取其平均值作为最后结果。也可取两条测量边长 $a$、$b$ 按式(5-40)计算 $P$ 点坐标，而取第三条测量边长 $c$ 作为检核，这时由 $C$、$P$ 点的坐标反算出 $PC$ 边长：

$$c_{算}=\sqrt{(x_P-x_C)^2+(y_P-y_C)^2}$$

$PC$ 边的观测值与其计算值的较差为：

$$\Delta c=c_{算}-c$$

当 $\Delta c$ 在限差之内时，则认为外业成果合格。一般来说，由于电磁波测距仪或全站仪精度高，只要观测和计算中没有错误，计算结果肯定满足精度要求。有些型号的全站仪(如索佳系列全站仪)，在未知点安置仪器，然后输入三个已知点坐标及有关参数，再测量未知点到三个已知点的距离后，仪器按上述原理直接计算并显示出未知点坐标。

### 关键细节 42 测边角后方交会法确定未知点坐标

如图 5-31 所示，$A$、$B$ 为两个已知点，其坐标分别为($x_A$，$y_A$)及($x_B$，$y_B$)；$P$ 点为未知点。

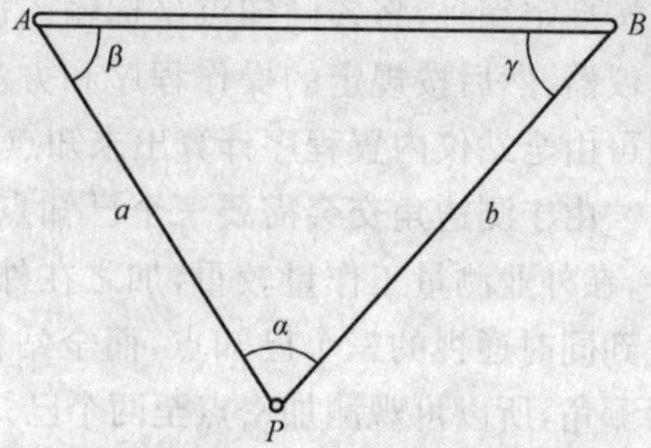

图 5-31 测边角交会

在 $P$ 点安置全站仪，测得 $P$ 点到 $A$、$B$ 两点的距离分别为 $a$、$b$，测得 $PA$ 与 $PB$ 两方向的水平夹角为 $\alpha$，则用 $A$、$B$ 两点的坐标，计算得 $AB$ 直线的坐标方位角为：

$$\alpha_{AB}=\mathrm{crctan}\frac{y_B-y_A}{x_B-x_A}$$

而 $AB$ 的反方位角为：

$$\alpha_{BA}=\alpha_{AB}\pm180^\circ$$

式中，当 $\alpha\leqslant180^\circ$ 时，取"+"号；当 $\alpha_{AB}>180^\circ$ 时，取"−"号。

在△$ABC$ 中，按正弦定理可求得：

$$\left.\begin{aligned}\beta&=\arcsin\frac{b\sin\alpha}{\sqrt{(x_B-x_A)^2+(y_B-y_A)^2}}\\ \gamma&=\arcsin\frac{a\sin\alpha}{\sqrt{(x_B-x_A)^2+(y_B-y_A)^2}}\end{aligned}\right\}\tag{5-43}$$

则 $AP$ 直线的方位角为：

$$\alpha_{AP}=\alpha_{AB}\pm\beta\tag{5-44}$$

式中，当 $P$ 点在 $AB$ 直线的右侧，取"+"；当 $P$ 点在 $AB$ 直线的左侧，取"−"。

则 $BP$ 直线的方位角为：

$$\alpha_{BP}=\alpha_{BA}\pm\gamma\tag{5-45}$$

式中，当 $P$ 点在 $BA$ 直线的右侧，取"+"；当 $P$ 点在 $BA$ 直线的左侧，取"−"。

根据求得的坐标方位角和测量的边长，分别计算未知点 $P$ 的两组坐标为：

$$\left.\begin{aligned}x_{P1}&=x_A+a\cos\alpha_{AP}\\ x_{P1}&=y_A+a\sin\alpha_{AP}\\ x_{P2}&=x_B+b\cos\alpha_{BP}\\ y_{P2}&=x_B+b\sin\alpha_{BP}\end{aligned}\right\}\tag{5-46}$$

根据式(5-45)计算的两组坐标，如果点位较差在限差(同前方交会)之内，则取其平均值作为最后结果。

## 第五节 高程控制测量

高程控制测量的方法包括水准测量和三角高程测量，普通水准测量的方法前面已经介绍，本节主要介绍三等、四等水准测量和三角高程测量。

### 一、三等、四等水准测量

三等、四等水准测量，能够应用于建立小区域首级高程控制网。三等、四等水准测量的起算点高程应尽量从附近的一等、二等水准点引测，如果测区附近没有国家一等、二等水准点，则在小区域范围内可采用闭合水准路线建立独立的道级高程控网，假定起算点的高程。

(1)三等、四等水准测量及等外水准测量的精度要求列于表5-15。

表5-15 水准测量的主要技术要求

| 等级 | 路线长度/km | 水准仪 | 水准尺 | 观测次数 | | 往返较差、闭合差 | |
|---|---|---|---|---|---|---|---|
| | | | | 与已知点联测 | 附合或环线 | 平地/mm | 山地/mm |
| 三等 | ≤45 | DS1 | 因瓦 | 往返各一次 | 往一次 | $\pm12\sqrt{L}$ | $\pm4\sqrt{L}$ |
| | | DS2 | 双面 | | 往返各一次 | | |
| 四等 | ≤16 | DS3 | 双面 | 往返各一次 | 往一次 | $\pm20\sqrt{L}$ | $\pm6\sqrt{n}$ |
| 等外 | ≤5 | DS3 | 单面 | 往返各一次 | 往一次 | $\pm40\sqrt{L}$ | $\pm12\sqrt{n}$ |

注：$L$为路线长度(km)；$n$为测站数。

(2)三等、四等水准测量一般采用双面尺法观测，其在一个测站上的技术要求见表5-16。

表5-16 水准观测的主要技术要求

| 等级 | 水准仪的型号 | 视线长度/m | 前后视较差/m | 前后视累积差/m | 视线离地面最低高度/m | 黑红面读数较差/mm | 黑红面高差较差/mm |
|---|---|---|---|---|---|---|---|
| 三等 | DS1 | 100 | 3 | 6 | 0.3 | 1.0 | 1.5 |
| | DS3 | 75 | | | | 2.0 | 3.0 |
| 四等 | DS3 | 100 | 5 | 10 | 0.2 | 3.0 | 5.0 |
| 等外 | DS3 | 100 | 大致相等 | — | — | — | — |

### 关键细节43 三等水准测量观测程序

三等水准测量测站观测顺序简称为："后—前—前—后"(或黑—黑—红—红)，其优点是可消除或减弱仪器和尺垫下沉误差的影响。

(1)后视标尺黑面，精平，读取上、下、中丝读数，记为(A)、(B)、(C)。

(2)前视标尺黑面，精平，读取上、下、中丝读数，记为(D)、(E)、(F)。

(3)前视标尺红面，精平，读取中丝读数，记为(G)。

(4)后视标尺红面，精平，读取中丝读数，记为(H)。

### 关键细节44 四等水准测量观测程序

四等水准测量测站观测顺序简称为："后—后—前—前"(或黑—红—黑—红)。

(1)后视标尺黑面，精平，读取上、下、中丝读数，记为(A)、(B)、(C)。

(2)后视标尺红面，精平，读取中丝读数，记为(D)。

(3)前视标尺黑面，精平，读取上、下、中丝读数，记为(E)、(F)、(G)。

(4)前视标尺红面，精平，读取中丝读数，记为(H)。

### 关键细节 45 三等、四等水准测量测站计算与校核

(1)视距计算

后视距离： (I)=[(A)−(B)]×100

前视距离： (J)=[(D)−(E)]×100

前、后视距差： (K)=(I)−(J)

前、后视距累积差： 本站(L)=本站(K)+上站(L)

(2)同一水准尺黑、红面中丝读数校核

前尺： $(M)=(F)+K_1-(G)$

后尺： $(N)=(C)+K_2-(H)$

(3)高差计算及校核

黑面高差： (O)=(C)−(F)

红面高差： (P)=(H)−(G)

校核计算：红、黑面高差之差 (Q)=(O)−[(P)±0.100]

或 (Q)=(N)−(M)

高差中数： (R)=[(O)+(P)±0.100]/2

在测站上，当后尺红面起点为4.687m，前尺红面起点为4.787m时，取+0.1000；反之，取−0.1000。

(4)每页计算校核

1)高差部分。每页上，后视红、黑面读数总和与前视红、黑面读数总和之差，应等于红、黑面高差之和，还应等于该页平均高差总和的两倍，即

对于测站数为偶数的页为

$$\sum[(C)+(H)]-\sum[(F)+(G)]=\sum[(O)+(P)]=2\sum(R)$$

对于测站数为奇数的页为

$$\sum[(C)+(H)]-\sum[(F)+(G)]=\sum[(O)+(P)]=2\sum(R)\pm 0.100$$

2)视距部分。末站视距累积差值：

$$末站(L)=\sum(I)-\sum(J)$$

$$总视距=\sum(I)+\sum(J)$$

### 关键细节 46 三等、四等水准测量成果计算与校核

在每个测站计算无误后，并且各项数值都在相应的限差范围之内时，根据每个测站的平均高差，利用已知点的高程，推算出各水准点的高程。

## 二、三角高程测量

三角高程测量，是根据两点间的水平距离和竖直角计算两点的高差，然后求出所求点的高程。

如图5-32所示，在$M$点安置仪器，用望远镜中丝瞄准$N$点觇标的顶点，测得竖直角$\alpha$，并量取仪器高$i$和觇标高$v$，若测出$M$、$N$两点间的水平距离$D$，则可求得$M$、$N$两点间

的高差，即

$$h_{MN}=D\cdot\tan\alpha+i-v \tag{5-47}$$

N 点高程为

$$H_N=H_M+D\cdot\tan\alpha+i-v \tag{5-48}$$

三角高程测量一般应采用对向观测法，如图 5-32 所示，即由 M 向 N 观测称为直觇，再由 N 向 M 观测称为反觇，直觇和反觇称为对向观测。采用对向观测的方法可以减弱地球曲率和大气折光的影响。对向观测所求得的高差较差不应大于 0.1D（D 为水平距离，以 km 为单位，其结果以 m 为单位）。取对向观测的高差中数为最后结果，即

$$h_{中}=\frac{1}{2}(h_{MN}-h_{NM}) \tag{5-49}$$

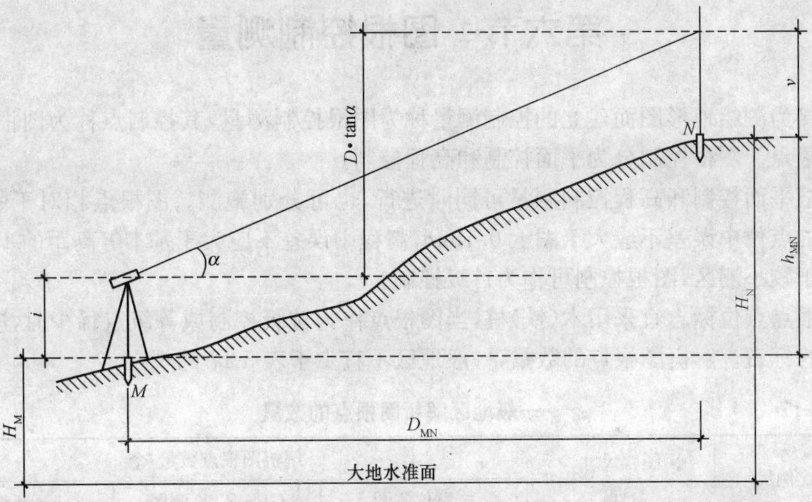


图 5-32 三角高程测量原理

式(5-48)适用于 M、N 两点距离较近（小于 300m）的三角高程测量，此时水准面可近似看成平面，视线视为直线。当距离超过 300m 时，就要考虑地球曲率及观测视线受大气折光的影响。

**1. 观测与计算**

三角高程测量的观测与计算应按以下步骤进行。

(1)安置仪器于测站上，量出仪器高 $i$；觇标立于测点上，量出觇标高 $v$。

(2)用经纬仪或测距仪采用测回法观测竖直角 $\alpha$，取其平均值为最后观测成果。

(3)采用对向观测，其方法同前两步。

(4)计算高差和高程。

**2. 计算实例**

如图 5-32 所示，设 M、N 两点的水平距离为 $D_{MN}=224.350$m，M 点的高程为 $H_M=40.45$m，M 点设站照准 N 点测得竖直角 $\alpha_{MN}=4°25'17''$，仪器高 $i_M=1.50$m，觇标高 $v_N=1.10$m；N 点测得竖直角 $\alpha_{NM}=-4°35'38''$，仪器高 $i_N=1.50$m，觇标高 $v_M=1.20$m，求 N 点

的高程 $H_N$。

【解】 $h_{MN}=D_{MN}\cdot\tan\alpha_{MN}+i_M-v_N$

$=224.35\times\tan4°25'17''+1.50-1.10$

$=17.74(m)$

$h_{NM}=D_{MN}-\tan\alpha_{MN}+i_N-v_M$

$=224.35\times\tan(-4°35'38'')+1.50-1.20$

$=-17.73(m)$

$h_{MN(平均)}=(h_{MN}-h_{NM})/2=(17.74+17.73)/2=17.74(m)$

$H_N=H_M+h_{MN(平均)}=40.45+17.74=58.19(m)$

## 第六节　图根控制测量

直接为测绘地形图而建立的控制测量称为图根控制测量，其控制点称为图根控制点，简称图根点。图根控制分为平面控制和高程控制。

图根平面控制和高程控制测量可同时进行，也可分别施测。图根点相对于邻近等级控制点的点位中误差不应大于图上 0.1mm，高程中误差不应大于基本等高距的 1/10。

对于较小测区，图根控制可作为首级控制。

图根点点位标志宜采用木(铁)桩，当图根点作为首级控制或等级点稀少时，应埋设适当数量的标石。解析图根点的数量，一般地区不宜少于表 5-17 的规定。

表 5-17　　一般地区解析图根点的数量

| 测图比例尺 | 图幅尺寸/cm | 解析图根点数量/个 | | |
|---|---|---|---|---|
| | | 全站仪测图 | GPS-RTK 测图 | 平板测图 |
| 1∶500 | 50×50 | 2 | 1 | 8 |
| 1∶1000 | 50×50 | 3 | 1～2 | 12 |
| 1∶2000 | 50×50 | 4 | 2 | 15 |
| 1∶5000 | 40×40 | 6 | 3 | 30 |

注：表中所列数量，是指施测该幅图可利用的全部解析控制点数量。

图根控制测量内业计算和成果的取位，应符合表 5-18 的规定。

表 5-18　　内业计算和成果的取位要求

| 各项计算修正值(″或 mm) | 方位角计算值(″) | 边长及坐标计算值/m | 高程计算值/m | 坐标成果/m | 高程成果/m |
|---|---|---|---|---|---|
| 1 | 1 | 0.001 | 0.001 | 0.01 | 0.01 |

### 一、图根平面控制测量

图根平面控制采用的坐标系统应与国家或城市的坐标系统相统一。图根平面控制的布设形式，可根据测区的大小和地形情况而定，应尽量利用已有的国家或城市平面控制加密建立。这样做，一方面可以与国家或城市坐标系相统一；另一方面可以节省大量的人力和物力。对于独立测区，图根平面控制可以在测区的道级控制或等级控制下布设。

图根平面控制，可采用图根导线测量、极坐标法、图根解析补点和GPS图根控制测量等方法。

### 关键细节 47 图根导线测量

图根导线测量应符合下列规定：

(1)图根导线测量，宜采用6″级仪器1测回测定水平角。其主要技术要求，不应超过表5-19的规定。

表 5-19 图根导线测量的主要技术要求

| 导线长度/m | 相对闭合差 | 测角中误差(″) | | 方位角闭合差(″) | |
|---|---|---|---|---|---|
| | | 一般 | 道级控制 | 一般 | 首级控制 |
| $\leqslant \alpha \times M$ | $\leqslant 1/(2000\times\alpha)$ | 30 | 20 | $60\sqrt{n}$ | $40\sqrt{n}$ |

注：1. $\alpha$ 为比例系数，取值宜为1，当采用1∶500、1∶1000比例尺测图时，其值可在1～2选用。
2. $M$ 为测图比例尺的分母；但对于工矿区现状图测量，不论测图比例尺大小，$M$ 均应取值为500。
3. 隐蔽或施测困难地区导线相对闭合差可放宽，但不应大于 $1/(1000\times\alpha)$。

(2)在等级点下加密图根控制时，不宜超过2次附合。

(3)图根导线的边长，既可采用电磁波测距仪器单向施测，也可采用钢尺单向丈量。

(4)图根钢尺量距导线，还应符合下列规定：

1)对于首级控制，边长应进行往返丈量，其较差的相对误差不应大于1/4000。

2)量距时，当坡度大于2%、温度超过钢尺检定温度范围±10℃或尺长修正大于1/10000时，应分别进行坡度、温度和尺长的修正。

3)当导线长度小于规定长度1/3时，其绝对闭合差不应大于图上0.3mm。

4)对于测定细部坐标点的图根导线，当长度小于200m时，其绝对闭合差不应大于13cm。

(5)对于难以布设附合导线的困难地区，可布设成支导线。支导线的水平角观测可用6″级经纬仪施测左、右各1测回，其圆周角闭合差不应超过40″。边长应往返测定，其较差的相对误差不应大于1/3000。导线平均边长及边数，不应超过表5-20的规定。

表 5-20 图根支导线平均边长及边数

| 测图比例尺 | 平均边长/m | 导线边数 |
|---|---|---|
| 1∶500 | 100 | 3 |
| 1∶1000 | 150 | 3 |
| 1∶2000 | 250 | 4 |
| 1∶5000 | 350 | 4 |

### 关键细节 48 极坐标法图根点测量

极坐标法图根点测量，应符合下列规定：

(1)宜采用6″级全站仪或6″级经纬仪加电磁波测距仪，角度、距离1测回测定。

(2)观测限差，不应超过表5-21的规定。

表 5-21 极坐标法图根点测量限差

| 半测回归零差(″) | 两半测回角度较差(″) | 测距读数较差/mm | 正倒镜高程较差/m |
|---|---|---|---|
| ≤20 | ≤30 | ≤20 | ≤$h_d$/10 |

注：$h_d$ 为基本等高距(m)。

(3)测设时，可与图根导线或二级导线一并测设，也可在等级控制点上独立测设。独立测设的后视点，应为等级控制点。

(4)在等级控制点上独立测设时，可直接测定图根点的坐标和高程，并将上、下两半测回的观测值取平均值作为最终观测成果，其点位误差应满足相关要求。

(5)极坐标法图根点测量的边长，不应大于表5-22的规定。

表 5-22 极坐标法图根点测量的最大边长

| 比例尺 | 1∶500 | 1∶1000 | 1∶2000 | 1∶5000 |
|---|---|---|---|---|
| 最大边长/m | 300 | 500 | 700 | 1000 |

(6)使用时，应对观测成果进行充分校核。

### 关键细节 49 图根解析补点

图根解析补点，可采用有校核条件的测边交会、测角交会、边角交会或内外分点等方法。当采用测边交会和测角交会时，其交会角应在30°～150°，观测限差应满足表5-21的要求。分组计算所得坐标较差，不应大于图上0.2mm。

### 关键细节 50 GPS图根控制测量

GPS图根控制测量，宜采用GPS-RTK方法直接测定图根点的坐标和高程。GPS-RTK方法的作业半径不宜超过5km，对每个图根点均应进行同一参考站或不同参考站下的两次独立测量，其点位较差不应大于图上0.1mm，高程较差不应大于基本等高距的1/10。

## 二、图根高程控制测量

图根高程控制必须在国家或城市高程各等级水准点的基础上布设，以取得统一的高程基准。

图根高程控制，可采用图根水准、电磁波测距三角高程等测量方法。

### 关键细节 51 图根水准测量

图根水准测量，应符合下列规定：

(1)起算点的精度不应低于四等水准高程点。

(2)图根水准测量的主要技术要求应符合表 5-23 的规定。

表 5-23　　图根水准测量的主要技术要求

| 每千米高差全中误差/mm | 附合路线长度/km | 水准仪型号 | 视线长度/m | 观测次数 | | 往返较差、附合或环线闭合差/mm | |
|---|---|---|---|---|---|---|---|
| | | | | 附全或闭合路线 | 支水准路线 | 平地 | 山地 |
| 20 | ≤5 | DS10 | ≤100 | 往一次 | 往返各一次 | $40\sqrt{L}$ | $12\sqrt{n}$ |

注：1. $L$ 为往返测段、附合或环线水准路线的长度(km)；$n$ 为测站数。

2. 当水准路线布设成支线时，其路线长度不应大于 2.5km。

## 关键细节 52　图根电磁波测距三角高程测量

图根电磁波测距三角高程测量，应符合下列规定：

(1)超算点的精度不应低于四等水准高程点。

(2)图根电磁波测距三角高程的主要技术要求应符合表 5-24 的规定。

表 5-24　　图根电磁波测距三角高程的主要技术要求

| 每千米高差全中误差/mm | 附合路线长度/km | 仪器精度等级 | 中丝法测回数 | 指标差较差(″) | 垂直角较差(″) | 对向观测高差较差/mm | 附合或环形闭合差/mm |
|---|---|---|---|---|---|---|---|
| 20 | ≤5 | 6″级仪器 | 2 | 25 | 25 | $80\sqrt{D}$ | $40\sqrt{\sum D}$ |

注：$D$ 为电磁波测距边的长度(km)。

(3)仪器高和觇标高的量取，应精确至 1mm。

# 第六章 地 形 测 量

## 第一节 地形图简介

### 一、地形图含义与分类

地球表面形状复杂，物体种类繁多，地势形态各异，总的来说可分为地物和地貌两大类。地物是指地球表面上轮廓明显、具有固定性的物体。地物又分为人工地物（如道路、房屋等）和自然地物（如江河、湖泊等）。地貌是指地球表面高低起伏的形态（如高山、丘陵、平原、洼地等）。地物和地貌统称为地形。地形按地面倾角（$\alpha$）的大小，可分为平坦地（$\alpha<3°$）、丘陵地（$3°\leqslant\alpha\leqslant10°$）、山地（$10°<\alpha\leqslant25°$）、高山地（$\alpha>25°$）。

地形图就是将地面上一系列地物和地貌特征点的位置，通过综合取舍，垂直投影到水平面上，按一定比例缩小，并使用统一规定的符号绘制成的图纸。地形图不但表示地物的平面位置，还用特定符号和高程注记表示地貌情况。因为地形图客观形象地反映了地面的实际情况，可在图上量取数据，获取资料，方便于设计和应用。特别是大比例尺（1∶5000、1∶2000、1∶1000、1∶500）地形图是进行规划、设计和应用的重要基础资料。

地形图可分为数字地形图和纸质地形图，其特征见表 6-1。

表 6-1 地形图的分类特征

| 特征 | 分类 | |
|---|---|---|
| | 数字地形图 | 纸质地形图 |
| 信息载体 | 适合计算机存取的介质等 | 纸质 |
| 表达方法 | 计算机可识别的代码系统和属性特征 | 线划、颜色、符号、注记等 |
| 数字精度 | 测量精度 | 测量及图解精度 |
| 测绘产品 | 各类文件：如原始文件、成果文件、图形信息数据文件等 | 纸图、必要时附细部点成果表 |
| 工程应用 | 借助计算机及其外部设备 | 几何作图 |

### 二、地形图比例尺

地形图上任一线段的长度 $d$ 与地面上相应线段的实际水平距离 $D$ 之比，称为地形图比例尺。地形图比例尺通常用分子为 1 的分数式 $1/M$ 来表示，其中“$M$”称为比例尺分母。显然有：

$$\frac{d}{D}=\frac{1}{M}=\frac{1}{D/d} \tag{6-1}$$

式中，$M$越小，比例尺越大，图上所表示的地物、地貌越详尽；相反，$M$越大，比例尺越小，图上所表示的地物、地貌越粗略。

地形图的比例尺包括数字比例尺和图式比例尺两类。

(1)数字比例尺。数字比例尺即在地形图上直接用数字表示的比例尺，如上所述，即用$1/M$表示的比例尺。数字比例尺一般注记在地形图下方中间部位。

(2)图式比例尺。图式比例尺常绘制在地形图的下方，用以直接量度图内直线的水平距离。根据量测精度可将图式比例尺分为直线比例尺和复式比例尺，如图 6-1 所示。

采用图式比例尺的优点是：量距直接方便而不必进行换算；比例尺随图纸按同一比例伸缩，从而明显减小因图纸伸缩而引起的量距误差。地形图绘制时所采用的三棱比例尺也属于图式比例尺。

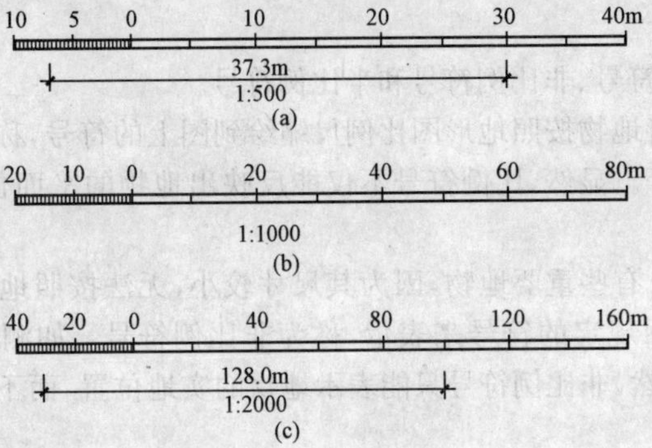


图 6-1 直线比例尺

**关键细节 1 地形图比例尺精度**

人们用肉眼能分辨的图上最小距离是 0.1mm。所以，地形图上 0.1mm 所代表的实地水平距离，称为比例尺精度。比例尺精度=0.1mm×比例尺分母。

几种常用大比例尺地形图的比例尺精度，如表 6-2 所列。可以看出，比例尺越大，其比例尺精度越小，地形图的精度就越高。

表 6-2 大比例尺地形图比例尺精度

| 比例尺 | 1∶500 | 1∶1000 | 1∶2000 | 1∶5000 |
|---|---|---|---|---|
| 比例尺精度 | 0.05 | 0.10 | 0.20 | 0.50 |

**关键细节 2 地形图测量比例尺选用**

地形图测图的比例尺，可根据工程的设计阶段、规模大小和管理需要，按表 6-3 选用。

表 6-3 测图比例尺的选用

| 比例尺 | 用途 |
|---|---|
| 1∶5000 | 可行性研究、总体规划、厂址选择、初步设计等 |
| 1∶2000 | 可行性研究、初步设计、矿山总图管理、城镇详细规划等 |

（续）

| 比例尺 | 用　　途 |
|---|---|
| 1∶1000 | 初步设计、施工图设计；城镇、工矿总图管理；竣工验收等 |
| 1∶500 | |

注：1. 对于精度要求较低的专用地形图，可按小一级比例尺地形图的规定进行测绘或利用小一级比例尺地形图放大成图。

2. 对于局部施测大于1∶500比例尺的地形图，除另有要求外，可按1∶500地形图测量的要求执行。

## 三、地形图符号

地形图的符号包括地物符号、地貌符号及注记符号三类。

### 1. 地物符号

地物符号分比例符号、非比例符号和半比例符号。

(1)比例符号。将地物按照地形图比例尺缩绘到图上的符号，称为比例符号。例如房屋、农田、湖泊、草地等。显然，比例符号不仅能反映出地物的平面位置，而且能反映出地物的形状与大小。

(2)非比例符号。有些重要地物，因为其尺寸较小，无法按照地形图比例尺缩小并表示到地形图上，只能用规定的符号来表示，称为非比例符号。如测量控制点、独立树、电杆、水塔、水井等。显然，非比例符号只能表示地物的实地位置，而不能反映出地物的形状与大小。

(3)半比例符号。对于地面上的某些线状地物，如围墙、栅栏、小路、电力线、管线等，其长度可以按测图比例尺绘制，而宽度不能按比例尺绘制，表示这种地物的符号称为半比例符号。半比例符号的中心线就是实际地物中心线。

地形图常用地物符号见表6-4。

**表6-4　　　　地物符号**

| 符号名称 | | 1∶500　1∶1000　1∶2000 |
|---|---|---|
| 比例尺 | | 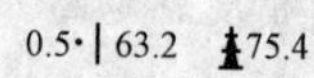 |
| 山洞 | 依比例尺的 | 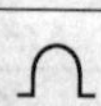 |
| | 不依比例尺的 | 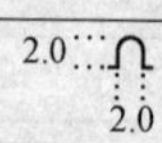 |
| 地类界 | | 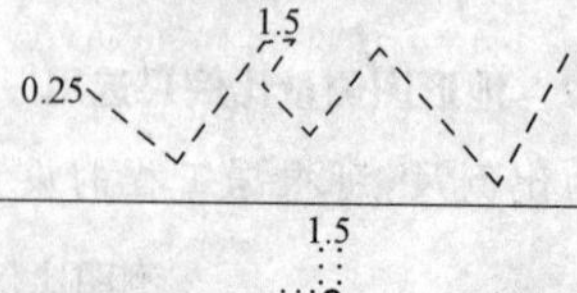 |
| 独立树 | 阔叶 | 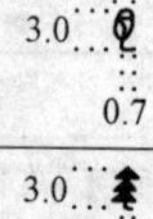 |
| | 针叶 | 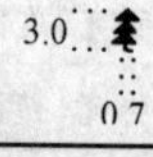 |

(续一)

| 符号名称 | 1∶500 1∶1000 1∶2000 |
|---|---|
| 行树 |  |
| 耕地 水稻田 | 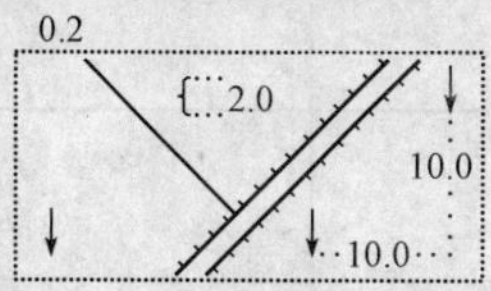 |
| 耕地 旱地 | 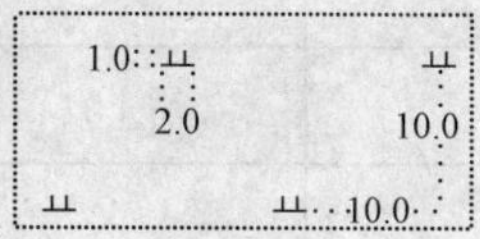 |
| 菜地 | 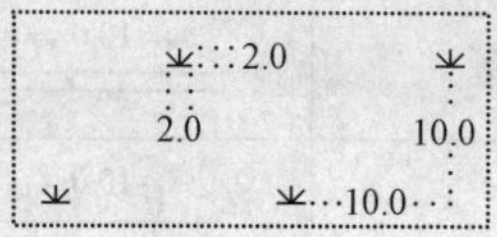 |
| 三角点 凤凰山—点名<br>394.468—高程 | 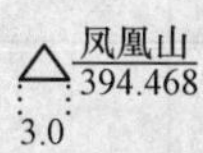 |
| 小三角点 横　山—点名<br>95.93—高程 |  |
| 图根点 埋石的 N16——点号<br>84.46——高程 | 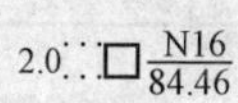 |
| 图根点 不埋石的 25——点号<br>62.74——高程 | 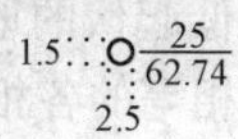 |
| 水准点 Ⅱ京石 5—点名<br>32.804—高程 | 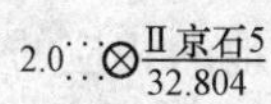 |
| 台阶 | 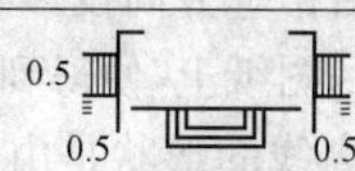 |
| 温室、菜窖、花房 |  |
| 纪念像、纪念碑 | 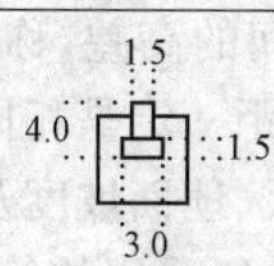 |
| 烟囱 |  |

（续二）

| | 符号名称 | 1∶500　1∶1000 | 1∶2000 |
|---|---|---|---|
| 电力线 | 高压 | 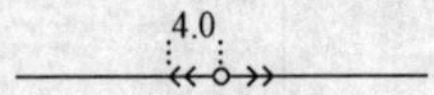 | |
| | 低压 | 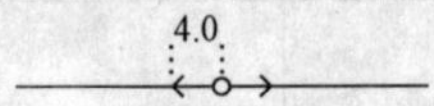 | |
| 消火栓 | | 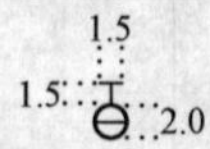 | |
| 管线—地下检修井 | 上水 | 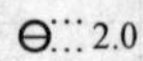 | |
| | 下水 | 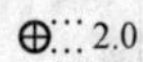 | |
| | 不明用途 | 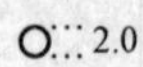 | |
| 围墙 | 砖、石及混凝土墙 | 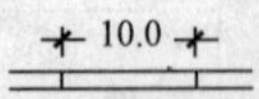 | 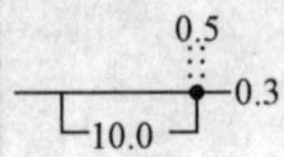 |
| | 土墙 | 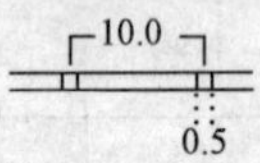 | |
| 栅栏、栏杆 | | 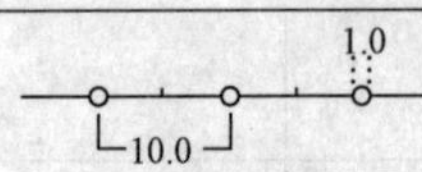 | |
| 铁路 | | 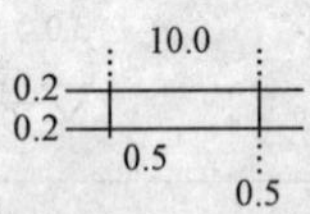 | 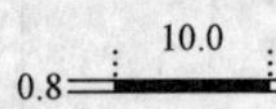 |

**2. 地貌符号**

地形图上表示地面高低起伏的地貌有多种方法，目前最常用的是等高线法。

等高线是地面上高程相等的各相邻点连成的闭合曲线。如图6-2所示，有一高地被等间距的水平面 $P_1$、$P_2$ 和 $P_3$ 所截，故各水平面与高地的相应的截线，就是等高线。将各水平面上的等高线沿铅垂方向投影到一个水平面上，并按规定的比例尺缩绘到图纸上，便得到用等高线来表示的该高地的地貌图。等高线的形状是由高地表面形状来决定的，用等高线来表示地貌是一种很形象的方法。

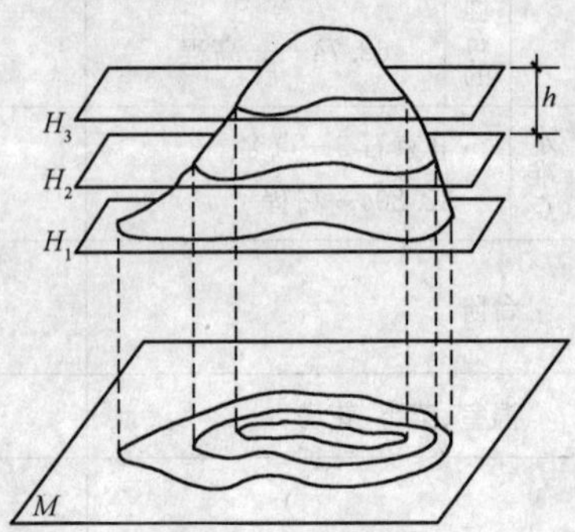


图6-2　等高线示意图

相邻两条等高线之间的高差，称为等高距，用 $h$ 表示。在同一幅图内，等高距一定是相同的。等高距的大小是根据地形图的比例尺、地面坡度及用图目的来选定的。等高线的高程必须是所采用的等高距的整数倍，如果某幅图采用的等高距为3m，则该幅图的高程必定是3m的整数倍，如30m、60m、……，而不能是31m、61m或66.5m等。

地形图中的基本等高距，应符合表6-5的规定。

表 6-5　　地形图的基本等高距　　m

| 地形类别 | 比例尺 | | | |
|---|---|---|---|---|
| | 1∶500 | 1∶1000 | 1∶2000 | 1∶5000 |
| 平坦地 | 0.5 | 0.5 | 1 | 2 |
| 丘陵地 | 0.5 | 1 | 2 | 5 |
| 山地 | 1 | 1 | 2 | 5 |
| 高山地 | 1 | 2 | 2 | 5 |

注：1. 一个测区同一比例尺，宜采用一种基本等高距。

2. 水域测图的基本等深距，可按水底地形倾角所比照地形类别和测图比例尺选择。

相邻等高线之间的水平距离，称为等高线平距，用 $d$ 表示。不同地方等高线平距不同，由地面坡度的大小决定。地面坡度感大，等高线平距小，相反，坡度感小，等高线平距大；若地面坡度均匀，则等高线平距相等。如图 6-3 所示。

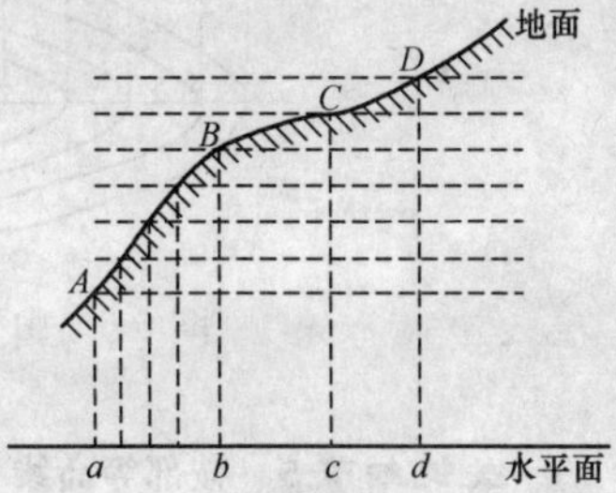


图 6-3　等高距与地面坡度的关系

**3. 注记符号**

有些地物除了用相应的符号表示外，对于地物的性质、名称等在图上还需要用文字和数字加以注记，称为注记符号。如图上注明的地名、控制点名称、高程、房屋层数、河流名称、深度、流向等。

**关键细节 3　山头的洼地等高线**

等高线上所注明的高程，内圈等高线比外圈等高线所注的高程大时，表示山头，如图 6-4 所示。山头和洼地的等高线都是一组闭合的曲线组成的，地形图上区分它们的方法是：内圈等高线比外圈等高线所注高程小时，表示洼地，如图 6-5 所示。另外，还可使用示坡线表示。示坡线是指示地面斜坡下降方向的短线，一端与等高线连接并垂直于等高线，表示此端地势高，不与等高线连接端地势低。

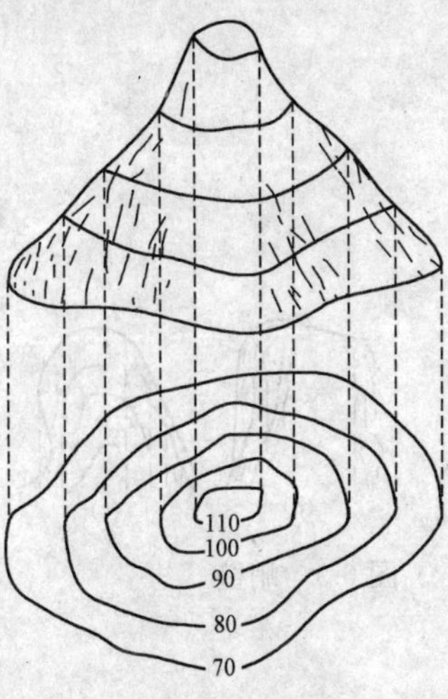


图 6-4　山地

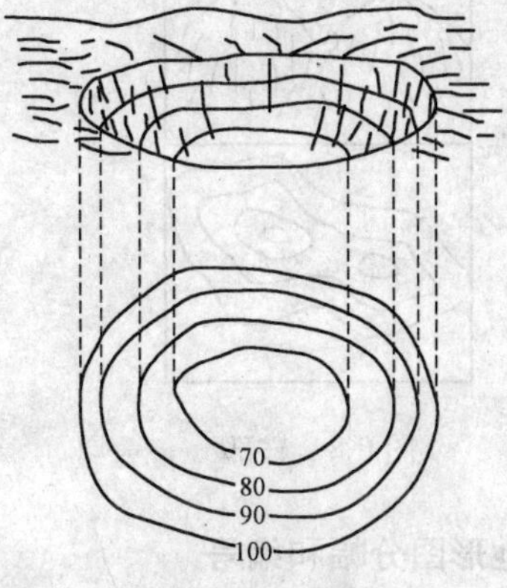


图 6-5　洼地

### 关键细节 4　山脊和山谷等高线

山脊是从山顶到山脚凸起部分。山脊最高点的连线称为山脊线或分水线，如图 6-6 所示。两山脊之间延伸而下降的凹棱部分称为山谷。山谷内最低点的连线称为山谷线或合水线，如图 6-7 所示。山脊线和山谷线统称地性线。

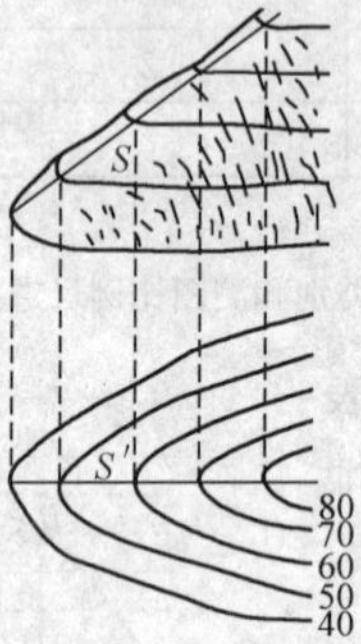


图 6-6　山脊

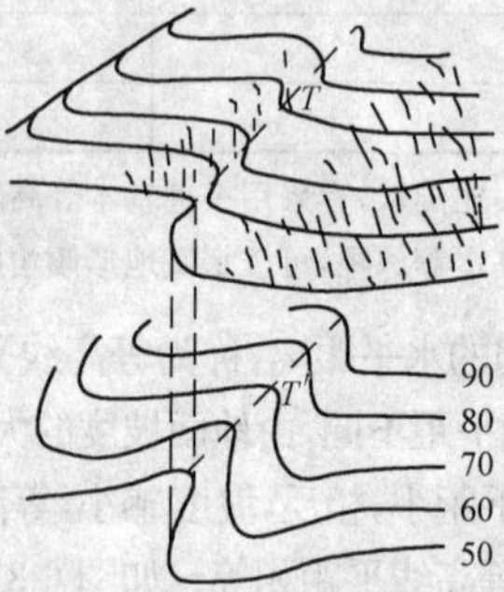


图 6-7　山谷

### 关键细节 5　鞍部等高线

相邻两个山头之间的低凹处形似马鞍状的部分，称为鞍部。通常来说，鞍部既是山谷的起始高点，又是山脊的终止低点。所以，鞍部的等高线是两组相对的山脊与山谷等高线的组合，如图 6-8 所示。

### 关键细节 6　悬崖与陡崖等高线

峭壁是山区的坡度极陡处，如果用等高线表示非常密集，因此采用峭壁符号来代表这一部分等高线，如图 6-9(a)所示。垂直的陡坡叫断崖，这部分等高线几乎重合在一起，因此在地形图上通常用锯齿形的符号来表示，如图 6-9(b)所示。山头上部向外凸出，腰部凹进的陡坡称为悬崖，它上部的等高线投影在水平面上与下部的等高线相交，下部凹进的等高线用虚线来表示，如图6-9(c)所示。

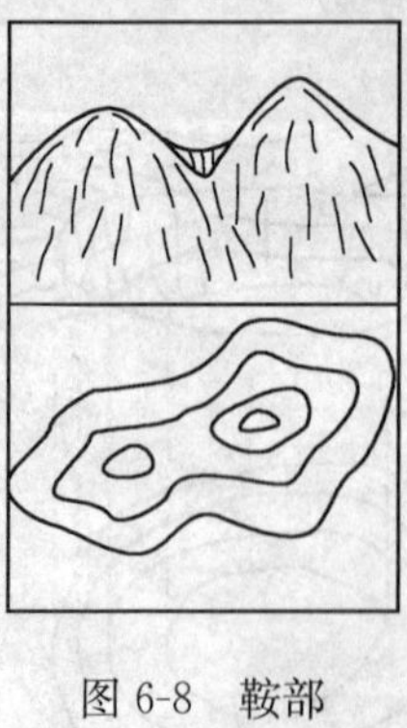

图 6-8　鞍部

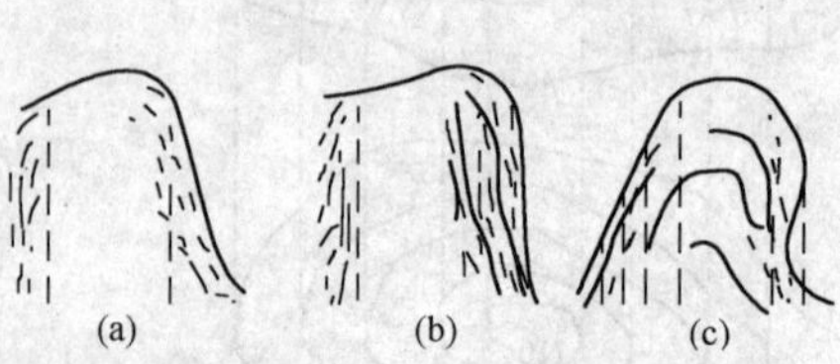


图 6-9　峭壁

## 四、地形图分幅和编号

为了方便测绘、管理和使用地形图，需要将各种比例尺的地形图进行统一的分幅与编号，并注在地形图上方的中间部位。地形图的分幅和编号，应满足下列要求：

(1)地形图的分幅，可采用正方形或矩形方式。

(2)图幅的编号，宜采用图幅西南角坐标的千米数表示。

(3)带状地形图或小测区地形图可采用顺序编号。

(4)对于已施测过地形图的测区，也可沿用原有的分幅和编号。

## 第二节　地形图测绘

### 一、测图前准备工作

(1)地形测图开始前，应做好下列准备工作：

1)编写技术设计书。

2)抄录控制点平面及高程成果。

3)在原图纸上绘制图廓线和展绘所有控制点。

4)检查和校正仪器。

5)踏勘了解测区的地形情况、平面和高程控制点的位置及完好情况。

6)拟定作业计划。

(2)测图使用的仪器和工具应符合下列规定：

1)测量仪器视距乘常数应在 100±0.1 以内。直接量距使用的皮尺等除测图前检验外，作业过程中还应经常检验。测图中因测量仪器视距乘常数不等于 100，或量距的尺长改正引起的量距误差在图上大于 0.1mm 时，应加以改正。

2)垂直度盘指标差不应超过±2′。

3)比例尺尺长误差不应超过 0.2mm。

4)量角器直径不应小于 20cm，偏心差不应大于 0.2mm。

5)坐标展点器的刻划误差不应超过 0.2mm。

(3)地形测图应充分利用控制点和图根点。当图根点密度不足时，除应用内外分点法(外分点不应超过后视长度)外，还可根据具体情况采用图解交会或图解支点等方法增补测站点。

(4)地形测图时仪器的设置及测站上的检查应符合下列规定：

1)仪器对中的偏差，不应大于图上 0.05mm。

2)以较远的一点标定方向，用其他点进行检核。采用平板仪测绘时，检核偏差不应大于图上 0.3mm；采用经纬仪测绘时，其角度检测值与原角值之差不应大于 2′。每站测图过程中，应随时检查定向点方向。采用平板仪测绘时，偏差不应大于图上 0.3mm；采用经纬仪测绘时，归零差不应大于 4′。

3)检查另一测站高程，其较差不应大于 1/5 基本等高距。

4)采用量角器配合经纬仪测图，当定向边长在图上短于 10cm 时，应以正北或正南方向作起始方向。

(5)平板测图的视距长度，不应超过表 6-6 的规定。

表 6-6　　平板测图的最大视距长度

| 比例尺 | 最大视距长度/m | | | |
|---|---|---|---|---|
| | 一般地区 | | 城镇建筑区 | |
| | 地物 | 地形 | 地物 | 地形 |
| 1∶500 | 60 | 100 | — | 70 |
| 1∶1000 | 100 | 150 | 80 | 120 |
| 1∶2000 | 180 | 250 | 150 | 200 |
| 1∶5000 | 300 | 350 | — | — |

注：1. 垂直角超过±10°范围时，视距长度应适当缩短；平坦地区成像清晰时，视距长度可放长20%。

2. 城镇建筑区宜用1∶500比例尺测图，测站点至地物点的距离应实地丈量。

3. 城镇建筑区宜用1∶5000比例尺测图，不宜采用平板测图。

### 关键细节7　图说准备

由于测绘地形图时是将地形情况按比例缩绘在图纸上，使用地形图时也是按比例在图上量出相应地物之间的关系，故测图用纸的质量要高，伸缩性要小。否则，图纸的变形就会使图上地物、地貌及其相互位置发生变形。现在，测图多用厚度0.07～0.10mm、经过热定型处理、变形率小于0.2%的聚酯薄膜，其主要优点是透明度好、伸缩性小、不怕潮湿和牢固耐用，并可直接在底图上着墨复晒蓝图，加快出图速度。若没有聚酯薄膜，应选用优质绘图纸测图。

### 关键细节8　绘制坐标格网

为了把控制点准确地展绘在图纸上，应先在图纸上精确地绘制10cm×10cm的直角坐标方格网，然后根据坐标方格网展绘控制点。坐标格网的绘制常用对角线法，如图6-10所示。

坐标格网绘成后，应立即进行检查，各方格网实际长度与名义长度之差不应超过0.2mm，图廓对角线长度与理论长度之差不应超过0.3mm。如超过限差，应重新绘制。

### 关键细节9　控制点展绘

展绘时，先根据控制点的坐标，确定其所在的方格。如图6-11所示，控制点$A$点的坐标为$x_A=647.44$m，$y_A=634.90$m，由其坐标值可知$A$点的位置在$plmn$方格内。然后用1∶1000的比例尺从$P$和$n$点各沿$pl$、$nm$线向上量取47.44m，得$c$、$d$两点；从$p$、$l$两点沿$pn$、$lm$量取34.90m，得$a$、$b$两点；连接$ab$和$cd$，其交点即为$A$点在图上的位置。同法，将其余控制点展绘在图纸上，并按《地形图图式》的规定，在点的右侧画一横线，横线上方注点名，下方注高程，如图6-11中的1、2、3、……各点。

控制点展绘完成后，必须进行校核。其方法是用比例尺量出各相邻控制点之间的距离，与控制测量成果表中相应距离比较，其差值在图上不得超过0.3mm，否则应重新展绘。

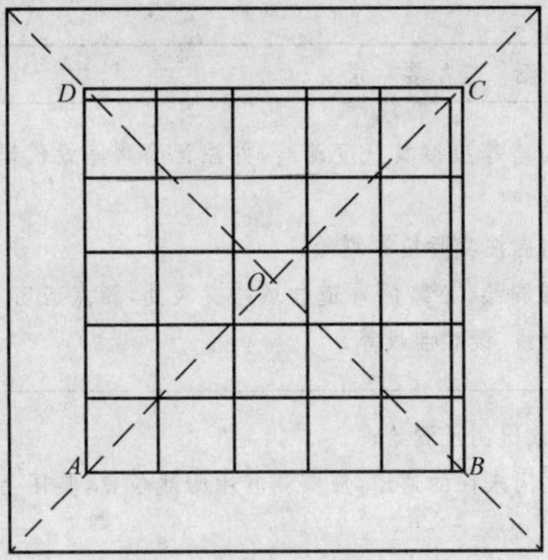



图 6-10 绘制坐标格网示意图

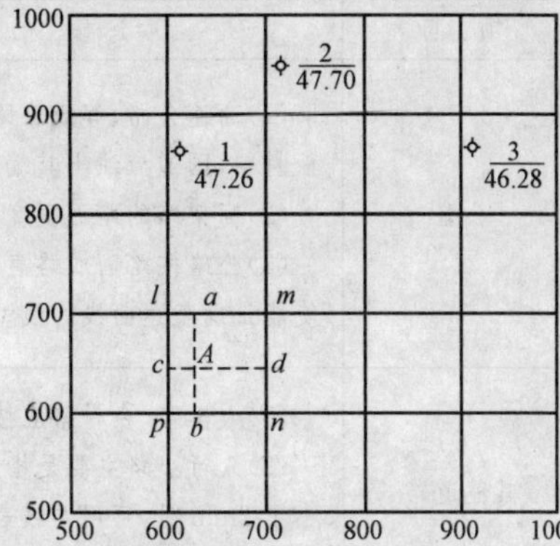



图 6-11 展绘控制点示意图

## 二、地物平面图测法

地物在地形图上的表示原则是:凡是能依比例尺表示的地物,则将它们轮廓的几何形状表示在图上,边界内再加绘相应的地物属性的符号,例如房屋的结构和层数、耕地和树林的种类等符号。对于面积较小、不能依比例尺表示的地物,则测定其中心位置,在地形图上以相应的地物符号来表示,如导线点、水准点、界址点、电线杆、消防栓、水井等。

必须根据规定的测图比例尺进行地物的测绘,按规范和图式的要求,经过综合取舍,将各种地物表示在图上,并严格遵守政府测绘主管部门制定的各种比例尺的测量规范和地形图图式。

地物测绘主要是将地物几何形状的特征点测定下来。例如:地物轮廓的转折点、交叉点、曲线上的曲率变化点、独立地物的中心点等。连接相应的特征点,便得到与实际地物相似的图形。除形状外,还应记录和表示其属性,例如房屋的结构和层数、公路的等级和路面材料等属性。

### 关键细节 10 居民地测绘

对于居民地的外部轮廓,应准确测绘。其内部的主要街道以及较大的空地应区分出来。对散列式的居民地、独立房屋应分别测绘。

(1)固定建筑物应实测其墙基外角,并注明结构和层次。

(2)房屋附属设施:廊、建筑物下的通道、台阶、室外扶梯、围墙、门墩和支柱等,应按实际测绘。

(3)起境界作用的栅栏、栏杆、篱笆、活树篱笆、铁丝网等应测绘。

### 关键细节 11 道路及桥梁测绘

对于道路及桥梁的测绘见表 6-7。

表 6-7 道路及桥梁测绘

| 序号 | 项目 | 测绘要求 |
|---|---|---|
| 1 | 铁路和其他交通轨道 | (1)铁路轨道、电车轨道、缆车轨道等应按轨道测绘;<br>(2)火车站及附属设施(包括站台、天桥、地道、信号设备、水鹤等)应分别按实际位置测绘;<br>(3)测绘铁路时,应测定铁轨中心线上的点,并量取轨距。在曲线部分及道岔部分,测点需要密一些,使能正确表示其实际位置 |

（续）

| 序号 | 项目 | 测绘要求 |
|---|---|---|
| 2 | 公路 | (1)高速公路、等级公路、等外公路等应按其宽度测绘，并注记公路等级代码和路面材料，国道应注出其编号；<br>(2)高架路的路面宽度及其走向应按实际投影测绘；<br>(3)公路按路面或路肩边线位置测绘，公路的弯道和道路交叉处，测点应密一些，使能正确表达曲线的线型（如圆曲线、缓和曲线等） |
| 3 | 其他道路 | (1)大车路、乡村路应按其实宽依比例尺测绘；<br>(2)人行小路主要是指居民地之间来往的通道，应实测其中心线位置，其图上宽度小于2mm时，可用单线表示；<br>(3)单位或住宅小区的内部道路应按实际形状测绘 |
| 4 | 道路附属设施 | (1)路堑、路堤、边坡、挡土墙应按实际位置测绘；里程碑应实测其位置，并注记里程；<br>(2)对于立体交叉路，铁路在上时，公路应在铁路路基处中断；反之，公路在上时，铁路应在公路处中断 |
| 5 | 桥梁及渡口 | (1)公路桥、铁路桥的桥台、桥墩和桥梁应按实际测绘，并注记其结构；<br>(2)渡口应区分行人渡口和车辆渡口，分别标注“人渡”或“车渡”，同时绘示航线 |

## 关键细节 12　管线测绘

对于管线的测绘要求见表6-8。

表6-8　管线的测绘

| 序号 | 项目 | 测绘要求 |
|---|---|---|
| 1 | 电力线 | (1)高压线应测定其电线杆、铁塔及电线走向，并在图上用双箭头符号表示；<br>(2)低压线应测定其电线杆、电线走向，并在图上用单箭头符号表示；<br>(3)电线杆上变压器应实测其位置，用符号绘示 |
| 2 | 通信线 | 通信线应测定其电线杆，用符号表示线路走向 |
| 3 | 地面管道 | 地面上的管道应实测其位置，架空的管道应测定其管架位置，注明管径和用途 |
| 4 | 地下管线检修井 | 地下管线的检修井应实测井盖的中心位置，并按管线类别用相应符号表示 |

## 关键细节 13　水系及附属设施测绘

水系包括河流、渠道、湖泊、池塘等，通常均以岸边为界（岸线）进行测绘。如果要求测出水涯线（水面与地面的交线）、洪水位（历史上最高水位的位置）及平水位（常年一般水位的位置）时，应按要求在调查的基础上进行测绘。对于水系的附属设施，其测绘规定如下：

(1)水闸，其宽度在图上大于4mm时，应按依比例尺的地物测绘；否则可按不依比例尺的地物测绘。以图式符号标示其中心位置和方位。

(2)防洪墙应按实宽测绘，双线绘示。

(3)陡岸为人工建筑，应测绘岸线，并根据土质或石质按相应的图式符号表示。

**关键细节14 植被测绘**

根据覆盖地面的植物种类(植被)区分土地的类别，测定地类的界线(称为地类界)，并在每个地块中用图式中规定的植被符号表示。土地的类别有：耕地(应区分稻田、旱田、菜地)，园地(注明农作物名称)，林地(应区分树林、竹林、苗圃，并注明树种)，草地(区分天然草地、人工草地)。铁路、公路、河流旁的行道树应测绘，实测首末位置，中间用符号绘示；独立树应实测中心位置，并注明树种。

**关键细节15 土质测绘**

地块的特殊土质有沙泥地、沙砾地、石块地、盐碱地、小草丘地、龟裂地、沼泽地、盐田、盐场等，应按图式绘示。

## 三、高程点测定

在平坦地区和地物平面图上，主要是表示出地物平面位置的相互关系，但地面各处仍有一定的高差，因此还需要在平面图上加测某些高程注记点，即高程。对于高程点测定，应符合下列规定：

(1)高程点的间距。在平坦地区的高程点的分布，其间距在图上以5～7cm为宜，如遇地势起伏变化较大时，应予以适当加密。

(2)居民地高程点。在建成区街坊内部空地及广场内的高程，应设在该地块内能代表一般地面的适中部位；如空地范围较大，应按规定间距测定。

(3)农田高程点的布设。在倾斜起伏的旱地上，应设在高低变化处及制高部位的地面上；在平坦田块上，应选择有代表性的位置测定其高程。

(4)高低显著的地形，如高地、土堆、洼坑及高低田坎等，其高差在0.5m以上者，均应在高处及低处分别测注高程，并测定其范围。

## 四、注记

注记是地形图的重要内容之一，是判读和使用地形图的直接依据。注记对应于各种地物的名称、尺寸和数量。

名称的注记必须使用国务院公布的简化汉字，各种注记的字义、字体、字大、字向、字序、字位应根据图式的规定，准确无误。字间隔应均匀，宜根据所指地物的面积和长度妥善配置。

### 1. 注记的排列形式

注记的排列形式包括水平字列、垂直字列、雁行字列及屈曲字列四种。

(1)水平字列。各字中心边线应平行于南、北图廓，由左向右排列。

(2)垂直字列。各字中心边线应垂直于南、北图廓，由上而下排列。

(3)雁行字列。各字中心边线应为直线且斜交于南、北图廓。

(4)屈曲字列。各字字边应垂直或平行于线状地物，且依线状地物的弯曲形状而排列。

**2. 注记的字向**

注记的字向一般为正向，即字头朝向北图廓。对于雁行字列，如果字中心连线与南、北图廓的交角小于45°，则字向垂直于连线；如果交角大于45°，则字向平行于连线；道路名、弄堂和门牌号等应按光线法则进行注记。

### 关键细节16 名称注记

城市、集镇、村宅、街道、里弄、新村、公寓等居民地名称和政府机构、企业单位等名称，均应查明注记；一般应采用水平字列，根据图形的特殊情况，也可采用垂直字列或雁行字列。

### 关键细节17 说明注记

建筑物的结构、层次，道路等级、路面材料，管线的用途、属性，土地的土质和植被种类等，凡属用图形线条和图式符号不能充分说明的地物，需加说明注记。说明注记用的字符应尽可能简单，注记的位置应在地物内部适中的位置，不偏于一隅，并以不妨碍地物线条为原则。

### 关键细节18 数字注记

数字注记包括控制点的点号和高程、等高线和高程点的高程值、沿街房屋的门牌号、公路等级代码和编号及其他数字注记等；各种数字注记应选用图式规定的字号。

(1)门牌注记宜全部逐号注记，毗邻房屋过密的，可分段注以起讫号。

(2)对于高程注记数字以米为单位，重要地物高程注记至厘米，例如桥、闸、坝、铁路、公路、市政道路、防洪墙等；其余高程点可注至分米，注记字头一律向北。

(3)等高线高程的注记。每一条计曲线均应注明高程值。在地势平缓、等高线较稀时，每一条等高线都应注明高程值，数字的排列方向应与等高线平行，字头应向高处。

## 五、等高线地形图测绘

在地形图上，为了能详尽地表示地貌的变化情况，又不使等高线过密而影响地形图的清晰，必须按规定基本等高距绘制等高线。对于不能用等高线表示的地形，例如悬崖、峭壁、土坎、土堆、冲沟等，应按图式所规定的符号表示。

由于等高线所代表的地面高程为整米数(少数为0.5m)，而测定的地面点高程一般不为整数，因此，在这些地面点之间，必须用内插法确定高程为整米数的点，这些点就是等高线通过的位置。

图6-12是根据地形点的高程，用内插法求得整米高程点，然后用光滑的曲线连接等高点，绘制成局部的等高线地形图。

当地形测量数据通过计算机绘图时，则等高线的内插计算、曲线的光滑处理和绘制都可以用编制的软件自动进行，最后绘制成等高线地形图。

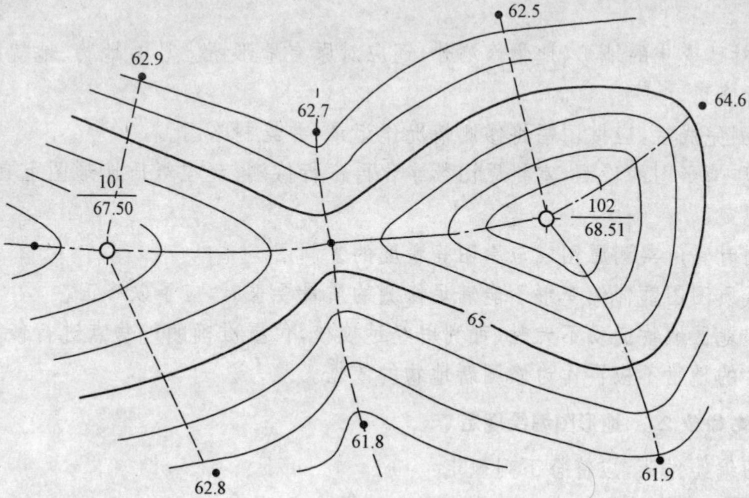


图 6-12 等高线的绘制

## 六、地形图修测与编绘

### 1. 地形图修测

(1)地形图修测前应进行实地踏勘,确定修测范围,并制订修测方案。如修测的面积超过原图总面积的1/5,应重新进行测绘。

(2)地形图修测的图根控制,应符合下列规定:

1)应充分利用经检查合格的原有邻近图根点;高程应从邻近的高程控制点引测。

2)局部修测时,测站点坐标可利用原图已有坐标的地物点按内插法或交会法确定,检核较差不应大于图上0.2mm。

3)局部地区少量的高程补点,也可利用3个固定的地物高程点作为依据进行补测,其高程较差不得超过基本等高距的1/5,并应取用平均值。

4)当地物变动面积较大、周围地物关系控制不足,应补设图根控制。

### 2. 地形图编绘

地形图的编绘,应选用内容详细、现势性强、精度高的已有资料,包括图纸、数据文件、图形文件等进行编绘。

编绘图应以实测图为基础进行编绘;各种专业图应以地形图为基础结合专业要求进行编绘;编绘图的比例尺不应大于实测图的比例尺。

**关键细节19 地形图修测规定**

地形图的修测,应符合下列规定:

(1)新测地物与原有地物的间距中误差,不得超过图上0.6mm。

(2)地形图的修测方法,可采用全站仪测图法和支距法等。

(3)当原有地形图图式与现行图式不符时,应以现行图式为准。

(4)地物修测的连接部分,应从未变化点开始施测;地貌修测的衔接部分应施测一定数量的重合点。

(5)除对已变化的地形、地物修测外，还应对原有地形图上已有地物、地貌的明显错误或粗差进行修正。

(6)修测完成后，应按图幅将修测情况作记录，并绘制略图。

(7)纸质地形图的修测，宜将原图数字化再进行修测；如在纸质地形图上直接修测，应符合下列规定：

1)修测时宜用实测原图或与原图等精度的复制图。

2)当纸质图图廓伸缩变形不能满足修测的质量要求时，应予以修正。

3)局部地区地物变动不大时，可利用经过校核，位置准确的地物点进行修测。使用图解法修测后的地物不应再作为修测新地物的依据。

### 关键细节 20 地形图编绘规定

地形图编绘作业，应符合下列规定：

(1)原有资料的数据格式应转换成同一数据格式。

(2)原有资料的坐标、高程系统应转换成编绘图所采用的系统。

(3)地形图要素的综合取舍，应根据编绘图的用途、比例尺和区域特点合理确定。

(4)编绘图应采用现行图式。

(5)编绘完成后，应对图的内容、接边进行检查，发现问题应及时修改。

# 第三节 地形图应用

## 一、地形图基本用途

地形图是工程建设的规划设计阶段对规划地区的地面情况进行系统而周密调查研究的基础资料，是国土整治、资源勘测、城乡建设、土地利用、环境保护、工程设计、矿藏采掘、河道整理等工作的重要资料，可以从地形图上获取地物、地貌、居民点、水系、交通、通讯、管线、农林等多方面的信息，作为设计的依据。

在地形图上，可以确定点位、点与点之间的距离和直线间的夹角；可以确定直线的方位角，进行实地定向；可以确定点的高程和两点间的高差；可以在图上绘制集水线和分水线，标出洪水位线和淹没线；可以从地形图上计算出土地等的面积和体积，从而确定用地面积、土石方量、蓄水量、矿产量等；可以从图上了解到各种地物、地类、地貌等的分布情况，统计诸如村庄、树林、农田等数据，获得房屋的数量、质量、层次等资料；可以从图上确定各设计对象的施工数据；可以从图上截取断面，绘制断面图。利用地形图作底图，可以编绘出一系列专题地图，如地籍图、地质图、水文图、农田水利规划图、土地利用规划图、建筑物总平面图、城市交通图和旅游图等。

### 关键细节 21 在图上确定某点坐标

在大比例尺地形图上画有 10cm×10cm 的坐标方格网，并在图廓西、南边上注有方格的纵横坐标值。如图 6-13 所示，要求 $p$ 点的平面直角坐标($x_p$，$y_p$)，可先将 $p$ 点所在坐标方格网用直线连接，得正方形 $abcd$，过 $p$ 点分别作平行于 $x$ 轴和 $y$ 轴的两条直线 $mn$ 和 $kl$，然后用分规截取 $ak$ 和 $an$ 的图上长度，再依比例尺算出 $ak$ 和 $an$ 的实地长度值。

可算出 $ak=52$m，$an=26$m，则 $p$ 点的坐标为：

$$x_p=x_a+ak=2200+52=2252\text{m}$$

$$y_p=y_a+an=1700+26=1726\text{m}$$

为了检核，还应量出 $dk$ 和 $bn$ 的长度。如果考虑到图纸伸缩的影响，可按内插法计算：

$$x_p=x_a+(10/ad)\times ak$$

$$y_p=y_a+(10/ad)\times an \qquad (6\text{-}2)$$

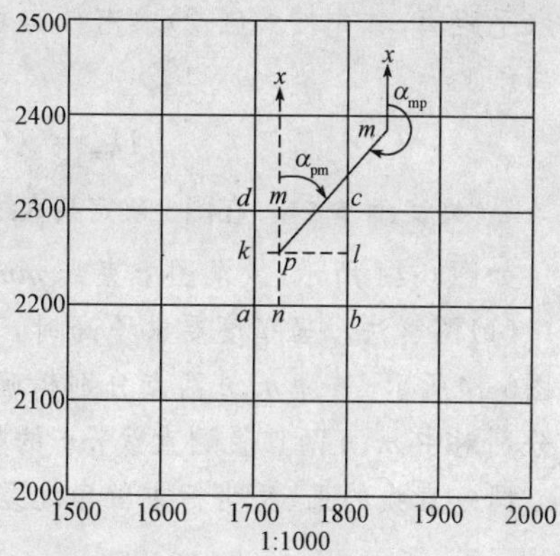


图 6-13　地形图基本应用示意图(一)

### 关键细节 22　在图上确定某点高程

地形图上任一点的高程，可以根据等高线及高程标记来确定。如图 6-14 所示，如果某点 $A$ 正好在等高线上，则其高程与所在等高线的高程相同，即 $H_A=104.0$m。如果所求点不在等高线上，如图 6-14 中的 $B$ 点，而位于 106m 和 108m 两条等高线之间，则可过 $B$ 点作一条大致垂直于相邻等高线的线段 $mn$。量取 $mn$ 的长度，再量取 $mB$ 的长度，若分别为 9.5mm 和 3mm，已知等高距 $h=2$m，则 $B$ 点的高程 $H_B$ 可按比例内插求得：

$$H_B=H_m+\frac{mB}{mn}\cdot h=106+\frac{3}{9.5}\times 2=106.6\text{m} \qquad (6\text{-}3)$$

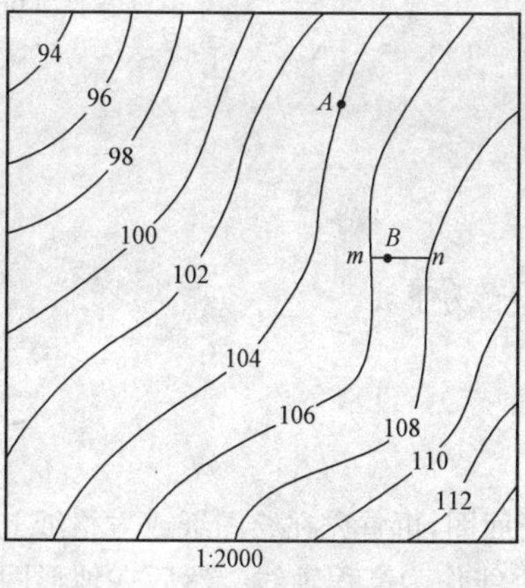


图 6-14　地形图基本应用示意图(二)

在图上求某点的高程时，通常可以根据相邻两等高线的高程目估确定。例如图 6-14 中 $mB$ 约为 $mn$ 的 3/10，故 $B$ 点高程可估计为 106.6m。《工程测量规范》(GB 50026—2007)中规定，在平坦地区等高线的高程中误差不应超过 1/3 等高距；丘陵地区不应超过 1/2 等高距；山地不应超过 2/3 等高距；高山地不应超过一个等高距。也就是说，如果等高距为 1m，则平坦地区等高线本身的高程误差允许到 0.3m，丘陵地区为 0.5m，山地为 0.67m，高山地可达 1m。显然，所求高程精度低于等高线本身的精度，而目估误差与此相比，是微不足道的。所以，用目估确定点的高程是可行的。

### 关键细节 23　在图上确定两点间距离

(1)直接量测。用卡规在图上直接卡出线段长度，再与图示比例尺比量，即可得其水平距离。也可以用毫米尺量取图上长度并按比例尺换算为水平距离，但后者会受图纸伸缩的影响，误差相应较大。在图纸上绘有图示比例尺时，用此方法较为理想。

(2)根据直线两端点的坐标计算水平距离。为了消除图纸变形和量测误差的影响，尤其当距离较长时，可用两点的坐标计算距离，以提高精度。如图 6-14 所示，欲求直线 $mn$

的水平距离，首先按式(6-2)求出两点的坐标值($x_m$，$y_m$)和($x_n$，$y_n$)，然后按下式计算水平距离。

$$D_{mn}=\sqrt{(x_n-x_m)^2+(y_n-y_m)^2} \tag{6-4}$$

### 关键细节 24　在图上确定某直线坐标方位角

如图 6-14 所示，欲求图上直线 $mn$ 的坐标方位角，有下列两种方法。

(1)图解法。当精度要求不高时，可用图解法用量角器在图上直接量取坐标方位角。如图6-14所示，先过 $m$、$n$ 两点分别精确地作坐标方格网纵线的平行线，然后用量角器的中心分别对中 $m$、$n$ 两点量测直线 $mn$ 的坐标方位角 $\alpha'_{mn}$ 和 $nm$ 的坐标方位角 $\alpha'_{nm}$。

同一直线的正、反坐标方位角之差为 180°，所以可按下式计算。

$$\alpha_{mn}=\frac{1}{2}(\alpha'_{mn}+\alpha'_{nm}\pm180°) \tag{6-5}$$

上述方法中，通过量测其正、反坐标方位角取平均值是为了减小量测误差，提高量测精度。

(2)解析法。先求出 $m$、$n$ 两点的坐标，然后再按下式计算直线 $mn$ 的坐标方位角。

$$\alpha_{mn}=\arctan\frac{y_n-y_m}{x_n-x_m}=\arctan\frac{\Delta y_{mn}}{\Delta x_{mn}} \tag{6-6}$$

当直线较长时，解析法可取得较好的结果。

### 关键细节 25　在图上确定直线坡度

在图上求得直线的长度以及两端点的高程后，可按下式计算该直线的平均坡度 $i$。

$$i=\frac{h}{dM}=\frac{h}{D} \tag{6-7}$$

式中　$d$——指图上量得的长度；

$h$——指直线两端点的高差；

$M$——指地形图比例尺分母；

$D$——指该直线的实地水平距离。

坡度通常用千分率或百分率表示，“+”为上坡，“-”为下坡。

## 二、地形图在工程建设中的应用

### 1. 按预定方向绘制纵断面图

如图 6-15(a)所示，欲沿地形图上 $AB$ 方向绘制断面图，可首先在绘图纸或方格纸上绘制 $AB$ 水平线。如图 6-15(b)所示，过 $A$ 点作 $AB$ 的垂线作为高程轴线。然后在地形图上用卡规自 $A$ 点分别卡出 $M$ 点至 1、2、3……$B$ 各点的水平距离，并分别在图 6-15 上自 $A$ 点沿 $AB$ 方向截出相应的 1、2……$B$ 等点。再在地形图上读取各点的高程，按高程比例尺向上作垂线。最后，用光滑的曲线将各高程顶点连接起来，即得 $AB$ 方向的纵断面图。

纵断面图是显示沿指定方向地球表面起伏变化的剖面图。在各种线路工程设计中，为了进行填挖土(石)方量的概算以及合理地确定线路的纵坡等，都需要了解沿线路方向的地面起伏情况，而利用地形图绘制沿指定方向的纵断面图最为简便，因而得到广泛应用。

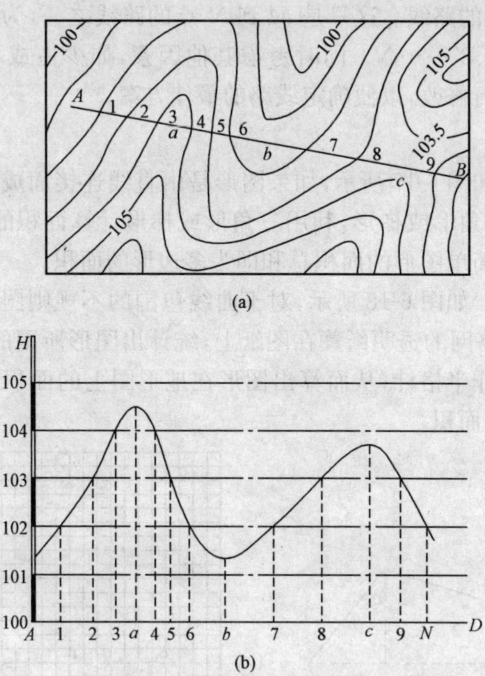


图 6-15　按预定方向绘制纵断面图

**2. 在地形图上按限制坡度选择最短线路**

如图 6-16 所示，设从 $M$ 点到高地 $N$ 点要选择一条路线，要求其坡度不大于 5%（限制坡度）。设计用的地形图比例尺为 1∶2000，等高距为 1m。为了满足限制坡度的要求，根据公式计算出该路线经过相邻等高线之间的最小水平距离 $d$ 为

$$d=\frac{h}{i\cdot M}=\frac{1}{0.05\times 2000}=0.01\text{m}=1\text{cm}$$

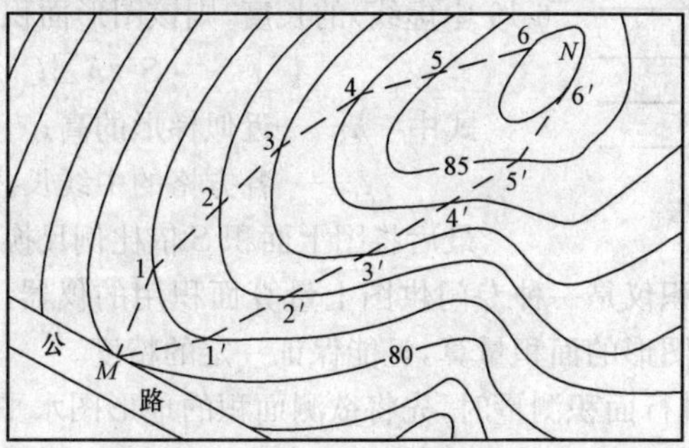


图 6-16　按限制坡度选择最短线路示意图

于是，以 $M$ 点为圆心、$d$ 为半径画弧交 81m 等高线于点 1，再以点 1 为圆心、$d$ 为半径画弧，交 82m 等高线于点 2，依此类推，直到 $N$ 点附近为止。然后连接 A、1、2……$N$，便在

图上得到符合限制坡度的路线。这只是 $M$ 到 $N$ 点的路线之一，为了便于选线比较，还需另选一条路线，如 $A$、$1'$、$2'$……$N$。同时考虑其他因素，如少占或不占农田，建筑费用最少，避开不良地质等进行修改，以便确定线路的最佳方案。

**3. 量算图形面积**

(1)几何图形法。如图 6-17 所示，如果图形是由直线连接而成的闭合多边形，则可将多边形分割成若干个三角形或梯形，利用三角形或梯形计算面积的公式计算出各简单图形的面积，最后求得各简单图形的面积总和即为多边形的面积。

(2)透明方格网法。如图 6-18 所示，对于曲线包围的不规则图形，可利用绘有边长为 1mm(或 2mm)正方形格网的透明纸蒙在图纸上，统计出图形所围的方格整数格和不完整格数，一般将不完整格作半格计，从而算出图形在地形图上的面积，最后依据地形图比例尺计算出该图形的实地面积。

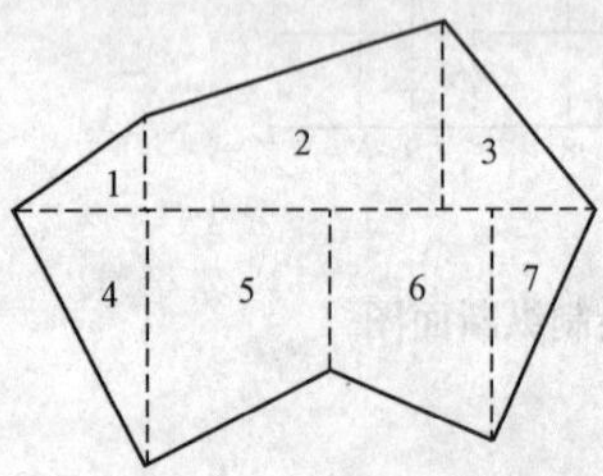


图 6-17　几何图形法

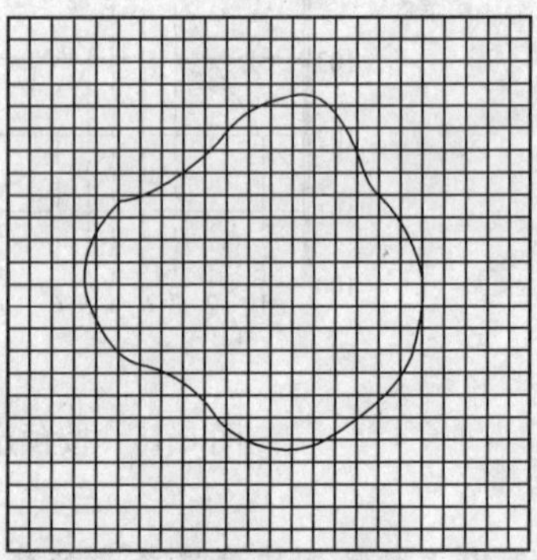

图 6-18　透明方格网法

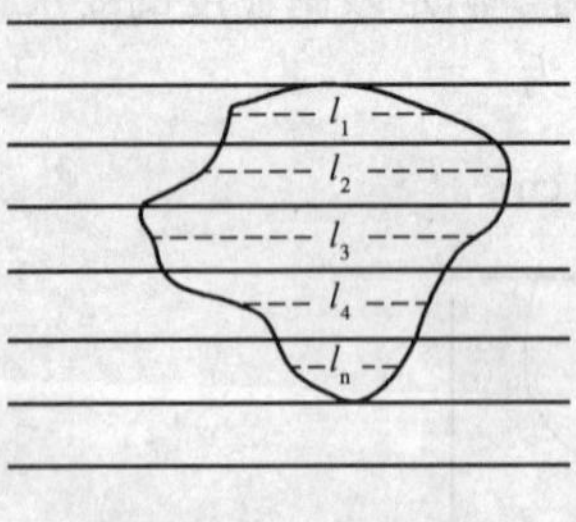


图 6-19　平行线法

(3)平行线法。如图 6-19 所示，将绘有间隔 $h$ 为 1mm 或 2mm 平行线的透明纸，覆盖在地形图上，则图形被分割成许多高为 $h$ 的等高近似梯形，再量测各梯形的中线 $l$(图 6-19 中虚线)的长度，则该图形面积为：

$$S=h\sum l_i \tag{6-8}$$

式中　$h$——近似梯形的高；

$l_i$——各方格的中线长。

最后将图上面积 $S$ 依比例尺换算成实地面积。

(4)求积仪法。求积仪是一种专门供图上量算面积用的仪器，其优点是操作简便、速度快、适用于任意曲线图形的面积量算，且能保证一定的精度。

使用数字求积仪进行面积测量时，先将欲测面积的地形图水平放置，并试放仪器在图形轮廓的中间偏左处，使跟踪臂的描迹镜上下移动时，能达到图形轮廓线的上下顶点，并使动极轴与跟踪臂大致垂直，然后在图形轮廓线上标记起点。测量时，先打开电源开关，用手握住跟踪臂描迹镜，使描迹镜中心点对准起点，按下 STAR 键后沿图形轮廓线顺时针方向移动，准确地跟踪一周后回到起点，再按 AVER 键，则显示器显示出所测量图形的面积值。若想得到实际面积值，测量前可选择平方米($m^2$)或平方千米($km^2$)，并将比例尺分母输入计算器，当测量一周回到起点时，可得所测图形的实地面积。

**4. 确定汇水区面积**

山脊线又称为分水线，即落在山脊上的雨水必然要向山脊两旁流下。根据这个原理，只要将某地区的一些相邻山脊线连接起来就构成汇水面积的界线，它所包围的面积就称为汇水面积。如图 6-20 所示，由山脊线 $AB$、$BC$、$CD$、$DE$、$EA$ 所围成的面积就是汇水面积。

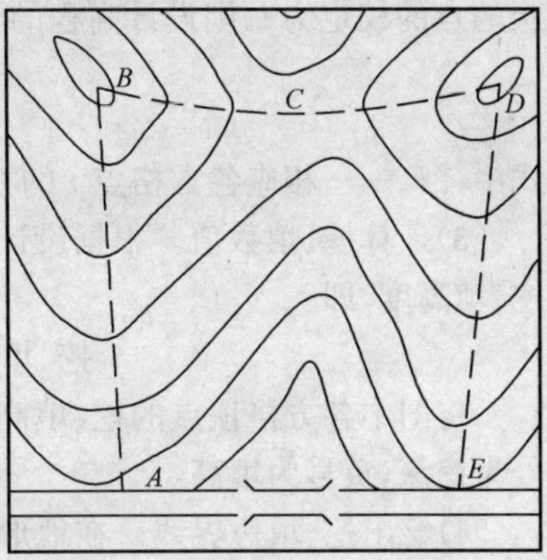


图 6-20　汇水区面积的确定

**5. 根据地形图平整场地**

(1)设计成水平场地。如图 6-21 为一幅 1∶1000 比例尺的地形图，假设要求将原地貌按挖填土方量平衡的原则改造成平面，其步骤如下：

1)绘制方格网，并求出各方格点的地面高。

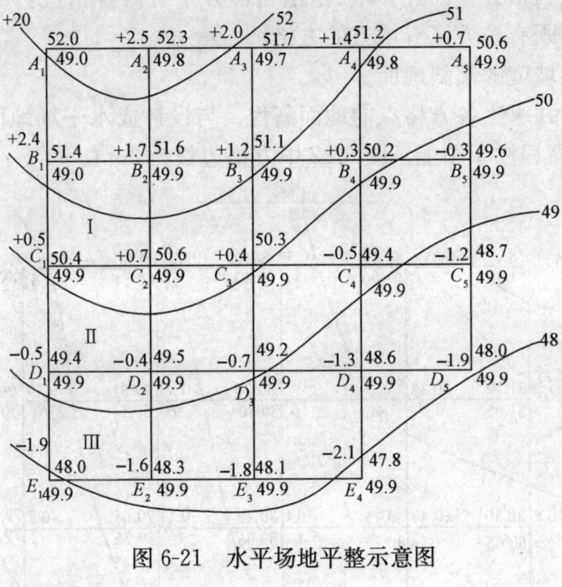


图 6-21　水平场地平整示意图

2)计算设计高程。

①先将每一方格顶点的高程加起来除以 4，得到各方格的平均高程，再把每个方格的平均高程相加除以方格总数，就得到设计高程 $H_设$，即：

$$H_{设}=\frac{H_1+H_2+\cdots+H_i}{h} \tag{6-9}$$

式中　$H_i$——每一方格的平均高程；

　　$n$——方格总数。

②从设计高程 $H_设$ 的计算方法和图 6-22 可以看出：方格网的角点 $A_1$、$A_5$、$D_5$、$E_4$、$E_1$ 的高程只用了一次，边点 $A_2$、$A_3$、$A_4$、$B_1$、$B_5$、$C_1$、$C_5$、$D_1$、$E_2$、$E_3$ 的高程用了两次，拐点 $D_4$ 的高程用了三次，而中间点 $B_2$、$B_3$、$B_4$、$C_2$、$C_3$、$C_4$、$D_2$、$D_3$ 点的高程都用了四次，若以各方格

点对 $H_{设}$ 的影响大小(实际上就是各方格点控制面积的大小)作为“权”的标准,如把用过 $i$ 次的点的权定为 $i$,则设计高程的计算公式可写为:

$$H_{设}=\frac{\sum P_iH_i}{\sum P_i} \tag{6-10}$$

式中　$P_i$——相应各方格点 $i$ 的权。

3)计算挖、填数值。根据设计高程和各方格顶点的高程,可以计算出每一方格顶点的挖、填高度,即

$$挖、填高度=地面高程-设计高程 \tag{6-11}$$

将图中各方格顶点的挖、填高度写于相应方格顶点的左上方,如+2.1、-0.7 等。正号为挖深,负号为填高。

4)绘出挖、填边界线。在地形图上根据等高线,用目估法内插出高程为 49.9m 的高程点,即填挖边界点,叫零点。连接相邻零点的曲线,称为填挖边界线。在填挖边界线一边为填方区域,另一边为挖方区域。零点和填挖边界线是计算土方量和施工的依据。

5)计算挖、填土(石)方量。计算填、挖土(石)方量有两种情况:一种是整个方格全填(或挖)方;另一种是既有挖方又有填方的方格。

(2)设计成一定坡度的倾斜地面。

1)绘制方格网,并求出各方格点的地面高程。与设计成水平场地同法绘制方格网,并将各方格点的地面高程注于图上。图 6-22 中方格边长为 20m。

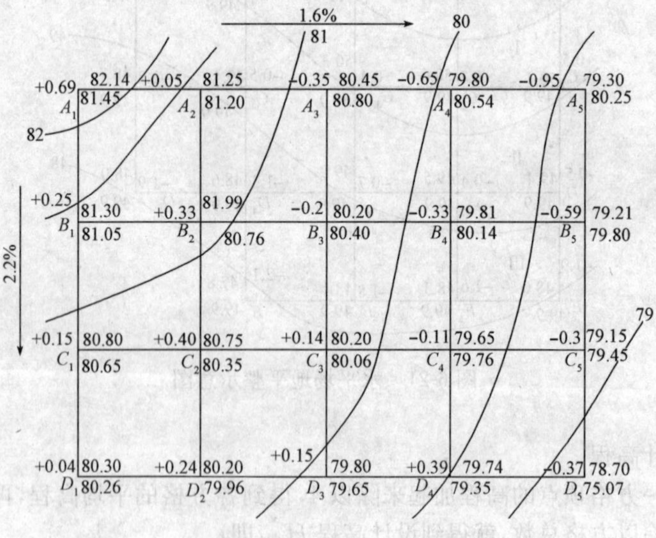


图 6-22　倾斜场地平整示意图

2)根据挖、填平衡的原则,确定场地重心点的设计高程。根据填挖土(石)方量平衡,按式(6-10)计算整个场地几何图形重心点的高程为设计高程。用图 6-22 中数据计算 $H_{设}$=80.26m。

3)确定方格点设计高程。重心点及设计高程确定以后,根据方格点间距和设计坡度,自重心点起沿方格方向,向四周推算各方格点的设计高程。

4)确定挖、填边界线。在地形图上首先确定填挖零点。连接相邻零点的曲线,称为填挖边界线。在填挖边界线一边为填方区域,另一边为挖方区域。零点和填挖边界线是计算土方量和施工的依据。

5)计算方格点挖、填数值。根据图 6-22 中地面高程与设计高程值,按式(6-11)计算各方格点挖、填数值,并注于相应点的左上角。

6)计算挖、填方量。根据方格点的填、挖数,可按上述方法,确定填挖边界线,并分别计算各方格内的填、挖方量及整个场地的总填、挖方量。

# 第七章 工业建筑施工测量

## 第一节 工业建筑施工控制网

凡工业厂房或连续生产系统工程，均应建立独立矩形控制网，作为施工放样的依据。厂房控制网分为三级：第一级是机械传动性能较高且有连续生产设备的大型厂房和焦炉等；第二级是有桥式吊车的生产厂房；第三级是没有桥式吊车的一般厂房。

### 一、厂房矩形平面控制网测设方法

厂房矩形控制网的测设通常是根据厂区的总平面图、厂区控制网、厂房施工图和现场地形情况等资料，按一定比例绘制测设略图，制订测设方案，为测设工作做准备。

厂房矩形控制网测设的主要内容为：确定主轴线位置、矩形控制网位置、距离指标桩的点位、测设方法和精度要求。在确定主轴线点及矩形控制网位置时，要考虑到控制点能长期保存，应避开地上和地下管线；位置应距厂房基础开挖边线以外 1.5～4m。距离指标桩即沿厂房控制网各边每隔若干柱间距埋设一个控制桩，故其间距一般为厂房柱距的倍数，但不要超过所用钢尺的整尺长。

厂房矩形控制网测设过程中，允许误差应符合表 7-1 的规定。

**表 7-1　　厂房矩形控制网允许误差**

| 矩形网等级 | 矩形网类别 | 厂房类别 | 主轴线、矩形边长精度 | 主轴线交角允许差 | 矩形角允许差 |
|---|---|---|---|---|---|
| Ⅰ | 根据主轴线测设的控制网 | 大型 | 1∶50000,1∶30000 | ±3″～±5″ | ±5″ |
| Ⅱ | 单一矩形控制网 | 中型 | 1∶20000 |  | ±7″ |
| Ⅲ | 单一矩形控制网 | 小型 | 1∶10000 |  | ±10″ |

**关键细节 1　单一厂房矩形控制网测设**

(1)基线(长边线)的测设，根据厂区控制网定出一条边长，如图7-1中的 $A$—$B$，作为基线推出其余三边。

(2)矩形控制网的测设在基线的两端 $A$ 与 $B$ 测设直角，设置矩形的两条短边，并定出 $C$、$D$，最后在 $C$、$D$ 安置仪器检查角度，并丈量 $CD$ 之边长进行检查。在丈量矩形网各边长时，应同时测出距离指标桩。此种形式的矩形网只适用于一般中小型厂房。

**关键细节 2　主轴线组成的矩形控制网测设**

主轴线组成的矩形控制网多用于大型厂房或系统工程测设时，先根据厂区控制网定出矩形控制网的主轴线，然后根据主轴线测设矩形控制网，如图 7-2 所示。

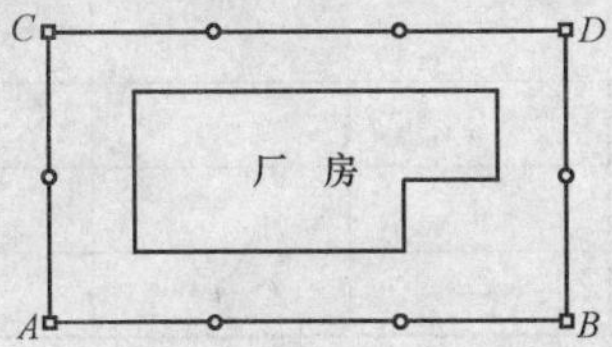


图 7-1 矩形控制网图

□矩形控制网角桩 ○距离指标桩

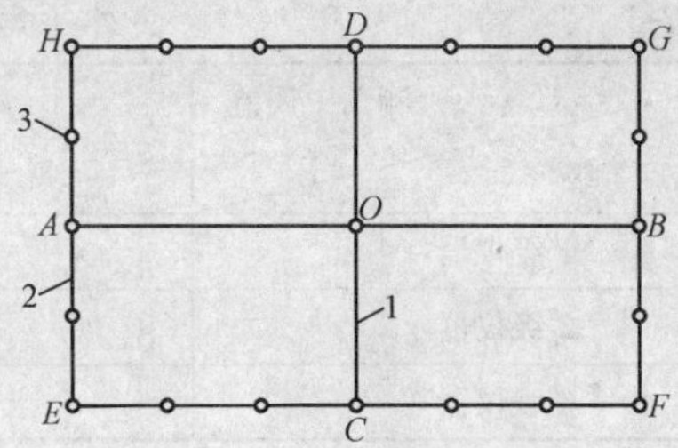


图 7-2 主轴线的测设

1—主轴线；2—矩形控制网；3—距离指标桩

(1)主轴线的测设。现以图 7-2 的十字轴线为例：首先将长轴 $AOB$ 测定于地面，再以长轴为基线测出 $COD$，并进行方向改正，使纵横两轴线严格垂直。轴线的方向调整好以后，应以 $O$ 为起点，进行精密丈量距离，以确定纵横轴线各端点位置。其具体测设方法与误差处理与主轴线法相同。

(2)矩形控制网的测设。在纵横轴线的端点 $A$、$B$、$C$、$D$ 分别安置经纬仪，都以 $O$ 为后视点，分别测设直角交会定出 $E$、$F$、$G$、$H$ 四个角点。然后再精密丈量 $AH$、$AE$、$BG$……各段距离。其精度要求与主轴线相同。若角度交会与测距精度良好，则所量距离的长度与交会定点的位置能相适应，否则应按照轴线法中所述方法予以调整。

为了便于以后进行厂房细部的施工放线，在测定矩形网各边长时，应按施测方案确定的位置与间距测设距离指标桩。距离指标桩的间距一般是等于厂房柱子间距的整数倍(但以不超过使用尺子的长度为限)，使指标桩位于厂房柱行列线或主要设备中心线方向上。

## 二、工业厂房平面控制网的建立

工业厂房控制网，应根据建筑物的分布、结构、高度、基础埋深和机械设备传动的连接方式、生产工艺的连续程度，分别布设一级或二级控制网。其主要技术要求应符合表 7-2 的规定。

**表 7-2　建筑物施工平面控制网的主要技术要求**

| 等　级 | 边长相对中误差 | 测角中误差 |
|---|---|---|
| 一级 | ≤1/30000 | $7''/\sqrt{n}$ |
| 二级 | ≤1/15000 | $15''/\sqrt{n}$ |

注：$n$ 为建筑物结构的跨数。

工业厂房控制网的建立，应符合下列规定：

(1)控制点应选在通视良好、土质坚实、利于长期保存、便于施工放样的地方。

(2)控制网加密的指示桩，宜选在建筑物行列线或主要设备中心线方向上。

(3)主要的控制网点和主要设备中心线端点，应埋设固定标桩。

(4)控制网轴线起始点的定位误差不应大于 2cm；两建筑物(厂房)间有联动关系时，不应大于 1cm，定位点不得少于 3 个。

(5)水平角观测的测回数，应根据表 7-2 中测角中误差的大小，按表 7-3 选定。

表 7-3　　水平角观测的测回数

| 仪器精度等级＼测角中误差 | 2.5″ | 3.5″ | 4.0″ | 5″ | 10″ |
|---|---|---|---|---|---|
| 1″级仪器 | 4 | 3 | 2 | — | — |
| 2″级仪器 | 6 | 5 | 4 | 3 | 1 |
| 6″级仪器 | — | — | — | 4 | 3 |

(6)矩形网的角度闭合差，不应大于测角中误差的4倍。

(7)边长测量宜采用电磁波测距的方法。二级网的边长测量也可采用钢尺量距。

(8)矩形网应按平差结果进行实地修正，调整到设计位置。当增设轴线时，可采用现场改点法进行配赋调整；点位修正后，应进行矩形网角度的检测。

## 关键细节3　中、小型工业厂房控制网的建立

如图7-3所示，根据测设方案与测设略图，将经纬仪安置在建筑方格网点$E$上，分别精确照准$D$、$H$点。自$E$点沿视线方向分别量取$Eb$=35.00m和$Ec$=28.00m，定出$b$、$c$两点。然后，将经纬仪分别安置于$b$、$c$两点上，用测设直角的方法分别测出$b$Ⅳ、$c$Ⅲ方向线，沿$b$Ⅳ方向测设出Ⅳ、Ⅲ两点，沿$c$Ⅲ方向测设出Ⅱ、Ⅲ两点，分别在Ⅰ、Ⅱ、Ⅲ、Ⅳ四个点上钉上木桩并做好标志。最后检查控制桩Ⅰ、Ⅱ、Ⅲ、Ⅳ各点的直角是否符合精度要求。一般情况下其误差不应超过±10″，各边长度相对误差不应超过1/25000～1/10000。

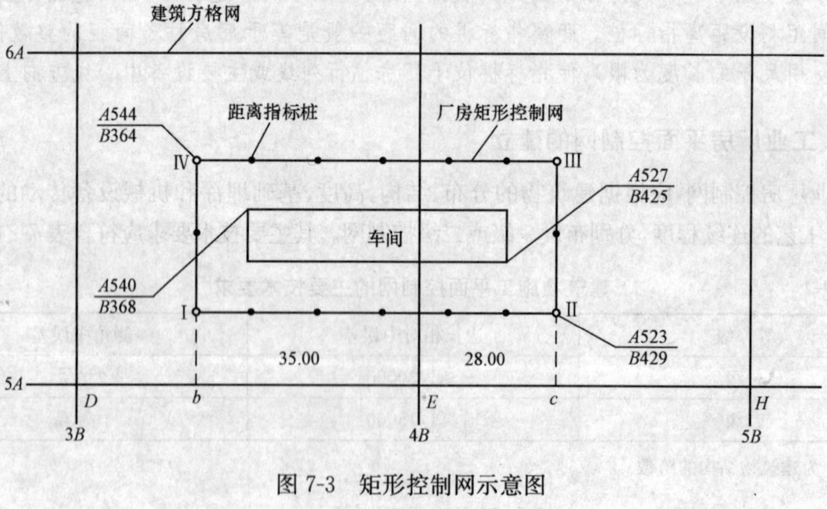


图7-3　矩形控制网示意图

## 关键细节4　大型工业厂房控制网的建立

对于大型厂房或设备基础复杂的厂房，由于施测精度要求较高，为了保证后期测设的精度，其矩形厂房控制网的建立一般分两步进行。先依据厂区建筑方格网精确测设出厂房控制网的主轴线及辅助轴线(可参照建筑方格网主轴线的测设方法进行)，当校核达到精度要求后，再根据主轴线测设厂房矩形控制网，并测设各边上的距离指示桩，一般距离

指示桩位于厂房柱列轴线或主要设备中心线方向上。最终应进行精度校核，直至达到要求。大型厂房主轴线的测设精度，边长的相对误差不应超过1/30000，角度偏差不应超过±5″。

如图7-4所示，主轴线MON和HOG分别选定在厂房柱列轴线Ⓒ和③轴上，Ⅰ、Ⅱ、Ⅲ、Ⅳ为控制网的四个控制点。

测设时，首先按主轴线测设方法将MON测设于地面上，再以MON轴为依据测设短轴HOG，并对短轴方向进行方向改正，使轴线MON与HOG正交，限差为±5″。主轴线方向确定后，以O点为中心，用精密丈量的方法测定纵、横轴端点M、N、H、G位置，主轴线长度相对精度为1/5000。主轴线测设后，可测设矩形控制网，测设时分别将经纬仪安置在M、N、H、G四点，瞄准O点测设90°方向，交会定出Ⅰ、Ⅱ、Ⅲ、Ⅳ四个角点，精密丈量MⅠ、MⅡ、NⅡ、NⅣ、HⅠ、HⅣ、GⅣ、GⅢ长度，精度要求同主轴线，不满足时应进行调整。

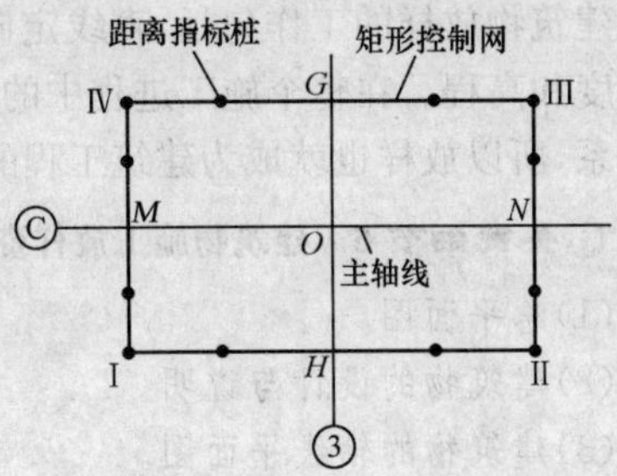

图7-4　大型厂房矩形控制网的测设

**关键细节5　厂房扩建与改建控制测量**

在旧厂房进行扩建或改建前，最好能找到原有厂房施工时的控制点，作为扩建与改建时进行控制测量的依据；但原有控制点必须与已有的吊车轨道及主要设备中心线联测，将实测结果提交设计部门。

如原厂房控制点已不存在，应按下列不同情况，恢复厂房控制网。

(1)厂房内有吊车轨道时，应以原有吊车轨道的中心线为依据。

(2)扩建与改建的厂房内的主要设备与原有设备有联动或衔接关系时，应以原有设备中心线为依据。

(3)厂房内无重要设备及吊车轨道，可以原有厂房柱子中心线为依据。

## 三、工业厂房高程控制网

工业厂房高程控制网应布设成闭合环线、附合路线或经点网，建筑物高程控制应符合下列规定：

(1)建筑物高程控制应采用水准测量。附合路线闭合差，不应低于四等水准的要求。

(2)水准点可设置在平面控制网的标桩或外围的固定地物上，也可单独埋设。水准点的个数不应少于2个。

(3)当场地高程控制点距离施工建筑物小于200m时，可直接利用。

(4)当施工中高程控制点标桩不能保存时，应将其高程引测至稳固的建筑物或构筑物上；引测的精度不应低于四等水准。

## 四、工业建筑物放样

建筑物的放样，就是按照建筑物的设计，以一定的精度将其主要轴线和大小转移到实地上去，并将其固定起来。这一项工作是为建筑物的施工做准备，是施工过程的一个开端，没有这项工作，一切建筑物就不可能正确、有计划地进行施工。

建筑物放样的工作包括：直线定向、在地面上标定直线并测设规定的长度、测设规定的角度和高程。在整个施工进程中的各个阶段都有这种放样工作。由于施工与放样的紧密联系，所以放样也就成为建筑工程的一个不可分割的部分。

### 关键细节 6 建筑物施工放样资料

(1)总平面图。

(2)建筑物的设计与说明。

(3)建筑物的轴线平面图。

(4)建筑物的基础平面图。

(5)设备的基础图。

(6)土方的开挖图。

(7)建筑物的结构图。

(8)管网图。

(9)场区控制点坐标、高程及点位分布图。

### 关键细节 7 建筑物施工放样要求

建筑物施工放样应符合下列要求：

(1)建筑物施工放样、轴线投测和标高传递的偏差，不应超过表 7-4 的规定。

**表 7-4 建筑物施工放样、轴线投测和标高传递的允许偏差**

| 项目 | 内容 | | 允许偏差/mm |
|---|---|---|---|
| 基础桩位放样 | 单排桩或群桩中的边桩 | | ±10 |
| | 群桩 | | ±20 |
| 各施工层上放线 | 外廓主轴线长度 $L$/m | $L\leqslant30$ | ±5 |
| | | $30<L\leqslant60$ | ±10 |
| | | $60<L\leqslant90$ | ±15 |
| | | $90<L$ | ±20 |
| | 细部轴线 | | ±2 |
| | 承重墙、梁、柱边线 | | ±3 |
| | 非承重墙边线 | | ±3 |
| | 门窗洞口线 | | ±3 |
| 轴线竖向投测 | 每层 | | 3 |
| | 总高 $H$/m | $H\leqslant30$ | 5 |
| | | $30<H\leqslant60$ | 10 |
| | | $60<H\leqslant90$ | 15 |
| | | $90<H\leqslant120$ | 20 |
| | | $120<H\leqslant150$ | 25 |
| | | $150<H$ | 30 |

（续）

| 项目 | 内容 | | 允许偏差/mm |
|---|---|---|---|
| 标高竖向传递 | 每层 | | +3 |
| | 总高 $H$/m | $H\leqslant30$ | ±5 |
| | | $30<H\leqslant60$ | ±10 |
| | | $60<H\leqslant90$ | ±15 |
| | | $90<H\leqslant120$ | ±20 |
| | | $120<H\leqslant150$ | ±25 |
| | | $150<H$ | ±30 |

(2)施工层标高的传递，宜采用悬挂钢尺代替水准尺的水准测量方法进行，并应对钢尺读数进行温度、尺长和拉力改正。

传递点的数目，应根据建筑物的大小和高度确定。规模较小的工业建筑或多层民用建筑，宜从 2 处分别向上传递，规模较大的工业建筑或高层民用建筑，宜从 3 处分别向上传递。

传递的标高较差小于 3mm 时，可取其平均值作为施工层的标高基准，否则应重新传递。

(3)施工层的轴线投测，宜使用 2″级激光经纬仪或激光铅直仪进行。控制轴线投测至施工层后，应在结构平面上按闭合图形对投测轴线进行校核。合格后，才能进行本施工层上的其他测设工作；否则，应重新进行投测。

(4)施工的垂直度测量精度，应根据建筑物的高度、施工的精度要求、现场观测条件和垂直度测量设备等综合分析确定，但不应低于轴线竖向投测的精度要求。

(5)大型设备基础浇筑过程中，应及时监测。当发现位置及标高与施工要求不符时，应立即通知施工人员并及时处理。

# 第二节 厂房基础施工测量

## 一、混凝土杯形基础施工测量

杯形基础是独立基础的一种。独立基础也称单独基础，是整个或局部结构物下的无筋或配筋的单个基础。杯形基础是预制柱下常采用的形式，如图 7-5 所示。

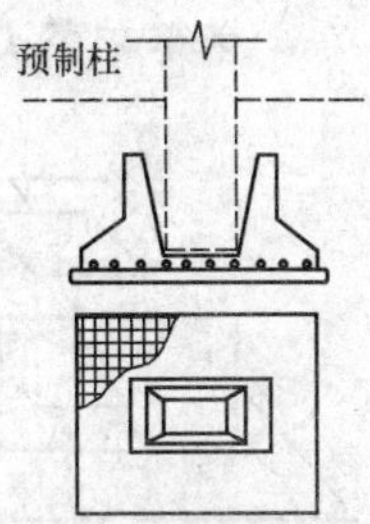


图 7-5 杯形基础

### 关键细节 8 柱基础定位

桩基础定位的步骤如下：

(1)在矩形控制网边上测定基础中心线的端点（基础中心线与矩形边的交点），如图 7-6 中的 $A$、$A'$和 $1'$等点。端点应根据矩形边上相邻两个距离指标桩，以内分法测定（距离闭合差应进行配赋）。

(2)用两台经纬仪分别置于矩形网上端点 $A$ 和 2,分别瞄准 $A'$ 和 $2'$ 进行中心线投点,其交点就是②号柱基的中心。

(3)根据基础图进行柱基放线,用灰线把基坑开挖边线在实地标出。

(4)在离开挖边线 0.5～1.0m 处方向线上打入四个定位木桩,钉上小钉标示中线方向,供修坑立模之用。

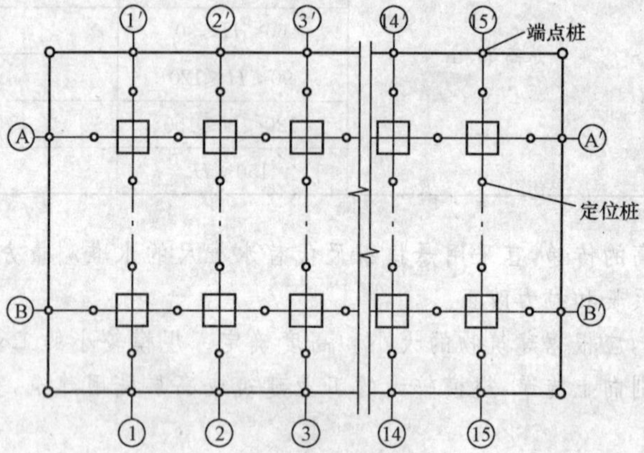


图 7-6 基础定位控制网

## 关键细节 9 基坑抄平

基坑开挖后,当基坑快要挖到设计标高时,应在基坑的四壁或者坑底边沿及中央打入小木桩,在木桩上引测同一高程的标高,以便根据标点拉线修整坑底和打垫层。

## 关键细节 10 支立模板时的测量工作

打好垫层后,根据柱基定位桩在垫层上放出基础中心线,并弹墨线标明,作为支模板的依据。支模上口还可由坑边定位桩直接拉线,用吊垂球的方法检查其位置是否正确。然后在模板的内表面用水准仪引测基础面的设计标高,并画线标明。在支杯底模板时,应注意使实际浇筑出来的杯底顶面比原设计的标高略低 3～5cm,以便拆模后填高修平杯底。

## 关键细节 11 杯口中线投点与抄平

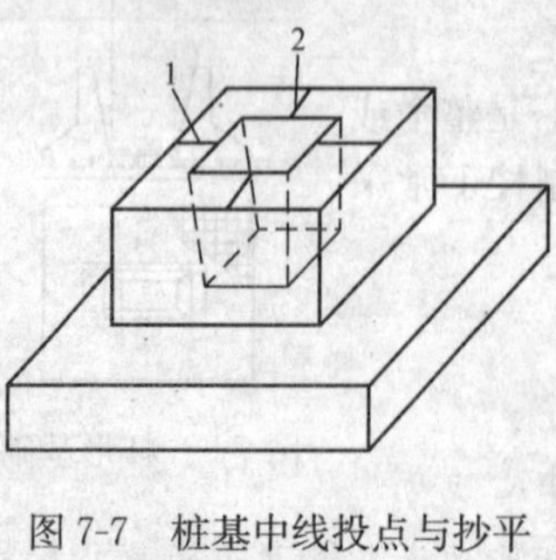


图 7-7 桩基中线投点与抄平
1—桩中心线;2—标高线

在柱基拆模以后,根据矩形控制网上柱中心线端点,用经纬仪把柱中线投到杯口顶面,并绘标志标明,以备吊装柱子时使用(图 7-7)。

中线投点有两种方法:一种是将仪器安置在柱中心线的一个端点,照准另一端点而将中线投到杯口上,另一种是将仪器置于中线上的适当位置,照准控制网上柱基中心线两端点,采用正倒镜法进行投点。

为了修平杯底,须在杯口内壁测设某一标高线,该标高线应比基础顶面略低 3～5cm。它与杯底设计标高的距离为整分米数，以便根据该标高线修平杯底。

## 二、混凝土柱基础、柱身、平台施工测量

当基础、柱身到上面的每层平台采用现场捣制混凝土的方法进行施工时，配合施工要进行的测量工作包括：

(1)基础中线投点及标高的测设；

(2)柱子垂直度测量；

(3)柱顶及平台模板抄平；

(4)高层标高引测与柱中心线投点；

施工测量允许偏差应符合下列规定：

(1)基础工程各工序中心线及标高测设的允许偏差，应符合表7-5的规定。

表 7-5 基础中心线及标高测量允许偏差 mm

| 项　目 | 基础定位 | 垫层面 | 模板 | 螺栓 |
|---|---|---|---|---|
| 中心线端点测设 | ±5 | ±2 | ±1 | ±1 |
| 中心线投点 | ±10 | ±5 | ±3 | ±2 |
| 标高测设 | ±10 | ±5 | ±3 | ±3 |

注：测设螺栓及模板标高时，应考虑预留高度。

(2)基础标高及中心线的竣工测量允许偏差。

1)基础标高的竣工测量允许偏差应符合表7-6的规定。

表 7-6 基础竣工标高测量允许偏差 mm

| 杯口底标高 | 钢柱、设备基础面标高 | 地脚螺栓标高 | 工业炉基础面标高 |
|---|---|---|---|
| ±3 | ±2 | ±3 | ±3 |

2)基础中心线竣工测量的允许偏差应符合下列规定：根据厂房内、外控制点测设基础中心线的端点，其允许偏差为±1mm；基础面中心线投点允许偏差，应符合表7-7的规定。

表 7-7 基础竣工中心线投点允许偏差 mm

| 连续生产线上设备基础 | 预埋螺栓基础 | 预留螺栓孔基础 | 基础杯口 | 烟囱、烟道、沟槽 |
|---|---|---|---|---|
| ±2 | ±2 | ±3 | ±3 | ±5 |

### 关键细节 12　基础中线投点及标高测设

当基础混凝土凝固拆模以后，即根据控制网上的柱子中心线端点，将中心线投测在靠近柱底的基础面上，并在露出的钢筋上抄出标高点，以供在支柱身模板时确定柱高及对正中心之用(图7-8)。

### 关键细节 13　柱子垂直度测量

支好柱身模板后，必须对柱子垂直度进行检查，检查时采用经纬仪。由于现场通视困难，一般采用平行线投点法来检查柱子的垂直度，并将柱身模板校正。其施测步骤如下：

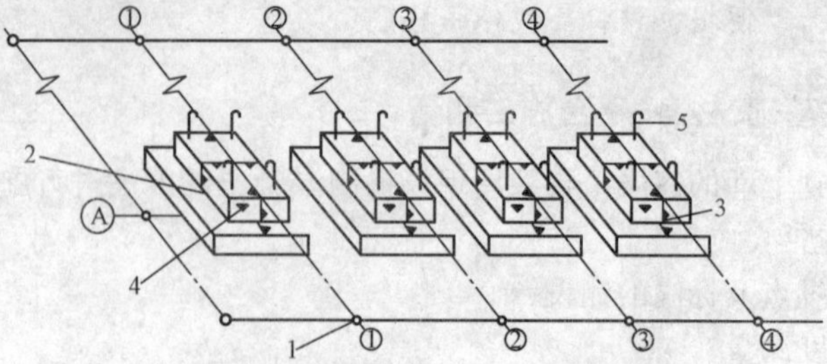


图 7-8　柱基础投点及标高测量

1—中线端点；2—基础面上中线点；3—柱身下端中线点；4—柱身下端标高点；5—钢筋上标高点

(1)在柱子模板上端根据外框量出柱中心点，和柱下端的中心点相连并弹以墨线(图7-9)。

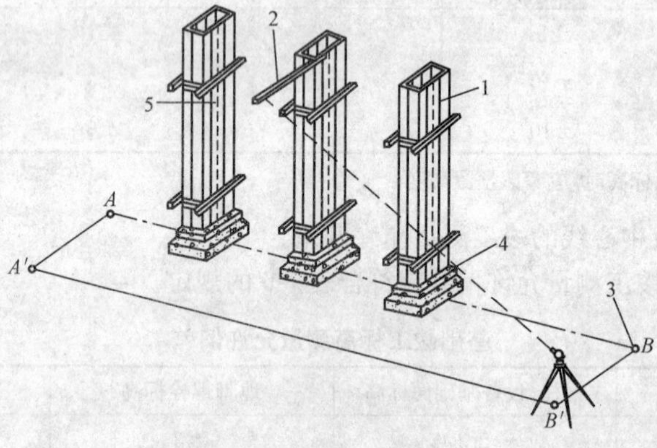


图 7-9　柱身模板校正

1—模板；2—木尺；3—柱中线控制点；4—柱下端中线点；5—柱中线

(2)根据柱中心控制点 $A$、$B$ 测设 $AB$ 的平行线 $A'B'$，其间距为1～1.5m。将经纬仪安置在 $B'$ 点，照准 $A'$。此时由一人在柱上持木尺，并将木尺横放，使尺的零点水平地对正模板上端中心线。纵转望远镜仰视木尺，若十字丝正好对准1m或1.5m处，则柱子模板正好垂直，否则应将模板向左或向右移动，达到十字丝正好对准1m或1.5m处为止。若由于通视困难，不能应用平行线法投点校正时，则可先按上述方法校正一排或一列首末两根柱子，中间的其他柱子可根据柱行或列间的设计距离丈量其长度并加以校正。

### 关键细节 14　柱顶及平台模板抄平

柱子模板校正以后，应选择不同行列的二、三根柱子，从柱子下面已测好的标高点，用钢尺沿柱身向上量距，引测二、三个同一高程的点于柱子上端模板上。然后在平台模板上设置水准仪，以引上的任一标高点作后视，施测柱顶模板标高，再闭合于另一标高点以资校核。平台模板支好后，必须用水准仪检查平台模板的标高和水平情况，其操作方法与柱顶模板抄平相同。

### 关键细节 15 高层标高引测及柱中心线投点

第一层柱子与平台混凝土浇筑好后，须将中线及标高引测到第一层平台上，以作为施工人员支第二层柱身模板和第二层平台模板的依据，以此类推。高层标高根据柱子下面已有的标高点用钢尺沿柱身量距向上引测。向高层柱顶引测中线，其方法一般是将仪器置于柱中心线端点上，照准柱子下端的中线点，仰视向上投点（图 7-10）。若经纬仪与柱子之间距离过短，仰角大不便投点时，可将中线端点 $A$ 用正倒镜法延长至 $A'$，然后置仪器于 $A'$ 向上投点。标高引测及中线投点的测设允许偏差按下列规定：标高测量允许偏差为±5mm；纵横中心线投点允许偏差，当投点高度在 5m 及 5m 以下时为±3mm，5m 以上为 5mm。

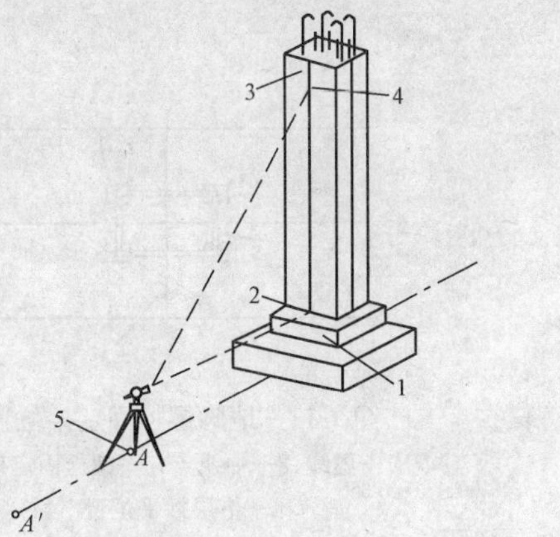


图 7-10 柱子中心线投点

1—柱子下端标高点；2—柱子下端中线点；3—柱上端标高点；4—柱上端中线投点；5—柱中心线控制点

## 三、钢柱基础施工测量

钢柱基础定位与基坑底层抄平方法均与混凝土杯形基础相同，其特点是基坑较深而且基础下面有垫层以及埋设地脚螺栓。

### 关键细节 16 垫层中线投点和抄平

垫层混凝土凝固后，应在垫层面上投测中线点，并根据中线点弹出墨线，绘出地脚螺栓固定架的位置（图 7-11），以便下一步安置固定架并根据中线支立模板。投测中线时经纬仪必须安置在基坑旁（这样视线才能看到坑底），然后照准矩形控制网上基础中心线的两端点。用正倒镜法，先将经纬仪中心导入中心线内，而后进行投点。

螺栓固定架位置在垫层上绘出后，即在固定架外框四角处测出四点标高，以便用来检查并整平垫层混凝土面，使其符合设计标高，便于固定架的安装。如基础过深，从地面上引测基础底面标高，标尺不够长时，可采取挂钢尺法。

### 关键细节 17 固定架中线投点与抄平

(1)固定架是用钢材制作，用以固定地脚螺栓及其他埋设件的框架（图 7-12）。根据垫层上的中心线和所画的位置将其安置在垫层上，然后根据在垫层上测定的标高点，借以找平地脚，将高的地方混凝土打去一些，低的地方垫以小块钢板并与底层钢筋网焊牢，使之符合设计标高。

(2)固定架安置好后，用水准仪测出四根横梁的标高，以检查固定架标高是否符合设计要求，允许偏差为－5mm，但不应高于设计标高。固定架标高满足要求后，将固定架与底层钢筋网焊牢，并加焊钢筋支撑。若系深坑固定架，在其脚下需浇筑混凝土使其稳固。

(3)在投点前，应对矩形边上的中心线端点进行检查，然后根据相应两端点，将中线投测于固定架横梁上，并刻绘标志。其中线投点偏差（相对于中线端点）为±1～±2mm。

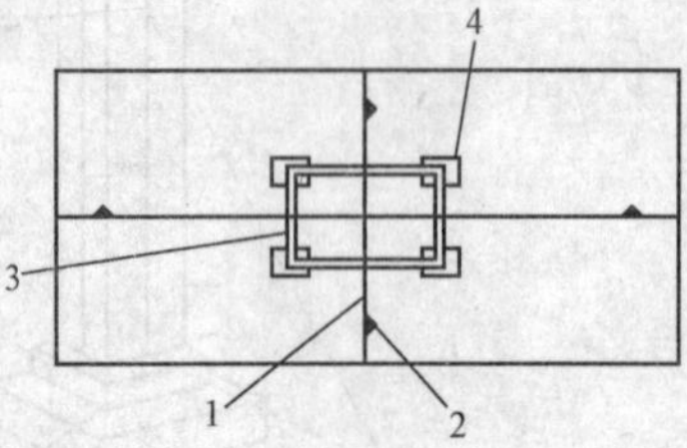


图 7-11 地脚螺栓固定架位置

1—墨线；2—中线点；3—螺栓固定架；4—垫层抄平位置

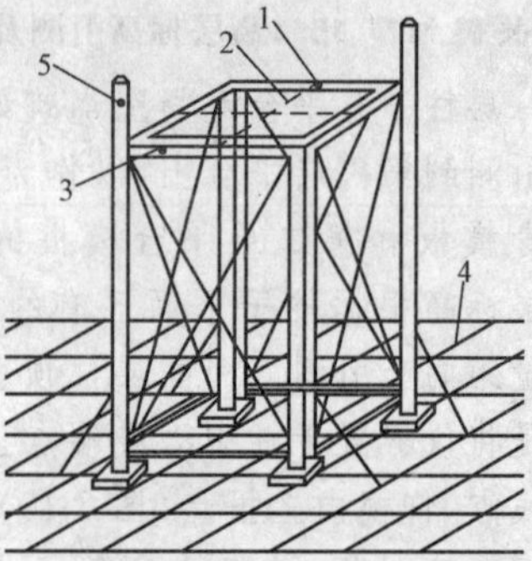


图 7-12 固定架的位置

1—固定架中线投点；2—拉线；3—横梁抄平位置；4—钢筋网；5—标高点

### 关键细节 18 地脚螺栓安装与标高测量

根据垫层上和固定架上投测的中心点，把地脚螺栓安放在设计位置。为了测定地脚螺栓的标高，在固定架的斜对角处焊两根小角钢，在两角钢上引测同一数值的标高点，并刻绘标志，其高度应比地脚螺栓的设计高度稍低一些。然后在角钢上两标点处拉一细钢丝，以定出螺栓的安装高度。待螺栓安好后，测出螺栓第一丝扣的标高。地脚螺栓不宜低于设计标高，允许偏高＋5～＋25mm。

### 关键细节 19 支立模板与浇筑混凝土时的测量工作

在浇筑重要基础的过程中，为了保证地脚螺栓位置及标高的正确，应进行看守观测，如发现变动应立即通知施工人员及时处理。

## 四、基础设备施工测量

基础设备施工可以在厂房柱子基础和厂房部分建成后进行，也可以与厂房柱基施工同时进行。

(1)若在厂房柱子基础和厂房部分建成后才进行基础设备施工，必须将厂房外面的控制网在厂房砌筑砖墙之前，引进厂房内部，布设一个内控制网，作为基础设备施工和设备安装放线的依据。

(2)若厂房柱基与基础设备同时施工，则不需建立内控制网，一般是将基础设备主要中心线的端点测设在厂房矩形控制网上。当基础设备支模板或地脚螺栓时，局部架设木线板或钢线板，以测设螺栓组心线。

### 关键细节 20 厂内基础设备控制网设置

厂房内控制网根据厂房矩形控制网引测，其投点允许偏差应为±2～±3mm；内控制标点一般应选在施工不易破坏的稳定柱子上，标点高度最好一致，以便于量距及通视。点的稀密程度根据厂房的大小与厂内设备分布情况而定，在满足施工定线的要求下，应尽可能少布点，减少工作量。

(1)中小型设备基础内控制网的设置。内控制网的标志一般采用在柱子上预埋标板，如图7-13所示。然后将柱中心线投测于标板之上，以构成内控制网。

(2)大型设备基础内控制网的设置。大型连续生产设备基础中心线及地脚螺栓组中心线很多，为便于施工放线，将槽钢水平地焊在厂房钢柱上，可根据厂房矩形控制网，将设备基础主要中心线的端点投测于槽钢上，以建立内控制网。

先在设置内控制网的厂房钢柱上引测相同高程的标点，其高度以便于量距为原则，然后用边长为 50mm×100mm 的槽钢或 50mm×50mm 的角钢，将其水平焊牢于柱子上。为了使其牢固，可加焊角钢于钢柱上。柱间跨距大时，钢材会发生挠曲，可在中间加一木支撑。图 7-14 为内控制网立面布置图。

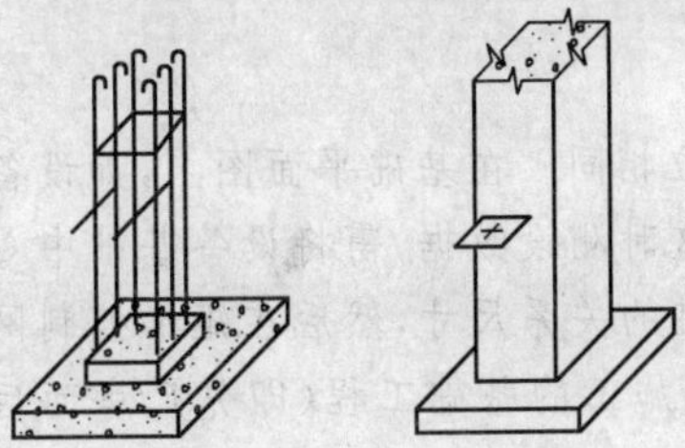

图 7-13　柱子标板设置

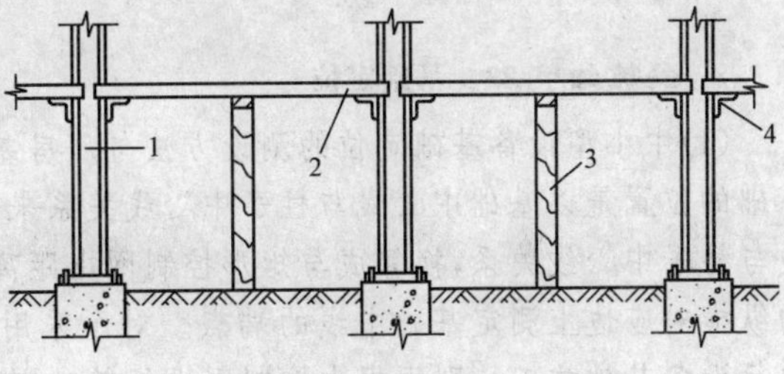


图 7-14　内控制网立面布置

1—钢柱；2—槽钢；3—木支撑；4—角钢

## 关键细节 21　大型设备基础安装线板架设

大型设备基础有时与厂房基础同时施工，不可能设置内控制网，而采用在靠近设备基础的周围架设钢线板或木线板的方法。根据厂房控制网，将设备基础的主要中心线投测于线板上，然后根据主要中心线用精密量距的方法，在线板上定出其他中心线和螺栓组中心的位置，由此拉线来安装螺栓。

(1)钢线板的架设。用预制钢筋混凝土小柱子作固定架，在浇筑混凝土垫层时，即将小柱埋设在垫层内(图 7-15)。在混凝土柱上焊以角钢斜撑(须先将混凝土表面凿开露出钢筋，而后将斜撑焊在钢筋上)，再于斜撑上铺焊角钢作为线板。架设钢线板时，最好靠近设备基础的外模，这样可依靠外模的支架顶托，以增加稳固性。

(2)木线板的架设。木线板可直接支架在设备基础的外模支撑上。支撑必须牢固稳定。在支撑上铺设截面 5cm×10cm 表面刨光的木线板(图 7-16)。为了便于施工人员拉线来安装螺栓，线板的高度要比基础模板高 5～6cm，同时纵横两方向的高度必须相差 2～3cm，以免挂线时纵横两钢丝在相交处相碰。

## 关键细节 22　基坑开挖和基础底层放线

当基坑采用机械挖土时，测量工作及允许偏差按下列要求进行：根据厂房控制网或场地上其他控制点测定挖土范围线，其测量允许偏差为±5cm；标高根据附近水准点测设，允许偏差为±3cm。在基坑挖土中应经常配合检查挖土标高，挖土竣工后，应实测挖土面标高，测量允许偏差为±2cm。

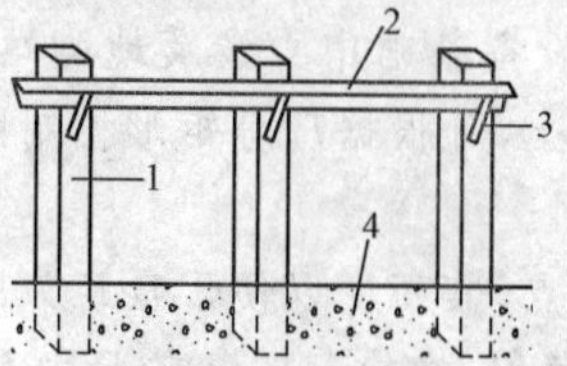


图 7-15 钢线板架设

1—钢筋混凝土预制小柱子；2—角钢；3—角钢斜撑；4—垫层

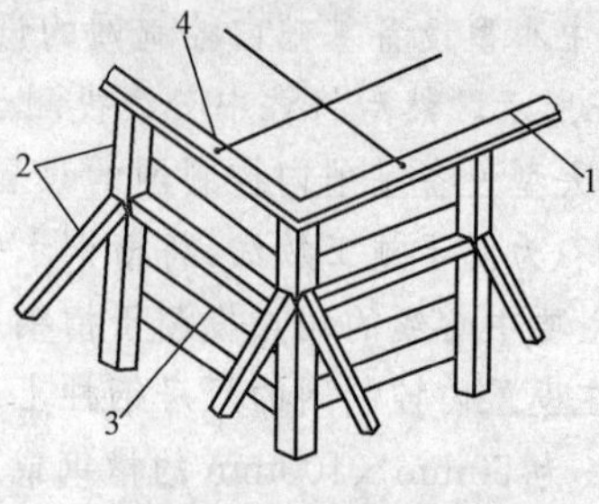


图 7-16 木线板架设

1—5cm×10cm 木线板；2—支撑；3—模板；4—地脚螺栓组中心线点

### 关键细节 23 基础定位

(1)中小型设备基础定位的测设方法与厂房基础定位相同。在基础平面图上，如设备基础的位置是以基础中心线与柱子中心线关系来表示，这时测设数据，需将设备基础中心线与柱子中心线关系，换算成与矩形控制网上距离指标桩的关系尺寸，然后在矩形控制网的纵横对应边上测定基础中线的端点。对于采用封闭式施工的基础工程(即先厂房而后进行设备基础施工)，则根据内控制网进行基础定位测量。

(2)大型设备基础中心线较多，为了便于施测，防止产生错误，在定位以前，须根据设计原图，编绘中心线测设图。将全部中心线及地脚螺栓组中心线统一编号，并将其与柱子中心线和厂房控制网上距离指标桩的尺寸关系注明定位放线时，按照中心线测设图，在厂房控制网或内控制网对应边上测出中心线的端点，然后在距离基础开挖边线约 1～1.5m 处，定出中心桩，以便开挖。

### 关键细节 24 基础设备中心线标板埋设与投点

中心线标板可采用小钢板下面加焊两锚固脚的形式[图 7-17(a)]，或用 $\phi$18～$\phi$22 的钢筋制成卡钉[图 7-17(b)]，在基础混凝土未凝固前，将其埋设在中心线的位置[图 7-17(c)]，埋标时应使顶面露出基础面 3～5mm，至基础的边缘为 50～80mm。若主要设备中心线通过基础凹形部分或地沟时，则埋设 50mm×50mm 的角钢或 100mm×50mm 的槽钢[图 7-17(d)]。

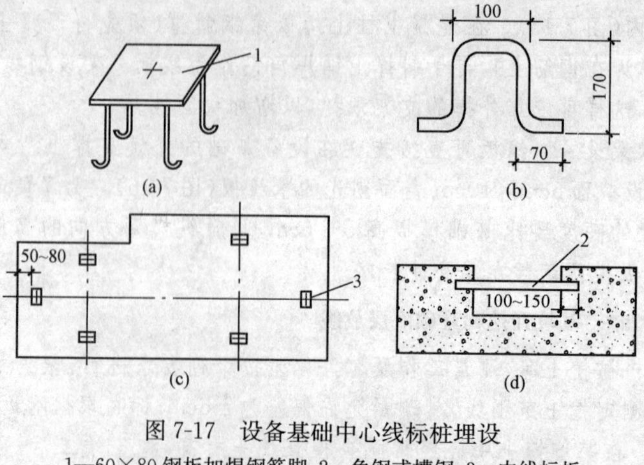


图 7-17 设备基础中心线标桩埋设

1—60×80 钢板加焊钢筋脚；2—角钢或槽钢；3—中线标板

(1)联动设备基础的生产轴线,应埋设必要数量的中心线标板。

(2)重要设备基础的主要纵横中心线。

(3)结构复杂的工业炉基础纵横中心线,环形炉及烟囱的中心位置等。

## 第三节 厂房构件安装测量

### 一、柱子安装测量

柱子是指工程结构中主要承受压力,有时也同时承受弯矩的竖向杆件,用以支承梁、桁架、楼板等。

柱子被吊装进入杯口后,先用木楔或钢楔暂时进行固定。用铁锤敲打木楔或者钢楔,使柱在杯口内平移,直到柱中心线与杯口顶面中心线平齐,并用水准仪检测柱身已标定的标高线。然后用两台经纬仪分别在相互垂直的两条柱列轴线上,相对于柱子的距离为1.5倍柱高处同时观测,进行柱子校正。观测时,将经纬仪照准柱子底部中心线,固定照准部,逐渐向上仰望远镜,通过校正使柱身中心线与十字丝竖丝相重合。

柱子的安装测量应符合下列基本要求:

(1)柱子中心线应与相应的柱列中心线一致,其允许偏差为±5mm。

(2)牛腿顶面及柱顶面的实际标高应与设计标高一致,其允许偏差为:当柱高≤5m时应不大于±5mm;柱高>5m时应不大于±8mm。

(3)柱身垂直允许误差:当柱高≤5m时应不大于±5mm;当柱高在5～10m时应不大于±10mm;当柱高超过10m时,限差为柱高的1‰,且不超过20mm。

#### 关键细节25 弹出柱基中线和杯口标高线

根据柱列轴线控制桩,用经纬仪将柱列轴线投测到每个杯形基础的顶面上,弹出墨线。当柱列轴线为边线时,应平移设计尺寸,在杯形基础顶面上加弹出柱子中心线,作为柱子安装定位的依据。根据±0.000标高,用水准仪在杯口内壁测设一条标高线。标高线与杯底设计标高的差应为一个整分米数,以便从这条线向下量取,作为杯底找平的依据。

#### 关键细节26 弹出柱子中心线和标高线

在每根柱子的三个侧面,用墨线弹出柱身中心线,并在每条线的上端和接近杯口处,各画一个红"▶"标志,供安装时校正使用。从牛腿面起,沿柱子四条棱边向下量取牛腿面的设计高程,即为±0.000标高线,弹出墨线,画上红"▼"标志,供牛腿面高程检查及杯底找平用。

#### 关键细节27 柱子垂直校正测量

进行柱子垂直校正测量时,应将两架经纬仪安置在柱子纵、横中心轴线上,且距离柱子约为柱高的1.5倍的地方,如图7-18所示。先照准柱底中线,固定照准部,再逐渐仰视到柱顶,若中线偏离十字丝竖丝,表示柱子不垂直,可指挥施工人员采用调节拉绳,支撑或敲打楔子等方法使柱子垂直。经校正后,柱的中线与轴线偏差不得大于±5mm;柱子垂直度容许误差为 $H/1000$,当柱高在10m以上时,其最大偏差不得超过±20mm;柱高在10m

以内时,其最大偏差不得超过±10mm。满足要求后,要立即灌浆,以固定柱子位置。

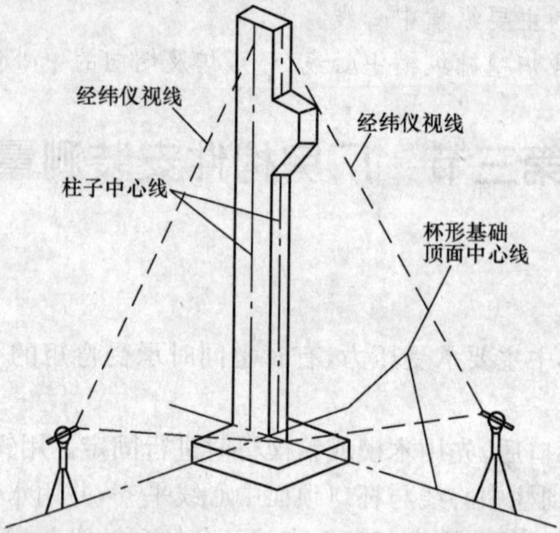


图 7-18 柱子垂直校正测量

## 二、吊车梁安装测量

吊车梁指用于专门装载厂房内部吊车的梁,一般安装在厂房上部。梁的横截面有的是箱式的,焊接而成型;也有的是简易的,用型材焊接成型;吊车梁一般为钢筋混凝土或钢结构。

吊车梁是吊车的路基,吊车梁上有吊车轨道,吊车就通过轨道在吊车梁上来回行驶。

### 关键细节 28 吊车梁安装标高测设

吊车梁顶面标高应符合设计要求。根据±0.000 标高线,沿柱子侧面向上量取一段距离,在柱身上定出牛腿面的设计标高点,作为修平牛腿面及加垫板的依据,同时在柱子的上端比梁顶面高 5～10cm 处测设一标高点,据此修平梁顶面。梁顶面置平以后,应安置水准仪于吊车梁上,以柱子牛腿上测设的标高点为依据,检测梁面的标高是否符合设计要求。其容许误差应不超过±3mm。

### 关键细节 29 吊车梁安装轴线测设

安装吊车梁前先将吊车轨道中心线投测到牛腿面上,作为吊车梁定位的依据。

(1)用墨线弹出吊车梁面中心线和两端中心线,如图 7-19 所示。

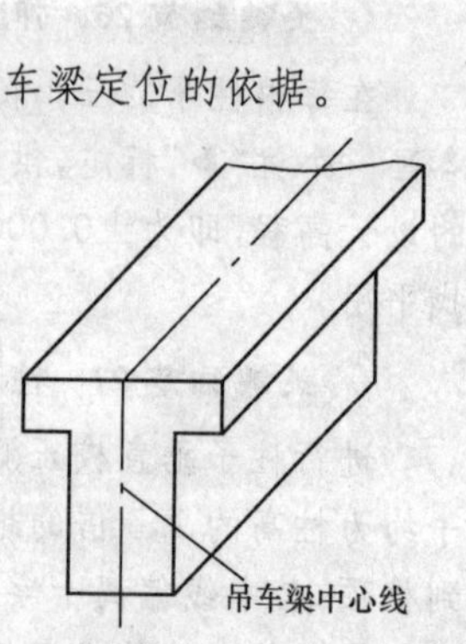


图 7-19 吊车梁中心线

(2)根据厂房中心线和设计跨距,由中心线向两侧量出 1/2 跨距 $d$,在地面上标出轨道中心线。

(3)分别安置经纬仪于轨道中心线两个端点上,瞄准另一端点,固定照准部,抬高望远镜,将轨道中心投测到各柱子的牛腿面上。

(4)安装时,根据牛腿面上轨道中心线和吊车梁端头中心线,两线对齐将吊车梁安装在牛腿面上,并利用柱子上的高程点，检查吊车梁的高程。

**关键细节 30　吊车轨道安装测量**

安装前先在地面上从轨道中心线向厂房内侧量出一定长度($a$=0.5～1.0m)，得两条平行线，称为校正线。然后分别安置经纬仪于两个端点上，瞄准另一端点，固定照准部，抬高望远镜瞄准吊车梁上横放的木尺，移动木尺，当视准轴对准木尺刻划 $a$ 时，木尺零点应与吊车梁中心线重合；如不重合，予以纠正并重新弹出墨线，以示校正后吊车梁中心线位置。

吊车轨道按校正后中心线就位后，用水准仪检查轨道面和接头处两轨端点高程，用钢尺检查两轨道间跨距，其测定值与设计值之差应满足规定要求。

## 三、屋架安装测量

屋架指用于屋顶结构的桁架，它承受屋面和构架的重量以及作用在上弦上的风载。

屋架安装是以安装后的柱子为依据，使屋架中心线与柱子上相应中心线对齐。为保证屋架竖直，可用吊垂球的方法或用经纬仪进行校正。

## 四、钢结构工程测量

钢结构工程测量的重要工作即建立施工平面控制网和高程控制。平面施工控制网离施工现场不能太近，应考虑到钢柱的定位、检查、校正。高层钢结构工程标高测设极为重要，其精度要求高，故施工场地的高程控制网，应根据城市二等水准点来建立一个独立的三等水准网，以便在施工过程中直接应用。在进行标高引测时必须先对水准点进行检查。三等水准高差闭合差的容许误差应达到$\pm 3\sqrt{n}$(mm)，其中，$n$ 为测站数。

**关键细节 31　轴线位移校正**

任何一节框架钢柱的校正，均以下节钢柱顶部的实际中心线为准，使安装的钢柱的底部对准下面钢柱的中心线即可。因此，在安装的过程中，必须时时进行钢柱位移的监测，并根据实测的位移量以实际情况加以调整。调整位移时应特别注意钢柱的扭转，因为钢柱扭转对框架钢柱的安装很不利，必须引起重视。

**关键细节 32　定位轴线检查**

定位轴线从基础施工起就应引起重视，必须在定位轴线测设前做好施工控制点及轴线控制点，待基础浇筑混凝土后再根据轴线控制点将定位轴线引测到柱基钢筋混凝土底板面上，然后预检定位轴线是否同原定位重合、闭合，每根定位线总尺寸误差值是否超过限差值，纵、横网轴线是否垂直、平行。预检应由业主、监理、土建、安装四方联合进行，对检查数据要统一认可鉴证。

**关键细节 33　柱间距及柱基中心检查**

(1)柱间距检查。柱间距检查是在定位轴线认可的前提下进行的，一般采用检定的钢尺实测柱间距。柱间距离偏差值应严格控制在±3mm 范围内，绝不能超过±5mm。柱间距超过±5mm，则必须调整定位轴线。原因是定位轴线的交点是柱基点，钢柱竖向间距以此为准，框架钢梁的连接螺孔的直径一般比高强螺栓直径大 1.5～2.0mm，若柱间距过大或过小，直接影响整个竖向框架梁的安装连接和钢柱的垂直，安装中还会有安装误差。在结构上面检查柱间距时，必须注意安全。

(2)单独柱基中心检查。检查单独柱基的中心线同定位轴线之间的误差，若超过限差要求，应调整柱基中心线使其同定位轴线重合，然后以柱基中心线为依据，检查地脚螺栓的预埋位置。

**关键细节 34　标高实测**

以三等水准点的标高为依据，对钢柱柱基表面进行标高实测，将测得的标高偏差用平面图表示，作为临时支承标高块调整的依据。

# 第四节　地下管线工程施工测量

地下管线工程施工测量工作包括治水、排水、燃气、热力管道、各类工业管道及电力、通信电缆等工程的测量。

## 一、地下管线调查

地下管线调查应在安全情况下进行。下井调查，必须确保作业人员的安全，且应采取防护措施。

地下管线调查，可采用对明显管线点的实地调查、隐蔽管线点的探查、疑难点位开挖等方法确定管线的测量点位。对需要建立地下管线信息系统的项目，还应对管线的属性做进一步的调查。

管线点宜设置在管线的起止点、转折点、分支点、变径处、变坡处、交叉点、变材点、出(入)地口、附属设施中心点等特征点上；管线直线段的采点间距，宜为图上 10～30cm；隐蔽管线点，应明显标识。

在明显管线点上，应查明各种与地下管线有关的建(构)筑物和附属设施。

**关键细节 35　地下管线调查项目和取舍标准**

地下管线的调查项目和取舍标准，宜根据委托方要求确定，也可依管线疏密程度、管径大小和重要性按表 7-8 确定。

表 7-8　地下管线调查项目和取舍标准

| 管线类型 | | 埋深 | | 断面尺寸 | | 材质 | 取舍要求 | 其他要求 |
|---|---|---|---|---|---|---|---|---|
| | | 外顶 | 内底 | 管径 | 宽×高 | | | |
| 给水 | | * | — | * | — | * | 内径≥50mm | — |
| 排水 | 管道 | — | * | * | — | * | 内径≥200mm | 注明流向 |
| | 方沟 | — | * | — | * | * | 方沟断面≥300mm×300mm | |
| 燃气 | | * | — | * | — | * | 干线和主要支线 | 注明压力 |
| 热力 | 直埋 | * | — | — | — | * | 干线和主要支线 | 注明流向 |
| | 沟道 | — | * | — | — | * | 全测 | |

（续）

| 管线类型 | | 埋深 | | 断面尺寸 | | 材质 | 取舍要求 | 其他要求 |
|---|---|---|---|---|---|---|---|---|
| | | 外顶 | 内底 | 管径 | 宽×高 | | | |
| 工业管道 | 自流 | — | * | * | — | * | 工艺流程线不测 | — |
| | 压力 | * | — | * | — | * | | 自流管道注明流向 |
| 电力 | 直埋 | * | — | — | — | — | 电压≥380V | 注明电压 |
| | 沟道 | — | * | — | * | * | 全测 | 注明电缆根数 |
| 通信 | 直埋 | * | — | * | — | — | 干线和主要支线 | — |
| | 管块 | * | — | — | * | — | 全测 | 注明孔数 |

注：1. * 为调查或探查项目。

2. 管道材质主要包括：钢、铸铁、钢筋混凝土、混凝土、石棉水泥、陶土、PVC 塑料等。沟道材质主要包括：砖石、管块等。

### 关键细节 36　隐蔽管线探查

对隐蔽管线的探查应符合下列规定：

(1)隐蔽管线点探查的水平位置偏差 $\Delta S$ 和埋深较差 $\Delta H$，应分别满足式(7-1)、式(7-2)要求：

$$\Delta S \leqslant 0.10 \times h \tag{7-1}$$

$$\Delta H \leqslant 0.15 \times h \tag{7-2}$$

式中　$h$——管线埋深(cm)，当 $h<100$cm 时，按 100cm 计。

(2)探查作业，应按仪器的操作规定进行。

(3)作业前，应在测区的明显管线点上进行比对，确定探查仪器的修正参数。

(4)对于探查有困难或无法核实的疑难管线点，应进行开挖验证。

(5)对隐蔽管线点探查结果，应采用重复探查和开挖验证的方法进行质量检验，并要符合下列要求：

1)重复探查的点位应随机抽取，点数不宜少于探查点总数的 5%，并分别按式(7-3)、式(7-4)计算隐蔽管线点的平面位置中误差 $m_H$ 和埋深中误差 $m_V$，其数值不应超过上述(1)条限差的 1/2。

隐蔽管线点的平面位置中误差：

$$m_H = \sqrt{\frac{[\Delta S_i \Delta S_i]}{2n}} \tag{7-3}$$

隐蔽管线点的埋深中误差：

$$m_V = \sqrt{\frac{[\Delta H_i \Delta H_i]}{2n}} \tag{7-4}$$

式中　$\Delta S_i$——复查点位与原点位间的平面位置偏差(cm)；

$\Delta H_i$——复查点位与原点位的埋深较差(cm)；

$n$——复查点数。

2)开挖验证的点位应随机抽取，点数不宜少于隐蔽管线点总数的 1%，且不应少于 3

个点;所有点的平面位置误差和埋深误差,不应超过上述(1)条的规定。

## 二、地下管线施工测量实施

地下管线测量的坐标系统和高程基准,宜与原有基础资料一致。平面和高程控制测量,可根据测区范围大小及工程要求执行。

地下管线测量成图比例尺,宜选用1∶500或1∶1000,长距离专用管线可选用1∶2000～1∶5000。

地下管线施工测量前,应熟悉设计图纸资料,弄清管线布置及工艺设计和施工安装要求。熟悉现场情况,了解设计管线走向,以及管线沿途已有平面和高程控制点分布情况。根据管道平面图和已有控制点,结合实际地形,作好施测数据的计算整理,并绘制施测草图。根据管道在生产上的不同要求、工程性质、所在位置和管道种类等因素,以确定施测精度。如厂区内部管道比外部要求精度高;无压力管道比有压力管道要求精度高。

### 关键细节37 管道中线定位测量

(1)根据控制点进行管线定位。当管道规划设计地形图上已给出管道主点坐标,主点附近又有控制点时,应根据控制点定位。如现场无适当控制点可资利用,可沿管线近处布设控制导线。管线定位时,最常采用极坐标法与角度交会法。其测角精度一般可采用30″,量距精度为$\frac{1}{5000}$,并应分别计算测设点的点位误差。各种管线的定位允许偏差应符合表7-9的规定。管线的起止点、转折点在地面测定以后,必须进行检查测量,实测各转折点的夹角,其与设计值的比差不得超过±1′。同时应丈量它们之间的距离,实量值与设计值比较,其相对误差不得超过$\frac{1}{2000}$,超过时必须予以合理调整。

(2)根据地面上已有建筑物进行管线定位。在城建区管线走向一般都与道路中心线或建筑物轴线平行或垂直。这时管线是在现场直接选定或在大比例尺地形图上设计时,往往不给出坐标值,而是根据地物的关系来确定主点的位置,于此按照设计提供的关系数据,即可进行管线定位。管线定位允许偏差见表7-9。

表7-9 管线定位允许偏差

| 测设内容 | 定位允许偏差/mm |
| --- | --- |
| 厂房内部管线 | 7 |
| 厂区内地上和地下管道 | 30 |
| 厂区外架空管道 | 100 |
| 厂区外地下管道 | 200 |
| 厂区内输电线路 | 100 |
| 厂区外输电线路 | 300 |

### 关键细节38 管线施工高程控制测量

为了便于管线施工时引测高程及管线纵横断面测量,应沿管线敷设临时水准点。水准点一般都选在旧建筑墙角、台阶和基岩等处。如无适当的地物,应提前埋设临时标桩作为水准点。

临时水准点应根据Ⅲ等水准点敷设，其精度不得低于Ⅳ等水准。临时水准点间距：自流管道和架空管道以200m为宜，其他管线以300m为宜。

### 关键细节39 管道中线测量

管线起止点及各转折点定出以后从线路起点开始量距，沿管道中线每隔50m钉一木桩（里程桩），如图7-20所示。

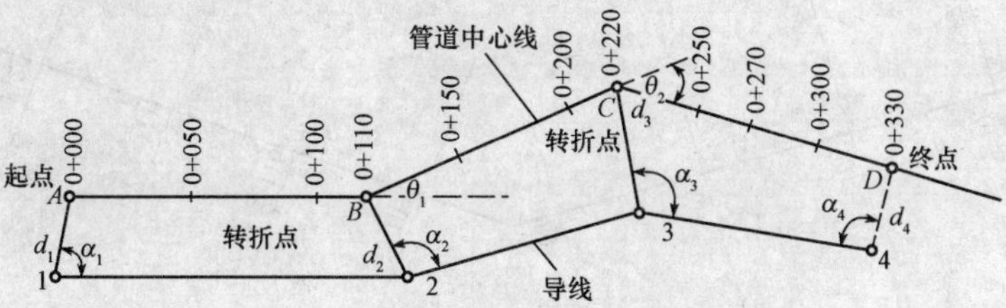


图7-20 管道中心线测量

按照不同精度要求，可用钢尺或皮尺量距离。钢尺量距时用经纬仪定线。起点桩编号为0＋000，如每隔50m钉一中心桩，则以后各桩依次编号为0＋050，0＋100，…；如遇地形变化的地方应设加桩，如编号为0＋270；如终点桩为0＋330，表示此桩离开起点330m。桩号用红漆写在木桩侧面。

### 关键细节40 管道纵断面测量

根据管线附近敷设的水准点，用水准仪测出中线上各里程桩和加桩处的地面高程。然后根据测得的高程和相应的里程桩号绘制纵断面图。纵断面图表示出管道中线上地面的高低起伏和坡度陡缓情况。

管道纵断面水准测量的闭合允许值为$\pm5\sqrt{L}$mm（$L$以百米为单位）。

### 关键细节41 管道横断面测量

横断面测量就是测出各桩号处垂直于中线两侧一定距离内地面变坡点的距离和高程。然后绘制成横断面图。在管径较小，地形变化不大，埋深较浅时一般不做横断面测量，只依据纵断面估算土方。

### 关键细节42 管道纵横断面综合叙述

纵断面水准测量只能显示沿水平线的地形变化，这对于许多实用情况是不够的。实际工作中，不仅要知道沿纵向水准线的地形，并且需查勘沿水准线两侧地带的地形（约50～80m）。

例如，为了设计某种高度为20～30m的道路，可以想象道路的轴线是沿着附近的河流的岸边。这条轴线要通过坡度较小的平坦地带，其左侧为高耸的山岭，而右边是河旁的低地。

为了查勘靠近水准线地区的特性，须在横向加测水准，通常垂直于水准线（干线）向左右作横断面测量（图7-21）。横断面的长度向道路两侧测出25～50m。图7-21所示在平面图上的水准线，或称干线，其上有105、106等号里程桩，并在每个桩上向左右各测出25m

的横断面。横断面的测设(角度)用定角器或经线仪,而量距用轻便卷尺或钢尺。当测量横断面时要标出显著的地形变化点,长度自干线起量至该点,并记入草图中,而在此点设置与地面相平的木桩,以备水立准尺并靠着它设立注记距离的桩。例如在图7-21中表示在105及110桩处横断面点的设置。横断面上的水准测量可与干线的水准测量同时进行,也可在干线水准测量以后单独进行。

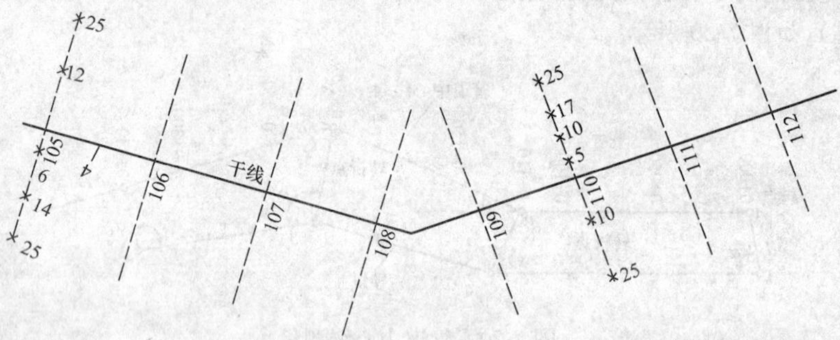


图7-21 水准线(干线)图

横断面上的水准测量与干线的水准测量同时进行时,水准仪通常置于两桩之间,对该两点以仪器或望远镜的两个位置测定。首先确知所得两点间的高程差具有所要求的精度,此后将立于前面点上的后尺循次竖立于标出的横断面点上,先测右边,再测左边,记入下面的手簿中(表7-10)。

在此手簿中两相邻桩号间横断面点注以左右字样。前后桩间水准观测二次,以读数之中数计算高程,并由仪器高程183.579和高程差+1470校核之。横断面点则以第二仪器高计算,因为它们是以仪器第二位置(提高了的)测量的。

**表7-10** 测量记录

| 测站 | 点号 | 尺上读数 | | | | | 高程差 | 仪器高程 | 假定高程 | 假定高程改正 | 海拔高程 | 备注 |
|---|---|---|---|---|---|---|---|---|---|---|---|---|
| | | 读数 | | | 中数 | | | | | | | |
| | | 后视 | 前视 | 间视 | 后视 | 前视 | | | | | | |
| 106 | 105 | 2147 | — | — | 2167 | — | — | 183.579 | — | — | 181.412 | — |
| | | 2187 | — | — | — | — | — | 183.599 | — | — | — | — |
| | 右 6 | — | — | 2475 | — | — | — | — | — | — | 181.124 | — |
| | 14 | — | — | 3548 | — | — | — | — | — | — | 180.051 | — |
| | 25 | — | — | 3822 | — | — | +1470 | — | — | — | 179.777 | — |
| | 左 12 | — | — | 2002 | — | — | — | — | — | — | 181.597 | — |
| | 25 | — | — | 1232 | — | — | — | — | — | — | 182.367 | — |
| | 106 | — | 678 | — | — | 697 | — | — | — | — | — | — |
| | | — | 716 | — | — | — | — | — | — | — | 182.882 | — |

由此可见,横断面点的高程计算,正像间视点(两桩之间的点)一样,这种横断面图的

水平及垂直距离用同一种比例尺绘制，并和纵断面图分开绘制，或绘制在相应的桩点上方，如图 7-22 所示。

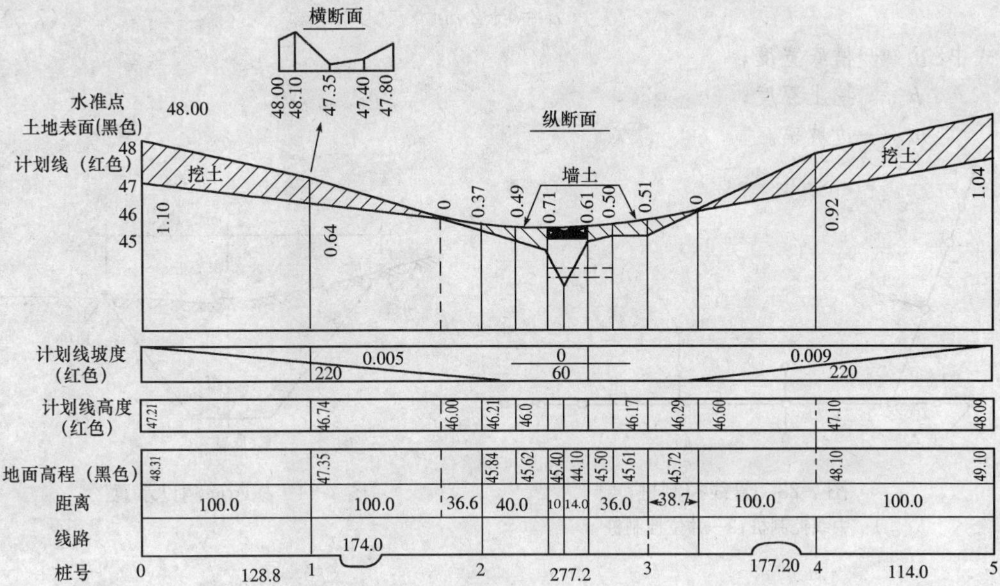


图 7-22 纵横断面高程测点图

在干线水准测量以后单独地进行横断面水准测量时，测量者必须从适当的桩号或水准点开始，并载入特备的横断面水准测量手簿中。

若在横断面甚长的情形下，则首先沿横断面以通常方法设桩，而测各桩点高度，其法与纵断面水准测量相同，但仪器仅设置一次。

### 关键细节 43 地下管道开挖中心线及施工控制桩测设

地下管道开挖中心线及施工控制桩的测设是根据管线的起止点和各转折点测设管线沟的挖土中心线，一般每 20m 测设一点。中心线的投点允许偏差为±10mm。量距的往返相对闭合差不得大于$\frac{1}{2000}$。管道中线定出以后，可以根据中线位置和槽口开挖宽度，在地面上洒灰线标明开挖边界。在测设中线时应同时定出井位等附属构筑物的位置。由于管道中线桩在施工中要被挖掉，为了便于恢复中线和附属构筑物的位置，应在不受施工干扰、易于保存桩位的地方，测设施工控制桩。管线施工控制桩分为中线控制桩和井位等附属构筑物位置控制桩两种。中线控制桩一般是测设在主点中心线的延长线点。井位控制桩则测设于管道中线的垂直线上(图 7-23)。控制桩可采用大木桩，钉好后必须采取适当保护措施。

### 关键细节 44 确定开挖边线、钉立边桩

由横断面设计图查得左右两侧边桩与中心桩的水平距离，如图 7-24 中的 $a$ 和 $b$，施测时在中心桩处插立方向架测出横断面位置，在断面方向上，用皮尺抬平量定 $A$、$B$ 两点位置各钉立一个边桩。相邻断面同侧边桩的连线，即为开挖边线，用石灰放出灰线，作开挖

的界限。开挖边线的宽度是根据管径大小、埋设深度和土质等情况而定。如图 7-25 所示，当地面平坦时，开挖槽口宽度采用下式计算：

$$d=b+2mh \tag{7-5}$$

式中 $b$——槽底宽度；

$h$——挖土深度；

$m$——边坡率。

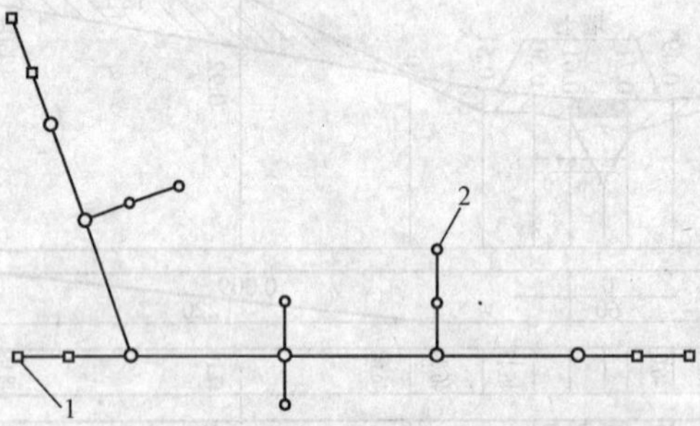


图 7-23 管线控制桩

1—中线控制桩；2—井位控制桩

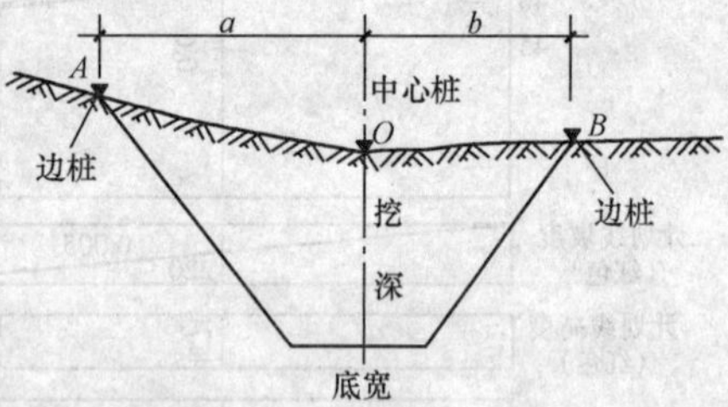


图 7-24 横断面测设示意图

## 关键细节 45 坡度板测设

坡度板又称龙门板。在每隔 10m 或 20m 槽口上设置一个坡度板(图 7-26)，以便施工中控制管道中线和位置，掌握管道设计高程的标志。坡度板必须稳定、牢固，其顶面应保持水平。用经纬仪将中心线位置测设到坡度板上，钉上中心钉安装管道时，可在中心钉上悬挂垂球，确定管中线位置。以中心钉为准，放出混凝土垫层边线、开挖边线及沟底边线。

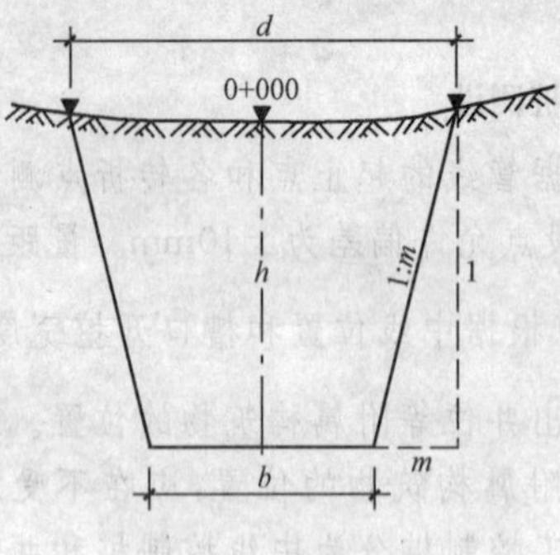


图 7-25 开槽断面图

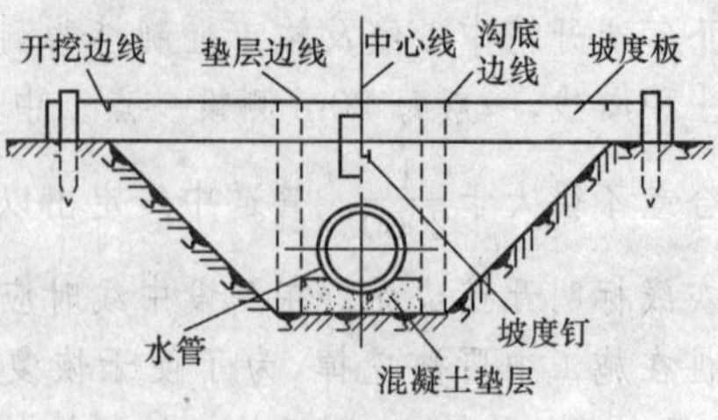


图 7-26 坡度板设置

为了控制管槽开挖深度，应根据附近水准点测出各坡度板顶的高程。管底设计高程，可在横断面设计图上查得。坡度板顶与管底设计高程之差称为下返数。由于下返数往往非整数，而且各坡度板的下返数都不同，施工检查时很不方便。为了使一段管道内的各坡度板具有相同的下返数(预先确定的下返数)，可按下式计算每一坡度板顶向上或向下量取调整数。

调整数＝预先确定下返数－(板顶高程－管底设计高程)

**关键细节 46　地下管线施工测量允许偏差**

自流管的安装标高或底面模板标高每10m测设一点(不足时可加密);其他管线每20m测设一点。管线的起止点、转折点、窨井和埋设件均应加测标高点。各类管线安装标高和模板标高的测量允许偏差,应符合表7-11的规定。

管线的地槽标高,可根据施工程序,分别测设挖土标高和垫层面标高,其测量允许偏差为±10mm。

地槽竣工后,应根据管线控制点投测管线的安装中心线或模板中心线,其投点允许偏差为±5mm。

表7-11　管线标高测量允许偏差

| 管线类别 | 标高允许偏差/mm |
|---|---|
| 自流管(下水道) | ±3 |
| 气体压力管 | ±5 |
| 液体压力管 | ±10 |
| 电缆地沟 | ±10 |

## 三、地下管线信息系统

地下管线信息系统,可按城镇大区域建立,也可按居民小区、校园、医院、工厂、矿山、民用机场、车站、码头等独立区域建立,必要时还可按管线的专业功能类别如供油、燃气、热力等分别建立。

地下管线信息系统建立后,应根据管线的变化情况和用户要求进行定期维护、更新。

地下管线信息的要素标识码,可按现行国家标准《城市地理要素编码规则　城市道路、道路交叉口、街坊、市政工程管线》(GB/T 14395—2009)的规定执行;地下管线信息的分类编码,可按国家现行标准《城市地下管线探测技术规程》(CJJ 61—2003)的相关规定执行。不足部分可根据其编码规则扩展和补充。

当需要对地下管线信息系统的软、硬件进行更新或升级时,必须进行相关数据备份,并确保在系统和数据安全的情况下进行。

**关键细节 47　地下管线信息系统基本功能**

地下管线信息系统,应具有以下基本功能:

(1)地下管线图数据库的建库、数据库管理和数据交换。

(2)管线数据和属性数据的输入和编辑。

(3)管线数据的检查、更新和维护。

(4)管线系统的检索查询、统计分析、量算定位和三维观察。

(5)用户权限的控制。

(6)网络系统的安全监测与安全维护。

(7)数据、图表和图形的输出。

(8)系统的扩展功能。

### 关键细节 48　地下管线信息系统内容

地下管线信息系统的建立，应包括以下内容：

(1)地下管线图库和地下管线空间信息数据库。

(2)地下管线属性信息数据库。

(3)数据库管理子系统。

(4)管线信息分析处理子系统。

(5)扩展功能管理子系统。

## 第五节　机械设备安装测量

机械设备安装测量是设备安装工艺过程中的主要工作，其目的是调整设备的中心线、水平和标高，使三者的安装误差达到公差范围之内。

### 一、安装基准线和基准点的确定

设备安装前应确定纵向和横向基准线（中心线）和基准点（标高点）作为设备定位的依据。

测定了基准中心点后，就可以根据点来放线。拉线的工具和要求如下：

(1)线。拉线用的线一般采用钢丝。钢丝的直径可为 0.3～0.8mm，视拉线的距离而定。线一般拉在空中，为了确定所拉线的位置，必须吊线锤。

(2)线锤（图 7-27）。线锤是定中心用的，轴线外系有细线，使线锤的锤尖对准中心点。

(3)线架。线架是为了固定所拉的线。其形式不拘，可以是固定式的，也可以是移动式的，只要稳固即可。线架上必须具备两个装置：一为拉紧装置，一为调心装置（图7-28），通过螺母螺杆的相对运动调整滑轮（线通过滑轮槽架设）的左右位置，可达到改变所拉线位置的目的。更简单的可用一块薄铁片垫在线下，调整时轻轻敲打薄铁片即可（图 7-29）。

图 7-27　线锤

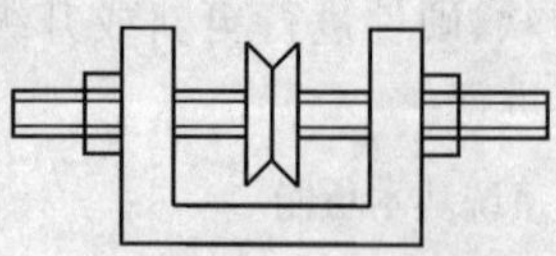

图 7-28　小线架

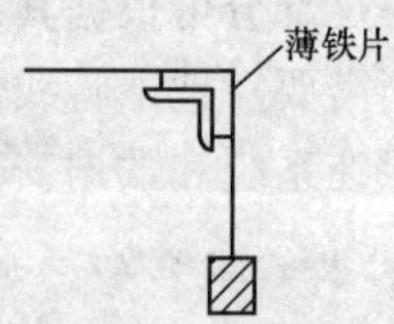


图 7-29　薄铁片

安装基准线一般都是直线，根据“两点决定一直线”法则，只要定出两个基准点，就构成一条基准线了。平面安装基准线最少不少于纵横两条。

安装基准线包括下列几种形式：

(1)划墨线。就是木工通常用的那种方法。这种方法误差较大，一般在 2mm 以上，而且距离长时不好划，一般用在要求不高的地方。

(2)用点代替线。安装中有时并不需要整条的线，画点时可以先拉一条线，在线上需要的地方画出几点，然后将线收掉；也可以用经纬仪投点，例如可画成▽，以其顶边为准。

要求高时用中心标板。

(3)用光线代替线。也就是用经纬仪、激光准直仪等光学仪器代替画墨线和拉线等方法。

(4)拉线。这是安装中放平面位置基准线常用的方法。

### 关键细节 49 安装基线和基准点确定程序

安装基线和基准点应按下列程序进行确定：

(1)检查前施工单位移交的基础或结构的中心线(或安装基准线)与标高点。

(2)根据已校正的中心线与标高点，测出基准线的端点和基准点的标高。

(3)根据所测的或前一施工单位移交的基准线和基准点，检查基础或结构相关位置、标高和距离等是否符合安装要求。平面位置安装基准线对基础实际轴线(如无基础时则与厂房墙或柱的实际轴线或边缘线)的距离偏差不得超过±20mm。如核对后需调整基准线或基准点，应根据有关部门的正式决定调整之。

### 关键细节 50 中心线和副线检查

(1)基准线的正交度检查。对现场组装和连续生产线上的设备，应检查安装基准线的正交角或正交度，其允许偏差为 $0.4\sqrt{L}$mm 或 $83/\sqrt{L}$s($L$ 为需要调整的基准线自交点起算长度的米数，不足 5m 者以 5m 计。)

(2)副线的间距检查。当设备由若干部分组装时，测设若干副线。副线与基准线间距的测定允许偏差为 $0.4\sqrt{L}$mm($L$ 为间距的米数，不足 5m 者以 5m 计)。

(3)根据基准线与副线的端点投测中间点或挂线点，允许偏差为±0.5mm。

### 关键细节 51 设备标高基准点设置

(1)简单的标高基准点作为独立设备安装基准点。可在设备基础或附近墙、柱上适当部位分别用油漆画上标记，然后根据附近水准点(或其他标高起点)用水准仪测出各标记具体数值，并在标记附近标明。其标高的测定允许偏差为±3mm；安装基准点多于一个时，其任意两点间高差的允许偏差为 1mm。

(2)预埋标高基准点。在连续生产线上安装设备时，应用钢制标高基准点，可用直径为 19～25mm、杆长不小于 50mm 的铆钉，牢固地埋设在基础表面(应在靠近基础边缘处，不能在设备下面)，铆钉的球形头露出基础表面 10～14mm。

埋设位置距离被测设备上有关测点愈近愈好，并且应在容易测量的地方。相邻安装基准点高差的误差应在 0.5mm 以内。

## 二、大型机组及导轨等设备安装测量工作

对于大型机组及导轨等设备的安装，必须保证设计位置的平直度。因此，其安装工作应根据设备的几何轴线及实地主轴线进行定位。

由于设备的特点和要求不同，其安装精度要求也不同，除了充分利用常规的测量仪器和方法外，还需考虑应用专门的仪具及方法。

安装主轴线是设备定位和定期校正的依据，其端点位置，需较长时间保持不变。因此，标志的埋设前应收集工程地区的地质、地基承压性能等情况，合理确定标志埋设深度

和形式，以保证基础的稳定性。

为了保证较高的复位精度，标志顶部的标志头采用强制对中装置，这种装置实质上是一些机械接触插件，插件的一部分安装在标志体顶部，对称中心即为平面标志的中心；另一部分与经纬仪连接。通过接触插件使经纬仪的旋转中心精确地安置在平面标志的中心。

若对中球和对中孔的加工精度良好，对中盘上表面水平，这种装置的对中误差可保证为0.2mm。对中盘上有压板及其螺旋，可压住基座，以增加仪器的稳定性，为了便于观测者操作，标志体应高出地面1.2m左右，为了进行设备构件的安装和调整，可视安装部件的不同，制造具有不同形状的接触棱面或边线的各种标志。制造这类标志的要求是轴套必须与强制对中器的轴套规格化，统一化，保证与对中装置的通风性和接触的精确性。

确定了安装主轴线两端的控制点位，即构成一条基准线，据此可进行设备的校正，基准线的测量，通常根据不同工作条件和要求，可采用视准线法、平行光管法和激光准直法。

## 关键细节52 视准线法基准线测量

视准线法按其所使用的工具和作业方法的不同，又可分为测小角法和活动觇牌法。

(1)测小角法测量。小角法的主要误差是照准误差，当小角度观测采用测回法时，一测回所测小角的误差。由误差传播定律可知：

$$m_a = m_v \tag{7-6}$$

式中 $m_v$——为照准误差。

由此可知测定横向位移的误差为：

$$m_{qi} = \frac{d_i}{\rho} m_v \tag{7-7}$$

式中 $d_i$——测站点到观测点之间距。

通常取 $m_v = \frac{60''}{V}$，$V$ 为望远镜放大倍率。

从实际观测来看，影响照准误差的因素是多方面的，它不仅与望远镜放大倍率、人眼的视力临界角有关，而且与所用觇牌的图案形状、颜色相关。不同的视线长度、外界条件的影响等，也将改变照准误差的大小。因此，为了使估算更加符合实际，最好在观测现场对所用的仪器测定其照准误差的数值，然后再按式(7-7)估算小角法的精度。

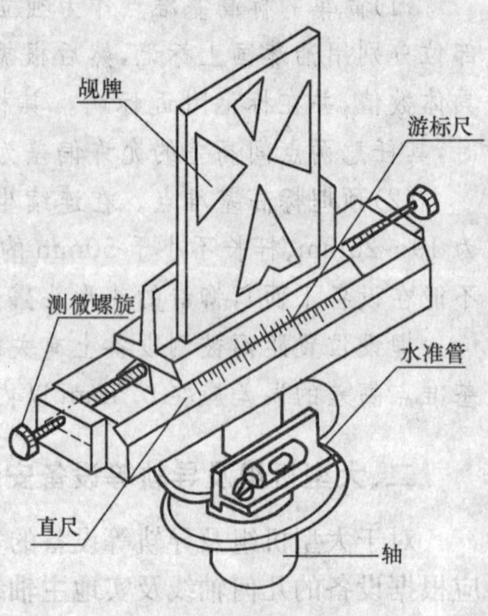

图7-30 利用活动觇牌法测定网架六角形各顶点坐标

(2)活动觇牌法。在活动觇牌法中，活动觇牌读数尺上最小分划为1mm，利用游标进行读数，可以估读到0.1mm(图7-30)。使用活动觇牌时，先要测定活动觇牌的起始数据，即求出觇牌上供照准的目标之对称轴，通过标志中心时分划尺上的读数。然后根据观测者的信号，转动觇牌测微螺旋，直到觇牌对称轴与经纬仪给出的视准线重合为止。此时，在觇牌分划尺上读出读数，此读数减去起始读数，即得观测点与视准线间的偏离值。

### 关键细节 53 平行光管法基准线测量

平行光管法可分为简单平行光管测量和自准直平行光管测量两种。

(1)简单平行光管测量。简单平行光管是十字丝固定在物镜焦平面上的镜管，焦面上任一发光点经物镜作用后发射出一束平行光，如果用测量望远镜接收这束平行光，待测量望远镜调焦到无穷远时，就在测量望远镜的焦平面上观测到平行光管十字丝的像。望远镜的焦平面上有自身的十字丝，通过目镜观测这两组十字丝，利用平行玻璃板测微器，可使其重合，测得两者的偏差值。

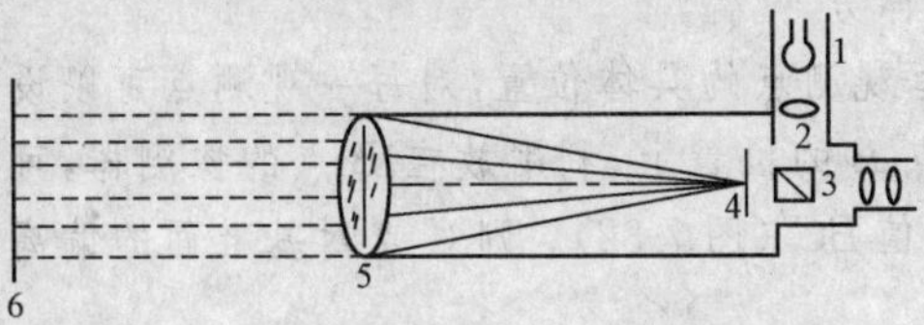

图 7-31 自准直平行光管原理图

(2)自准直平行光管测量。平行光管加上目镜，同时具有照明十字丝的光源，就构成自准直平行光管(图 7-31)。由光源 1 发射出的光通过聚焦镜 2 和立方棱镜 3 投影到分划板 4 上，由于分划板 4 正好位于物镜 5 的焦平面上，这时分划板 4 上十字丝刻划线的像经物镜 5 后形成一束平行光。在平行光管前放一块平面反射镜 6，若反射镜面垂直于光轴，则平行光束在分划板 4 的像与原像重合，若反射镜面倾斜 $\theta$ 角，则反射光轴与入射光轴形成 $2\theta$ 的夹角。

根据在目镜测微器上的读数 $x$，可求得：

$$\tan 2\theta=\frac{x}{f_m} \tag{7-8}$$

式中 $f_m$——为平行光管物镜的焦距。

当 $\theta$ 角很小时，可取 $\tan 2\theta=2\tan\theta$，则有：

$$\tan\theta=\frac{x}{2f_m} \tag{7-9}$$

若已知反光镜两支点间的距离为 $b$，则可按下式计算平面镜两支点之间的偏差值：

$$\delta=b\cdot\tan\theta=\frac{b}{2f_m}\cdot x \tag{7-10}$$

自准直平行光管法利用平面反射镜反射分划板 4 的像，如果平面与反射镜倾斜 $\theta$ 角，则引起反射光束与原光轴的夹角为 $2\theta$。利用自准直平行光管法校正导轨的平面位置时，在安装轴线的两端点，分别安置自准直平行光管和觇牌，将目镜测微器指到零，通过望远镜瞄准觇牌，把反光镜基座的支点与安装平面相接触，利用目镜测微器读数，设为 $x$，由公式(7-10)可算出这一段作业线对于安装轴线方向的偏差值。

### 关键细节 54 激光准直法基准线测量

激光准直按测定偏离值的方法不同，可分为激光经纬仪准直与波带板激光准直两种。

(1)激光经纬仪准直测量。激光经纬仪准直的步骤如下：

1)将激光经纬仪安置在安装轴线的一端控制点 $A$ 上，在另一端控制点 $B$ 上安置光电探测器，并将其读数指零，移动激光束，使 $B$ 点的光电探测器的检流表指针指零，这时基准面已确定，可固定经纬仪的视准方向。

2)依次将望远镜的激光束投影到观测点处的光电探测器上,移动光电探测器,使检流表指针指零,就可读取每个观测点相对于基准面的偏差值。

(2)波带板激光准直测量。波带板激光准直系统是由激光器点光源、波带板装置和光电探测器组成。在基准线两端点 $A$、$B$ 分别安置激光器点光源和探测器,在需要测定偏离值的观测点 $C$ 上,安装波带板。当激光管点燃后,激光器就发射出一束激光,照满波带板,通过波带板上不同透光孔的绕射、光波之间的相互干涉,就会在光源和波带板连线延伸方向线的某一位置上形成一个亮点或十字丝,根据观测点的具体位置,对每一观测点可以设计专用的波带板,使所成的像恰好落在接收端点 $B$ 的位置上,利用放在 $B$ 点的探测器,可以测出 $AC'$ 连接在 $B$ 点处相对于基准面的偏离值 $BC'$(图 7-32)。则 $C$ 点对基准面的偏离值为:

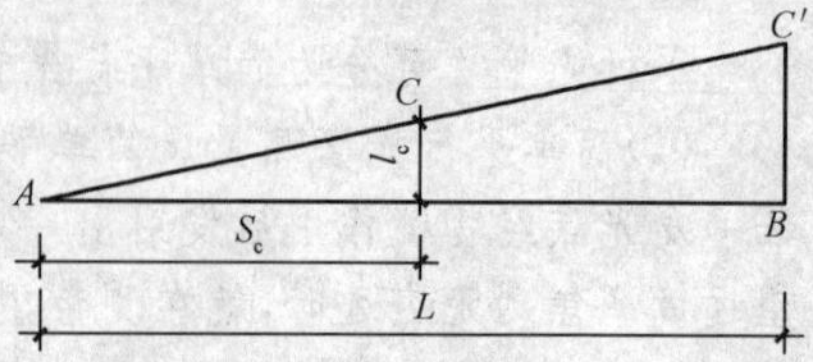


图 7-32　测量偏离值原理图

$$l_c = \frac{S_c}{L} \cdot BC' \tag{7-11}$$

## 三、设备安装期间沉降观测

设备安装期间的沉降观测采用二等水准测量方法。其要求应按下列规定进行:

(1)起算基点应选择附近牢固的水准点。

(2)每隔适当距离选定一个基准点(最好每一基础选一点),与起算基点组成水准环线,往返各测一次,每次环形闭合差不应超过 $\pm 0.5\sqrt{n}$ mm($n$ 为测站数),并进行平差计算。

(3)不组成环线的基准点,应根据相邻两个已测的基准点进行观测,比差应在 0.7mm 以内,并取用其平均值。

(4)对于埋设在基础上的基准点,在埋设之后就开始第一次观测,随后在设备安装期间应连续进行。连续生产线上的安装基准点应进行定期观测(一般每周观测一次),独立设备的基准点,沉降观测由安装工艺设计确定。

# 第八章　民用建筑施工测量

民用建筑指的是住宅、办公楼、食堂、俱乐部、医院和学校等建筑物。施工测量的任务是按照设计的要求，把建筑物的位置测设到地面上，并配合施工以保证工程质量。

## 第一节　建筑施工测量前准备工作

### 一、熟悉图纸

设计图纸是施工测量的依据，在建筑施工测量工作开始前，应熟悉建筑物的设计图纸，了解施工的建筑物与相邻地物的相互关系，以及建筑物的尺寸和施工的要求等。

民用建筑施工测量工作开始前，需熟悉的图纸包括：总平面图、建筑平面图、基础平面图、基础详图、立面图和剖面图等。

(1)总平面图。如图 8-1 所示的建筑总平面图，是施工测设的总体依据，建筑物就是根据总平面图上所给的尺寸关系来定位的。

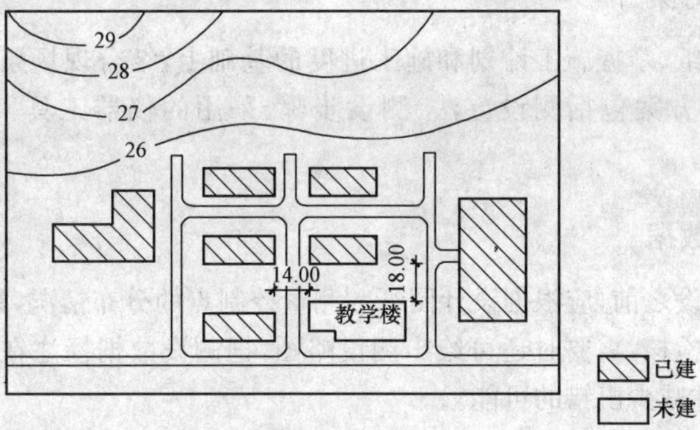


图 8-1　建筑总平面图

(2)建筑平面图。图 8-2 所示为建筑平面图，图中给出了建筑物各定位轴线间的尺寸关系及室内地坪标高等。

(3)基础平面图。基础平面图重点标明基础轴线间的尺寸关系和编号。

(4)基础详图。也称基础大样图，主要表明基础设计宽度、形式，基础边线及轴线的尺寸关系。

(5)立面图和剖面图。它们给出基础、地坪、门窗、楼板、屋架和屋面等设计高程，是高程测设的主要依据。

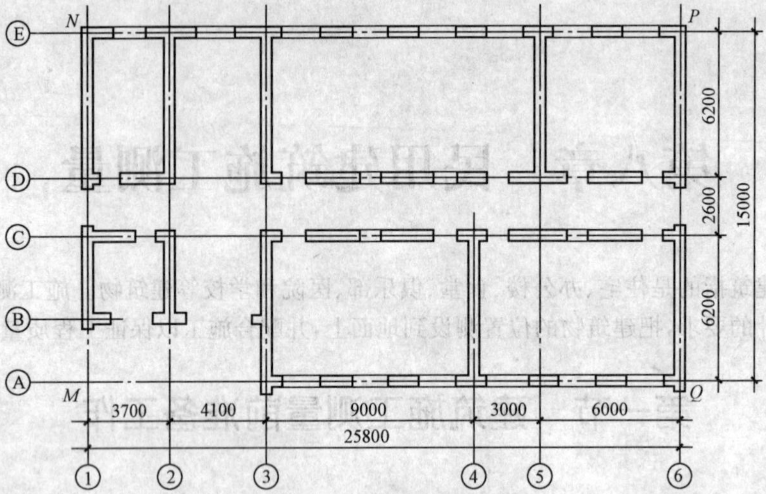


图 8-2 建筑平面图

## 二、现场踏勘

为了了解施工现场的地物、地貌以及现有测量控制点的分布情况，应进行现场踏勘，以便根据实际情况考虑测设方案。

## 三、确定测设方案

在熟悉设计图纸、掌握施工计划和施工进度的基础上，结合现场条件和实际情况，拟订测设方案。测设方案包括测设方法、测设步骤、采用的仪器工具、精度要求、时间安排等。

## 四、准备测设数据

在每次现场测设之前，应根据设计图纸和测量控制点的分布情况，准备好相应的测设数据并对数据进行检核，需要时还可绘出测设略图，把测设数据标注在略图上，使现场测设时更方便快速，并减少出错的可能。

# 第二节 民用建筑物定位与放线

## 一、建筑基线布设

对于面积不大、地形又不太复杂的民用建筑场地，应多采用建筑基线作为建筑施工的平面控制。

建筑基线的布设应根据设计建筑物的分布、场地的地形和原有控制点的情况而定。建筑基线应临近拟建的主要建筑物，并与主要轴线平行；基线点不得少于三个，以便检查点位有无变动；基线点应便于保存，相邻点通视良好，以便施工放样之用。常见的建筑基线布设形式有三点"一"字形、三点"L"形、四点"T"形、五点"十"字形等，如图 8-3 所示。

根据施工场地的条件不同，建筑基线的建立主要有根据原有建筑物测设建筑基线和根据附近已有控制点测设建筑基线两种方法。

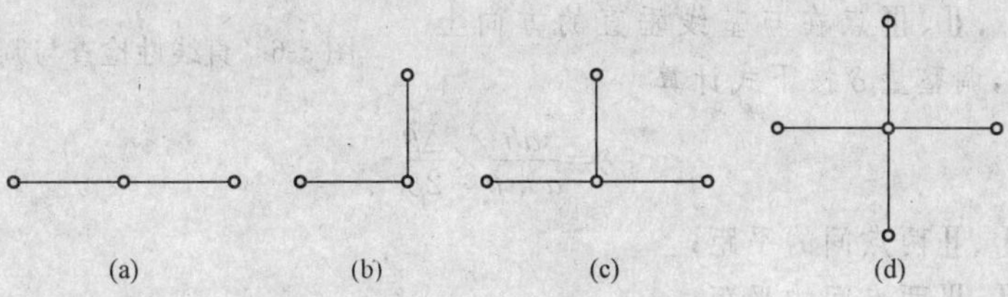


图 8-3 建筑基线布设形式示意图

### 关键细节 1 根据原有建筑物测定建筑基线

如图 8-4 所示，当设计总平面图上拟建教学楼的位置是由基周围临近已有宿舍楼来确定，并要求其外墙轴线相互平行或垂直。此时，只需先沿宿舍楼的东、西墙分别延长出一小段距离 $l$ 得 $a$、$b$ 两点，将后将 $a$、$b$ 两点连线延长，即可得到建筑基线 $abc$。

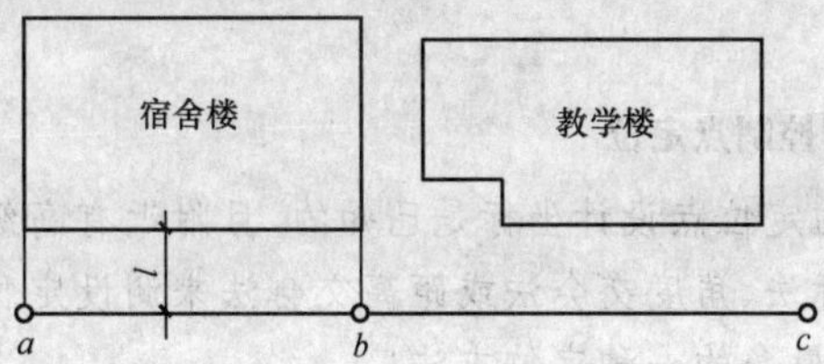


图 8-4 根据原有建筑物测设建筑基线示意图

### 关键细节 2 根据附近已有控制点测设建筑基线

在新建筑区，可以利用建筑基线点的设计坐标和附近已有控制点的坐标，用极坐标法测设建筑基线。如图 8-5 所示，$A$、$B$ 为附近已有控制点，Ⅰ、Ⅱ、Ⅲ为选定的建筑基线点。其测设方法为：首先，根据已知控制点和建筑基线点的坐标，计算出测设数据 $\beta_1$、$d_1$、$\beta_2$、$d_2$、$\beta_3$、$d_3$（此时应注意坐标系的统一，否则须先进行坐标换算）；然后，在 $A$ 点安置仪器用极坐标法测设Ⅰ、Ⅱ、Ⅲ点。

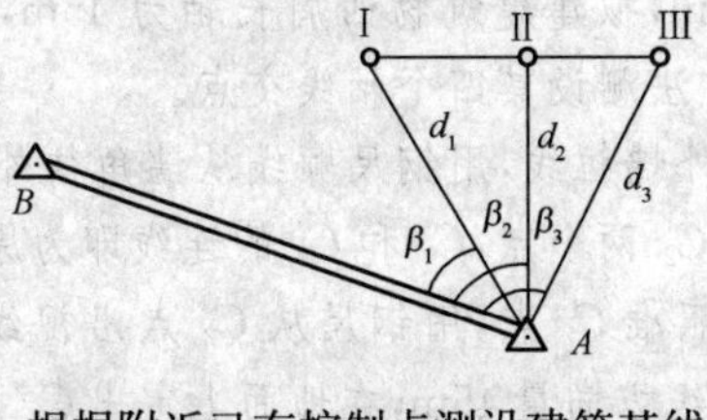


图 8-5 根据附近已有控制点测设建筑基线示意图

由于存在放样误差，测设的基线点Ⅰ、Ⅱ、Ⅲ往往不在同一直线上，且点与点之间的距离与设计值也可能不完全相符。因此，用极坐标法测设出建筑基线后，应及时对其进行检查，若不符合要求则须做相应的调整，方法如下：

首先，进行直线性的检查与调整。如图 8-6 所示，在Ⅱ点安置仪器观测ⅡⅠ与ⅡⅢ两方向之水平角 $\beta$；如果 $\Delta\beta=\beta-180°$ 超过限差（一般为±15″），则应对Ⅰ、Ⅱ、Ⅲ点在与基线垂直的方向上进行等量调整，调整量 $\delta$ 按下式计算

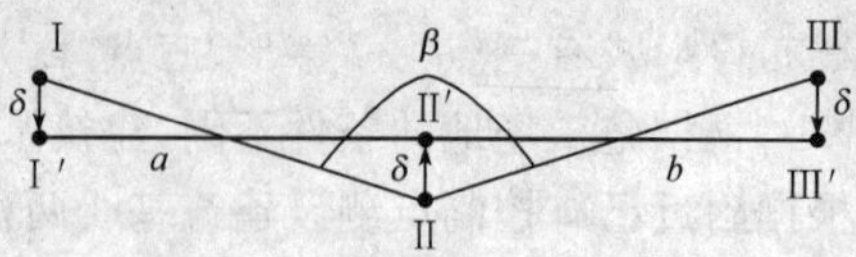

图 8-6　直线性检查与调整示意图

$$\delta=\frac{ab}{a+b}\times\frac{\Delta\beta}{2\rho} \tag{8-1}$$

式中　$a$——Ⅰ、Ⅱ两点间的平距；

$b$——Ⅱ、Ⅲ两点间的平距。

直线性的检查与调整完毕后，再进行距离的检查与调整，即精确测定相邻基线点间距，并与设计值相比较，如果不符合要求则须进行调整。调整时，中间点保持不变，沿直线方向移动两端点。

## 二、民用建筑物定位

民用建筑物的定位，就是把建筑物外廓各轴线交点测设在地面上，然后再根据这些点进行细部放样。

### 关键细节 3　根据控制点定位

如果待定位建筑物的定位点设计坐标是已知的，且附近有高级控制点可供利用，则可根据实际情况选用极坐标法、角度交会法或距离交会法来测设定位点。三种方法中，极坐标法适用性最强，是用得最多的一种定位方法。

### 关键细节 4　根据建筑方格网和建筑基线定位

如果待定位建筑物的定位点设计坐标是已知的，并且建筑场地已设有建筑方格网或建筑基线，可利用直角坐标法测设定位点，当然也可用极坐标法等其他方法进行测设，但直角坐标法所需要的测设数据的计算较为方便。在用经纬仪和钢尺实地测设时，建筑物总尺寸和四大角的精度容易控制和检核。

### 关键细节 5　根据与原有建筑物关系定位

(1)如图 8-7(a)所示，拟建建筑物的外墙边线与原有建筑的外墙边线在同一条直线上。两栋建筑物的间距为 15m，拟建建筑物四周长轴为 45m，短轴为 20m，轴线与外墙边线间距为 0.15m，可按下述方法测设其四个轴线交点。

1)沿原有建筑物的两侧外墙拉线，用钢尺顺线从墙角往外量一段较短的距离（这里设为 3m)，在地面上定出 $C_1$ 和 $C_2$ 两个点，$C_1$ 和 $C_2$ 的连线即为原有建筑物的平行线。

2)在 $C_1$ 点安置经纬仪，照准 $C_2$ 点，用钢尺从 $C_2$ 点沿视线方向量 15m＋0.15m，在地面上定出 $C_3$，再从 $C_3$ 点沿视线方向量 45m，在地面上定出 $C_4$ 点，$C_3$ 和 $C_4$ 的连线即为拟建建筑物的平行线，其长度等于长轴尺寸。

3)在 $C_3$ 点安置经纬仪，照准 $C_4$，逆时针测设 90°，在视线方向上量 3m＋0.15m，在地面上定出 $D_1$ 点，再从 $D_1$ 点沿视线方向量 20m，在地面上定出 $D_4$ 点。同理，在 $C_4$ 点安置

经纬仪，照准 $C_3$ 点，顺时针测设 90°，在视线方向上量 3m＋0.15m，在地面上定出 $D_2$ 点，再从 $D_2$ 点沿视线方向量 20m，在地面上定出 $D_3$ 点。则 $D_1$、$D_2$、$D_3$ 和 $D_4$ 点即为拟建建筑物的四个定位轴线点。

4)在 $D_1$、$D_2$、$D_3$ 和 $D_4$ 点上安置经纬仪，检核四个大角是否为 90°，用钢尺丈量四条轴线的长度，检核长轴是否为 45m，短轴是否为 20m。

(2)如果是如图 8-7(b)所示的情况，则在得到原有建筑物的平行线并延长到 $C_3$ 点后，应在 $C_3$ 点测设 90°并量距，定出 $D_1$ 和 $D_2$ 点，得到拟建建筑物的一条长轴，再分别在 $D_1$ 和 $D_2$ 点测设 90°并量距，定出另一条长轴上的 $D_4$ 和 $D_3$ 点。注意不能先定短轴的两个点(例如 $D_1$ 和 $D_4$ 点)，再在这两个点上设站测设另一条短轴上的两个点(例如 $D_2$ 和 $D_3$ 点)，否则误差容易超限。

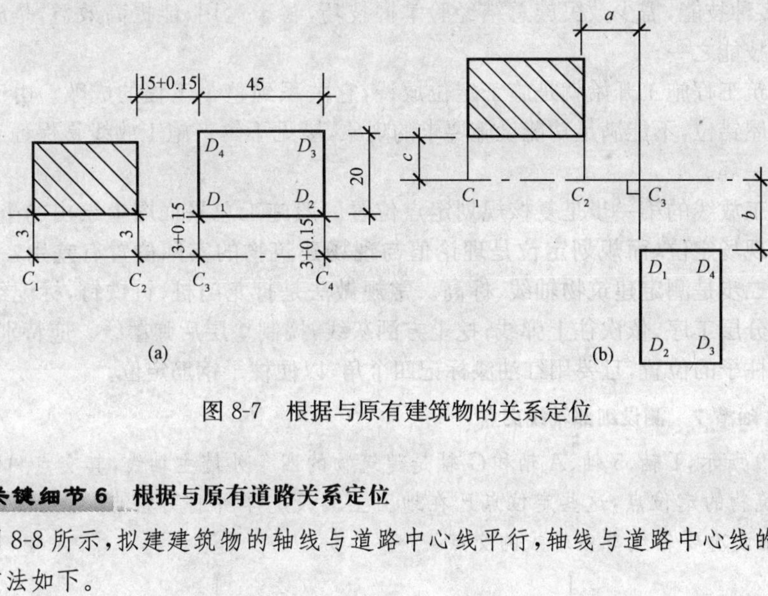


图 8-7　根据与原有建筑物的关系定位

### 关键细节 6　根据与原有道路关系定位

如图 8-8 所示，拟建建筑物的轴线与道路中心线平行，轴线与道路中心线的距离见图，其测设方法如下。

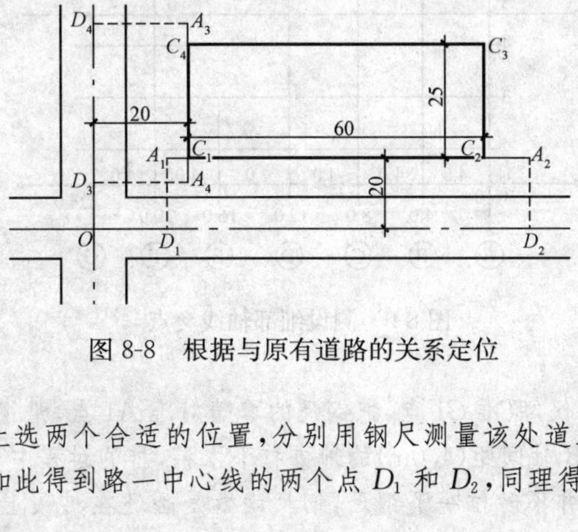


图 8-8　根据与原有道路的关系定位

(1)在每条道路上选两个合适的位置，分别用钢尺测量该处道路宽度，其宽度的 1/2 处即为道路中心点，如此得到路一中心线的两个点 $D_1$ 和 $D_2$，同理得到路二中心线的两个点 $D_3$ 和 $D_4$。

(2)分别在路一的两个中心点上安置经纬仪，测设90°，用钢尺测设水平距离20m，在地面上得到路一的平行线$A_1$—$A_2$，同理作出路二的平行线$A_3$—$A_4$。

(3)用经纬仪内延或外延这两条线，其交点即为拟建建筑物的第一个定位点$C_1$，再从$C_1$沿长轴方向量60m，得到第二个定位点$C_2$。

(4)分别在$C_1$和$C_2$点安置经纬仪，测设直角和水平距离25m，在地面上定出$C_3$和$C_4$点。在$C_1$、$C_2$、$C_3$和$C_4$点上安置经纬仪，检核角度是否为90°，用钢尺丈量四条轴线的长度，检核长轴是否为60m，短轴是否为25m。

## 三、民用建筑物放线

建筑施工放线是一项运用立体几何与平面几何、解析几何等多项知识结合的综合技术，包含有多种技能，需少数民族总结经验掌握技巧，善于运用，能提高效益，是施工管理人员的基本技能之一。

每项建筑工程施工开始就是施工定位放线，它关系到整个工程的成败。由于放线错误造成的房屋错位，不能满足功能设施要求的现象，屡见不鲜。施工放线是保证工程质量至关重要的一环。

建筑施工放线的第一步是复核规划定点位置一般施工总平面图上绘出的坐标，由规划技术人员现场定位，而规划定位是理论值与现场建筑物的实际位置有差别，一定要复核、纠正；第二步是测定建筑物轴线、标高。常规做法是打龙门桩、钉铁钉，标记红三角标高。再接各分层工序，依次往上弹线；挖土方洒灰线，捣制垫层后弹墨线。应特别注意，垫层上要弹出柱子的位置，且要用红油漆标记四个角，以便柱子钢筋定位。

### 关键细节7　测设细部轴线交点

如图8-9所示，1轴、5轴、*A*轴和*G*轴是建筑物的四条外墙主轴线，其交点*A*1、*G*1、*A*5和*G*5是建筑物的定位点，这些定位点已在地面上测设完毕并打好桩点，各主次轴线间隔见图，现欲测设次要轴线与主轴线的交点。

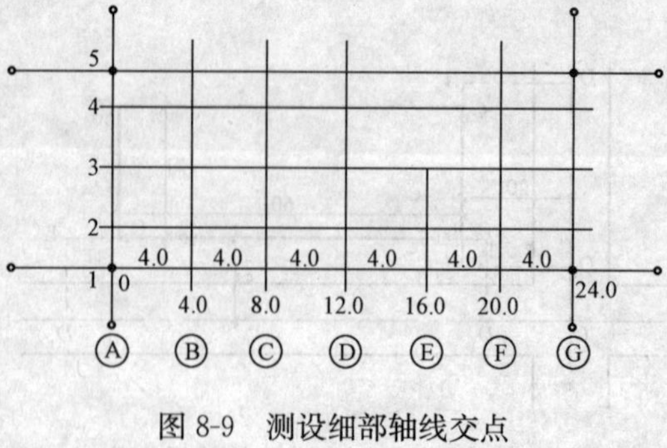


图8-9　测设细部轴线交点

在*A*1点安置经纬仪，照准*G*1点，把钢尺的零端对准*A*1点，沿视线方向拉钢尺，在钢尺上读数等于*A*轴和*B*轴间距(4.0m)的地方打下木桩，打的过程中要经常用仪器检查桩顶是否偏离视线方向，并不时拉一下钢尺，钢尺读数是否还在桩顶上，如有偏移要及时调整。打好桩后，用经纬仪视线指挥在桩顶上画一条纵线，再拉好钢尺，在读数等于轴间距处画一条横线，两线交点即1轴与$B$轴的交点。

在测设1轴与$C$轴的交点$C1$时，方法同上，注意仍然要将钢尺的零端对准$A1$点，并沿视线方向拉钢尺，而钢尺读数应为$A$轴和$C$轴间距(8.0m)，这种做法可以减小钢尺对点误差，避免轴线总长度增长或减短。如此依次测设$A$轴与其他有关轴线的交点。测设完最后一个交点后，用钢尺检查各相邻轴线桩的间距是否等于设计值，误差应小于1/3000。

测设完$A$轴上的轴线点后，用同样的方法测设5轴、$A$轴和$C$轴上的轴线点。如果建筑物尺寸较小，也可用拉细线绳的方法代替经纬仪定线，然后沿细线绳拉钢尺量距。

### 关键细节8　龙门板法引测轴线

(1)如图8-10所示，在建筑物四角和中间隔墙的两端，距基槽边线约2m以外，牢固地埋设大木桩，称为龙门桩，并使桩的一侧平行于基槽。

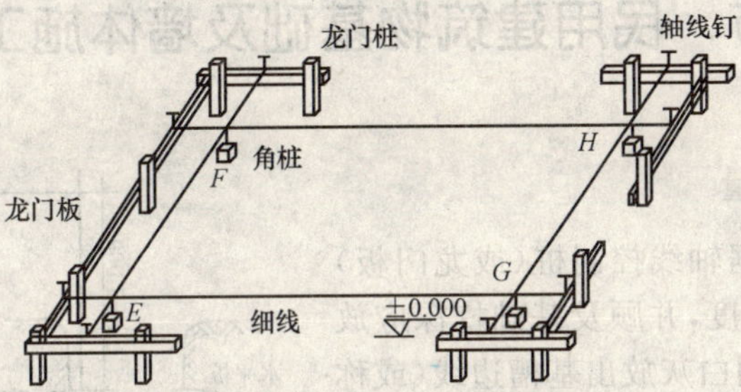


图8-10　龙门桩示意图

(2)根据附近水准点，用水准仪将±0.000标高测设在每个龙门桩的外侧上，并画出横线标志。如果现场条件不允许，也可测设比±0.000高或低一定数值的标高线。同一建筑物最好只用一个标高；如因地形起伏大用两个标高时，一定要标注清楚，以免使用时发生错误。

(3)在相邻两龙门桩上钉设木板，称为龙门板。龙门板的上沿应和龙门桩上的横线对齐，使龙门板的顶面标高在一个水平面上，并且标高为±0.000，或比±0.000高或低一定的数值。龙门板顶面标高的误差应在±5mm以内。

(4)根据轴线桩，用经纬仪将各轴线投测到龙门板的顶面，并钉上小钉作为轴线标志，称为轴线钉，投测误差应在±5mm以内。对小型的建筑物，也可用拉细线绳的方法延长轴线，再钉上轴线钉，如事先已打好龙门板，可在测设细部轴线的同时钉设轴线钉，以减少重复安置仪器的工作量。

(5)用钢尺沿龙门板顶面检查轴线钉的间距，其相对误差不应超过1/3000。

### 关键细节9　轴线控制桩法引测轴线

由于龙门板需要较多木料，而且占用场地，使用机械开挖时容易被破坏，因此也可以在基槽或基坑外各轴线的延长线上测设轴线控制桩，作为以后恢复轴线的依据。即使采用了龙门板，为了防止被碰动，对主要轴线也应测设轴线控制桩。

轴线控制桩的引测主要采用经纬仪法，当引测到较远的地方时，要注意采用盘左和盘右两次投测取中法来引测，以减少引测误差和避免错误的出现。

**关键细节 10　确定开挖边线**

先按基础剖面图给出的设计尺寸，计算基槽的开挖宽度，如图 8-11 所示。

$$L=A+nh \tag{8-2}$$

式中　$A$——基底宽度；

$h$——基槽深度；

$n$——边坡坡度的分母。

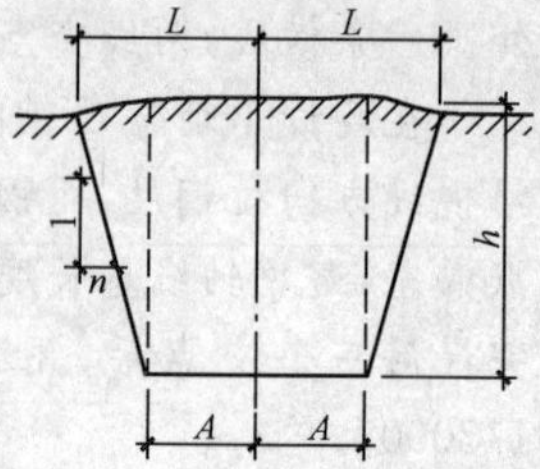

图 8-11　基槽开挖宽度

根据计算结果，在地面上以轴线为中线往两边各量出 $L/2$，拉线并撒上白灰，即为开挖边线。如果是基坑开挖，则只需按最外围墙体基础的宽度及放坡确定开挖边线。

# 第三节　民用建筑物基础及墙体施工测量

## 一、基础施工测量

基础开挖前，根据轴线控制桩（或龙门板）的轴线位置和基础宽度，并顾及基础挖深应放坡的尺寸，在地面上用白灰放出基槽边线（或称基础开挖线）。

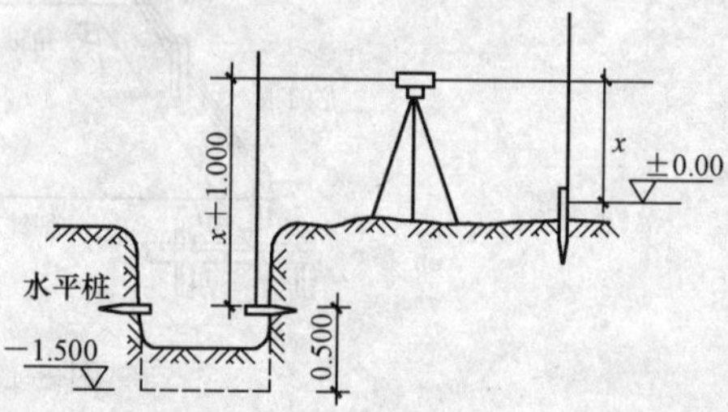

图 8-12　开挖基槽

开挖基槽时，不得超挖基底，要随时注意挖土的深度。当基槽挖到离槽底 0.300～0.500m 时，用水准仪在槽壁上每隔 2～3m 和拐角处钉一个水平桩，如图 8-12 所示，用以控制挖槽深度及作为清理槽底和铺设垫层的依据。

**关键细节 11　基槽开挖深度**

为了控制基槽开挖深度，当基槽挖到接近槽底设计高程时，应在槽壁上测设一些水平桩，使水平桩的上表面离槽底设计高程为某一整分米数，用以控制挖槽深度，也可作为槽底清理和打基础垫层时掌握标高的依据。

水平桩可以是木桩也可以是竹桩，测设时，以画在龙门板或周围固定地物的±0.000 标高线为已知高程点，用水准仪进行测设，小型建筑物也可用连通水管法进行测设。水平桩上的高程误差应在±10mm 以内。

**关键细节 12　垫层标高控制**

垫层面标高的测设可以水平桩为依据在槽壁上弹线，也可在槽底打入垂直桩，使桩顶标高等于垫层面的标高。如果垫层需安装模板，可以直接在模板上弹出垫层面的标高线。

如果是机械开挖，一般是一次挖到设计槽底或坑底的标高，因此要在施工现场安置水准仪，边挖边测，随时指挥挖土机调整挖土深度，使槽底或坑底的标高略高于设计标高（一般为 10cm，留给人工清土）。挖完后，为了给人工清底和打垫层提供标高依据，还应在槽壁或坑壁上打水平桩。水平桩的标高一般为垫层面的标高。当基坑底面积较大时，为便于控制整个底面的标高，应在坑底均匀地打一些垂直桩，使桩顶标高等于垫层面的标高。

### 关键细节 13 垫层中线投测

垫层打好后，根据龙门板上的轴线钉或轴线控制桩，用经纬仪或用拉线挂吊锤的方法，把轴线投测到垫层面上，并用墨线弹出基础中心线和边线，以便砌筑基础或安装基础模板。

### 关键细节 14 基础标高

基础墙的标高一般是用基础"皮数杆"来控制的，皮数杆是用一根木杆做成，在杆上注明±0.000的位置，按照设计尺寸将砖和灰缝的厚度、分皮从上往下一一画出来。此外，还应注明防潮层和预留洞口的标高位置，如图8-13所示。

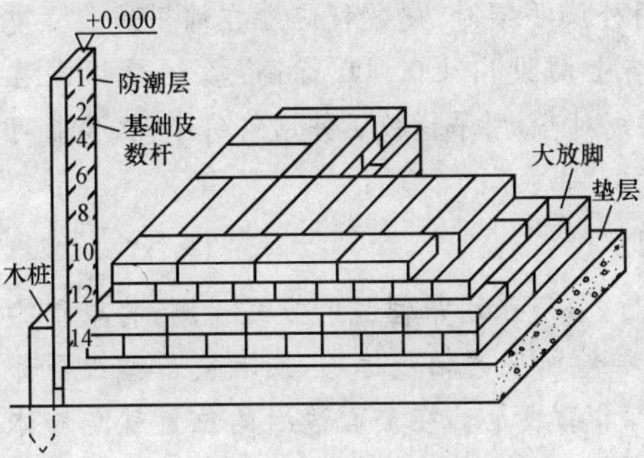

图 8-13　基础皮数杆

如图 8-13 所示，立皮数杆时，可先在立杆处打一木桩，用水准仪在木桩侧面测设一条高于垫层设计标高某一数值（如 0.2m）的水平线，然后将皮数杆上标高相同的一条线与木桩上的水平线对齐，并用铁钉把皮数杆和木桩钉在一起，这样立好皮数杆后，即可作为砌筑基础墙的标高依据。

对于采用钢筋混凝土的基础，可用水准仪将设计标高测设于模板上。

## 二、墙体施工测量

基础工程结束后，应对龙门板或轴线控制桩进行检查复核，防止基础施工期间发生碰动移位。复核无误后开始墙体的砌筑。

墙体砌筑前，根据墙体轴线和墙体厚度，弹出墙体边线，照此进行墙体砌筑。墙体砌筑时，其标高用墙身"皮数杆"控制。

每层楼面建好后，为保证继续往上砌筑墙体时，墙体轴线均与基础轴线在同一铅垂面上，应将基础或首层墙面上的轴线投测到楼面上，并在楼面上重新弹出墙体的轴线，检查无误后，以此为依据弹出墙体边线，再往上砌筑。在此工作中，从下往上进行轴线投测是关键，一般多层建筑常用吊锤线。二层以上楼房墙体砌筑的标高普遍采用皮数杆或钢尺。

### 关键细节 15 首层楼房墙体轴线测设

首层楼房墙体轴线的测设可根据轴线控制桩或龙门板上的轴线钉，用经纬仪法或拉线法，把首层楼房的墙体轴线测设到防潮层上，并弹出墨线，然后用钢尺检查墙体轴线的间距和总长是否等于设计值，用经纬仪检查外墙轴线四个主要交角是否等于90°。符合要求后，把墙轴线延长到基础外墙侧面上并弹线和做出标志，作为向上投测各层楼房墙体轴线的依据。同时还应把门、窗和其他洞口的边线，也可在基础外墙侧面上做出标志。

砌筑到一定高度后，用吊锤线将基础外墙侧面上的轴线引测到地面以上的墙体上，以免基础覆土后看不见轴线标志。如果轴线处是钢筋混凝土柱，可在拆柱模后将轴线引测到桩身上。

### 关键细节 16　利用皮数杆进行墙体标高测设

在皮数杆上根据设计尺寸，按砖和灰缝厚度画线，并标明门、窗、过梁、楼板等的标高位置。杆上标高注记从±0.000 向上增加。

墙身皮数杆一般立在建筑物的拐角和内墙处，固定在木桩或基础墙上。为了便于施工，采用里脚手架时，皮数杆立在墙的外边；采用外脚手架时，皮数杆应立在墙里边。立皮数杆时，先用水准仪在立杆处的木桩或基础墙上测设出±0.000 标高线，测量误差在±3mm以内，然后把皮数杆上的±0.000 线与该线对齐，用吊锤校正并用钉钉牢，必要时可在皮数杆上加两根钉斜撑，以保证皮数杆的稳定。

### 关键细节 17　二层以上楼房墙体轴线投测

二层以上楼房墙体轴线投测应从下往上进行，一般采用吊锤线的方式投测，将较重的垂球悬挂在楼面的边缘，慢慢移动，使垂球尖对准地面上的轴线标志，或者使吊锤线下部沿垂直墙面方向与底层墙面上的轴线标志对齐，吊锤线上部在楼面边缘的位置就是墙体轴线位置，在此画一条短线作为标志，便在楼面上得到轴线的一个端点，同法投测另一端点，两端点的连线即为墙体轴线。

一般应将建筑物的主轴线都投测到楼面上来，并弹出墨线，用钢尺检查轴线间的距离，其相对误差不得大于1/3000，符合要求之后，再以这些主轴线为依据，用钢尺内分法测设其他细部轴线。在困难的情况下至少要测设两条垂直相交的主轴线。检查交角合格后，用经纬仪和钢尺测设其他主轴线，再根据主轴线测设细部轴线。

### 关键细节 18　利用皮数杆进行墙体标高传递

一层楼房墙体砌完并建好楼面后，把皮数杆移到二层继续使用。为了使皮数杆立在同一水平面上，用水准仪测定楼面四角的标高，取平均值作为二楼的地面标高，并在立杆处绘出标高线，立杆时将皮数杆的±0.000 线与该线对齐，然后以皮数杆为标高的依据进行墙体砌筑。如此逐层往上传递高程。

### 关键细节 19　利用钢尺进行墙体标高传递

在标高精度要求较高时，可用钢尺从底层的+50cm 标高线起往上直接丈量，把标高传递到第二层，然后根据传递上来的高程测设第二层的地面标高线，以此为依据立皮数杆。在墙体砌到一定高度后，用水准仪测设该层的+50cm 标高线，再往上一层的标高可以此为准用钢尺传递，如此逐层传递标高。

## 第四节　高层建筑施工测量

近十几年来我国高层建筑大量兴起，高层建筑中的施工测量已引起重视。在高层建筑施工过程中有大量的施工测量问题，施工测量应紧密配合施工，起到指导施工的作用。

## 一、高层建筑施工测量的特点及基本准则

### 1. 高层建筑施工测量的特点

(1)由于建筑层数多、高度高,结构竖向偏差直接影响工程受力情况,故施工测量中要求竖向投点精度高,所选用的仪器和测量方法要适应结构类型、施工方法和场地情况。

(2)由于建筑结构复杂,设备和装修标准较高,特别是高速电梯的安装等,对施工测量精度要求亦高。一般情况在设计图纸中有说明总的允许偏差值,由于施工时亦有误差产生,为此测量误差只能控制在总偏差值之内。

(3)由于建筑平面、立面造型既新颖且复杂多变,故要求开工前先制定施测方案,仪器配备,测量人员的分工,并经工程指挥部组织有关专家论证后方可实施。

### 2. 高层建筑施工测量的基本准则

(1)遵守国家法令、政策和规范,明确为工程施工服务。

(2)遵守先整体后局部和高精度控制低精度的工作程序。

(3)要有严格审核制度。

(4)建立一切定位、放线工作要经自检、互检合格后,方可申请主管部门验收的工作制度。

## 二、施工控制网的建立

高层建筑必须建立施工控制网。一般建立施工方格控制网较为实用,使用方便,精度可以保证,自检也方便。

建立施工方格控制网,必须从整个施工过程考虑,打桩、挖土、浇筑基础垫层和建筑物施工过程中的定轴线均能应用所建立的施工控制网。由于打桩、挖土对施工控制网的影响较大,除了经常复测校核外,最好随着施工的进行,将控制网延伸到施工影响区之处。

目前在高层建筑施工中,采用“升降提模”和钢结构吊装双梁平台整体同步提升等施工工艺,必须将控制轴线及时投影到建筑面层上,然后根据控制轴线作柱列线等细部放样,以备绑扎钢筋、立模板和浇筑混凝土之用。

为了将高层建筑物的设计放样到实地上去,一般要建立局部的直角坐标系统。为了简化设计点位的坐标计算和在现场便于建筑物放样,该局部系统坐标轴的方向应严格平行于建筑物的主轴线或街道的中心线。

施工方格网布设应与总平面图相配合,以便在施工过程中能够保存最多数量的控制点标志。

施工方格网是测设在基坑开挖范围以外一定距离,平行于建筑物主要轴线方向的矩形控制网。如图 8-14 所示,$M$、$N$、$P$、$Q$ 为拟建高层建筑的四大角轴线交点,$A$、$B$、$C$、$D$ 是施工方格网的四个角点。施工方格网一般在总平面布置图上进行设计,先根据现场情况确定其各条边线与建筑轴线的间距,再确定四个角点的坐标,然后在现场根据城市测量控制网或建筑场地上测量控制网,用极坐标法或直角坐标法,在现场测设出来并打桩。最后还应在现场检测方格网的四个内角和四条边长,并按设计角度和尺寸进行相应的调整。

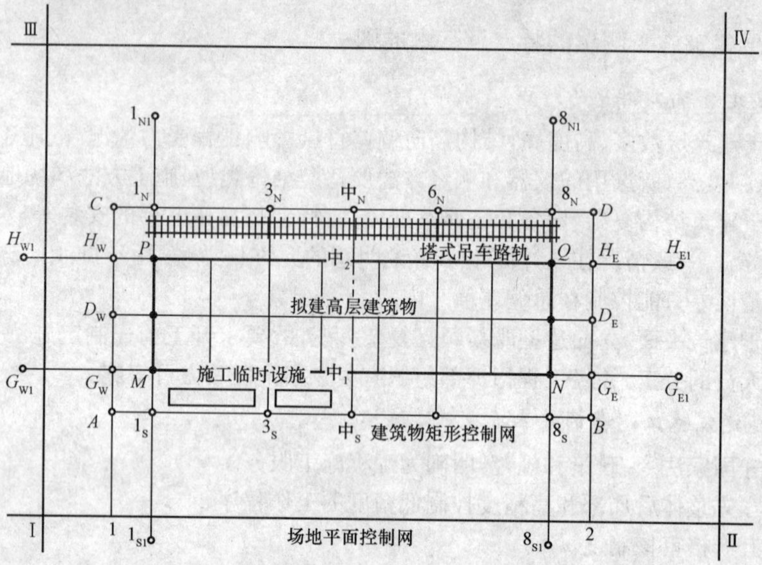


图 8-14 高层建筑定位测量

## 关键细节 20 极坐标法放样

用极坐标法放样时，要相对于起始方向先测设已知的角度，再由控制点测设规定的距离。如图 8-15 所示，设有通过控制点 $O$ 的坐标轴 $Ox$ 和 $Oy$，待放样点 $C$ 的坐标等于 $x$ 和 $y$。放样是用极坐标法，由位于 $Ox$ 轴上离点 $O$ 距离为 $C$ 的点 $A$ 来进行。也就是说，在 $A$ 点测设出预先算得之角度 $a$，再由点 $A$ 测设距离到点 $C$。因此，对 $C$ 点放样的工作步骤如下：

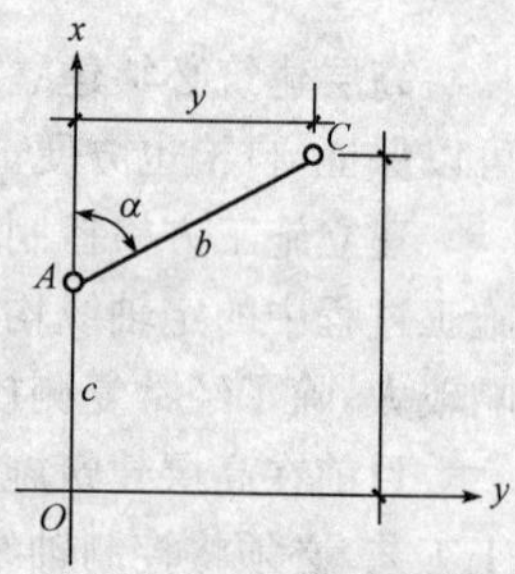


图 8-15 极坐标法放样

(1)在 $Ox$ 方向上量出由点 $O$ 到点 $A$ 的距离 $C$。

(2)仪器对中。

(3)在 $A$ 点安置仪器测设角度 $a$。

(4)沿着所测设的方向，由 $A$ 点量出距离 $b$。

(5)在地面上标定 $C$ 点的位置。

以上各项工作均具有一定的误差。由于各项误差都是互不相关的发生，所以彼此均是独立的，按误差理论可用极坐标法测设 $C$ 点的误差：

$$M=\pm\sqrt{(\mu c)^2+(\mu_1 b)^2+e^2+\left(\frac{m_a}{\rho}\cdot b\right)^2+\tau^2} \tag{8-3}$$

式中 $\mu$、$\mu_1$——丈量 $c$ 与 $b$ 的误差系数；

$e$——对中误差；

$m_a$——测设角度误差；

$\tau$——标定误差。

由上式可看出，$C$ 点离开 $A$ 点和 $O$ 点愈远，其误差愈大。尤其是 $b$ 的增大影响更大。

此外，我们还可看出，总误差不取决于角度 $\alpha$ 的大小，而是决定于测设角度的精度。因此，为了减少误差 $M$，需要提高测设长度和角度的精度。

### 关键细节 21 直角坐标法放样

用直角坐标法放样时，先要在地面上设两条互相垂直的轴线作为放样控制点。此时，沿着 $Z$ 轴测设纵坐标，再由纵坐标的端点对 $Z$ 轴作垂线，在垂线上测设横坐标。为了进行校核，可以按上述顺序从另一轴线上作第二次放样。为了使放样工作精确、迅速，在整个建筑场地应布设方格网作为放样工作的控制，这样，建筑物的各点就可根据最近的方格网顶点来放样。

直角坐标法是极坐标法的一种特殊情况。此时 $\alpha=90°$，$b$ 和 $c$ 均是直接丈量的，所以误差系数 $\mu=\mu_1$。由此得 $C$ 点位置的总误差为

$$M=\pm\sqrt{\mu^2(c^2-b^2)e^2+\left(\frac{m_d}{\rho}b\right)^2+\tau^2} \tag{8-4}$$

### 关键细节 22 施工方格控制网点精测和检核测量

建立施工方格控制网点，一般要经过初定、精测和检测三步。

(1)初定。初定即把施工方格网点的设计坐标放到地面上。可以打入 5cm×5cm×30cm 的小木桩作为埋设标志。

由于该点为埋石点，在埋设标志时必须挖掉，为此在初定时必须定出前后方向桩，离标桩 2～3m。根据埋设点和方向桩定出与方向线大致垂直的左右两个，这样在埋设标志时，只要前后和左右用麻线一拉，此交点即为原来初定的施工方格网点(图 8-16)。另配一架水准仪，为了掌握其顶面标高，在前或后的方向桩上测一标高。因前后方向桩在埋设标志时不会挖掉，可以在埋设时随时引测。为了满足施工方格网的设计要求，应在标桩顶部现浇混凝土，并在顶面放置 200mm×20mm 不锈钢板。方格网控制点标志的埋设见图8-17。

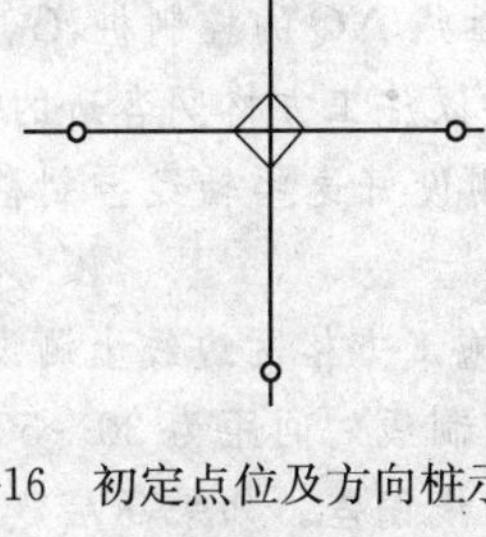

图 8-16 初定点位及方向桩示意图

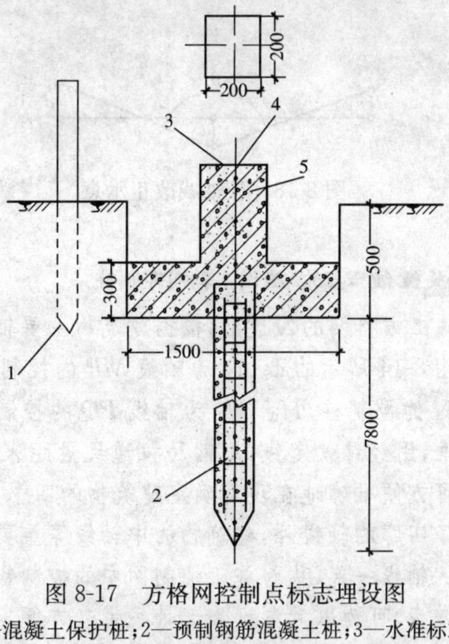


图 8-17 方格网控制点标志埋设图

1—混凝土保护桩；2—预制钢筋混凝土桩；3—水准标志；4—不锈钢标板；5—300mm×300mm 混凝土

(2)精测。方格网控制点初定并将标桩埋设好后,将设计的坐标值必须精密测定到标板上。为了减少计算工作量,一般可以采用现场改正。改正方法如下:

1)180°时的改正方法。详见图8-18长轴线改正示意图。

$$d=\frac{a\cdot b}{a+b}\cdot\left(90^{\circ}-\frac{\beta}{2}\right)\cdot\frac{1}{\rho''} \tag{8-5}$$

改正后用同样的方法进行检查,其180°之差应≤±10″。

2)90°时的改正方法。详见图8-19短轴线改正示意图。

$$d=l\cdot\frac{\delta}{\rho''} \tag{8-6}$$

式中 $l$——轴线点至轴线端点的距离;

$\delta$——设计角为直角时,$\delta=\frac{\beta-x'}{2}$。

改正后检查其结果90°之差应≤±6″。

(3)检测。精测时,虽然对点位的现场作了改正,但为了检查是否有错误以及计算方格控制网的测量精度,还必须进行检测,测角用$T_2$经纬仪两个测回,距离往返观测,最后根据所测得的数据进行平差计算坐标值和测量精度。

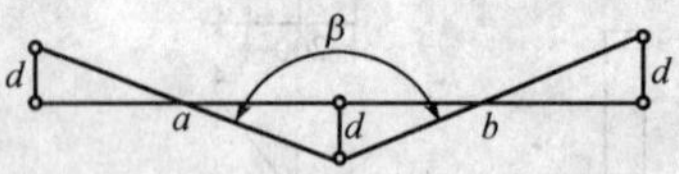


图8-18 长轴线改正示意

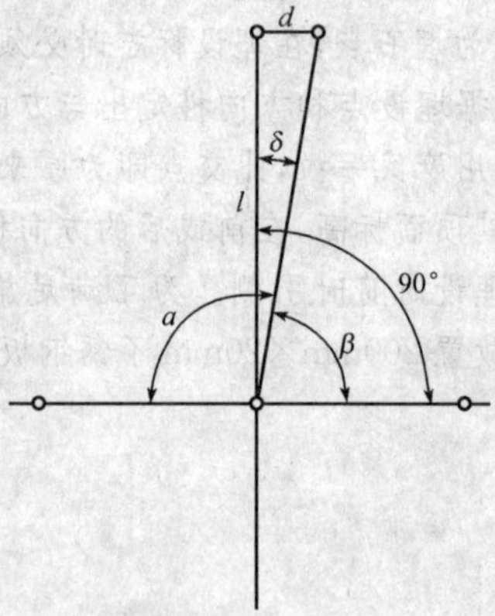


图8-19 短轴线改正示意

## 关键细节23 测设主轴线控制桩

在施工方格网的四边上,根据建筑物主要轴线与方格网的间距,测设主要轴线的控制桩。如图8-14所示的$1_S$、$1_N$为轴线$MP$的控制桩,$8_S$、$8_N$为轴线$NQ$的控制桩,$G_W$、$G_E$为轴线$MN$的控制桩,$H_W$、$H_E$为轴线$PQ$的控制桩,测设时要以施工方格网各边的两端控制点为准,用经纬仪定线,用钢尺拉通尺量距来打桩定点。测设好这些轴线控制桩后,施工时便可方便准确地在现场确定建筑物的四个主要角点。

除了四廓的轴线外,建筑物的中轴线等重要轴线也应在施工方格网边线上测设出来,与四廓的轴线一起,称为施工控制网中的控制线,一般要求控制线的间距为30~50m。控制线的增多,可为以后测设细部轴线带来方便,也便于校核轴线偏差。如果高层建筑是分期分区施工,为满足某局部区域定位测量的需要,应把对该局部区域有控制意义的轴线在施工方格网边线测设出来。施工方格网控制线的测距精度不低于1/10000，测角精度不低于±10″。

如果高层建筑准备采用经纬仪法进行轴线投测，还应把应投测轴线的控制桩往更远处安全稳固的地方引测。例如在图8-14中，四条外廓主轴线是今后要往高处投测的主轴线，用经纬仪引测，得到$H_{W1}$等八个轴线控制桩，这些桩与建筑物的距离应大于建筑物的高度，以免用经纬仪投测时仰角太大。

**关键细节24 高程控制**

高层建筑工地上的高程控制点，要联测到国家水准标志上或城市水准点上。高层建筑物的外部水准点标高系统与城市水准点的标高系统必须统一，因为要由城市向建筑工地敷设许多管道和电缆等。

利用水准点标高计算误差公式求得的标高误差为

$$m^2 = n^2 l_i + \sigma^2 L_i \tag{8-7}$$

式中 $n$——每公里平均偶然误差，在三等水准测量中相当于±4mm；

$\sigma$——平均系统误差，相等于±0.8mm；

$L_i$——为公里数，假设为2km。

代入则得

$$m = \pm\sqrt{4^2 \times 2 + 0.8^2 \times 2} = \pm 5.8\text{mm}$$

## 三、高层建筑基础施工测量

高层建筑一般都有地下室，因此要进行基坑开挖。开挖前，应先根据建筑物的轴线控制桩确定角桩，以及建筑物的外围边线，再考虑边坡的坡度和基础施工所需工作面的宽度，测设出基坑的开挖边线并撒出灰线。

高层建筑的基坑一般都很深，需要放坡并进行边坡支护加固。开挖过程中，除了用水准仪控制开挖深度外，还应经常用经纬仪或拉线检查边坡的位置，防止出现坑底边线内收，致使基础位置不够的情况出现。

高层建筑基坑开挖完成后的放线，有以下三种情况：

(1)直接做垫层，然后做箱形基础或筏板基础，这时要求在垫层上测设基础的各条边界线、梁轴线、墙宽线和柱位线等。

(2)在基坑底部打桩或挖孔，做桩基础，这时要求在坑底测设各条轴线和桩孔的定位线，桩做完后，还要测设桩承台和承重梁的中心线。

(3)先做桩，然后在桩上做箱基或筏基，组成复合基础，这时的测量工作是前两种情况的结合。

基坑完成后，应及时用水准仪根据地面上的±0.000水平线，将高程引测到坑底，并在基坑护坡的钢板或混凝土桩上作好标高为负的整米数的标高线。由于基坑较深，引测时可多转几站观测，也可用悬吊钢尺代替水准尺进行观测。在施工过程中，如果是桩基，则要控制好各桩的顶面高程；如果是箱基和筏基，可直接将高程标志测设到竖向钢筋和模板上，作为安装模板、绑扎钢筋和浇筑混凝土的标高依据。

## 关键细节 25 高层建筑物柱位放样

软土地基区的高层建筑一般都打入钢管桩或钢筋混凝土方桩做基础。由于高层建筑的上部荷重主要由钢筋桩或钢筋混凝土方桩承受，因此，对桩位要求较高，其定位偏差不得超过$\frac{1}{2}D$($D$为圆桩直径或方桩边长)。在定桩位时，必须按照建筑施工控制网，实地定出控制轴线，再按设计的桩位图中所示尺寸逐一加以定出桩位，定出的桩位之间尺寸必须再进行一次校核，以防定错，详见图8-20。

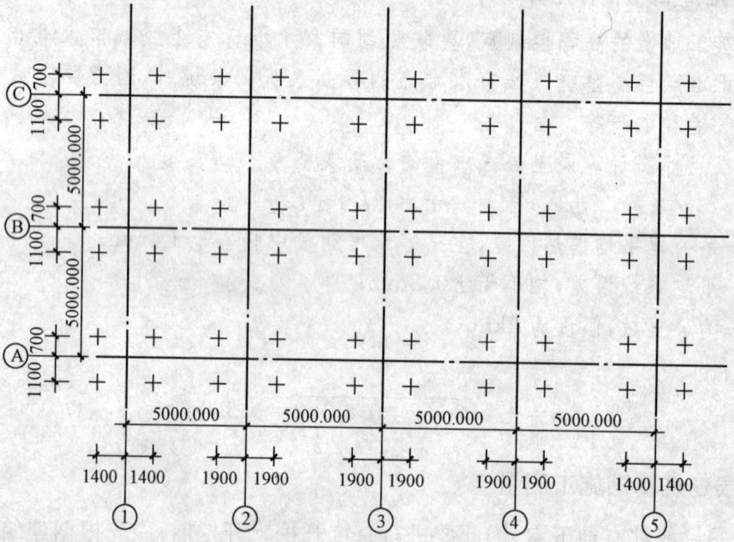


图8-20 桩位图(单位:mm)

## 关键细节 26 高层建筑基坑与基础测定

由于高层建筑多采用箱形基础和桩基础，所以其基坑较深。因此，在开挖其基坑时，应当根据规范和设计所规定的精度(高程和平面)完成土方工程。

基坑下轮廓线的定线和土方工程的定线，可以沿着建筑物的设计轴线，也可以沿着基坑的轮廓线进行定点，最理想的是根据施工控制网来定线。

根据设计图纸，常用的放样方法有投影法、主轴线法和极坐标法。

(1)投影法。根据建筑物的对应控制点，投影建筑物的轮廓线。具体步骤如下(图8-21)：首先将仪器设置在$A_2$，后视$A_2'$，投影$A_2A_2'$方向线，再将仪器移至$A_3$，后视$A'_3$，定出$A_3A'_3$方向线。然后用同样方法在$B_2B_3$控制点上定出$B_2B'_2$、$B_3B'_3$方向线，此方向线的交点即为建筑物的四个角度，最后按设计图纸用钢尺或皮尺定出其开挖基坑的边界线。

图8-21 建筑物放样示意

(2)主轴线法。建筑方格网一般都确定一条或两条主轴线。主轴线的布置形式有“L”形、“T”字形或“十”字形等。这些主轴线是作为建筑物施工的主要控制依据。因此，当建筑物放样时，按照建筑物柱列线或轮廓线与主轴线的关系，在建筑场地上定出主轴线后，然后根据主轴线逐一定出建筑物的轮廓线。

(3)极坐标法。由于建筑物的造型格调从单一的方形向“S”、扇面形、圆筒形、多面体形等复杂的几何图形发展，这样对建筑物的放样定位带来了一定的复杂性。极坐标法是比较灵活的放样定位方法，具体做法是，首先将设计要素如轮廓坐标，曲线半径、圆心坐标等与施工控制网点的关系，计算其方向角及边长，在工作控制点上按其计算所得的方向角和边长，逐一测定点位。将所有建筑物的轮廓点定位后，再行检查是否满足设计要求。

总之，根据施工场地的具体条件和建筑物几何图形的繁简情况，测量人员可选择最合适的工作方法进行放样定位。

## 四、高层建筑轴线投测

当高层建筑的地下部分完成后，根据施工方格网校测建筑物主轴线控制桩后，将各轴线测设到做好的地下结构顶面和侧面，又根据原有的±0.000 水平线，将±0.000 标高或某整分米数标高，也测设到地下结构顶部的侧面上，这些轴线和标高线，是进行首层主体结构施工的定位依据。

随着结构的升高，要将首层轴线逐层往上投测，作为施工的依据。这当中建筑物主轴线的投测应更为重要，因为它们是各层放线和结构垂直度控制的依据。随着高层建筑物设计高度的增加，施工中对竖向偏差的控制要求就越高，轴线竖向投测的精度和方法就必须与其适应，以此保证工程质量。

### 关键细节 27　经纬仪投测法轴线投测

当施工场地比较宽阔时，多使用此法进行竖向投测，安置经纬仪于轴线控制桩上，严格对中整平，盘左照准建筑物底部的轴线标志，往上转动望远镜，用其竖丝指挥在施工层楼面边缘上画一点，然后盘右再次照准建筑物底部的轴线标志，同法在该处楼面边缘上画出另一点，取两点的中间点作为轴线的端点。其他轴线端点的投测与此相同。

当楼层建得较高时，经纬仪投测时的仰角较大，操作不方便，误差也较大，此时应将轴线控制桩用经纬仪引测到远处(大于建筑物高度)稳固的地方，然后继续往上投测。如果周围场地有限，也可引测到附近建筑物的屋面上。如图 8-22 所示，先在轴线控制桩 $M_1$ 上安置经纬仪，照准建筑物底部的轴线标志，将轴线投测到楼面上 $M_2$ 点处，然后在 $M_2$ 上安置经纬仪，照准 $M_1$ 点，将轴线投测到附近建筑物屋面上 $M_3$ 点处，以后就可在 $M_3$ 点安置经纬仪，投测更高楼层的轴线。注意上述投测工作均应采用盘左盘右取中法进行，以减少投测误差。

所有主轴线投测上来后，应进行角度和距离的检核，合格后再以此为依据测设其他轴线。

### 关键细节 28　吊线坠法轴线投测

当周围建筑物密集，施工场地窄小，无法在建筑物以外的轴线上安置经纬仪时，可采用吊线坠法进行竖向投测。该法与一般的吊锤线法的原理是一样的，只是线坠的重量更

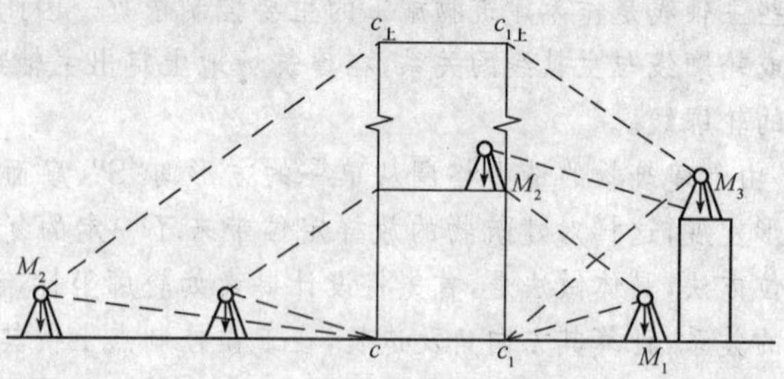


图 8-22 经纬仪投测法

大,吊线(细钢丝)的强度更高。此外,为了减少风力的影响,应将吊锤线的位置放在建筑物内部。

### 关键细节 29 铅直仪法轴线投测

(1)垂准经纬仪。垂准经纬仪的特点是在望远镜的目镜位置上配有弯曲成90°的目镜,使仪器铅直指向正上方时,测量员能方便地进行观测。使用时,将仪器安置在首层地面的轴线点标志上,严格对中整平,由弯管目镜观测,当仪器水平转动一周时,若视线一直指向一点上,说明视线方向处于铅直状态,可以向上投测。投测时,视线通过楼板上预留的孔洞,将轴线点投测到施工层楼板的透明板上定点。为了提高投测精度,应将仪器照准部水平旋转一周,在透明板上投测多个点,这些点应构成一个小圆,然后取小圆的中心作为轴线点的位置。同法用盘右再投测一次,取两次的中点作为最后结果。由于投测时仪器安置在施工层下面,故在施测过程中要注意对仪器和人员的安全采取保护措施,防止坠物击伤。

(2)激光经纬仪。激光经纬仪用于高层建筑轴线竖向投测,其方法与配弯管目镜的经纬仪是相同的,只不过是用可见激光代替人眼观测。投测时,在施工层预留孔中央设置用透明聚酯膜片绘制的接收靶,在地面轴线点处对中整平仪器,起辉激光器,调节望远镜调焦螺旋,使投射在接收靶上的激光束光斑最小,再水平旋转仪器,检查接收靶上光斑中心是否始终在同一点,或画出一个很小的圆圈,以保证激光束铅直,然后移动接收靶使其中心与光斑中心或小圆圈中心重合,将接收靶固定,则靶心即为欲投测的轴线点。

(3)激光铅直仪。激光铅直仪用于高层建筑轴线竖向投测时,其原理和方法与激光经纬仪基本相同,主要区别在于对中方法。激光经纬仪一般用光学对中器,而激光铅直仪用激光管尾部射出的光束进行对中。

## 五、高层建筑基础高程控制

基础上高程控制的用途,是利用工程标高保证高层建筑施工各阶段的工作。高程控制水准点必须满足基础整个面积之用,而且还要有高精度的绝对标高。

### 关键细节 30 用钢尺直接测量进行高程传递

一般用钢尺沿结构外墙、边柱或楼梯间,由底层±0.000 标高线向上竖直量取设计高差，即可得到施工层的设计标高线。用这种方法传递高程时，应至少由三处底层标高线向上传递，以便于相互校核。由底层传递到上面同一施工层的几个标高点，必须用水准仪进行校核，检查各标高点是否在同一水平面上，其误差应不超过±3mm。合格后以其平均标高为准，作为该层的地面标高。若建筑高度超过一尺段，可每隔一个尺段的高度，精确测设新的起始标高线，作为继续向上传递高程的依据。

**关键细节 31　悬吊钢尺法高程传递**

在外墙或楼梯间悬吊一根钢尺，分别在地面和楼面上安置水准仪，将标高传递到楼面上。用于高层建筑传递高程的钢尺，应经过检定，量取高差时尺身应铅直和用规定的拉力，并应进行温度改正。

## 六、高层建筑竖向测量

高层建筑中的竖向测量也称为竖直测量，是工程测量的重要组成部分。竖向测量应用广泛，适用于大型工业工程的设备安装、高耸构筑物(高塔、烟囱、筒仓)的施工、矿井的竖向定向，以及高层建筑施工和竖向变形观测等。

在高层建筑施工中，竖向测量常用的方法包括吊线坠法、激光铅垂仪法、天顶垂准测量及天底垂准测量四种。

**关键细节 32　吊线坠法竖向测量**

吊线坠法竖向测量一般用于高度为50～100m的高层建筑施工中。

测量时，可用10～20kg重的特制线坠，用直径0.5～0.8mm钢丝悬吊，在±0.000首层地面上以靠近高层建筑结构四周的轴线点为准，逐层向上悬吊引测轴线和控制结构的竖向偏差。

在用吊线坠法施测时，如用铅直的塑料管套着线坠线，并采用专用观测设备，则精度更高。

**关键细节 33　激光铅垂仪法竖向测量**

激光铅垂仪是一种铅垂定位专用仪器，适用于高层建筑的铅垂定位测量。该仪器可以从两个方向(向上或向下)发射铅垂激光束，用它作为铅垂基准线，精度比较高，仪器操作也比较简单。

此方法必须在首层面层上作好平面控制，并选择四个较合适的位置作控制点(图8-23)或用中心"十"字控制。在浇筑上升的各层楼面时，必须在相应的位置预留200mm×200mm与首层层面控制点相对应的小方孔，保证能使激光束垂直向上穿过预留孔。在首层控制点上架设激光铅垂仪，调置仪器对中整平后启动电源，使激光铅垂仪发射出可见的红色光束，投射到上层预留孔的接收靶上，查看红色光斑点离靶心最小之点，此点即为第二层上的一个控制点。其余的控制点用同样的方法作向上传递。

**关键细节 34　天顶垂准测量**

天顶垂准测量也称为仰视法竖向测量，是采用挂锤球、经纬仪投影和激光铅垂仪法来传递坐标的方法。其施测程序及操作方法如下：

(1)先标定下标志和中心坐标点位，在地面设置测站，将仪器置中、调平，装上弯管棱

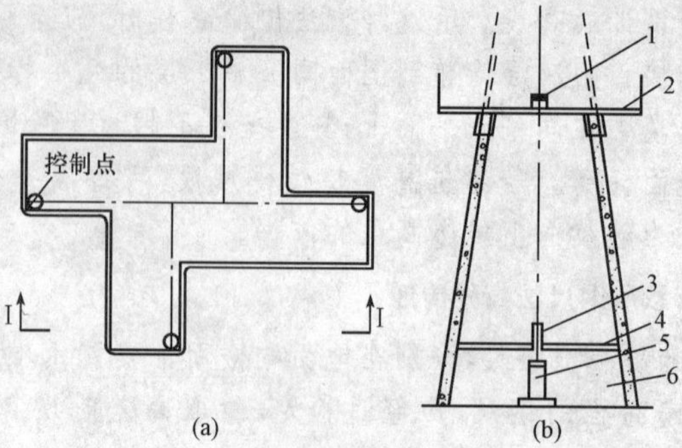


图 8-23　内控制布置

(a)控制点设置;(b)垂向预留孔设置

1—中心靶;2—滑模平台;3—通光管;4—防护棚;5—激光铅垂仪;6—操作间

镜,在测站天顶上方设置目标分划板,位置大致与仪器铅垂或设置在已标出的位置上。

(2)将望远镜指向天顶,并固定之后调焦,使目标分划板呈现清晰,置望远镜十字丝与目标分划板上的参考坐标 $X$、$Y$ 轴相互平行,分别置横丝和纵丝读取 $x$ 和 $y$ 的格值 $GJ$ 和 $CJ$ 或置横丝与目标分划板 $Y$ 轴重合,读取 $x$ 格值 $GJ$。

(3)转动仪器照准架 180°,重复上述程序,分别读取 $x$ 格值 $G'J$ 和 $y$ 格值 $C'J$。然后调动望远镜微动手轮,将横丝与 $\frac{GJ+G'J}{2}$ 格值重合,将仪器照准架旋转 90°,置横丝与目标分划板 $X$ 轴平行,读取 $y$ 格值 $C'J$,略调微动手轮,使横丝与 $\frac{CJ+C'J}{2}$ 格值相重合。

所测得 $X_J=\frac{GJ+G'J}{2}$;$Y_J=\frac{CJ+C'J}{2}$ 的读数为一个测回,记入手簿作为原始依据。

在数据处理及精度评定时应按下列公式进行计算:

$$m_x \text{ 或 } m_y=\pm\sqrt{\frac{\sum_1^4\sum_{i+1}^{10}v_{ij}^2}{N(n-1)}} \tag{8-8}$$

$$m=\pm\sqrt{m_x^2+m_y^2}\qquad r=\frac{m}{n}$$

$$r''=\frac{m}{n}\cdot\rho''$$

式中　$v$——改正数;

$N$——测站数;

$n$——测回数;

$m$——垂准点位中误差;

$r$——垂准测量相对精度;

$\rho''=206265''$。

### 关键细节 35　天底垂准测量

天底垂准测量也称为俯视法竖向测量,是利用 DJ6-C6 光学垂准经纬仪上的望远镜,旋转进行光学对中取其平均值而定出瞬时垂准线。其施测程序及操作方法如下:

(1)依据工程的外形特点及现场情况，拟定出测量方案，并做好观测前的准备工作，定出建筑物底层控制点的位置，以及在相应各楼层留设俯视孔，一般孔径为 $\phi150$，各层俯视孔的偏差 $\leqslant\phi8$。

(2)把目标分划板放置在底层控制点上，使目标分划板中心与控制点标志的中心重合。

(3)开启目标分划板附属照明设备。

(4)在俯视孔位置上安置仪器。

(5)基准点对中。

(6)当垂准点标定在所测楼层面十字丝目标上后，用墨斗线弹在俯视孔边上。

(7)利用标出来的楼层上十字丝作为测站即可测角放样，测设高层建筑物的轴线。数据处理和精度评定与天顶垂准测量相同。

# 第九章　特殊形式建筑物施工测量

近几年来，一些高层建筑、大型民用建筑，尤其是一些宾馆、娱乐中心、商业中心、体育场馆等较多地采用圆弧形、椭圆形、双曲线形等平面图形，有时甚至是几种图形的组合。这些平面图形都是由直线和曲线组成的。连接的方式有圆曲线、缓和曲线、复合曲线及回头曲线等几种形式，其中，圆曲线是最常用的曲线形式。在测设这些曲线型建筑物的时候，需要根据平面曲线的形状和规律，并利用现场的测量控制点和一定的测量方法，测设出建筑物的中心点和主要轴线，然后，再依据主要轴线进行细部点的测设。

## 第一节　圆弧形建筑物施工测量

圆弧平面图形在住宅建筑、办公楼建筑、旅馆饭店建筑、医院建筑、交通性建筑中常被采用，形式也极为丰富多样。有的是整个建筑物为圆弧平面图形；有的是建筑物平面为一组圆弧曲线形；有的是圆弧形平面与其他平面的组合平面图形；还有的是建筑物局部采用圆弧曲面形；特别是在影剧院建筑中，局部采用圆弧曲面形处理的就更多了，如乐池、座位排列、楼层挑台、顶棚天花等。

### 一、圆弧形平面曲线数学方程式

圆的数学定义：平面上与一定点（中心）有一定距离（半径）的点的轨迹，叫做圆。

如图 9-1 所示，在直角坐标系里，圆上任意一点 $M(x、y)$ 与中心 $O'(a,b)$ 的距离 $O'M$ 等于 $R$，即

$$O'M=R$$

如果用点 $O'$ 及点 $M$ 的坐标来表示 $O'M$ 的距离，则可以以 $O'M$ 为斜边，作一直角三角形 $O'MN$，根据勾股定理，可得方程：

$$O'M=\sqrt{(O'N)^2+(MN)^2} \tag{9-1}$$

因为　$O'N=x-a, MN=y-b$

代入上式，可得

$$R=\sqrt{(x-a)^2+(y-b)^2}$$

即

$$R^2=(x-a)^2+(y-b)^2 \tag{9-2}$$

如图 9-2 所示，$O'$ 与 $O$ 点重合，即 $a=0, b=0$，此时圆的方程式为：

$$R^2=x^2+y^2 \tag{9-3}$$

由上可知，圆弧形平面曲线是一组二次曲线。当 $R$ 一定时，变量 $x$ 和 $y$ 只要知道其中的一个数值，便可求得圆弧曲线上任何一个数值，即

$$y=\sqrt{R^2-x^2} \tag{9-4}$$

$$x=\sqrt{R^2-y^2} \tag{9-5}$$

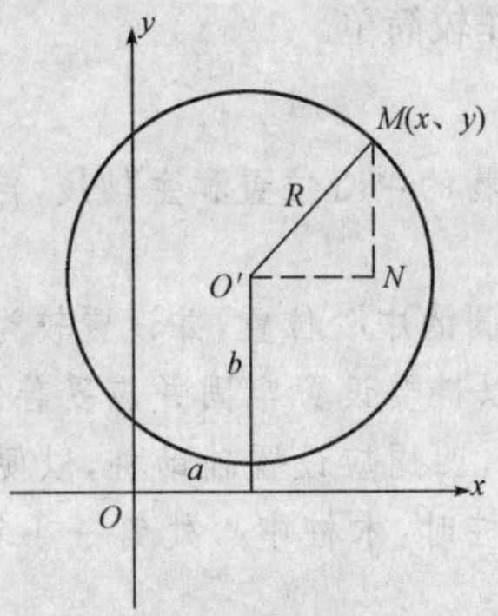


图 9-1　任意点圆的坐标

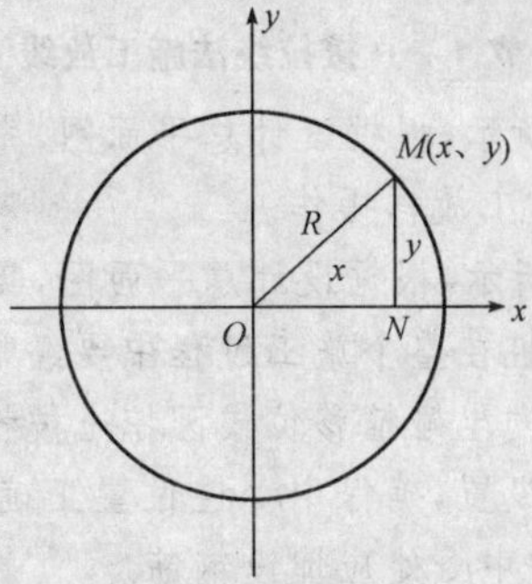


图 9-2　以坐标原点为中心的圆

在大半径圆弧形平面曲线的施工放线中，常采用在等分圆弧所对的弦后，再求取各点相应矢高值的方法来确定圆弧形平面曲线，弦的等分点越多，放线时所求得的圆弧形曲线就越精确。

## 二、圆弧形平面曲线图形现场施工放线

圆弧形平面曲线图形的现场施工放线方法较多，有直接拉线法、几何作图法、坐标计算法以及经纬仪测量法等。

(1)直接拉线法。直接拉线法施工放线多在圆弧半径较小的情况下采用。在定出建筑物(或构筑物)的中心桩位置后，即可进行施工放线操作。这种放线方法比较简单，一般操作工人都能掌握。

(2)几何作图法。几何作图法，也称为直接放样法、弦点作图法，即在施工现场采用几何作图工作(直尺、角尺等)直接进行圆弧形平面曲线的放样作图。用几何作图法作圆弧形平面曲线，不需要进行任何计算，就能在施工现场直接放出具有一定精度的圆弧形平面曲线的大样。一般放线人员容易掌握。

(3)坐标计算法。坐标计算法适用于半径较大的圆弧形平面曲线图形的施工放线。由于半径较大，圆心越出建筑物平面以外甚远，无法用直接拉线法或几何作图法来进行施工放线，而采用坐标计算法，则能获得较高的施工精度且施工操作方法也较简便。坐标计算法，一般将计算结果最终列成表格，供放线人员使用，因此，实际现场施工放线工作比较简单。

(4)经纬仪测量法。当圆弧曲线的半径较大，曲线长度又较长，不宜采用坐标计算法进行曲线放线时，可借助经纬仪进行圆弧曲线的放线工作。常用的方法有经纬仪测角法、切线支距法和弦线支距法。

1)经纬仪测角法。经纬仪测角法主要应用一条几何定理，即弦切角等于该弦所对之圆心角之半。

2)切线支距法。当圆弧曲线的半径很大时，用切线支距法进行圆弧曲线的放样工作比较方便。

3)弦线支距法。弦线支距法实际上可看做是经纬仪测角法和坐标计算法的联合应用。它的主要优点是经纬仪测设时移动次数少,操作较简单。

## 关键细节1 直接拉线法施工放线

如图 9-3 所示,根据设计总平面图,先定出建筑物的中心位置和主轴线,再根据设计数据,即可进行施工放样操作。

如图 9-4 所示,根据设计总平面图,实地测设出圆的中心位置,并设置较为稳定的中心桩。由于中心桩在整个施工过程中要经常使用,所以桩要设置牢固并应妥善保护。同时,为防止中心桩发生碰撞移位或因挖土被挖出等原因,四周应设置辅助桩,以便对中心桩加以复核或重新设置,确保中心桩位置正确。使用木桩时,木桩中心处钉一小钉;使用水泥桩时,在水泥桩中心处应埋设钢筋。

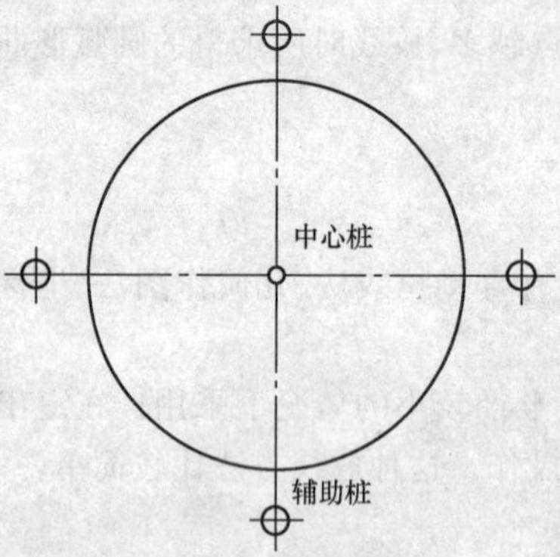


图 9-3 直线拉线法

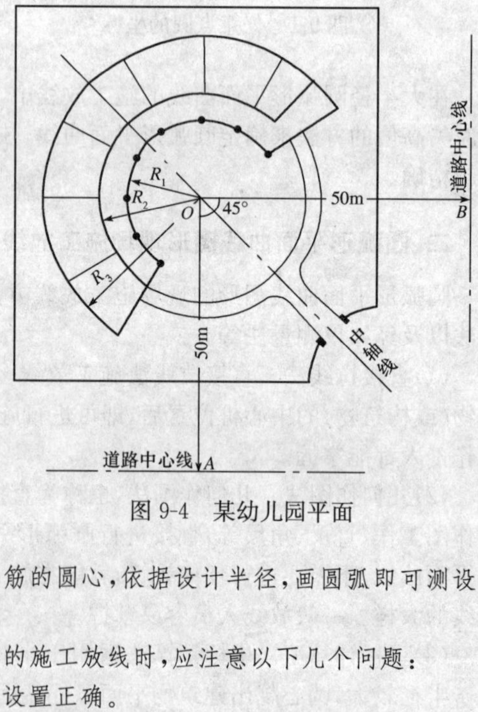


图 9-4 某幼儿园平面

将钢尺的零点对准中心桩上的小钉或钢筋的圆心,依据设计半径,画圆弧即可测设出圆曲线。

用直接拉线法进行圆弧形平面曲线图形的施工放线时,应注意以下几个问题:

(1)中心桩位置应根据总平面图的要求,设置正确。

(2)中心桩应稳固,中心处应钉一圆钉(中心桩为木桩时)或埋设一短头钢筋(中心桩为水泥管、砖砌或混凝土桩时)。

(3)应用丈杆或钢尺套住圆钉或钢筋头后进行画图操作。钢尺应松紧一致,不允许有时松时紧的现象,不宜用皮尺进行画图操作。

(4)整个施工过程中,中心桩须多次使用,应妥善保护。同时,四周应分设辅助桩。当中心桩因发生碰撞或因挖土等原因被损坏或挖去后,可由辅助桩加以复核校对,重新设置中心桩,以保证中心桩的位置正确。

**【例 9-1】** 某建筑为半圆形平面图形,其总平面位置及主要尺寸如图 9-4 所示,用直接拉线法进行现场施工放线。施工放线步骤如下:

(1)根据道路中心线确定圆弧形建筑物的圆心点 $O$,并按要求设置较为稳固的中心桩，如图 9-4 所示。

(2)在圆心点 $O$ 处安置经纬仪，后视 $A$ 点(或 $B$ 点)，然后转角 45°，确定圆弧形建筑物的中轴线。

(3)在中轴线上从 $O$ 点量取 $R_1$(14m)、$R_2$(19m)和 $R_3$(30m)，定出建筑物柱廊、前沿墙和后沿墙的轴线尺寸。

(4)用钢尺套住中心桩上的圆钉或钢筋头，分别以 $R_1$、$R_2$、$R_3$ 画圆弧即分别为柱廊、前沿墙和后沿墙的轴线位置。

(5)在圆心点 $O$ 处安置经纬仪，根据半圆中柱廊六等分的设计要求，定出各开间的放射形中心轴线。

(6)在各放射中心轴线的内、外侧钉好龙门板(桩)，然后再定出挖土、基础、墙身等结构尺寸和局部尺寸。

## 关键细节 2　几何作图法施工放线

图 9-5(a)为某大型会议室座位排列示意图，是一组同心圆弧线，由于半径 $R$ 较大，圆心位于建筑物之外，因此采用几何作图法进行施工放线。设图 9-5(a)中某排座位的圆弧曲线 $\widehat{AB}$ 的弦长为 $2L_0$，拱高为 $h_0$，如图 9-5 所示，求作该圆弧曲线。

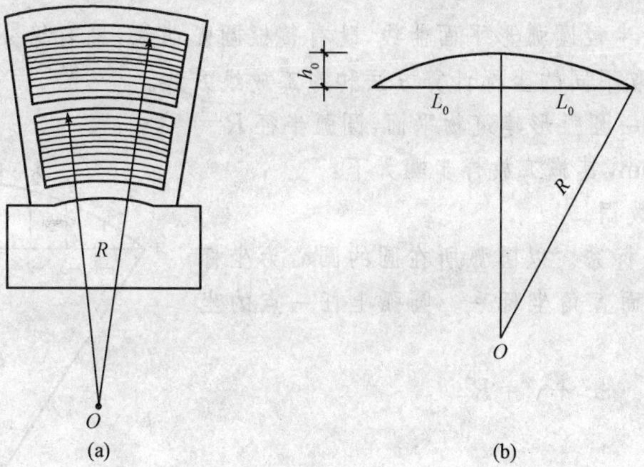

图 9-5　某大型会议室座位排列示意图

根据已知条件求得：拱高 $h_0=R-\sqrt{R^2-l_0{}^2}$，作图步骤如下(图 9-6)：

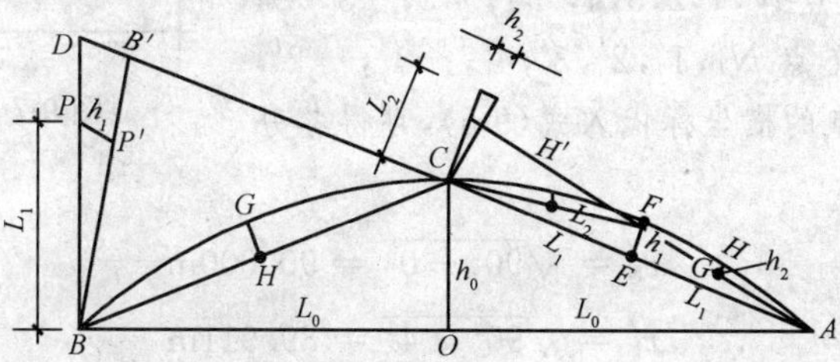

图 9-6　放样步骤图示

(1)作 $AB=2L_0$，$OC=h_0$，并垂直平分 $AB$。

(2)确定$\overset{\frown}{AC}$、$\overset{\frown}{BC}$的二分之一分点 $G$、$F$。

(3)过 $B$ 点作 $AB$ 的垂直线，并与 $AC$ 的延长线相交于 $D$。

(4)在 $AD$ 上截取 $AB'=AB$，并连结 $BB'$。

(5)在 $BD$ 上截取 $BP=L_1$（$L_1$ 为 $AC$ 弦或 $BC$ 弦之半）。

(6)过 $P$ 点作 $DB'A$ 的平行线交 $BB'$ 于 $P'$ 点。

(7)量取 $PP'$ 的长度为 $h_1$，则 $h_1$ 即是$\overset{\frown}{AC}$弧或$\overset{\frown}{BC}$弧的拱高。

(8)作 $AC$ 弦及 $BC$ 弦的垂直平分线 $EF$ 和 $HG$，并使 $EF=HG=h_1$，则 $F$、$G$ 点即为 $AB$ 圆弧曲线的四分之一分点。

(9)重复上述步骤(3)～(8)，可得$\overset{\frown}{AB}$的八分之一分点、十六分之一分点、三十二分之一分点……。

(10)将所得各分点以平滑曲线相连，即得所要求作的圆弧曲线的大样图。

为保证精度要求，可重复 3～4 次。

几何作图法求作圆弧曲线宜在垫层做好后进行。施工放线时，地面上所弹墨线较多，应精心操作，防止出错。

### 关键细节 3 坐标计算法施工放线

设计图上的大半径圆弧形平面曲线，既有整根圆弧曲线，也有等分圆弧曲线。根据不同的设计要求，采取不同的坐标计算方法和施工放线方法。

图 9-7 所示为一圆弧形建筑物平面，圆弧半径 $R=90\text{m}$，弦长 $AB=40\text{m}$，其施工放样步骤如下：

(1)计算测设数据。

1)建立直角坐标系。以圆弧所在圆的圆心为坐标原点，建立 $xOy$ 平面直角坐标系。圆弧上任一点的坐标应满足方程

$$x^2+y^2=R^2$$

亦即

$$x=\sqrt{R^2-y^2} \tag{9-6}$$

2)计算圆弧分点的坐标。用 $y=\pm0$，$y=\pm4$，$y=\pm8$，$y=\pm12$，…，$y=\pm20$ 的直线去切割弦 $AB$ 和弧$\overset{\frown}{AB}$，得与弦 $AB$ 的交点 $N,1,2,3,4,-1,-2,-3,-4$ 以及与圆弧$\overset{\frown}{AB}$的交点 $N',1',2',3',4',-1',-2',-3',-4'$。将各分点的横坐标代入式(9-6)，可得各分点的纵坐标为：

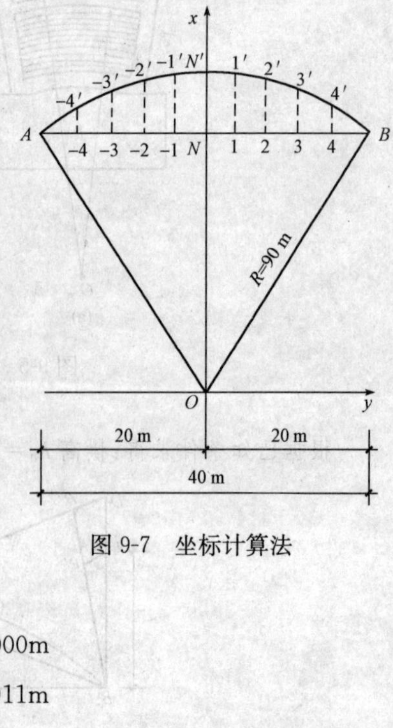


图 9-7 坐标计算法

$$x'_N=\sqrt{90^2-0^2}=90.000\text{m}$$

$$x'_1=\sqrt{90^2-4^2}=89.911\text{m}$$

弦 $ab$ 上各交点的纵坐标都相等，即

$$x_N=x_1=\cdots=x_A=x_B=87.750\text{m}$$

3)计算矢高,即

$$NN' = x_N' - x_N = 90.000 - 87.750 = 2.250\text{m}$$
$$11' = x_1' - x_1 = 89.911 - 87.750 = 2.161\text{m}$$
$$\cdots$$

计算出的放样数据见表 9-1。

**表 9-1　　圆曲线放线数据**

| 弦分点 | A | −4 | −3 | −2 | −1 | N | 1 | 2 | 3 | 4 | B |
|---|---|---|---|---|---|---|---|---|---|---|---|
| 弧分点 | A | −4′ | −3′ | −2′ | −1′ | N′ | 1′ | 2′ | 3′ | 4′ | B |
| y/m | −20 | −16 | −12 | −8 | −4 | 0 | 4 | 8 | 12 | 16 | 20 |
| 矢高/m | 0 | 0.816 | 1.446 | 1.894 | 2.161 | 2.250 | 2.161 | 1.894 | 1.446 | 0.816 | 0 |

(2)实地放样。

1)根据设计总平面图的要求,先在地面上定出弦 $AB$ 的两端点 $A$、$B$,然后在弦 $AB$ 上测设出各弦分点的实地点位。

2)用直角坐标法或距离交会法测设出各弧分点的实地位置,将各弧分点用圆曲线连接起来,得到圆曲线 $AB$,用距离交会法测设各弧分点的实地位置时,需用勾股定理计算出 $N_1'$、$12'$、$23'$和 $34'$等线段的长度。

### 关键细节 4　经纬仪测角法施工放线

如图 9-8 所示,弦 $AB$ 与切线 $PA$ 所夹的角$\angle PAB$ 等于圆心角$\angle AOB$ 的一半,即

$$\angle PAB = \frac{1}{2}\angle AOB$$

因此,只要知道弦长和圆心角,就可利用经纬仪和钢尺,精确地定出圆弧上的各点位置。

图 9-9 为某小区道路弯道示意图,$R$ 为 100m,圆心角 $\alpha$ 为 60°,试用经纬仪测角法进行施工放线。

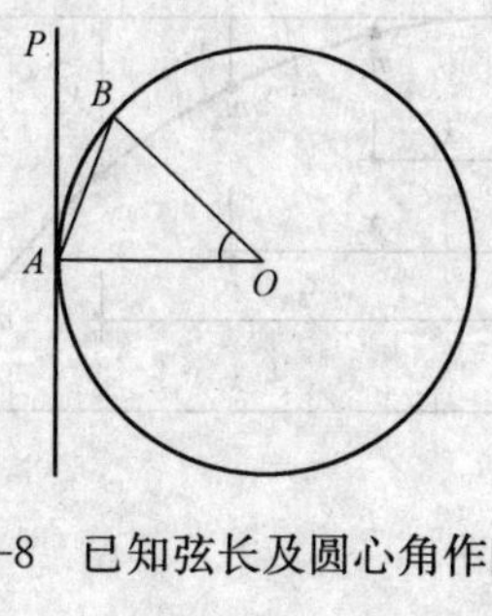


图 9-8　已知弦长及圆心角作圆法

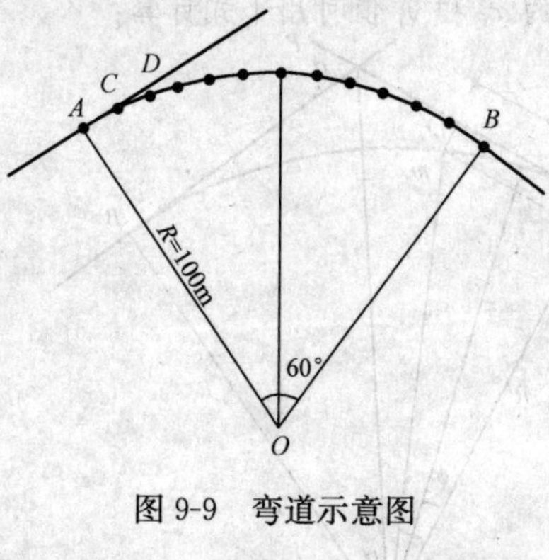


图 9-9　弯道示意图

将圆弧$\overset{\frown}{AB}$作 12 等分,则每段圆弧所对的圆心角为:

$$\varphi = \frac{60}{12} = 5°$$

弯道圆弧总长为:

$$2\pi R\times\frac{\alpha}{360}=2\times100\times3.14\times\frac{60}{360}=104.67\text{m}$$

每等分圆弧长度为：

$$104.67\div12=8.723\text{m}$$

每等分圆弧的弦长为：

$$2\times100\times\sin\frac{\varphi}{2}=8.720\text{m}$$

每等分圆弧的弦心距为：$100\times\cos\frac{\varphi}{2}=99.90\text{m}$

上述数值计算完毕，就可以用经纬仪测角法进行施工放线了，其步骤如下：

(1)在$A$点架设经纬仪，对中整平后，先后视直线部分，然后将望远镜转动一个角度，使其等于$180°-2°30'=177°30'$。

在视线方向精确量取8.72m，得$C$点，则点$C$就是弯道圆弧曲线上的第一个等分点。

(2)移经纬仪至$C$点，先后视$A$点，然后将望远镜转动一个角度，使其等于$180°-5°=175°$。同样在视线方向精确量取8.72m，得到$D$点，则点$D$就是弯道圆弧曲线上的第二个等分点。

(3)按上述方法依次确定其余各点，直至12个等分点全部定出为止。

为消除经纬仪测量误差，测角时，应采用正倒镜的方法，若所得两点位置不同，应取其中点而定之。

上面所定的十二个等分点，只是弯道圆弧的中心线，道路的其他尺寸，则按设计图纸相应向两边放出即可。

## 关键细节5 切线支距法施工放线

采用切线支距法作圆弧曲线的施工放样与经纬仪测角法一样，也要对圆弧曲线作若干等分，在其切线方向求出每一等分点的水平距离$x_4$和垂直距离$y_4$(即矢距)，如图9-10(a)所示。将圆弧曲线$\overset{\frown}{AB}$作$n$等分，设各等分点为$m_1$、$m_2$、…、$m_i$，$AP$为切线方向，则每一等分点的$x_i$和$y_i$值可用下式计算：

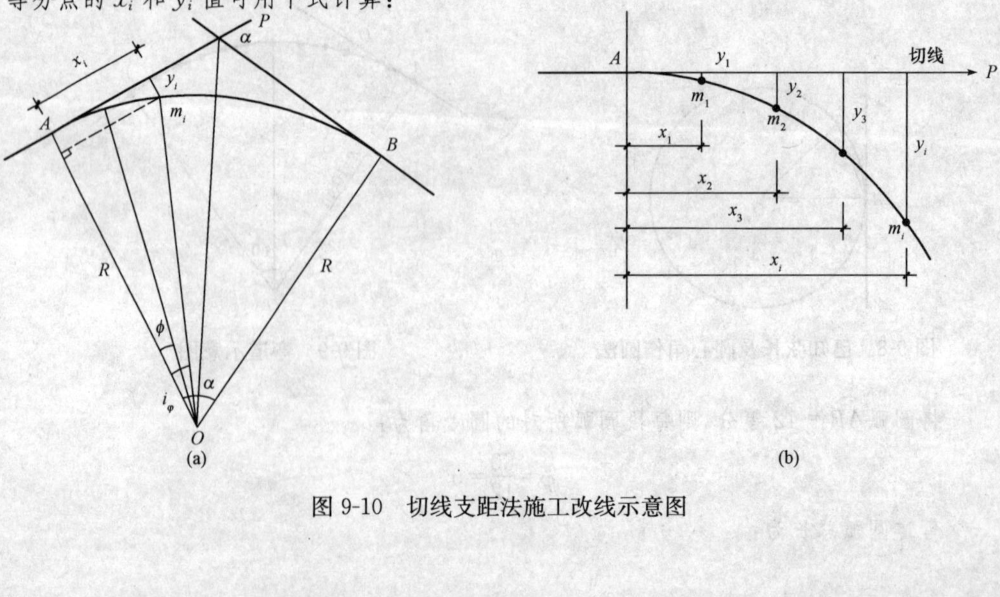


图9-10 切线支距法施工改线示意图

$$x_i=R\cdot\sin(i\varphi)$$
$$y_i=R[1-\cos(i\varphi)]$$

式中　$\varphi$——每一等分圆弧段所对的圆心角。

$$\varphi=\frac{a}{n} \tag{9-7}$$

将各等分点的 $x_i$ 和 $y_i$ 值算出后，列成一表格。放线测设时，只需将经纬仪架设于 $A$ 点（或 $B$ 点），测出曲线的切线方向 $AP$ 后，沿切线方向用钢卷尺精确丈量出 $x_1$、$x_2$、…、$x_i$ 各值，同时经过各点在切线的垂直方向量出相应的 $y_1$、$y_2$…$y_i$ 各值，即可定出曲线点 $m_1$、$m_2$、…、$m_i$ 各点，如图 9-10(b)所示。

**关键细节 6　弦线支距法施工放线**

弦线支距法作圆弧曲线是将圆弧曲线等分若干大段后，先用经纬仪测角法求出各等分点，再将弦分成若干点，求出相应的弦线矢高值，从而确定圆弧曲线上的若干个点。例如，将图 9-9 中的弯道圆弧曲线等分成三大段后，用弦线支距法在每段弧上测设七个点，如图 9-11 所示。

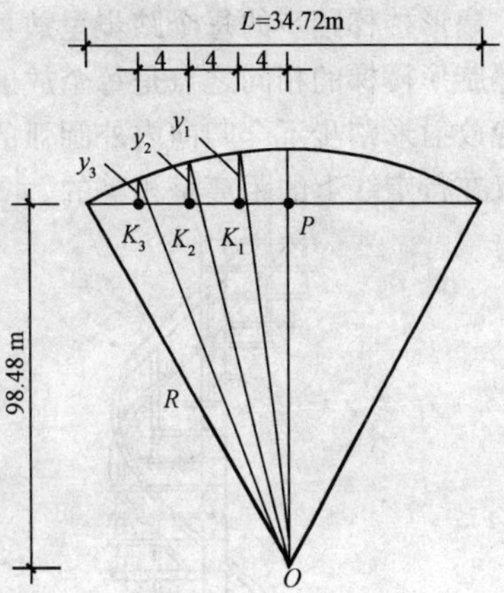

图 9-11　弦线支距法测设弧上的等分点

先计算每段所对圆心角：

$$\varphi=\frac{60}{3}=20°$$

每段圆弧所对弦长为：

$$l=2R\cdot\sin\frac{\varphi}{2}=2\times100\times\sin\frac{20}{2}=34.72\text{m}$$

每段弦的弦心距为：

$$OP=\sqrt{R^2-\left(\frac{1}{2}\right)^2}=\sqrt{100^2-\left(\frac{34.72}{2}\right)^2}=98.48\text{m}$$

$$y_{中}=R-OP=100-98.48=1.52\text{m}$$

从中点 $P$ 向左（或向右）取 $K_1$、$K_2$、$K_3$ 三个点，使 $PK_1=K_1K_2=K_2K_3=4\text{m}$。

则各点相应之 $y$ 值为

$$y_1=\sqrt{R^2-4^2}-OP=\sqrt{100^2-4^2}-98.48=1.44\text{m}$$
$$y_2=\sqrt{R^2-4^2}-OP=\sqrt{100^2-8^2}-98.48=1.2\text{m}$$
$$y_3=\sqrt{R^2-12^2}-OP=\sqrt{100^2-12^2}-98.48=0.797\text{m}$$

根据上述计算结果绘图，如图 9-12 所示，供放线时使用。

## 三、圆弧形楼梯施工放线

圆弧形楼梯具有造型新颖、美观、富有变化动态之感，较为吸引人，在公共场所及公共建筑中较为常见。圆弧形楼梯一般有螺旋形楼梯和扇形楼梯两种。

### 1. 螺旋形楼梯

螺旋形楼梯是由内外侧同一圆心的两条不同半径的螺旋线组成的螺旋面分级而成。

每一踏步都从圆心向外放射，而在每一放射面上的内外侧的标高是相同的。图 9-13 为预制踏步的螺旋形楼梯，它的底面为一不连续的曲面。图 9-14 所示为整浇的螺旋形楼梯，它的底面为一连续的曲面体。

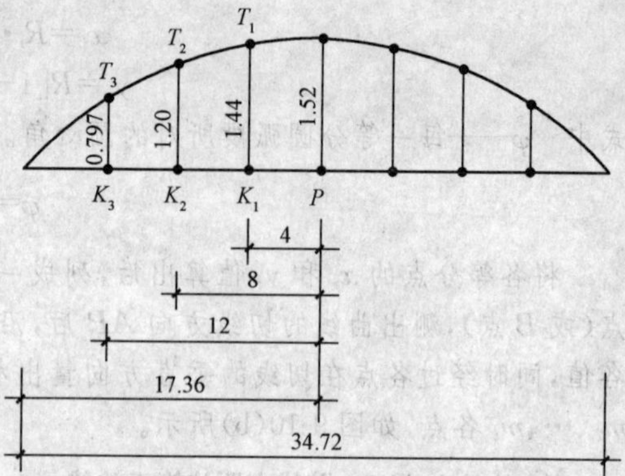


图 9-12　根据测点确定圆弧曲线

**2. 扇形楼梯**

扇形楼梯踏步一般出现于楼梯平台处，当楼梯间的进深尺寸较小而踏步级数又较多时常被采用。这种楼梯在平台处的平面形状往往呈圆形，在形式上比较富有变化。

扇形楼梯踏步的每个踏步呈放射状，它与螺旋形楼梯的相同之点是每个放射形踏步的内、外侧标高是相同的。不同之点有二：一是各放射形踏步不全归向内外圆弧的圆心处，二是各放射形踏步的内外圆弧长不尽相同，仅仅在行走线上的距离是相等的。

图 9-13　预制踏步的螺旋楼梯示意图

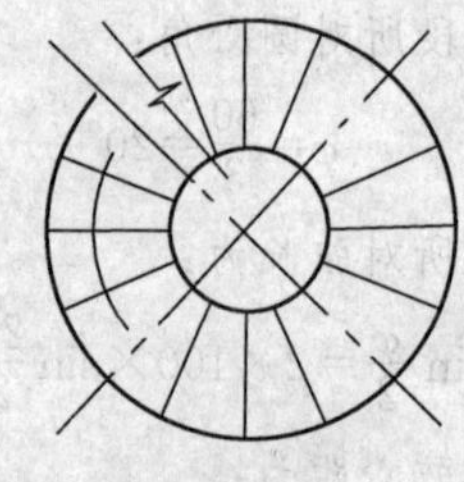

图 9-14　整浇式螺旋形楼梯示意图

## 关键细节 7　螺旋形楼梯施工放线步骤

螺旋形楼梯的施工较为复杂，施工放线也较为麻烦。施工放线前，亦需作必要的数学计算。如图 9-15(a)所示，为某半圆形螺旋式圆弧楼梯的主要尺寸，其模板立柱高度的施工放样步骤如下：

(1)找一块平整的水泥地，放出楼梯内、外轮廓线的两上半圆弧线，并将其八等分。内圆弧的等分点为 $b$、$A$、$B$、$C$、$D$、$E$、$F$、$G$、$O$，外圆弧的等分点为 $b_1$、$A_1$、$B_1$、$C_1$、$D_1$、$E_1$、$F_1$、$G_1$、

$O_1$，如图 9-15(b)所示。各等分点为模板立柱的基点。

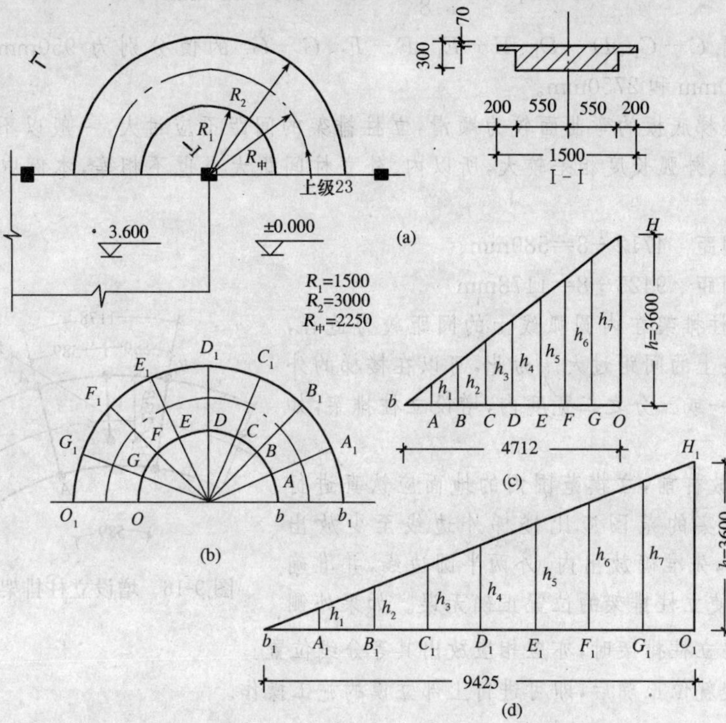

图 9-15　整体式半圆螺旋楼梯模板立柱放样示意图

(2)将内、外圆弧视作两根直的线，并以此为直角三角形的底边，楼层高度(3600mm)为直角三角形的一直角边，作两个直角三角形 $HbO$ 和 $H_1b_1O_1$，如图 9-15(c)、(d)所示，则 $bO$ 和 $b_1O_1$ 的数值如下：

$$bO=\frac{1}{2}\times R_1\times 2\times\pi=R_1\cdot\pi=1500\times\pi=4712\text{mm}$$

$$b_1O_1=\frac{1}{2}\times R_2\times 2\times\pi=R_2\cdot\pi=3000\times\pi=9425\text{mm}$$

因为楼层高为 3600mm，总踏步数为 23 步，所以每一踏步高度为

$$3600\div(23+1)=150\text{mm}$$

每一踏步的内、外侧宽度分别为(水平投影宽度)：

内侧宽度　4712÷23=205mm

外侧宽度　9425÷23=410mm

(3)每个立柱的高度，可以从图 9-15(c)、(d)中直接量得。各等分点的高度 $h_1$、$h_2$、…、$h_7$，即为立柱基点 $A$-$A_1$、$B$-$B_1$、…、$G$-$G_1$ 处的立柱高度值。现本例以楞木高 6cm、底板厚 1cm、三角楔厚 3cm 计，其计扣除 10cm，加上楼梯混凝土厚 30cm，总计扣除 40cm，故各立柱排架高度调整为

$$A-A_1=h_1=\frac{1}{8}\times 3600-400=50\text{mm}$$

$$B-B_1=h_2=\frac{2}{8}\times3600-400=500\text{mm}$$

依次求得 $C-C_1$、$D-D_1$、$E-E_1$、$F-F_1$、$G-G_1$ 的值分别为 950mm、1400mm、1850mm、2300mm 和 2750mm。

为了使楼梯底板的弯曲面较为顺滑，立柱排架的间距不应过大，一般以不大于 70cm 为宜。由于内、外弧长度相差较大，所以内、外立柱间距大小也不相等，本例中内、外立柱间距分别为

内立柱间距　4712÷8=589mm

外立柱间距　9425÷8=1178mm

显然，立柱排架在内圆弧线上的间距较为适合，而在外圆弧线上的间距过大。为此，可以在楼梯的外侧，在二分之一或三分之二宽度内，增设立柱排架，如图 9-16 所示。

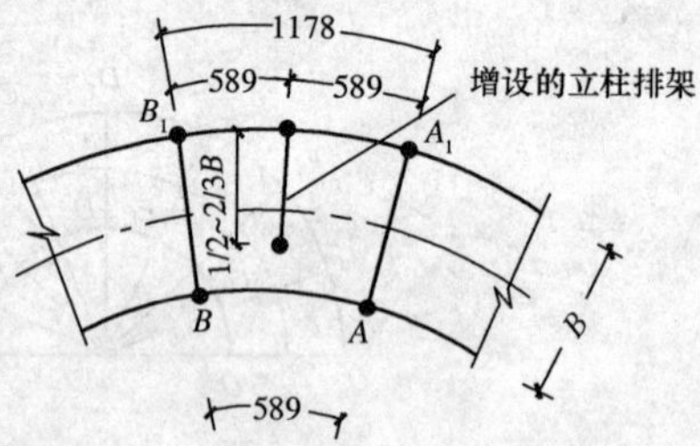


图 9-16　增设立柱排架位置图

(4)现场放样前，立模范围内的地面应认真进行平整夯实（夯实的范围应比楼梯外边线至少放出 1m）。放样时，先准确放出内、外两半圆边线，并准确进行八等分，使立柱排架的位置正确无误。如果外侧中间增加半幅立柱排架时，亦应相应放出其等分线位置。

立柱排架就位正确后，即可进行上部立模的施工操作。

### 关键细节 8　扇形楼梯施工放线步骤

扇形楼梯踏步在实地放样前，一般需先在平整的水泥地上作足尺大样，或在图纸上作 1∶5～1∶10 的放样图，以求得合理的踏步宽度尺寸和放射方向。放样步骤如下：

(1)确定行走线位置。行走线是楼梯上主要人流的轨迹线，可按下述方法确定：

当楼梯宽度小于 1100mm 时，取楼梯宽的中线，当楼梯宽度大于 1100mm 时，取距楼梯内侧线 500～550mm 处。

(2)根据行走线的长度和踏步数，确定踏步宽度 $T$，并在行走线上依次标出各踏板的深度点，得 1、2、3……12 各点，如图 9-17 所示。踏板宽度 $T=\dfrac{H+\dfrac{1}{4}\times2B\pi}{\text{半边踏级数}}$。

(3)作直线 $AB$，并在上面标出 4、5、6……12 各点（拟从第六点开始踏步做放射状），各点之间的间距等于 $T$，如图 9-18 所示。

(4)过点 4 作任意直线 $4C$，并在其上截取 $45'=T$，截取 $5'$—$12'$ 等于平面图中的内侧展开线长 $5'$—$12'$。

(5)作直线 5—$5'$ 和 12—$12'$，两线延长相交于 $F$ 点，连接 $F$—6、$F$—7、$F$—8、…、$F$—11，在 $4C$ 线上得 $6'$、$7'$、$8'$、…、$11'$ 各点。

(6)将求得的 $5'$—$6'$、$6'$—$7'$、$7'$—$8'$、…各值分别移至平面图中，即为放射形踏步的内侧距离点。

(7)连接 6—$6'$、7—$7'$、8—$8'$、…并延长至外圆弧，即为扇形踏步的各踏步放射线。

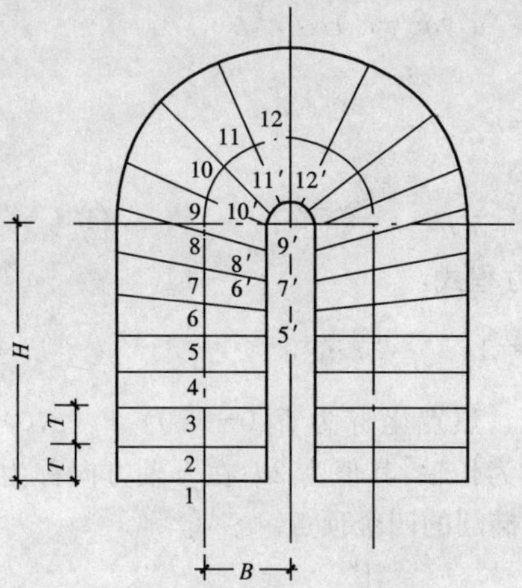


图 9-17　确定踏步深度点

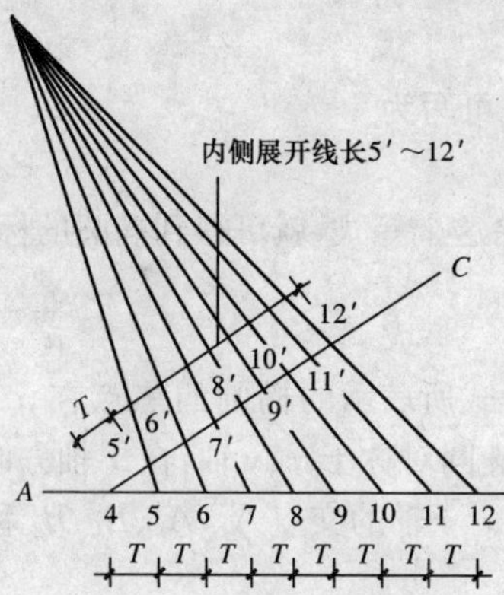


图 9-18　踏步间距

## 第二节　椭圆形建筑物施工测量

椭圆形平面的建筑物在公共建筑中较多，尤其是大型体育馆。这是因为椭圆形平面的建筑具有合理的可利用空间，在各个方位都能获得良好的清晰度，且能获得均匀的深度感和高度感等优点。

### 一、椭圆形平面曲线数学方程式

椭圆的数学定义：平面内到两定点 $F_1$、$F_2$ 的距离之和等于常数的点的轨迹叫做椭圆。这两个定点 $F_1$、$F_2$ 叫做椭圆的焦点。两焦点间的距离叫做焦距，我们取它等于 $2c$，即 $F_1F_2=2c(c>0)$。

如图 9-19 所示，设点 $M(x、y)$是椭圆上任意一点，则 $MF_1$ 与 $MF_2$ 两段距离之和为一定值 $2a$，即 $MF_1+MF_2=2a(a>0)$

在三角形 $MF_1F_2$ 中，$MF_1+MF_2>F_1$、$F_2$，即 $2a>2c$，$\alpha>c$。

取过焦点 $F_1$、$F_2$ 的直线为 $x$ 轴，线段 $F_1F_2$ 的垂直平分线为 $y$ 轴，建立直角坐标系，如图 9-20 所示。则焦点 $F_1$、$F_2$ 的坐标分别为

$$F_1(-c,0);F_3(c,0)$$

$M$ 点的坐标为$(x,y)$，$MF_1$ 与 $MF_2$ 的距离用坐标值来表示：

$\overline{MF_1}^2=(x+c)^2+y^2$，$MF_1=\sqrt{(x+c)^2+y^2}$

$\overline{MF_2}^2=(x-c)^2+y^2$，$MF_2=\sqrt{(x-c)^2+y^2}$

根据椭圆定义，得

$$MF_1+MF_2=2a$$

所以 $\sqrt{(x+c)^2+y^2}+\sqrt{(x-c)^2+y^2}=2\mathrm{a}$

经简化，得

$$x^2(a^2-c^2)+a^2y^2=a^2(a^2-c^2)$$

因为 $a>c$，可设

$$a^2-c^2=b^2 \tag{9-8}$$

则上述方程式可写为

$$x^2b^2+a^2y^2=a^2b^2 \tag{9-9}$$

以 $a^2b^2$ 除这个等式，就可得到椭圆的标准方程式：

$$\frac{x^2}{a^2}+\frac{y^2}{b^2}=1 \tag{9-10}$$

这个方程式所表示的椭圆的焦点在 $x$ 轴上，焦点坐标为 $F_1(-c,0)$、$F_2(c,0)$，这里 $c^2=a^2-b^2$。椭圆对称于 $x$、$y$ 轴，在 $x$ 轴方向称为长轴，其值为 $2a$；在 $y$ 轴方向称为短轴，其值为 $2b$，与 $x$、$y$ 轴的交点 $A_1$、$A_2$、$B_1$、$B_2$ 称为椭圆的四个顶点。

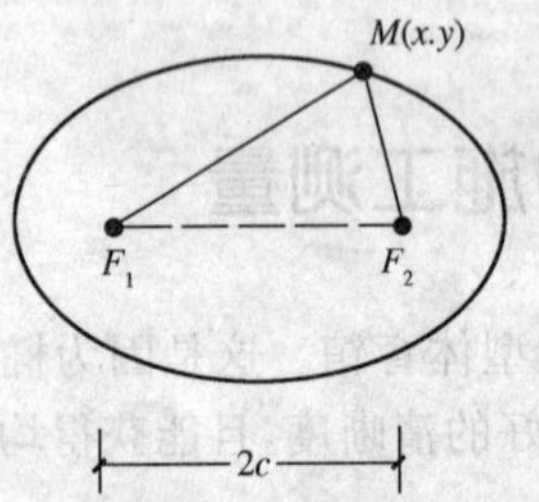


图 9-19 椭圆

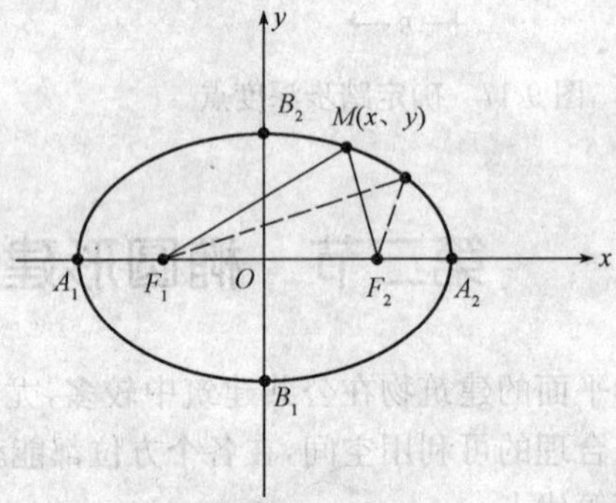


图 9-20 椭圆直角坐标系

如果椭圆的焦点在 $y$ 轴上，如图 9-21 所示，只要将上面方程式中的 $x$、$y$ 互换后就可得到它的标准方程式，即

$$\frac{x^2}{b^2}+\frac{y^2}{a^2}=1(b>a)$$

上述方程式表明，椭圆曲线也是一种二次曲线，如果方程式中 $b=a$，则可得

$$\frac{x^2}{a^2}+\frac{y^2}{a^2}=1 \text{ 或 } x^2+y^2=a^2$$

即得到半径为 $a$ 的圆的方程。这说明圆是椭圆的特殊情况，是两半轴相等的椭圆。

在椭圆方程式中，当 $a$、$b$ 值一定时，只要知道变量 $x$ 和 $y$ 其中一个数值，便可求得椭圆曲线上的任何一个数值，即

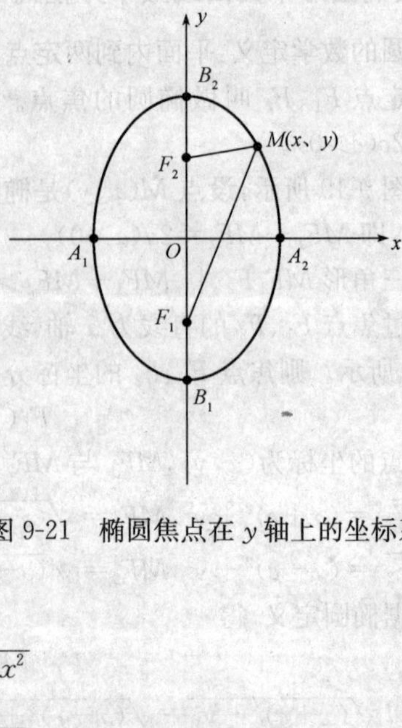


图 9-21 椭圆焦点在 $y$ 轴上的坐标系

$$y=\pm\frac{b}{a}\sqrt{a^2-x^2} \tag{9-11}$$

或

$$x=\pm\frac{a}{b}\sqrt{b^2-y^2} \tag{9-12}$$

## 二、椭圆形平面曲线施工放线

椭圆形平面曲线的现场施工放线方法很多，常用的有直接拉线法（即连续运动法）、几何作图法和坐标计算法等。

（1）直接拉线法。这种放线方法在椭圆形平面尺寸较小时常采用，操作比较简单，放线速度快，只要操作认真，可以获得一定的精确度。

（2）几何作图法。当椭圆平面尺寸较大（一般长轴在 80m 以上）时，可采用几何作图法进行椭圆曲线的现场施工放线。在几何作图法中，大多采用四心圆法，因为它能直接放出圆弧曲线，施工操作不太复杂。

（3）坐标计算法。当椭圆形平面曲线的尺寸较大，或是不能采用直接拉线法和几何作图法进行施工放线时，常采用坐标计算法进行现场施工放线。计算方法和圆弧曲线的坐标计算法相同。通过坐标计算，最终列成表格，供现场放线人员使用，施工操作较为简单，能获得较好的施工精度。

### 关键细节 9 直接拉线法施工放线

采用直接拉线法进行椭圆形平面曲线的施工放线的操作步骤如下：

（1）如图 9-22(a)所示，根据总设计平面图，先实地测设出椭圆的中心点 $O$ 的位置和主轴线 $CD$ 的方向，然后在 $O$ 点安置经纬仪，准确测设出长轴 $AB$ 的位置。

（2）根据已知曲线长轴 $AB$、短轴 $CD$、曲线参数及公式，计算焦距 $c$ 值，即

$$c=\sqrt{a^2+b^2} \tag{9-13}$$

确定焦点 $F_1$、$F_2$ 的位置（$AB=20a, CD=2b, F_1F_2=2c$），椭圆的方程为 $\frac{x^2}{a^2}+\frac{y^2}{b^2}=1$。

（3）测设焦点 $F_1$ 和 $F_2$，并建立较为稳定的木桩或水泥桩。

（4）取细铁丝一根，其长度等于 $F_1C+F_2C$。如图 9-22(b)所示，将其两端固定在焦点 $F_1$ 和 $F_2$ 上，然后用圆铁棍或木棍套住细铁丝后拉紧并缓缓移动，即可得到一条符合设计要求的椭圆形曲线，然后每隔若干距离打桩作标志（画曲线过程中，用力应始终一致）。

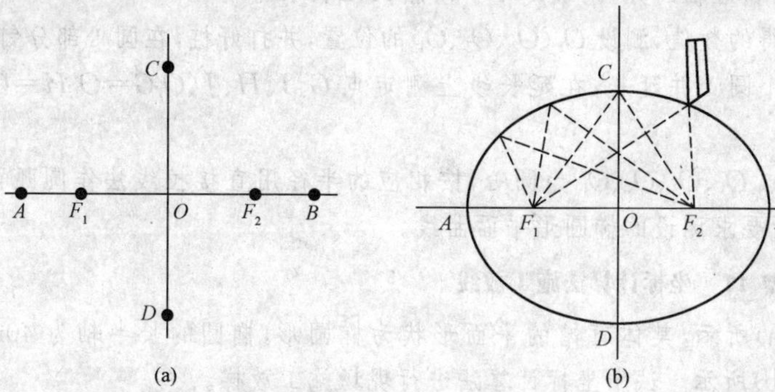


图 9-22 直接拉线法

用直接拉线法作椭圆形平面曲线的现场施工放线，应注意：

（1）两焦点上设置的桩，位置应正确，设置应稳固，施工中应妥善保护。

(2)所用拉线材料不应有伸缩性，描画曲线过程中，应始终拉紧，不应有时紧时松的现象。

## 关键细节 10 几何作图法施工放线

采用几何作图法进行椭圆形平面曲线施工放线的操作步骤如下：

(1)如图 9-23 所示，根据设计图纸提供的长轴 $AB$、短轴 $CD$ 的尺寸，采用 1∶100～1∶500 的比例，用四心圆法在图纸上作一椭圆。

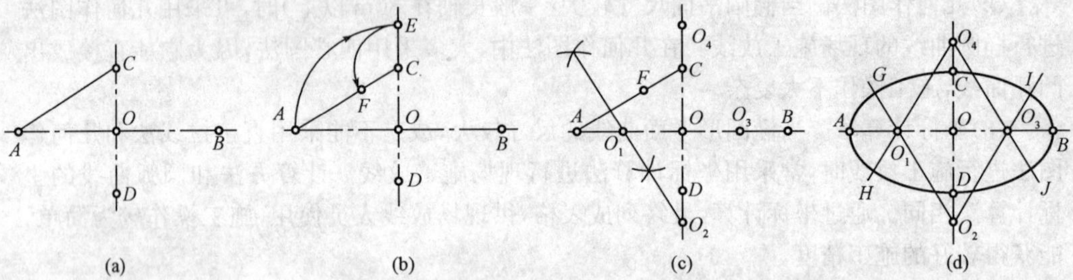


图 9-23 几何作图法

1)作椭圆的长轴 $AB$ 和短轴 $CD$，交点为 $O$。

2)以 $O$ 点为圆心，$OA$ 为半径作圆弧，交 $CD$ 延长线于 $E$ 点；再以 $C$ 为圆心，$CE$ 为半径作圆弧 $\overset{\frown}{EF}$ 交 $AC$ 于 $F$ 点。

3)作 $AF$ 的垂直平分线交长轴于 $O_1$ 点，又交短轴（或其延长线）于 $O_2$ 点，在 $AB$ 上截取 $OO_3=OO_1$，在 $CD$ 轴上截取 $OO_4=OO_2$。

4)分别以点 $O_1$、$O_2$、$O_3$、$O_4$ 为圆心，以 $O_1A$、$O_2C$、$O_3B$、$O_4D$ 为半径作圆弧，使各弧段在 $O_2O_1$、$O_2O_3$ 和 $O_4O_1$、$O_4O_3$ 的延长线相交，得 $G$、$I$、$H$、$J$ 四个交点，把此 4 点连接，即得近似的椭圆曲线。

(2)按总平面图设计位置，在现场定出椭圆形平面的中心点 $O$ 及主轴线方向，并用经纬仪测设出长轴和短轴的方位，确定 4 个顶点 $A$、$B$、$C$、$D$。

(3)根据已得的数值，测设 $O_1$、$O_2$、$O_3$、$O_4$ 的位置，并打好桩，在圆心部分钉上铁钉。

(4)连接 4 个圆心并延长，在延长线上测定点 $G$、$I$、$H$、$J$($O_1G=O_1H=O_3J=O_1A=O_3B$)。

(5)分别以点 $O_1$、$O_2$、$O_3$、$O_4$ 为圆心，按相应的半径用直接拉线法作圆弧曲线，所得的封闭曲线即为所要求测设的椭圆形平面曲线。

## 关键细节 11 坐标计算法施工放线

如图 9-24(a)所示，某体育馆的平面形状为椭圆形，椭圆的长半轴为 40m，短半轴为 30m，如图9-24(b)所示。试用坐标计算法进行现场施工放样。

(1)计算测设数据。

1)建立坐标系。分别以椭圆的短轴和长轴为 $x$，$y$ 轴，以长、短轴的交点为原点，建立如图 9-24(b)所示的 $xOy$ 坐标系。若椭圆的短半轴为 $a$，长半轴为 $b$，则椭圆上任一点的坐标应满足方程

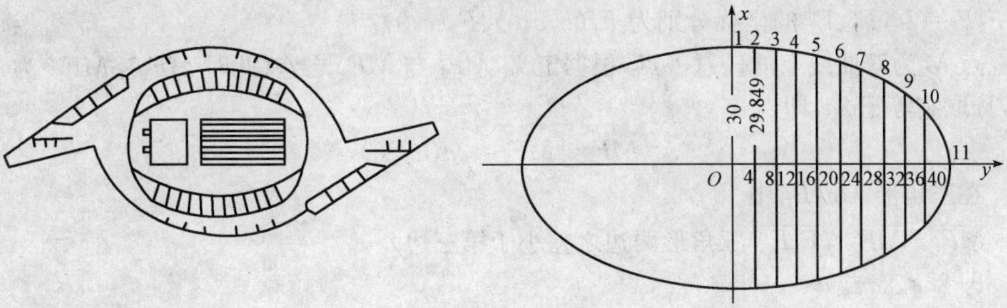


(a) (b)

图 9-24　某体育馆平面图

$$\frac{x^2}{a^2}+\frac{y^2}{b^2}=1$$

即

$$x=\pm\frac{a}{b}\sqrt{b^2-y^2} \tag{9-14}$$

2)计算弧分点的坐标。用 $y=0,y=\pm4,y=\pm8,\cdots,y=\pm40$ 的直线去割椭圆,可得分点 1～11。将 $a=30,b=40$ 及各等分弧点的横坐标代入式(9-14),计算出各等分弧点的纵坐标,见表 9-2。由于椭圆的对称性,这里只计算第一象限的弧分点坐标。

**表 9-2**　　**椭圆曲线测设数据**

| 弧分点 | 1 | 2 | 3 | 4 | 5 | 6 | 7 | 8 | 9 | 10 | 11 |
|---|---|---|---|---|---|---|---|---|---|---|---|
| $y$/m | 0 | 4 | 8 | 12 | 16 | 20 | 24 | 28 | 32 | 36 | 40 |
| $x$/m | 30 | 29.49 | 29.394 | 28.618 | 27.495 | 25.981 | 24.000 | 21.424 | 18.000 | 13.077 | 0 |

(2)实地放样。

1)根据平面设计,实地测设椭圆形平面的中心位置点 $O$ 和主轴线方位,即以主轴线为 $y$ 轴,并将经纬仪安置在 $O$ 点,测设出 $x$ 轴的方向。即建立直角坐标系。

2)根据各弧分点的坐标,利用直角坐标法将各弧分点在实地标定出来,最后设置龙门板等施工标志。

## 第三节　双曲线形建筑物施工测量

具有双曲线平面的建筑多用于公共高层建筑中,如会议厅、办公楼、体育馆等。

### 一、双曲线形平面曲线数学方程式

双曲线的数学定义:平面内到两定点 $F_1$、$F_2$ 的距离之差等于常数的点的轨迹叫做双曲线。这两个定点 $F_1$ 和 $F_2$ 叫做双曲线的焦点,两焦点之间的距离叫做焦距,用 $2c$ 表示($c>0$),如图9-25所示。

设过焦点 $F_1$、$F_2$ 的直线叫 $x$ 轴,线段 $F_1$、$F_2$ 的垂直平分线叫 $y$ 轴,建立直角坐标系,

则 $F_1F_2=2c$，$F_1$、$F_2$ 的坐标分别为 $F_1(-c,0)$、$F_2(c,0)$。

点 $M$ 为双曲线上的任意一点，根据定义，$MF_1$ 与 $MF_2$ 之差（此时 $MF_1>MF_2$）为一常数，且取它等于 $2a$，即

$$MF_1-MF_2=2a(a>0)$$

在三角形 $MF_1F_2$ 中

$\overline{MF_1}-\overline{MF_2}<\overline{F_1F_2}$（三角形两边之差小于第三边）

即 $2a<2c$ 或 $a<c$

因为 $\overline{MF_1}^2=(x+c)^2+y^2$　$\overline{MF_2}^2=(x-c)^2+y^2$

所以 $\overline{MF_1}=\sqrt{(x+c)^2+y^2}$　$\overline{MF_2}=\sqrt{(x-c)^2+y^2}$

根据定义 $\overline{MF_1}-\overline{MF_2}=2a$

故 $\sqrt{(x+c)^2+y^2}-\sqrt{(x-c)^2+y^2}=2a$

$\sqrt{(x+c)^2+y^2}=2a+\sqrt{(x-c)^2+y^2}$

经简化得：

$$x^2(c^2-a^2)-a^2y^2=a^2(c^2-a^2)$$

因为 $c>a$ 可假设 $c^2-a^2=b^2$

则上述方程式可写为

$$x^2b^2-a^2y^2=a^2b^2$$

以 $a^2b^2$ 除等式两边，可得

$$\frac{x^2}{a^2}-\frac{y^2}{b^2}=1$$

该方程即为双曲线的标准方程式。上述方程式表明，该双曲线的焦点在 $x$ 轴上，其焦点坐标为 $F_1(-c,0)$、$F_2(c,0)$，这里 $c^2-a^2=b^2$。

如果 $c^2-b^2=a^2$，则表明双曲线焦点在 $y$ 轴上，这时双曲线的标准方程式为

$$\frac{y^2}{a^2}-\frac{x^2}{b^2}=1$$

如图 9-26 所示。

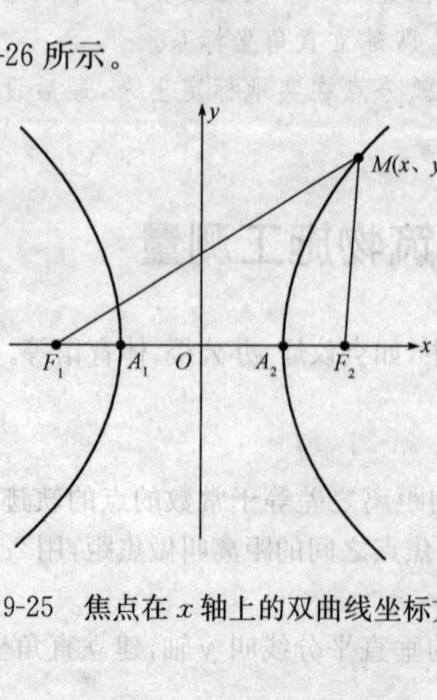


图 9-25　焦点在 $x$ 轴上的双曲线坐标方程

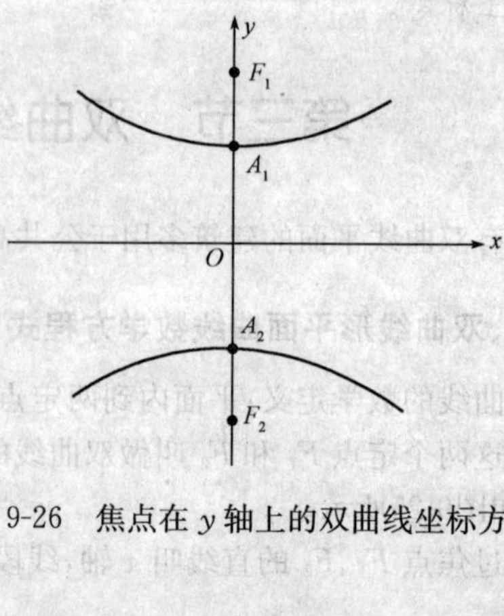


图 9-26　焦点在 $y$ 轴上的双曲线坐标方程

从双曲线的标准方程式可知，双曲线也是一种二次曲线。若方程式中 $a$、$b$ 值一定时，则只要知道变量 $x$ 和 $y$ 中的一个数值，便可求得双曲线的另一个数值。

即
$$y=\pm\frac{b}{a}\sqrt{x^2-a^2} \tag{9-15}$$

或
$$x=\pm\frac{a}{b}\sqrt{b^2+y^2} \tag{9-16}$$

## 二、双曲线形平面图形施工放线

双曲线平面图形的现场施工放样多采用坐标计算法。

如图 9-27(a)所示，某会议厅的建筑平面呈双曲线形，平面设计尺寸如图所示，双曲线的实轴长度为 26m，用坐标计算法进行现场施工放样。

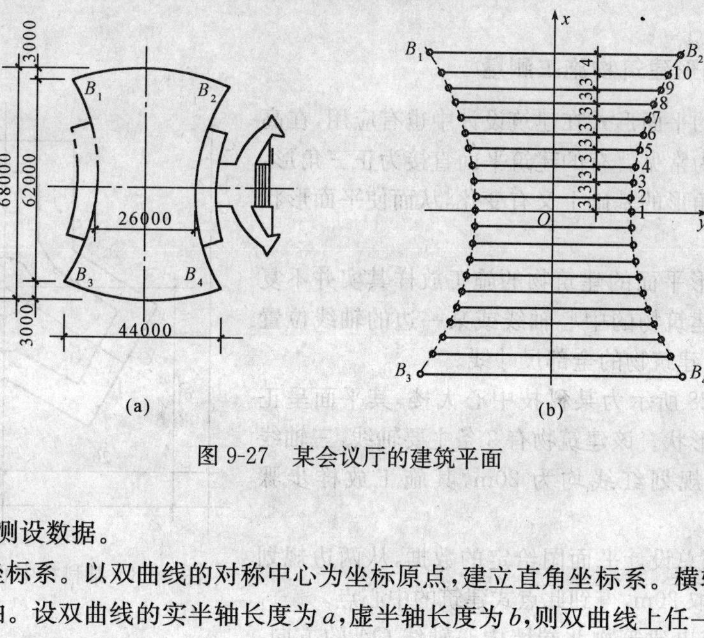


图 9-27　某会议厅的建筑平面

(1)计算测设数据。

1)建立坐标系。以双曲线的对称中心为坐标原点，建立直角坐标系。横轴设为 $y$ 轴，纵轴设为 $x$ 轴。设双曲线的实半轴长度为 $a$，虚半轴长度为 $b$，则双曲线上任一点应满足方程

$$\frac{y^2}{a^2}-\frac{x^2}{b^2}=1$$

将 $B_2$ 点的坐标(31,22)及 $a=13$m 代入上式，可算得 $b=22.706$m，所以双曲线方程为

$$\frac{y^2}{13^2}-\frac{x^2}{22.706^2}=1$$

亦即

$$y=\pm\frac{13}{22.706}\sqrt{x^2+22.706^2} \tag{9-17}$$

2)计算弧分点的坐标。用 $x=0$，$x=\pm3$，$x=\pm6$，…，$x=\pm27$ 和 $x=\pm31$ 的直线去切割双曲线，可得等弧分点 1～10 和 $B_2$。将各分弧点的纵坐标代入式(9-17)，计算出各分弧点的横坐标。

(2)实地放样。

1)根据总平面图,测设出双曲线平面图形的中心位置点 $O$ 和主轴线($x$ 轴,$y$ 轴)方向。

2)在 $x$ 轴方向上,以中心点 $O$ 为对称点,向上、向下分别取 3、6、9、…、27、31,得 1、2、3、…、9、10 各点。

3)将经纬仪分别架设于 1、2、3、…、9、10 各点,作 90°垂直线,根据计算出的各分弧点横坐标值,定出相应的各分弧点,最后将各点连接起来,即可得到符合设计要求的双曲线平面图形,如图9-27(b)所示。

4)各分弧点确定后,在相应位置设置龙门桩(板)。

## 第四节　三角形、齿形建筑物施工测量

### 一、三角形建筑物施工测量

三角形的平面形式在建筑设计中也有应用,在高层建筑中尤为常见。有的建筑平面直接为正三角形,有的在正三角形的基础上又有变化,从而使平面形状多种多样。

正三角形平面的建筑物的施工放样其实并不复杂。在确定建筑物的中心轴线或某一边的轴线位置后,即可放出建筑物的全部尺寸线。

如图 9-28 所示为某科技中心大楼,其平面呈正三角形点式形状。该建筑物有 3 条主要轴线,三轴线交点距两边规划红线均为 20m,其施工放样步骤如下:

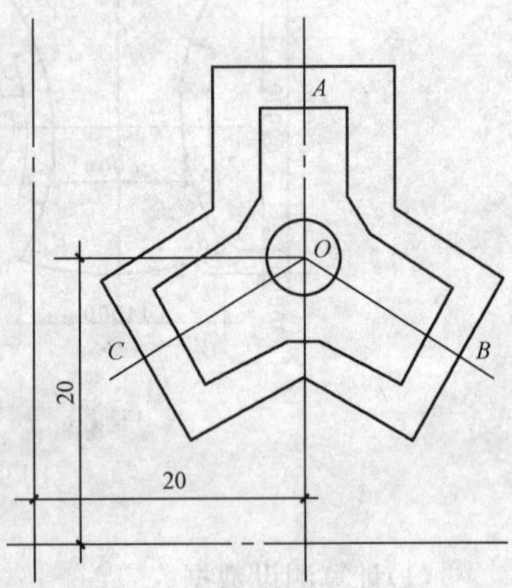


图 9-28　某科技中心大楼平面

(1)根据总设计平面图给定的数据,从两边规划红线分别量取 20m,得到此点式建筑的中心点。

(2)测定出建筑物北端墙中心轴线 $OA$ 的方向,并定北墙的中点位置 $A$($OA$=10m)。

(3)将经纬仪架设于 $O$ 点,先瞄准 $A$ 点,将经纬仪以顺时针方向转动 120°,定出房屋东南方向中心轴线 $OB$,并量取 $OB$=10m,定出 $B$ 点。再将经纬仪以顺时针方向转动 120°,定出房屋西南方向中心轴线 $OC$,并量取 $OC$=10m,定出 $C$ 点。

(4)因为房屋的其他尺寸都是直线的关系,所以有了这 3 条主要轴线,就可以根据平面图所给的尺寸测设出整个楼房的全部轴线和边线位置,并定出轴线桩。

### 二、齿形建筑物施工测量

齿形平面多用于临街性建筑物,因建筑物所临的道路是倾斜的,建筑物的平面往往被设计成齿形,且临街外墙角的连线平行于道路的中心线,这样既能节约用地,又能使建筑物更具有立体感。

齿形建筑物的施工测量要比矩形建筑物施工测量复杂,因齿形建筑物平面位置在总平面图上的限定条件是齿形建筑物上墙角至道路中心线的距离,定位测量需要的是轴线控制桩,而齿形建筑物轴线与道路中心线又不平行,因此,控制桩至道路中心线的距离需进行换算。通过换算,求出控制桩至道路中心线的距离,然后再进行现场测设。

某宿舍楼的平面布置呈齿形,如图 9-29 所示。按城市规划要求,临街外墙角连线平行道路中心线,且距离中心线 20m,与原有建筑物相距 20m,外墙轴线距边线 370mm,且测得道路中心线的磁方位角是 288°53′12″,其他平面尺寸如图 9-29 所示。

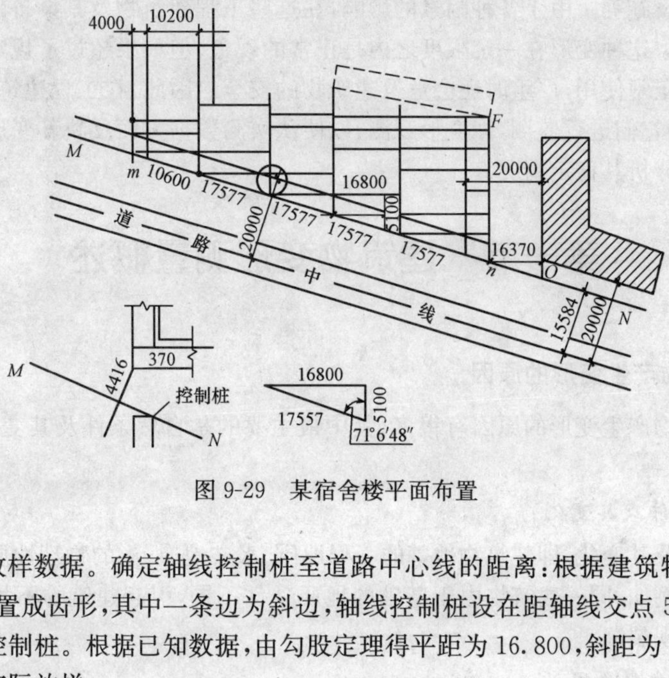


图 9-29 某宿舍楼平面布置

(1)计算放样数据。确定轴线控制桩至道路中心线的距离:根据建筑物的平面特点,平面控制网布置成齿形,其中一条边为斜边,轴线控制桩设在距轴线交点 5.100m 外兼作纵、横两轴的控制桩。根据已知数据,由勾股定理得平距为 16.800,斜距为 17.557m。

(2)现场实际放样。

1)找出道路中心线。控制桩距道路中心线的距离为 15.584m,作出道路中心线,定出 $M$、$N$ 点,$M$、$N$ 点的连线即是控制桩的连线,亦为控制网的斜边。

2)用顺线法作原楼的平行线,与 $MN$ 直线交于点 $O$。

3)将经纬仪置于 $O$ 点,对中整平后,瞄准 $M$ 点,并在视线方向上,从 $O$ 点开始丈量距离,定出 $n$、$m$ 两点。

4)将经纬仪再架于 $n$ 点,对中整平后,先瞄准 $M$ 点,以顺时针方向转动望远镜 71°06′48″(360°−288°53′12″),并在此视线上丈量距离 $nF$,定出 $F$ 点。

# 第十章 建筑物变形测量

随着经济建设的不断发展，全国各地兴建了大量的水工建筑物，工业与交通建筑物，高大建筑物以及为开发地下资源而兴建的工程设施，安装了许多精密机械、导轨，以及科学试验设备和设施等。由于各种因素的影响，在这些工程建筑物及其设备的运营过程中，都会产生变形。这种变形在一定限度之内是正常的现象，但如果超过了规定的界限，就会影响建筑物的正常使用，严重时还会危及建筑物的安全。因此，在工程建筑物的施工和运营期间，必须对它们进行监测，即变形观测，以便从实测数据方面反映其变形程度，并根据多方面的资料分析其稳定情况。

## 第一节 建筑物变形测量概述

### 一、建筑物产生变形的原因

工程建筑物产生变形的原因有很多，其中最主要的是自然条件及其变化和建筑物自身原因。

**1. 自然条件及其变化**

自然条件及其变化，即建筑物地基的工程地质、水文地质、土的物理性质、大气温度和风力等因素。例如，同一建筑物由于基础的地质条件不同，引起建筑物不均匀沉降，使其发生倾斜或出现裂缝。

**2. 建筑物自身原因**

建筑物自身的原因，即建筑物本身的荷载、结构、形式及动载荷（如风力、振动等）的作用。此外，勘测、设计、施工的质量及运营管理工作的不合理也会引起建筑物的变形。

### 二、建筑物变形测量的规定

测定建筑物及其地基在建筑物荷重和外力作用下随时间而变形的工作称为变形测量。

变形测量的任务就是周期性地对所设置的观测点（或建筑物某部位）进行重复观测，以求得在每个观测周期内的变化量。若需测量瞬时变形，可采用各种自动记录仪器测定其瞬时位置。

变形测量的观测周期，应根据建（构）筑物的特征、变形速率、观测精度要求和工程地质条件等因素综合考虑，观测过程中，根据变形量的变化情况，应适当调整。一般在施工过程中，频率应大些，周期可以为 3d、7d、15d 等；等竣工投产以后，频率可小一些，一般为一个月、两个月、三个月、半年及一年等周期。若遇特殊情况，还要临时增加观测的次数。

《建筑变形测量规范》(JGJ 8—2007)规定了建筑物变形测量的级别精度指标及适用范围,见表10-1。

表10-1　建筑变形测量的级别、精度指标及其适用范围

| 变形测量级别 | 沉降观测 | 位移观测 | 主要适用范围 |
|---|---|---|---|
| | 观测点测站高差中误差/mm | 观测点坐标中误差/mm | |
| 特级 | ±0.05 | ±0.3 | 特高精度要求的特种精密工程的变形测量 |
| 一级 | ±0.15 | ±1.0 | 地基基础设计为甲级的建筑的变形测量;重要的古建筑和特大型市政桥梁等变形测量等 |
| 二级 | ±0.5 | ±3.0 | 地基基础设计为甲、乙级的建筑的变形测量;场地滑坡测量;重要管线的变形测量;地下工程施工及运营中变形测量;大型市政桥梁变形测量等 |
| 三级 | ±1.5 | ±10.0 | 地基基础设计为乙、丙级的建筑的变形测量;地表、道路及一般管线的变形测量;地表、道路及一般管线的变形测量;中小型市政桥梁变形测量等 |

注:1. 观测点测站高差中误差,系指水准测量的测站高差中误差或静力水准测量、电磁波测距三角高程测量中相邻观测点相应测段间等价的相对高差中误差。

2. 观测点坐标中误差,系指观测点相对测站点(如工作基点)的坐标中误差、坐标差中误差以及等价的观测点相对基准线的偏差值中误差、建筑或构件相对底部固定点的水平位移分量中误差。

3. 观测点点位中误差为观测点坐标中误差的$\sqrt{2}$倍。

### 关键细节1　需进行变形测量的建筑物

下列建筑在施工和使用期间应进行变形测量:

(1)地基基础设计等级为甲级的建筑。

(2)复合地基或软弱地基上的设计等级为乙级的建筑。

(3)加层、扩建建筑。

(4)受邻近深基坑开挖施工影响或受场地地下水等环境因素变化影响的建筑。

(5)需要积累经验或进行设计反分析的建筑。

### 关键细节2　建筑物变形测量精度级别的确定

(1)建筑物变形测量精度级别的确定原则。

1)当仅给定单一变形允许值时,应按所估算的观测点精度选择相应的精度级别。

2)当给定多个同类型变形允许值时,应分别估算观测点精度,根据其中最高精度选择相应的精度级别。

3)当估算出的观测点精度低于表10-1中三级精度的要求时,应采用三级精度。

(2)其他建筑变形测量工程,可根据设计、施工的要求,按照表10-1的规定,选取适宜的精度级别。

(3)当需要采用特级精度时,应对作业过程和方法作出专门的设计与论证后实施。

### 关键细节3 沉降观测站高差中误差估算

沉降观测点测站高差中误差应按下列规定进行估算。

(1)按照设计的沉降观测网,计算网中最弱观测点高程的协因数 $Q_H$、待求观测点间高差的协因数 $Q_h$。

(2)单位权中误差即观测点测站高差中误差 $\mu$ 应按式(10-1)或式(10-2)估算:

$$\mu=m_s/\sqrt{2Q_H} \tag{10-1}$$

$$\mu=m_{\Delta s}/\sqrt{2Q_h} \tag{10-2}$$

式中 $m_s$——沉降量 $s$ 的测定中误差(mm);

$m_{\Delta s}$——沉降差 $\Delta s$ 的测定中误差(mm)。

(3)式(10-1)、式(10-2)中的 $m_s$ 和 $m_{\Delta s}$ 应按下列规定确定:

1)沉降量、平均沉降量等绝对沉降的测定中误差 $m_s$,对于特高精度要求的工程可按地基条件,结合经验具体分析确定;对于其他精度要求的工程,可按低、中、高压缩性地基土或微风化、中风化、强风化地基岩石的类别及建筑对沉降的敏感程度的大小分别选±0.5mm、±1.0mm、±2.5mm。

2)基坑回弹、地基土分层沉降等局部地基沉降以及膨胀土地基沉降等的测定中误差 $m_s$,不应超过其变形允许值的1/20。

3)平置构件挠度等变形的测定中误差,不应超过变形允许值的1/6。

4)沉降差、基础倾斜、局部倾斜等相对沉降的测定中误差,不应超过其变形允许值的1/20。

5)对于具有科研及特殊目的的沉降量或沉降差的测定中误差,可根据需要将上述各项中误差乘以1/5~1/2系数后采用。

### 关键细节4 位移观测点坐标中误差估算

位移观测点坐标中误差应按下列规定进行估算。

(1)应按照设计的位移观测网,计算网中最弱观测点坐标的协因数 $Q_X$、待求观测点间坐标差的协因数 $Q_{\Delta X}$。

(2)单位权中误差即观测点坐标中误差 $\mu$ 应按式(10-3)或式(10-4)估算:

$$\mu=m_d/\sqrt{2Q_X} \tag{10-3}$$

$$\mu=m_{\Delta d}/\sqrt{2Q_{\Delta X}} \tag{10-4}$$

式中 $m_d$——位移分量 $d$ 的测定中误差(mm);

$m_{\Delta d}$——位移分量差 $\Delta d$ 的测定中误差(mm)。

(3)式(10-3)、式(10-4)中的 $m_d$ 和 $m_{\Delta d}$ 应按下列规定确定。

1)对建筑基础水平位移、滑坡位移等绝对位移,可按表10-1选取精度级别。

2)受基础施工影响的位移、挡土设施位移等局部地基位移的测定中误差,不应超过其变形允许值分量的1/20。变形允许值分量应按变形允许值的 $1/\sqrt{2}$ 采用。

3)建筑的顶部水平位移、工程设施的整体垂直挠曲、全高垂直度偏差、工程设施水平轴线偏差等建筑整体变形的测定中误差,不应超过其变形允许值分量的1/10。

4)高层建筑层间相对位移、竖直构件的挠度、垂直偏差等结构段变形的测定中误差，不应超过其变形允许值分量的1/6。

5)基础的位移差、转动挠曲等相对位移的测定中误差，不应超过其变形允许值分量的1/20。

6)对于科研及特殊目的的变形量测定中误差，可根据需要将上述各项中误差乘以1/5～1/2系数后采用。

**关键细节5　建筑变形测量观测周期**

建筑变形测量应按确定的观测周期与总次数进行观测。变形观测周期的确定应以能系统地反映所测建筑变形的变化过程且不遗漏其变化时刻为原则，并综合考虑单位时间内变形量的大小、变形特征、观测精度要求及外界因素的影响情况。

建筑变形测量的首次(即零周期)观测应连续进行两次独立观测，并取观测结果的中数作为变形测量初始值。

一个周期的观测应在短时间内完成。不同周期观测时，宜采用相同的观测网形、观测路线和观测方法，并使用同一测量仪器和设备。对于特级和一级变形观测，宜固定观测人员，选择最佳观测时段，在相同的环境和条件下观测。

当建筑变形观测过程中发生下列情况之一时，必须立即报告委托方，同时及时增加观测次数或调整变形测量方案。

(1)变形量或变形速率出现异常变化。

(2)变形量达到或超出预警值。

(3)周边或开挖面出现塌陷、滑坡。

(4)建筑本身、周边建筑及地表出现异常。

(5)由于地震、暴雨、冻融等自然灾害引起的其他变形异常情况。

## 第二节　建筑物沉降观测

### 一、沉降观测水准点测设

建筑物的沉降观测是根据建筑物附近的水准点进行的，所以这些水准点必须坚固稳定。为了对水准点进行相互校核，防止其本身产生变化，水准点的数目应尽量不少于3个，以组成水准网。对水准点要定期进行高程检测，以保证沉降观测成果的正确性。

在一般情况下，可以利用工程施工时使用的水准点，作为沉降观测的水准基点。如果施工场地的水准点离建筑物较远或条件不好，为了便于进行沉降观测和提高精度，可在建筑物附近另行埋设水准基点。

沉降观测水准点的形式与埋设要求，一般与三、四等水准点相同，但也应根据现场的具体条件、沉降观测在时间上的要求等决定。

**关键细节6　沉降观测水准点布设应考虑因素**

在布设沉降观测水准点时，应考虑下列因素：

(1)水准点应尽量与观测点接近,其距离不应超过100m,以保证观测的精度。

(2)水准点应布设在受振区域以外的安全地点,以防止受到振动的影响。

(3)离开公路、铁路、地下管道和滑坡至少5m。避免埋设在低洼易积水处及松软土地带。

(4)为防止水准点受到冻胀的影响,水准点的埋设深度至少要在冰冻线下0.5m。

### 关键细节7 沉降观测水准点埋设

当观测急剧沉降的建筑物和构筑物时,若建造水准点已来不及,可在已有房屋或结构物上设置标志作为水准点,但这些房屋或结构物的沉降必须证明已经终止。在山区建设中,建筑物附近常有基岩,可在岩石上凿一洞,用水泥砂浆直接将金属标志嵌固于岩层之中,但岩石必须稳固。当场地为砂土或其他不利情况,应建造深埋水准点或专用水准点。

### 关键细节8 沉降观测水准点高程测定

沉降观测水准点的高程应根据厂区永久水准基点引测,采用二等水准测量的方法测定。往返测误差不得超过$\pm\sqrt{n}$mm($n$为测站数),或$\pm4\sqrt{L}$mm。如果沉降观测水准点与永久水准基点的距离超过2000m,则不必引测绝对标高,而采取假设高程。

## 二、沉降观测观测点布置

沉降观测观测点的位置和数量,应根据基础的构造、荷重以及工程地质和水文地质的情况而定。高层建筑物应沿其周围每隔15～30m设一点,房角、纵横墙连接处以及沉降缝的两旁均应设置观测点。

工业厂房的观测点可布置在基础、柱子、承重墙及厂房转角处。点的密度视厂房结构、吊车起重量及地基土质情况而定。厂房拟建时,应在连接处两侧布置观测点。

大型设备基础及较大动荷重的周围、基础形式改变处及地质条件变化之处,皆容易产生沉降,必须布设适量的观测点。

烟囱、水塔、高炉、油罐、炼油塔等圆形构筑物,则应在其基础的对称轴线上布设观测点。

总之,观测点应设置在能表示出沉降特征的地点。

观测点布置合理,就可以全面、精确地查明沉降情况。这项工作应由设计单位或施工技术部门负责确定。如观测点的布置不便于测量时,测量人员应与设计人员协商,选择合理的布置方案。为方便进行观测和记录,所有观测点应以1∶100～1∶500的比例尺绘出平面图,并加以编号。

沉降观测观测点应符合下列要求。

(1)观测点本身应牢固稳定,确保点位安全,能长期保存。

(2)观测点的上部必须为突出的半球形状或有明显的突出之处,与柱身或墙身保持一定的距离。

(3)要保证在点上能垂直置尺和良好的通视条件。

### 关键细节9 民用建筑沉降观测点布置

一般民用建筑沉降观测点,大都设置在外墙勒脚处。为确保观测点的稳定性,观测点埋在墙内的部分应大于露出墙外部分的5～7倍。一般常用的几种观测点如下:

(1)预制墙式观测点。如图 10-1 所示的预制墙式观测点是由混凝土预制而成，其大小可做成普通黏土砖规格的 1～3 倍，中间嵌以角钢，角钢棱角向上，并在一端露出 50mm。在砌砖墙勒脚时，将预制块砌入墙内，角钢露出端与墙面夹角为 50°～60°。

(2)燕尾形观测点。如图 10-2 所示的燕尾形观测点是利用直径 20mm 的钢筋，一端弯成 90°角，一端制成燕尾形埋入墙内。

(3)角钢埋设观测点。如图 10-3 所示的角钢埋设观测点是用长 120mm 的角钢，在一端焊一铆钉头，另一端埋入墙内，并以 1∶2 水泥砂浆填实。

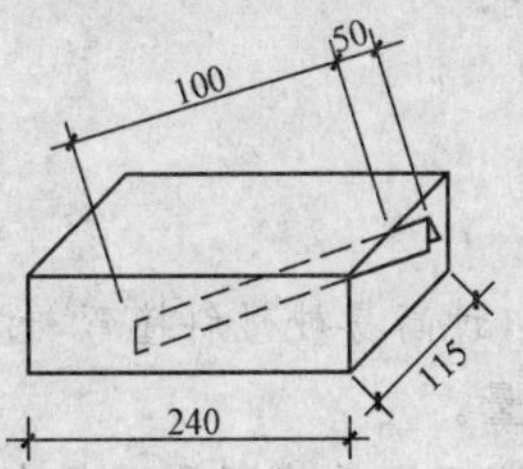

图 10-1　预制墙式观测点

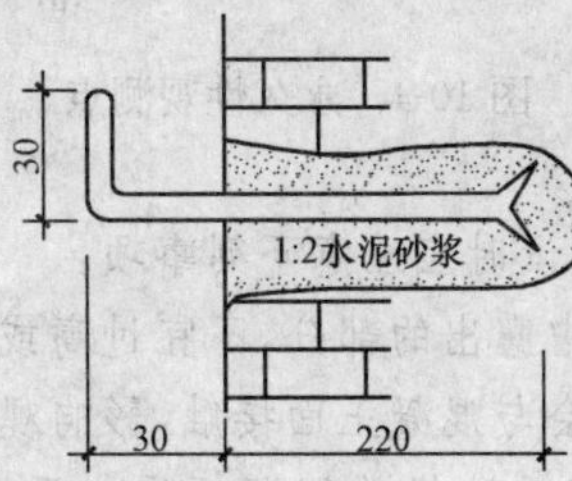

图 10-2　燕尾形观测点

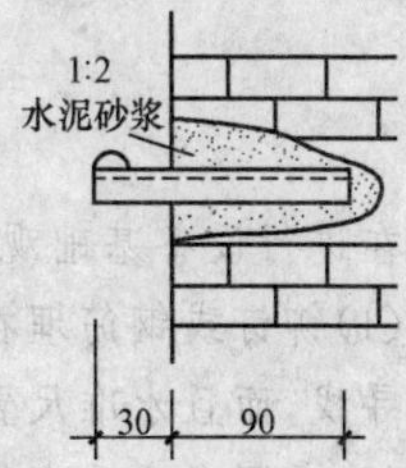

图 10-3　角钢埋设观测点

### 关键细节 10　设备基础观测点布置

设备基础观测点一般是利用铆钉或钢筋制作的，然后将其埋入混凝土内，其形式见表 10-2。

**表 10-2　设备基础观测点的形式**

| 形　式 | 制　　作 | 示意图 |
|---|---|---|
| 垫板式 | 用长 60mm、直径 20mm 的铆钉，下焊 40mm×40mm×5mm 的钢板 | 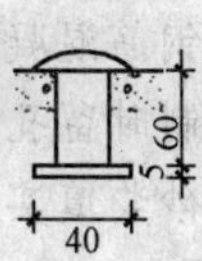 |
| 弯钩式 | 将长约 100mm、直径 20mm 的铆钉一端弯成直角 |  |
| 燕尾式 | 将长 80～100mm、直径 20mm 的铆钉，在尾部中间劈开，做成夹角为 30°左右的燕尾形 | 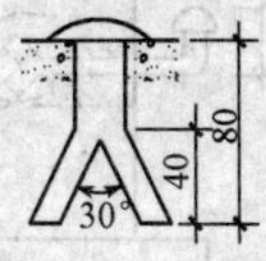 |
| U 字式 | 用直径 20mm、长约 220mm 的钢筋弯成“U”型，倒埋在混凝土之中 | 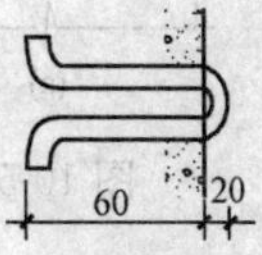 |

如观测点使用期长，应埋设有保护盖的永久性观测点[图 10-4(a)]。对于一般工程，如因施工紧张而观测点加工不及时，可用直径 20～30mm 的铆钉或钢筋头(上部锉成半球状)埋置于混凝土中作为观测点[图 10-4(b)]。

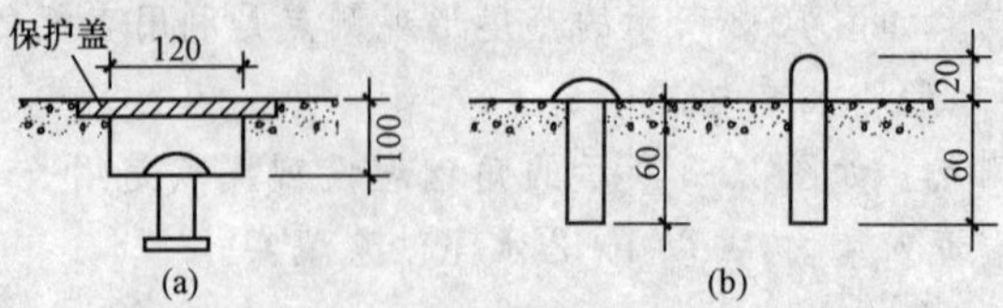


图 10-4　永久性观测点

在进行设备基础观测点的埋设时应注意下列事项：

(1)铆钉或钢筋埋在混凝土中露出的部分，不宜过高或过低，过高易被碰斜撞弯，过低不易寻找，而且水准尺置在点上会与混凝土面接触，影响观测质量。

(2)观测点应垂直埋设，与基础边缘的间距不得小于 50mm，埋设后将四周混凝土压实，待混凝土凝固后用红油漆编号。

(3)埋点应在基础混凝土将达到设计标高时进行。如混凝土已凝固须增设观测点时，可用钢凿在混凝土面上确定的位置凿一洞，将标志埋入，再以 1∶2 水泥砂浆灌实。

## 关键细节 11　柱基础及柱身观测点布置

柱基础沉降观测点的形式和埋设方法与设备基础相同。但是当柱子安装后进行二次灌浆时，原设置的观测点将被砂浆埋掉，因为必须在二次灌浆前，及时在柱身上设置新观测点。

钢筋混凝土柱柱身观测点的设置。用钢凿在柱子±0 标高以上 10～50cm 处凿洞(或在预制时留孔)，将直径 20mm 以上的钢筋或铆钉，制成弯钩形，平向插入洞内，再以 1∶2 水泥砂浆填实[图 10-5(a)]。亦可采用角钢作为标志，埋设时使其与柱面成 50°～60°的倾斜角[图 10-5(b)]。

钢柱柱身观测点的设置。将角钢的一端切成使脊背与柱面呈 50°～60°的倾斜角，将此端焊在钢柱上[图 10-6(a)]；或者将铆钉弯成钩形，将其一端焊在钢柱上[图 10-6(b)]。

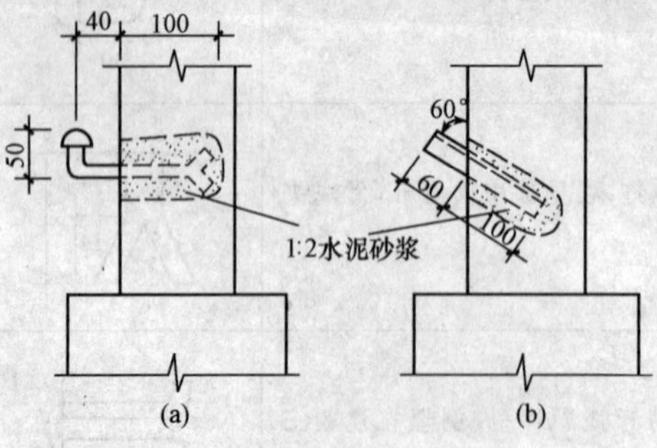


图 10-5　钢筋混凝土柱观测点

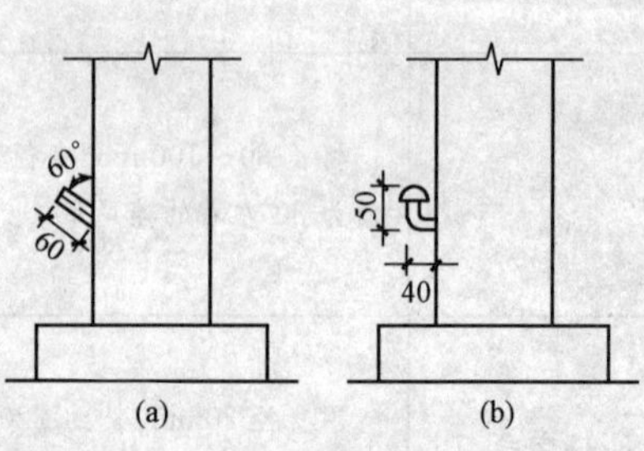


图 10-6　钢柱观测点

在柱子上设置新的观测点时应注意以下事项：

(1)新的观测点应在柱子校正后二次灌浆前，将高程引测至新的观测点上，以保持沉降观测的连贯性。

(2)新旧观测点的水平距离不应大于1.5m，以保证新旧点的观测成果的相互联系。新旧点的高差不应大于1.5m，以免由旧点高程引测于新点时，因增加转点而产生误差。

(3)观测点与柱面应有30～40mm的空隙，以便于放置水准尺。

(4)在混凝土柱下埋标时，埋入柱内的长度应大于露出的部分，以保证点位的稳定。

## 三、建筑物沉降观测过程

沉降观测是一项较长期的系统观测工作，为了保证观测成果的准确性，应尽可能做到“四定”：固定人员观测和整理成果；固定使用的水准仪及水准尺；使用固定的水准点；按规定的日期、方法及路线进行观测。

对于精度要求一般的沉降观测，要求仪器的望远镜放大率不得小于24倍，气泡灵敏度不得大于15″/2mm(有符合水准器的可放宽一倍)。可以采用适合四等水准测量的水准仪。但精度要求较高的沉降观测，应采用相当于$N_2$或$N_3$级的精密水准仪。

建筑物沉降观测作业应遵守下列规定：

(1)观测应在成像清晰、稳定时进行。

(2)仪器离前、后视水准尺的距离要用皮尺丈量，或用视距法测量，视距一般不应超过50m。前后视距应尽可能相等。

(3)前、后视观测最好用同一根水准尺。

(4)前视各点观测完毕以后，应回视后视点，最后应闭合于水准点上。

### 关键细节12　沉降观测的时间与次数

沉降观测的时间和次数，应根据工程性质、工程进度、地基土质情况及基础荷重增加情况等决定。

(1)在施工期间沉降观测次数。

1)较大荷重增加前后(如基础浇灌、回填土、安装柱子、房架砖墙每砌筑一层楼、设备安装、设备运转、工业炉砌筑期间、烟囱每增加15m左右等)，均应进行观测。

2)如施工期间中途停工时间较长，应在停工时和复工前进行观测。

3)当基础附近地面荷重突然增加，周围大量积水及暴雨后，或周围大量挖方等，均应观测。

(2)工程投产后的沉降观测时间。工程投入生产后，应连续进行观测，观测时间的间隔，可按沉降量大小及速度而定。在开始时间隔短一些，以后随着沉降速度的减慢，可逐渐延长，直到沉降稳定为止。

### 关键细节13　沉降观测点布置

沉降观测点的布置，应以能全面反映建筑及地基变形特征并结合地质情况及建筑结构特点确定。点位宜选设在下列位置。

(1)建筑的四角、大转角处及沿外墙每10～15m处或每隔2～3根柱基上。

(2)高低层建筑、新旧建筑、纵横墙等交接处的两侧。

(3)建筑裂缝和沉降缝两侧、基础埋深相差悬殊处、人工地基与天然地基接壤处、不同结构的分界处及填挖方分界处。

(4)宽度大于等于15m或小于15m而地质复杂以及膨胀土地区的建筑，在承重内隔墙中部设内墙点，并在室内地面中心及四周设地面点。

(5)邻近堆置重物处、受振动有显著影响的部位及基础下的暗浜(沟)处。

(6)框架结构建筑的每个或部分柱基上或沿纵横轴线设点。

(7)筏形基础、箱形基础底板或接近基础的结构部分之四角处及其中部位置。

(8)重型设备基础和动力设备基础的四角、基础形式或埋深改变处以及地质条件变化处两侧。

(9)电视塔、烟囱、水塔、油罐、炼油塔、高炉等高耸建筑，沿周边在与基础轴线相交的对称位置上布点，点数不少于4个。

(10)沉降观测点首次观测的高程值是以后各次观测用以进行比较的根据，如初测精度不够或存在错误，不仅无法补测，而且会造成沉降工作中的矛盾现象，因此必须提高初测精度。如有条件，最好采用$N_2$或$N_3$类型的精密水准仪进行首次高程测定。同时每个沉降观测点首次高程，应在同期进行两次观测后决定。

### 关键细节14 沉降观测路线及观测标志

在进行沉降观测时，因施工或生产的影响，造成通视困难，往往为寻找设置仪器的适当位置而花费时间。因此对观测点较多的建筑物、构筑物进行沉降观测前，应到现场进行规划，确定安置仪器的位置，选定若干较稳定的沉降观测点或其他固定点作为临时水准点(转点)，并与永久水准点组成环路。最后，应根据选定的临时水准点、设置仪器的位置以及观测路线，绘制沉降观测路线图(图10-7)，以后每次都按固定的路线观测。采用这种方法进行沉降测量，不仅避免了寻找设置仪器位置的麻烦，加快了施测进度；而且由于路线固定，比任意选择观测路线可以提高沉降测量的精度。

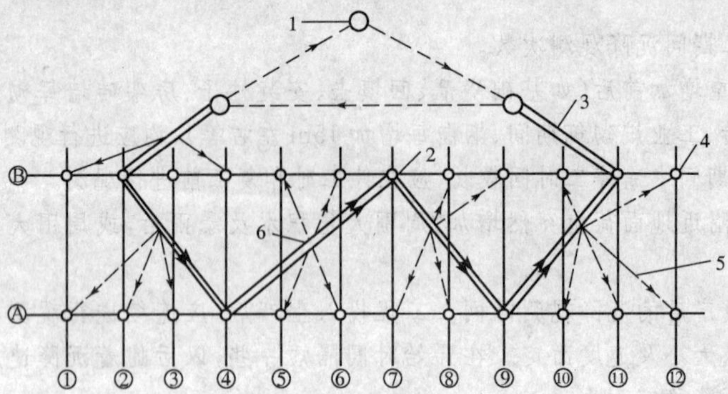


图10-7 沉降观测线路

1—沉降观测水准点；2—作为临时水准点的观测点；3—观测路线；
4—沉降观测点；5—前视线；6—置仪器位置

沉降观测的标志，可根据不同的建筑结构类型和建筑材料，采用墙(柱)标志、基础标志和隐蔽式标志等形式。各类标志的立尺部位应加工成半球形或有明显的突出点，并涂上防腐剂。标志的埋设位置应避开如雨水管、窗台线、散热器、暖水管、电气开关等有碍设标与观测的障碍物，并应视立尺需要离开墙(柱)面和地面一定距离。

### 关键细节 15 沉降观测周期和观测时间的确定

沉降观测的周期和观测时间，可按下列要求并结合具体情况确定。

(1)建筑施工阶段的观测，应随施工进度及时进行。一般建筑，可在基础完工后或地下室砌完后开始观测；大型、高层建筑，可在基础垫层或基础底部完成后开始观测。观测次数与间隔时间应视地基与加荷情况而定。民用建筑可每加高1～5层观测一次；工业建筑可按不同施工阶段(如回填基坑、安装柱子和屋架、砌筑墙体、设备安装等)分别进行观测。如建筑物均匀增高，应至少在增加荷载的25%、50%、75%和100%时各测一次。施工过程中如暂时停工，在停工时及重新开工时应各观测一次。停工期间，可每隔2～3个月观测一次。

(2)建筑物使用阶段的观测次数，应视地基土类型和沉降速率大小而定。除有特殊要求者外，一般情况下，可在第一年观测3～4次，第二年观测2～3次，第三年后每年1次，直至稳定为止。

(3)在观测过程中，如有基础附近地面荷载突然增减、基础四周大量积水、长时间连续降雨等情况，均应及时增加观测次数。当建筑物突然发生大量沉降、不均匀沉降或严重裂缝时，应立即进行逐日或2～3d一次的连续观测。

(4)沉降是否进入稳定阶段，应由沉降量与时间关系曲线判定。当最后100d的沉降速率小于0.01～0.04mm/d，可认为已进入稳定阶段，具体取值宜根据各地区地基土的压缩性确定。

### 关键细节 16 沉降观测点观测方法和技术要求

沉降观测点的观测方法和技术要求，除按有关规定执行外，还应符合下列要求：

(1)对特级、一级沉降观测，应按《建筑变形观测规范》(JGJ 8—2007)的相关规定执行。

(2)对二级、三级观测点，除建筑物转角点、交接点、分界点等主要变形特征点外，可允许使用间视法进行观测，但视线长度不得大于相应等级规定的长度。

(3)观测时，仪器应避免安置在有空压机、搅拌机、卷扬机等振动影响的范围内，塔式起重机等施工机械附近也不宜设站。

(4)每次观测应记载施工进度、荷载量变动、建筑物倾斜裂缝等各种影响沉降变化和异常的情况。

## 四、沉降观测成果

沉降观测工作结束后，应提交下列成果：

(1)工程平面位置图及基准点分布图。

(2)沉降观测点位分布图。

(3)沉降观测成果表。

(4)时间—荷载—沉降量曲线图。

(5)等沉降曲线图。

每周期观测后，应及时对观测资料进行整理，计算观测点的沉降量、沉降差以及本周期平均沉降量和沉降速度。

### 关键细节 17 沉降观测精度要求

沉降观测的精度应符合下列规定：

(1)连续生产设备基础和动力设备基础、高层钢筋混凝土框架结构及地基土质不均匀的重要建筑物，沉降观测点相对于后视点高差测定的容差为±1mm(即仪器在每一测站观测完前视各点以后，再回视后视点，两次读数之差不得超过1mm)。

(2)一般厂房、基础和构筑物，降陷观测点相对于后视点高差测定的容差为±2mm。

(3)每次观测结束后，要检查记录计算是否正确，精度是否合格，并进行误差分配，然后将观测高程列入沉降观测成果表中，计算相邻两次观测之间的沉降量，并注明观测日期和荷重情况。

### 关键细节 18 沉降曲线绘制

为了更清楚地表示沉降、时间、荷重之间的相互关系，还要画出每一观测点的时间与沉降量的关系曲线及时间与荷重的关系曲线，如图10-8所示。

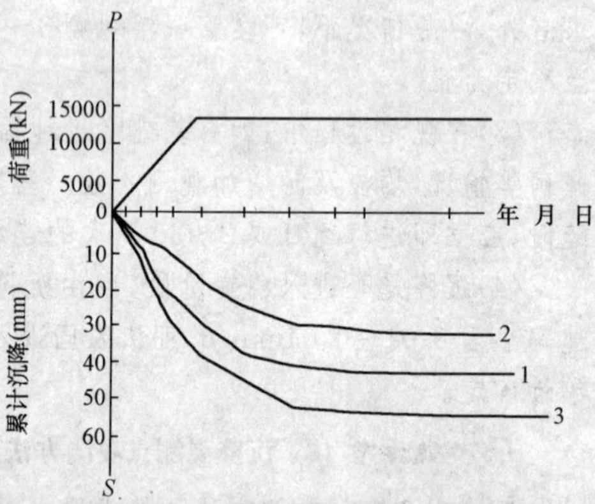

图10-8 沉降曲线

时间与沉降量的关系曲线，系以沉降量 $S$ 为纵轴，时间 $T$ 为横轴，根据每次观测日期和每次下沉量按比例画出各点，然后将各点连接起来，并在曲线的一端注明观测点号。

时间与荷重的关系曲线，系以荷重 $P$ 为纵轴，时间 $T$ 为横轴，根据每次观测日期和每次的荷重画出各点，然后将各点连接起来。

两种关系曲线合画在同一图上，以便能更清楚地表明每个观测点在一定时间内，所受到的荷重及沉降量。

### 关键细节 19 变形特征值计算

沉降观测后，如需要可按下列公式计算变形特征值。

(1)基础倾斜度 $\alpha$：

$$\alpha=(s_A-s_B)/L \quad (10-5)$$

式中 $s_A$——基础倾斜方向端点 $A$ 的沉降量(mm)；

$s_B$——基础倾斜方向端点 $B$ 的沉降量(mm)；

$L$——基础两端点($A$,$B$)间的距离(mm)。

(2)基础相对弯曲度 $f_c$：

$$f_c=[2s_0-(s_1+s_2)]/L \quad (10-6)$$

式中 $s_0$——基础中点 $k$ 的沉降量，mm；

$L$——基础两个端点间的距离间的距离，mm。

注：弯曲量以向上凸起为正，反之为负。

## 五、基坑回弹观测

基坑回弹观测，应测定深埋大型基础在基坑开挖后，由于卸除地基土自重而引起的基坑内外影响范围内相对于开挖前的回弹量。

回弹观测精度可按相关规定以给定或预估的最大回弹量为变形允许值进行估算后确定。但最弱观测点相对邻近工作基点的高差中误差，不应大于±1.0mm。

回弹观测不应少于三次，其中第一次在基坑开挖之前，第二次在基坑挖好之后，第三次在浇筑基础混凝土之前。当基坑挖完至基础施工的间隔时间较长时，亦应适当增加观测次数。

### 关键细节 20　回弹观测点位布置

回弹观测点位的布置，应按基坑形状及地质条件以最少的点数能测出所需各纵横断面回弹量为原则进行。可利用回弹变形的近似对称特性，按下列要求布点。

(1)对于矩形基坑，应在基坑中央及纵(长边)横(短边)轴线上布设，纵向每 8～10m 布一点，横向每 3～4m 布一点。对其他不规则的基坑，可与设计人员商定。

(2)基坑外的观测点，应在所选坑内方向线的延长线上距基坑深度 1.5～2 倍距离内布置。

(3)所选点位遇到旧地下管道或其他构筑物时，可将观测点移至与之对应方向线的空位上。

(4)在基坑外相对稳定且不受施工影响的地点，选设工作基点及为寻找标志用的定位点。

(5)观测路线应组成起讫于工作基点的闭合或附合路线，使之具有检核条件。

### 关键细节 21　回弹标志埋设

回弹标志应埋入基坑底面以下 20～30cm。埋设方法根据开挖深度和地层土质情况，可采用钻孔法或探井法。根据埋设与观测方法的不同标志形式可采用辅助杆压入式、钻杆送入式或直埋式标志。

### 关键细节 22　基坑开挖回弹观测

基坑开挖前的回弹观测，可采用水准测量配以铅垂钢尺读数的钢尺法；较浅基坑的观测，亦可采用水准测量配辅助杆垫高水准尺读数的辅助杆法。观测结束后，应在观测孔底充填厚度约为 1m 的白灰。回弹观测设备与作业，应符合下列要求。

(1)钢尺在地面的一端，应用三脚架、滑轮、拉力计和重锤牵拉；在孔内的一端，应配以能在读数时准确接触回弹标志头的装置。一般观测，可配挂磁锤；当基坑较深、地质条件复杂时，可用电磁探头装置观测；基坑较浅时，亦可用挂钩法，此时，标志顶端应加工成弯钩状。

(2)辅助杆宜用空心两头封口的金属管制成，顶部应加工成半球状，并于顶部侧面安置圆盒水准器，杆长以放入孔内后露出地面 20～40cm 为宜。

(3)测前与测后应对钢尺和辅助杆的长度进行检定。长度检定中误差，不应大于回弹观测测站高差中误差的 1/2。

(4)每一测站的观测可按先后视水准点上标尺面、再前视孔内尺面的顺序进行，每组读数3次，以反复进行两组作为一测回。每站不应少于两测回，并同时测记孔内温度。观测结果应加入尺长和温度的改正。

基坑开挖后的回弹观测，应利用传递到坑底的临时工作点，按所需观测精度，用水准测量方法及时测出每一观测的标高。当全部点挖见后，再统一观测一次。

### 关键细节 23 基坑回弹观测成果

观测工作结束后，应提交下列成果：

(1)回弹观测点位平面布置图。

(2)回弹量纵、横断面图。

(3)回弹观测成果表。

## 六、地基土分层沉降观测

(1)分层沉降观测，应测定高层和大型建筑物地基内部各分层土的沉降量、沉降速度以及有效压缩层的厚度。

(2)分层沉降观测点，应在建筑物地基中心附近约为2m×2m或各点间距不大于50cm的较小范围内，沿铅垂线方向上的各层土内布置。点位数量与深度，应根据分层土的分布情况确定，每一土层设一点，最浅的点位应在基础底面下不小于50cm处，最深的点位应在超过压缩层理论厚度处，或设在压缩性低的砾石或岩石层上。

(3)分层沉降观测标志的埋设应采用钻孔法。

(4)分层沉降观测精度可按分层沉降观测点相对于邻近工作基点或基准点的高差中误差不大于±1.0mm的要求设计确定。

(5)分层沉降观测精度应按周期用精密水准仪或自动分层沉降仪测出各标顶的高程，计算出沉降量。

(6)分层沉降观测，应从基坑开挖后基础施工前开始，直至建筑竣工后沉降稳定时为止。观测周期可参照建筑物沉降观测的规定确定。首次观测应至少在标志埋好5d后进行。

(7)观测工作结束后，应提交下列成果：

1)地基土分层标点位置图。

2)地基土分层沉降观测成果表。

3)各土层荷载—沉降—深度($p-s-z$)曲线图。

## 七、建筑场地沉降观测

建筑场地沉降观测，应分别测定建筑相邻影响范围之内的相邻地基沉降与建筑相邻影响范围之外的场地地面沉降。

(1)相邻地基沉降，系指由于毗邻高低层建筑荷载差异、新建高层建筑基坑开挖、基础施工中井点降水、基础大面积打桩等因素引起的相邻地基土应力重新分布而产生的附加沉降。

(2)场地地面沉降，系指由于长期降雨、下水道漏水、地下水位大幅度变化、大量堆载和卸载、地裂缝、潜蚀、砂土液化以及采掘等原因引起的一定范围内的地面沉降。

### 关键细节 24 相邻地基沉降观测点布设

相邻地基沉降观测点，可选在建筑物纵横轴线或边线的延长线上，亦可选在通过建筑物重心的轴线延长线上。其点位间距应视基础类型、荷载大小及地质条件以能测出沉降的零点线为原则来确定。点位可在以建筑物基础深度1.5～2.0倍距离为半径的范围内，由外墙附近向外由密到疏布设，但距基础最远的观测点应设置在沉降量为零的沉降临界点以外。场地地面沉降观测点，应在相邻地基沉降观测点布设线路之外的地面上均匀布点。具体可根据地质地形条件选用平行轴线方格网法、沿建筑物四角辐射网法或散点法布设。

### 关键细节 25 相邻地基沉降观测点标志

相邻地基沉降观测点标志，可分为用于监测安全的浅埋标与用于结合科研的深埋标两种。浇埋标可采用普通水准标石或用直径 25cm 左右的水泥管现场浇筑，埋深 1～2m；深埋标可采用内管外加保护管的标石形式，埋深应与建筑物基础深度相适当，标石顶部须埋入地面下 20～30cm，并砌筑带盖的窨井加以保护。场地地面沉降观测点的标志与埋设，应根据观测要求确定，可采用浅埋标志。

### 关键细节 26 建筑场地沉降观测实施

建筑场地沉降观测可采用水准测量方法进行。水准路线的布设、观测精度及其他技术要求均可参照建筑物沉降观测的有关规定执行。观测的周期，应根据不同任务要求、产生沉降的不同情况以及沉降速度等因素具体分析确定。对于基础施工相邻地基沉降观测，在基坑开挖中每天观测一次；混凝土底板浇完 10d 以后，可每 2～3d 观测一次，直至地下室顶板完工；此后可每周观测一次至回填土完工。场地沉降观测的周期，可参考建筑物沉降观测的有关规定确定。

### 关键细节 27 建筑场地沉降观测成果

观测工作结束后，应提交下列成果：

(1)场地沉降观测点平面布置图。

(2)场地沉降观测成果表。

(3)相邻地基沉降的 $d$-$s$(距离、沉降)曲线图。

(4)场地地面等沉降曲线图。

## 八、沉降观测常见问题及处理

在沉降观测工作中常遇到一些矛盾现象，并从沉降与时间关系曲线上表现出来。对于这些问题，必须分析产生的原因，予以合理的处理。见表 10-3。

表 10-3 沉降观测常见问题及处理措施

| 常见问题 | 产生原因 | 处理措施 |
|---|---|---|
| 曲线在首次观测后即发生回升现象 | 初测精度不高，观测成果存在较大误差 | (1)如曲线回升超过 5mm，应将第一次观测成果作废，而采用第二次观测成果作为初测成果；<br>(2)如曲线回升在 5mm 之内，则可调整初测标高与第二次观测标高一致 |

（续）

| 常见问题 | 产生原因 | 处理措施 |
|---|---|---|
| 曲线中间某点突然回升 | 水准点或观测点被碰动，而且水准点碰动后低于被碰前的标高及观测点被碰后高于被碰前的标高 | 选择结构、荷重及地质等条件都相同的邻近另一沉降观测点，取该点在同一期间内的沉降量，作为被碰观测点之沉降量 |
| 曲线自某点起渐渐回升 | (1)水准点下沉；<br>(2)新埋设的水准点埋设地点不当，时间不长 | 处理这种现象时，应根据整个情况进行分析，决定自某点起，将波浪形曲线改成为水平线 |
| 曲线中断 | 由于沉降观测点开始是埋设在柱基础面上进行观测，在柱基础二次灌浆时没有埋设新点并进行观测；或者由于观测点被碰毁，后来设置之观测点绝对标高不一致，而使曲线中断 | 为了将中断曲线连接起来，可按照处理曲线在中间某点突然回升现象的办法，估求出未作观测期间的沉降量；并将新设置的沉降点不计其绝对标高，而取其沉降量，一并加在旧沉降点的累计沉降量中去 |

# 第三节　建筑物位移观测

## 一、建筑物位移观测概述

建筑物位移观测可根据需要，分别或组合测定建筑主体倾斜、水平位移、挠度和基坑壁侧向位移，并对建筑场地滑坡进行监测。

### 1. 建筑物位移观测一般规定

(1)位移观测应根据建筑的特点和施测要求做好观测方案的设计和技术准备工作，并取得委托方及有关人员的配合。

(2)位移观测的标志应根据不同建筑的特点进行设计。标志应牢固、适用、美观。若受条件限制或对于高耸建筑，也可选定变形体上特征明显的塔尖、避雷针、圆柱(球)体边缘等作为观测点。对于基坑等临时性结构或岩土体，标志应坚固、耐用、便于保护。

(3)位移观测可根据现场作业条件和经济因素选用视准线法、测角交会法或方向差交会法、极坐标法、激光准直法、投点法、测小角法、测斜法、正倒垂线法、激光位移计自动测记法、GPS法、激光扫描法或近景摄影测量法等。

(4)各类建筑位移观测应根据规范规定及时提交相应的阶段性成果和综合成果。

### 2. 位移观测控制点布设

当建筑物在平面上产生位移时，为了进行位移测量，应在其纵横方向上设置观测点及控制点。如已知其位移的方向，则只在此方向上进行观测即可。观测点与控制点应位于同一直线上，控制点至少须埋设三个，控制点之间的距离及观测点与相邻的控制点间的距离要大于30m，以保证测量的精度。如图10-9所示，$A$、$B$、$C$为控制点，$M$为观测点。控制点必须埋设牢固稳定的标桩，每次观测前，对所使用的控制点应进行检查，以防止其变化。

建筑物上的观测点标志要牢固、明显。

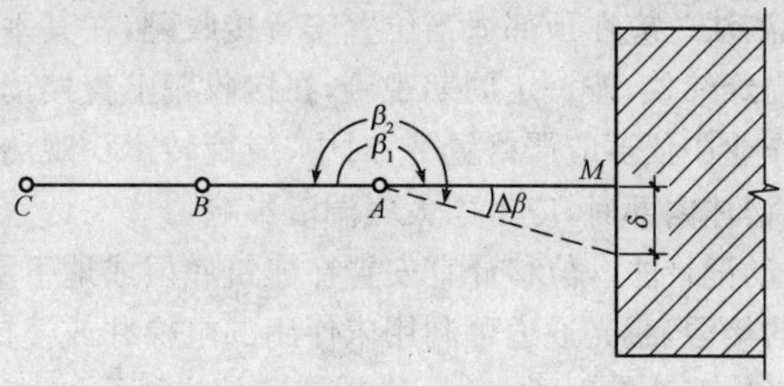


图 10-9　位移观测

**3. 位移观测位移值计算**

位移观测可采用正倒镜投点的方法求出位移值，亦可采用测角的方法。如图 10-9 所示，设第一次在 $A$ 点所测之角度为 $\beta_1$，第二次测得之角度为 $\beta_2$，两次观测角度的差数 $\Delta\beta=\beta_2-\beta_1$，则建筑物定位移值

$$\delta=\frac{\Delta\beta\times AM}{\rho} \tag{10-7}$$

式中　$\rho$——206265″。

位移测量的容差为±3mm，进行重复观测评定。

## 二、建筑物主体倾斜观测

建筑主体倾斜观测应测定建筑顶部观测点相对于底部固定点或上层相对于下层观测点的倾斜度、倾斜方向及倾斜速率。刚性建筑的整体倾斜，可通过测量顶面或基础的差异沉降来间接确定。

**1. 从建筑物或构件的外部观测主体倾斜**

当从建筑物或构件的外部观测主体倾斜时，宜选用下列经纬仪观测法。

(1)投点法。观测时，应在底部观测点位置安置水平读数尺等量测设施。在每测站安置经纬仪投影时，应按正倒镜法测出每对上下观测点标志间的水平位移分量，再按矢量相加法求得水平位移值(倾斜量)和位移方向(倾斜方向)。

(2)测水平角法。对塔形、圆形建筑或构件，每测站的观测应以定向点作为零方向，测出各观测点的方向值和至底部中心的距离，计算顶部中心相对底部中心的水平位移分量。对矩形建筑，可在每测站直接观测顶部观测点与底部观测点之间的夹角或上层观测点与下层观测点之间的夹角，以所测角值与距离值计算整体的或分层的水平位移分量和位移方向。

(3)前方交会法。所选基线应与观测点组成最佳构形，交会角宜在60°～120°之间。水平位移计算，可采用直接由两周期观测方向值之差解算坐标变化量的方向差交会法，亦可采用按每周期计算观测点坐标值，再以坐标差计算水平位移的方法。

**2. 利用建筑或构件的顶部与底部之间的竖向通视条件观测主体倾斜**

当利用建筑或构件的顶部与底部之间的竖向通视条件进行主体倾斜观测时，宜选用下列观测方法。

(1)激光铅直仪观测法。应在顶部适当位置安置接收靶，在其垂线下的地面或地板上安置激光铅直仪或激光经纬仪，按一定周期观测，在接收靶上直接读取或量出顶部的水平位移量和位移方向。作业中仪器应严格置平、对中，应旋转180°观测两次取其中数。对超高层建筑，当仪器设在楼体内部时，应考虑大气湍流影响。

(2)激光位移计自动记录法。位移计宜安置在建筑底层或地下室地板上，接收装置可设在顶层或需要观测的楼层，激光通道可利用未使用的电梯井或楼梯间隔，测试室宜选在靠近顶部的楼层内。当位移计发射激光时，从测试室的光线示波器上可直接获取位移图像及有关参数，并自动记录成果。

(3)正、倒垂线法。垂线宜选用直径0.6～1.2mm的不锈钢丝或因瓦丝，并采用无缝钢管保护。采用正垂线法时，垂线上端可锚固在通道顶部或所需高度处设置的支点上。采用倒垂线法时，垂线下端可固定在锚块上，上端设浮筒。用来稳定重锤、浮子的油箱中应装有阻尼液。观测时，由观测墩上安置的坐标仪、光学垂线仪、电感式垂线仪等量测设备，按一定周期测出各测点的水平位移量。

(4)吊垂球法。应在顶部或所需高度处的观测点位置上，直接或支出一点悬挂适当重量的垂球，在垂线下的底部固定毫米格网读数板等读数设备，直接读取或量出上部观测点相对底部观测点的水平位移量和位移方向。

### 3. 利用相对沉降量间接确定建筑整体倾斜

当利用相对沉降量间接确定建筑整体倾斜时，可选用下列观测方法。

(1)倾斜仪测记法。可采用水管式倾斜仪、水平摆倾斜仪、气泡倾斜仪或电子倾斜仪进行观测。倾斜仪应具有连续读数、自动记录和数字传输的功能。监测建筑上部层面倾斜时，仪器可安置在建筑顶层或需要观测的楼层的楼板上。监测基础倾斜时，仪器可安置在基础面上，以所测楼层或基础面的水平倾角变化值反映和分析建筑倾斜的变化程度。

(2)测定基础沉降差法。在基础上选设观测点，采用水准测量方法，以所测各周期基础的沉降差换算求得建筑整体倾斜度及倾斜方向。

## 关键细节28 主体倾斜观测点和测站点布设

主体倾斜观测点和测站点的布设应符合下列要求：

(1)当从建筑外部观测时，测站点的点位应选在与倾斜方向成正交的方向线上距照准目标1.5～2.0倍目标高度的固定位置。当利用建筑内部竖向通道观测时，可将通道底部中心点作为测站点。

(2)对于整体倾斜，观测点及底部固定点应沿着对应测站点的建筑主体竖直线，在顶部和底部上下对应布设；对于分层倾斜，应按分层部位上下对应布设。

(3)按前方交会法布设的测站点，基线端点的选设应顾及测距或长度丈量的要求。按方向线水平角法布设的测站点，应设置好定向点。

## 关键细节29 主体倾斜观测点位标志设置

主体倾斜观测点位的标志设置应符合下列要求：

(1)建筑顶部和墙体上的观测点标志可采用埋入式照准标志。当有特殊要求时，应专门设计。

(2)不便埋设标志的塔形、圆形建筑以及竖直构件，可以照准视线所切同高边缘确定的位置或用高度角控制的位置作为观测点位。

(3)位于地面的测站点和定向点，可根据不同的观测要求，使用带有强制对中装置的观测墩或混凝土标石。

(4)对于一次性倾斜观测项目，观测点标志可采用标记形式或直接利用符合位置与照准要求的建筑特征部位，测站点可采用小标石或临时性标志。

## 关键细节 30　主体倾斜观测周期及观测精度

主体倾斜观测的周期可视倾斜速度每 1～3 个月观测一次。当遇基础附近因大量堆载或缺载、场地降雨长期积水等而导致倾斜速度加快时，应及时增加观测次数。倾斜观测应避开强日照和风荷载影响大的时间段。

主体倾斜观测的精度可根据给定的倾斜量允许值确定，当由基础倾斜间接确定建筑整体倾斜时，基础差异沉降的观测精度应按有关规定确定。

## 关键细节 31　主体倾斜观测实施

图 10-10 所示为主体倾斜观测。$M$、$N$ 为观测点。如果建筑物发生倾斜，$MN$ 将由垂直线变为倾斜线。观测时，经纬仪的位置距离建筑物应大于建筑物的高度，瞄准上部观测点 $M$，用正倒镜法向下投点得 $N'$，如 $N'$ 与 $N$ 点不重合，则说明建筑物发生倾斜，以 $a$ 表示 $N'$、$N$ 之间的水平距离，$a$ 即为建筑物的倾斜值。若以 $H$ 表示其高度，则倾斜度为：

$$i=\arcsin\frac{a}{H}$$

高层建筑物的倾斜观测，必须分别在互成垂直的两个方向上进行。

当测定烟囱、水塔、炼油塔等圆形构筑物的倾斜度时，首先要求得顶部中心对底部中心的偏距，如图 10-11 所示。为此，可在构筑物底部平稳放置一块木板。用经纬仪将顶部边缘两点 $A$、$A'$ 投影至木板上而取其中心 $A_0$，再将底部边缘上的两点 $B$ 与 $B'$ 也投影至木板上而取其中心 $B_0$，$A_0B_0$ 之间的距离 $a$ 就是顶部中心偏离底部中心的距离。同法可测出与其垂直的另一方向上顶部中心偏离底部中心的距离 $b$。再用矢量相加的方法，即可求得建筑物总的偏心距即倾斜值。即：

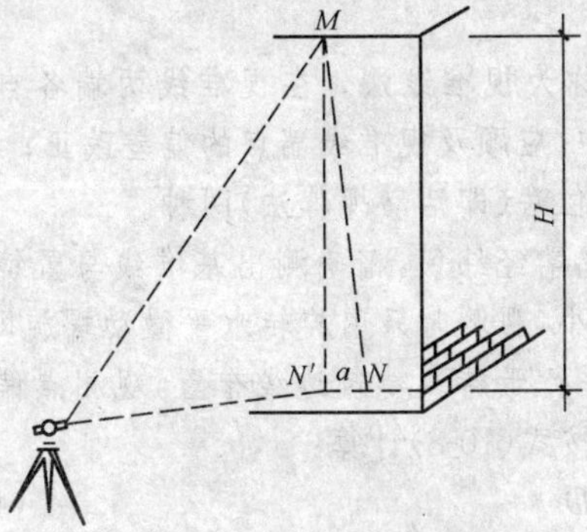


图 10-10　倾斜观测

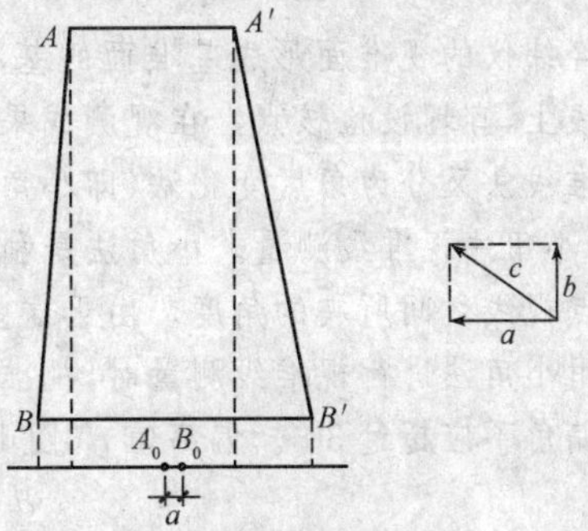


图 10-11　偏心距观测

$$c=\sqrt{a^2+b^2}$$

构筑物的倾斜度为：

$$i=\frac{c}{H}$$

#### 关键细节 32　主体倾斜观测应提交的图表

倾斜观测应提交下列图表：

(1)倾斜观测点位布置图。

(2)倾斜观测成果表。

(3)主体倾斜曲线图。

### 三、建筑水平位移观测

水平位移观测的任务是测定建筑物在平面位置上随时间变化的移动量。

建筑水平位移观测点的位置应选在墙角、柱基及裂缝两边等处。标志可采用墙上标志，具体形式及其埋设应根据点位条件和观测要求确定。

水平位移观测的周期，对于不良地基土地区的观测，可与一并进行的沉降观测协调确定；对于受基础施工影响的有关观测，应按施工进度的需要确定，可逐日或隔 2～3d 观测一次，直至施工结束。

当要测定某大型建筑物的水平位移时，可以根据建筑物的形状和大小，布设各种形式的控制网进行水平位移观测，当要测定建筑物在某一特定方向上的位移量时，可以在垂直于待测定的方向上建立一条基准线，定期地测量观测标志偏离基准线的距离，了解建筑物的水平位移情况。建立基准线的方法有“视准线法”、“引张线法”和“激光准直法”。

在测定大型工程建筑物(例如塔形建筑物、水工建筑物等)的水平位移时，可利用变形影响范围以外的控制点用前方交会法进行。

水平位移观测应提交下列图表：

(1)水平位移观测点位布置图。

(2)水平位移观测成果表。

(3)水平位移曲线图。

#### 关键细节 33　视准线法测定位移

由经纬仪的视准面形成基准面的基准线法，称为视准线法。在视准线两端各自向外的延长线上，宜埋设检核点。在观测成果的处理中，应顾及视准线端点的偏差改正；

视准线法又分为角度变化法(即小角法)和移位法(即活动觇牌法)两种。

(1)小角法视准线测量。小角法是利用精密光学经纬仪，精确测出基准线与置镜端点到观测点视线之间所夹的角度。由于这些角度很小，观测时只用旋转水平微动螺旋即可。

采用小角法进行视准线测量时，视准线应按平行于待测建筑边线布置，观测点偏离视准线的偏角不应超过30″。偏离值 $d$(图 10-12)可按式(10-8)计算：

$$d=\alpha/\rho\cdot D \tag{10-8}$$

式中　$\alpha$——偏角(″)；

$D$——从观测端点到观测点的距离(m)；

$\rho$——常数，其值为206265。

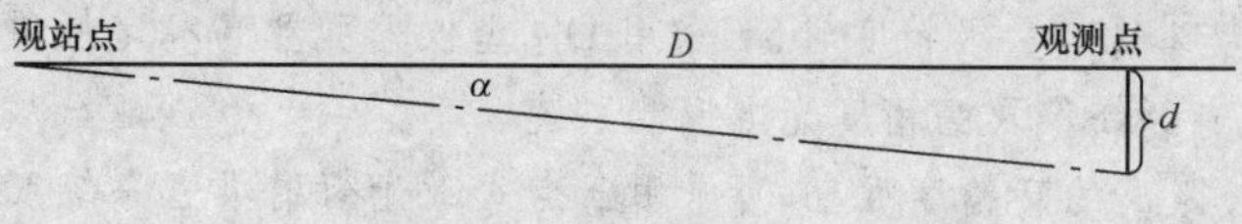


图10-12　小角法

在小角法测量中，通常采用$T_2$型经纬仪，角度观测四个测回。距离$D$的丈量精度要求不高，以1/2000的精度往返丈量一次即可。

(2)活动觇牌法视准线测量。活动觇牌法是直接利用安置在观测点上的活动觇牌来测定偏离值。其专用仪器设备为精密视准仪、固定觇牌和活动觇牌。施测步骤如下：

1)将视准仪安置在基准线的端点上，将固定觇版安置在另一端点上。

2)将活动觇牌仔细地安置在观测点上，视准仪瞄准固定觇牌后，将方向固定下来，然后由观测员指挥观测点上的工作人员移动活动觇牌，待觇牌的照准标志刚好位于视线方向上时，读取活动觇牌上的读数。然后再移动活动觇牌从相反方向对准视准线进行第二次读数，每定向一次要观测四次，即完成一个测回的观测。

3)在第二测回开始时，仪器必须重新定向，其步骤相同，一般对每个观测点需进行往测、返测各2～6个测回。

注意：采用活动觇牌法进行视准线测量时，观测点偏离视准线的距离不应超过活动觇牌读数尺的读数范围。应在视准线一端安置经纬仪或视准仪，瞄准安置在另一端的固定觇牌进行定向，待活动觇牌的照准标志正好移至方向线上时读数。每个观测点应按确定的测回数进行往测与返测。

### 关键细节34　引张线法测定位置

引张线法是在两固定端点之间用拉紧的金属丝作为基准线，用于测定建筑物水平位移，引张线的装置由端点、观测点、测线(不锈钢丝)与测线保护管四部分组成。

在引张线法中假定钢丝两端固定不动，则引张线是固定的基准线。由于各观测点上之标尺是与建筑物体固定连接的，所以对于不同的观测周围，钢丝在标尺上的读数变化值，就是该观测点的水平位移值。

引张线法常用在大坝变形观测中，引张线安置在坝体廊道内，不受旁折光和外界影响，所以观测精度较高，根据生产单位的统计，三测回观测平均值的中误差可达0.03mm。

### 关键细节35　激光准直法测定位移

激光准直法可分为两类：第一类是激光束准直法。它是通过望远镜发射激光束，在需要准直的观测点上用光电探测器接收。由于这种方法是以可见光束代替望远镜视线，用光电探测器探测激光光斑能量中心，所以常用于施工机械导向的自动化和变形观测。第二类是波带板激光准直系统，波带板是一种特殊设计的屏，能把一束单色相干光会聚成一个亮点。波带板激光准直系统由激光器点光源、波带板装置和光电探测器或自动数码显示器三部分组成。第二类方法的准直精度高于第一类，可达$10^{-7}$～$10^{-6}$。

当采用激光准直法测定位移时的要求：

(1)使用激光经纬仪准直法时，当要求具有$10^{-5}$～$10^{-4}$量级准直精度时，可采用$DJ_2$

型仪器配置氦—氖激光器或半导体激光器的激光经纬仪及光电探测器或目测有机玻璃方格网板;当要求达到 $10^{-6}$ 量级精度时,可采用 $DJ_1$ 型仪器配置高稳定性氦—氖激光器或半导体激光器的激光经纬仪及高精度光电探测系统。

(2)对于较长距离的高精度准直,可采用三点式激光衍射准直系统或衍射频谱成像及投影成像激光准直系统。对短距离的高精度准直,可采用衍射式激光准直仪或连续成像衍射板准直仪。

(3)激光仪器在使用前必须进行检校,仪器射出的激光束轴线、发射系统轴线和望远镜照准轴应三者重合,观测目标与最小激光斑应重合。

### 关键细节 36 测边角法测定位移

当采用测边角法测定位移时,对主要观测点,可以该点为测站测出对应视准线端点的边长和角度,求得偏差值。对其他观测点,可选适宜的主要观测点为测站,测出对应其他观测点的距离与方向值,按坐标法求得偏差值。角度观测测回数与长度的丈量精度要求,应根据要求的偏差值观测中误差确定。测量观测点任意方向位移时,可视观测点的分布情况,采用前方交会或方向差交会及极坐标等方法。单个建筑亦可采用直接量测位移分量的方向线法,在建筑纵、横轴线的相邻延长线上设置固定方向线,定期测出基础的纵向和横向位移。对于观测内容较多的大测区或观测点远离稳定地区的测区,宜采用测角、测边、边角及 GPS 与基准线法相结合的综合测量方法。

## 四、基坑壁侧向位移观测

基坑壁侧向位移观测应测定基坑围护结构桩墙顶水平位移和桩墙深层挠曲。基坑壁侧向位移观测的精度应根据基坑支护结构类型、基坑形状、大小和深度、周边建筑及设施的重要程度、工程地质与水文地质条件和设计变形报警预估值等因素综合确定。基坑壁侧向位移观测可根据现场条件使用视准线法、测小角法、前方交会法或极坐标法,并宜同时使用测斜仪或钢筋计、轴力计等进行观测。

基坑壁侧向位移观测的周期应符合下列规定:

(1)基坑开挖期间应 2～3d 观测一次,位移速率或位移量大时应每天 1～2 次。

(2)当基坑壁的位移速率或位移量迅速增大或出现其他异常时,应在做好观测本身安全的同时,增加观测次数,并立即将观测结果报告委托方。

基坑壁侧向位移观测应提交:基坑壁位移观测点布置图;基坑壁位移观测成果表;基坑壁位移曲线图。

### 关键细节 37 测定基坑壁侧向位移

当使用视准线法、测小角法、前方交会法或极坐标法测定基坑壁侧向位移时,应符合下列规定:

(1)基坑壁侧向位移观测点应沿基坑周边桩墙顶每隔 10～15m 布设一点。

(2)侧向位移观测点宜布置在冠梁上,可采用铆钉枪射入铝钉,亦可钻孔埋设膨胀螺栓或用环氧树脂胶粘标志。

(3)测站点宜布置在基坑围护结构的直角上。

### 关键细节 38 测斜仪测定基坑壁侧向位移

当采用测斜仪测定基坑壁侧向位移时，应符合下列规定：

(1)测斜仪宜采用能连续进行多点测量的滑动式仪器。

(2)测斜管应布设在基坑每边中部及关键部位，并埋设在围护结构桩墙内或其外侧的土体内，基埋设深度应与围护结构入土深度一致。

(3)将测斜管吊入孔或槽内时，应使十字形槽口对准观测的水平位移方向。连接测斜管时应对准导槽，使之保持在一直线上。管底端应装底盖，每个接头及底盖处应密封。

(4)埋设于基坑围护结构中的测斜管，应将测斜管绑扎在钢筋笼上，同步放入成孔或槽内，通过浇筑混凝土后固定在桩墙中或外侧。

(5)埋设于土体中的测斜管，应先用地质钻机成孔，将分段测斜管连接放入孔内，测斜管连接部分应密封处理，测斜管与钻孔壁之间空隙宜回填细砂或水泥与膨润土拌和的灰浆，其配合比应根据土层的物理力学性能和水文地质情况确定。测斜管的埋设深度应与围护结构入土深度一致。

(6)测斜管埋好后，应停留一段时间，使测斜管与土体或结构固连为一整体。

(7)观测时，可由管底开始向上提升测头至待测位置，或沿导槽全长每隔 500mm(轮距)测读一次，将测头旋转 180°再测一次。两次观测位置(深度)应一致，依此作为一测回。每周期观测可测两测回，每个测斜导管的初测值，应测四测回，观测成果取中数。

## 五、建筑场地滑坡观测

建筑场地滑坡观测应测定滑坡的周界、面积、滑动量、滑移方向、主滑线以及滑动速度，并视需要进行滑坡预报。

滑坡观测的周期应视滑坡的活跃程度及季节变化等情况而定，并应符合下列规定：

(1)在雨季，宜每半月或一月测一次；干旱季节，可每季度测一次。

(2)当发现滑速增快，或遇暴雨、地震、解冻等情况时，应增加观测次数。

(3)当发现有大的滑动可能或有其他异常时，应在做好观测本身安全的同时，及时增加观测次数，并立即将观测结果报告委托方。

滑坡观测应提交滑坡观测点位布置图、观测成果表及观测点位移与沉降综合曲线图。

### 关键细节 39 滑坡观测点位布设

滑坡观测点位的布设要求：

(1)滑坡面上的观测点应均匀布设。滑动量较大和滑动速度较快的部位，应适当增加布点。

(2)滑坡周界外稳定的部位和周界内稳定的部位，均应布设观测点。

(3)主滑方向和滑动范围已明确时，可根据滑坡规模选取十字形或格网形平面布点方式；主滑方向和滑动范围不明确时，可根据现场条件，采用放射形平面布点方式。

(4)需要测定滑坡体深部位移时，应将观测点钻孔位置布设在主滑轴线上，并可对滑坡体上局部滑动和可能具有的多层滑动面进行观测。

(5)对已加固的滑坡，应在其支挡锚固结构的主要受力构件上布设应力计和观测点。

### 关键细节 40 滑坡观测点位埋设

滑坡观测点位的标石、标志及其埋设的要求：

(1)土体上的观测点可埋设预制混凝土标石。根据观测精度要求，顶部的标志可采用具有强制对中装置的活动标志或嵌入加工成半球状的钢筋标志。标石埋深不宜小于1m，在冻土地区应埋至当地冻土线以下0.5m。标石顶部应露出地面20～30cm。

(2)岩体上的观测点可采用砂浆现场浇固的钢筋标志。凿孔深度不宜小于10cm。标志埋好后，其顶部应露出岩体面5cm。

(3)必要的临时性或过渡性观测点以及观测周期短、次数少的小型滑坡观测点，可埋设硬质大木桩，但顶部应安置照准标志，底部应埋至当地冻土线以下。

(4)滑动体深部位移观测钻孔应穿过潜在滑动面进入稳定的基岩面以下不小于1m。观测钻孔应铅直，孔径应不小于110mm。

### 关键细节 41 滑坡观测点位移观测方法选用

滑坡观测点的位移观测方法，可根据现场条件，按下列要求选用：

(1)当建筑数量多、地形复杂时，宜采用以三方向交会为主的测角前方交会法，交会角宜在50°～110°之间，长短边不宜悬殊；也可采用测距交会法、测距导线法以及极坐标法。

(2)对于视野开阔的场地，当面积小时，可采用放射线观测网法，从两个测站点上按放射状布设交会角在30°～150°之间的若干条观测线，两条观测线的交点即为观测点。每次观测时，应以解析法或图解法测出观测点偏离两测线交点的位移量。当场地面积大时，可采用任意方格网法，其布设与观测方法应与放射线观测网相同，但应需增加测站点与定向点。

(3)对于带状滑坡，当通视较好时，可采用测线支距法，在与滑动轴线的垂直方向，布设若干条测线，沿测线选定测站点、定向点与观测点。每次观测时，应按支距法测出观测点的位移量与位移方向。当滑坡体窄而长时，可采用十字交叉观测网法。

(4)对于抗滑墙(桩)和要求高的单独测线，可选用视准线法。

(5)对于可能有大滑动的滑坡，除采用测角前方交会等方法外，亦可采用数字近景摄影测量方法同时测定观测点的水平和垂直位移。

(6)当符合GPS观测条件和满足观测精度要求时，可采用单机多天线GPS观测方法观测。

## 六、挠度观测

建筑基础和建筑主体以及墙、柱等独立构筑物的挠度观测，应按一定周期测定其挠度值。

挠度观测的周期应根据荷载情况并考虑设计、施工要求确定。

建筑基础挠度观测可与建筑沉降观测同时进行。观测点应沿基础的轴线或边线布设，每一轴线或边线上不得少于3点。建筑主体挠度观测，除观测点应按建筑结构类型在各不同高度或各层处沿一定垂直方向布设外，其标志设置、观测方法应按规定执行。挠度值应由建筑上不同高度点相对于底部固定点的水平位移值确定。独立构筑物的挠度观测，除可采用建筑主体挠度观测要求外，当观测条件允许时，亦可用挠度计、位移传感器等设备直接测定挠度值。

挠度观测应提交挠度观测点布置图，观测成果表及挠度曲线图。

### 关键细节 42　挠度值计算

挠度值 $f_d$ 应按下列公式计算（图 10-13）：

$$f_d = \Delta s_{AE} - \frac{L_{AE}}{L_{AE} + L_{EB}} \Delta s_{AB} \tag{10-9}$$

$$\Delta s_{AE} = s_E - s_A \tag{10-10}$$

$$\Delta s_{AE} = s_B - s_A \tag{10-11}$$

式中　$s_A$、$s_B$——为基础上 $A$、$B$ 点的沉降量或位移量(mm)；

$s_E$——基础上 $E$ 点的沉降量或位移量(mm)，$E$ 点位于 $A$、$B$ 两点之间；

$L_{AE}$——$A$、$E$ 之间的距离(m)；

$L_{EB}$——$E$、$B$ 之间的距离(m)。

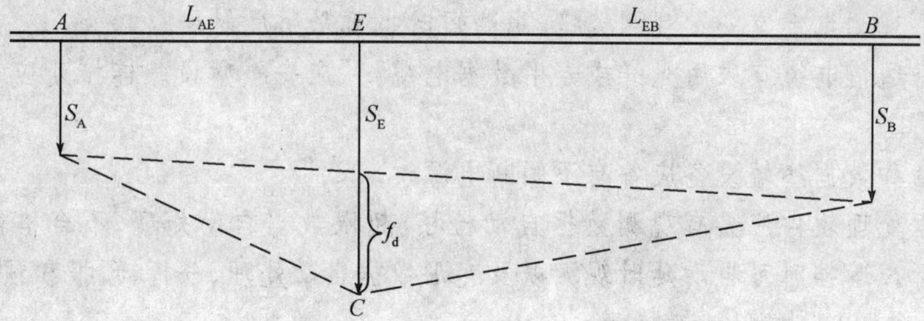


图 10-13　挠度

### 关键细节 43　跨中挠度值计算

跨中挠度值 $f_{dc}$ 应按下列公式计算：

$$f_{dc} = \Delta s_{10} - \frac{1}{2} \Delta s_{12} \tag{10-12}$$

$$\Delta s_{10} = s_0 - s_1 \tag{10-13}$$

$$\Delta s_{12} = s_2 - s_1 \tag{10-14}$$

式中　$s_0$——基础中点的沉降量或位移量(mm)；

$s_1$、$s_2$——基础两个端点的沉降量或位移量(mm)。

# 第四节　特殊变形观测

## 一、动态变形测量

(1)对于建筑在动荷载作用下而产生的动态变形，应测定其一定时间段内的瞬时变形量，计算变形特征参数，分析变形规律。

(2)动态变形的观测点应选在变形体受动荷载作用最敏感并能稳定牢固地安置传感器、接收靶和反光镜等照准目标的位置上。

(3)动态变形测量的精度应根据变形速率、变形幅度、测量要求和经济因素来确定。

(4)动态变形测量方法的选择可根据变形体的类型、变形速率、变形周期特征和测定精度要求等确定,并符合下列规定:

1)对于精度要求高、变形周期长、变形速率小的动态变形测量,可采用全站仪自动跟踪测量或激光测量等方法。

2)对于精度要求低、变形周期短、变形速率大的建筑,可采用位移传感器、加速度传感器、GPS动态实时差分测量等方法。

3)当变形频率小时,可采用数字近景摄影测量或经纬仪测角前方交会等方法。

### 关键细节44 全站仪自动跟踪测量法动态变形测量

采用全站仪自动跟踪测量方法进行动态变形观测时,应符合下列规定:

(1)测站应设立在基准点或工作基点上,并使用有强制对中装置的观测台或观测墩。

(2)变形观测点上宜安置观测棱镜,距离短时也可采用反射片。

(3)数据通信电缆宜采用光纤或专用数据电缆,并应安全敷设。连接处应采取绝缘和防水措施。

(4)测站和数据终端设备应备有不间断电源。

(5)数据处理软件应具有观测数据自动检核、超限数据自动处理、不合格数据自动重测、观测目标被遮挡时可自动延时观测以及变形数据自动处理、分析、预报和预警等功能。

### 关键细节45 激光测量法动态变形测量

采用激光测量方法进行动态变形观测时,应符合下列规定:

(1)激光经纬仪、激光导向仪、激光准直仪等激光器宜安置在变形区影响之外或受变形影响小的区域。激光器应采取防尘、防水措施。

(2)安置激光器后,应同时在激光器附近的激光光路上,设立固定的光路检核标志。

(3)整个光路上应无障碍物,光路附近应设立安全警示标志。

(4)目标板或感应器应稳固设立在变形比较敏感的部位并与光路垂直;目标板的刻划应均匀、合理。观测时,应将接收到的激光光斑调至最小、最清晰。

### 关键细节46 GPS动态实时差分法动态变形测量

采用GPS动态实时差分测量方法进行动态变形观测时,应符合下列规定:

(1)应在变形区之外或受变形影响小的地势高处设立GPS参考站。参考站上部应无高度角超过10°的障碍物,且周围无大面积水域、大型建筑等GPS信号反射物及高压线、电视台、无线电发射源、热源、微波通道等干扰源。

(2)变形观测点宜设置在建筑顶部变形敏感的部位,变形观测点的数目应依建筑结构和要求布设,接收天线的安置应稳固,并采取保护措施,周围无高度角超过10°的障碍物。卫星接收数量不应少于5颗,并应采用固定解成果。

(3)长期的变形观测宜采用光缆或专用数据电缆进行数据通信,短期的也可采用无线电数据链。

### 关键细节 47 数字近景摄影测量法动态变形测量

采用数字近景摄影测量方法进行动态变形观测时，应满足下列要求：

(1)应根据观测体的变形特点、观测规模和精度要求，合理选用作业方法，可采用时间基线视差法、立体摄影测量方法或多摄站摄影测量方法。

(2)像控点可采用独立坐标系。像控点应布设在建筑的四周，并应在景深范围内均匀布设。像控点测定中误差不宜大于变形观测点中误差的1/3。当采用直接线性变换法解算待定点时，一个像对宜布设6～9个控制点；当采用时间基线视差法时，一个像对宜至少布设4个控制点。

(3)变形观测点的点位中误差宜为±1～10mm，相对中误差宜为1/5000～1/20000。观测标志，可采用十字形或同心圆形，标志的颜色可采用与被摄建筑色调有明显反差的黑、白两色相间。

(4)摄影站应设置固定观测墩。对于长方形的建筑，摄影站宜布设在与其长轴线相平行的一条直线上，并使摄影主光轴垂直于被摄物体的主立面；对于圆柱形外表的建筑，摄影站可均匀布设在与物体中轴线等距的四周。

(5)多像对摄影时，应布设像对间起连接作用的标志点。

(6)近景摄影测量的其他技术要求，应满足现行国家标准《工程摄影测量规范》(GB 50167—1992)的有关规定。

## 二、日照变形观测

日照变形观测应在高耸建筑物或单柱(独立高柱)受强阳光照射或辐射的过程中进行，应测定建筑物或单柱上部由于向阳面与背阳面温差引起的偏移及其变化规律。

日照变形的观测时间，宜选在夏季的高温天进行。一般观测项目，可在白天时间段观测，从日出前开始，日落后停止，每隔约1h观测一次；对于有科研要求的重要建筑物，可在全天24h内，每隔约1h观测一次。在每次观测的同时，应测出建筑物向阳面与背阳面的温度，并测定风速与风向。

日照变形观测的精度，可根据观测对象的不同要求和不同观测方法，具体分析确定。用经纬仪观测时，观测点相对测站点的点位中误差，对投点法不应大于±1.0mm，对测角法不应大于±2.0mm。

观测工作结束后，应提交日照变形观测点位布置图、观测成果表、日照变形曲线图及观测成果分析说明资料。

### 关键细节 48 日照变形观测点的选设

日照变形观测点的选设应符合下列要求：

(1)当利用建筑物内部竖向通道观测时，应以通道底部中心位置作为测站点，以通道顶部正垂直对应于测站点的位置作为观测点。

(2)当从建筑物或单柱外部观测时，观测点应选在受热面的顶部或受热面上部的不同高度处与底部(视观测方法需要布置)适中位置，并设置照准标志，单柱亦可直接照准顶部与底部中心线位置；测站点应选在与观测点连线呈正交或近于正交的两条方向线上，其中一条宜与受热面垂直，距观测点的距离约为照准目标高度1.5倍的固定位置处，并埋设标石。

### 关键细节49 激光铅直仪法日照变形观测

当建筑物内部具有竖向通视条件时，应采用激光铅直仪观测法。在测站点上可安置激光铅直仪或激光经纬仪，在观测点上安置接收靶。每次观测，可从接收靶读取或量出顶部观测点的水平位移值和位移方向，亦可借助附于接收靶上的标示光点设施，直接获得各次观测的激光中心轨迹图，然后反转其方向即为实测日照变形曲线图。

### 关键细节50 前方交汇法、方向差交汇法日照变形观测

从建筑物外部观测时，可采用测角前方交会法或方向差交会法。对于单柱的观测，按不同量测条件，可选用经纬仪投点法、测顶部观测点与底部观测点之间的夹角法或极坐标法。按上述方法观测时，从两个测站对观测点的观测应同步进行。所测顶部的水平位移量与位移方向，应以首次测算的观测点坐标值或顶部观测点相对底部观测点的水平位移值作为初始值，与其他各次观测的结果相比较后计算求取。

## 三、风振观测

风振观测应在高层、超高层建筑物受强风作用的时间段内同步测定建筑物的顶部风速、风向和墙面风压以及顶部水平位移，以获取风压分布、体型系数及风振系数。

风振位移的观测精度，如用自动测记法，应视所用仪器设备的性能和精确程度要求具体确定。如采用经纬仪观测，观测点相对测站点的点位中误差不应大于±15mm。

由实测位移值计算风振系数$\beta$时，可采用下列公式：

$$\beta=(d_m+0.5A)/d_m \tag{10-15}$$

或

$$\beta=(d_s+d_d)/d_s \tag{10-16}$$

式中 $d_m$——平均位移值(mm)；

$A$——风力振幅(mm)；

$d_s$——静态位移(mm)；

$d_d$——动态位移(mm)。

风振观测结束后，应提交风速、风压、位移的观测位置布置图，风振观测成果表，风速、风压、位移及振幅等曲线图及观测成果分析说明资料。

### 关键细节51 风速、风向观测

风速、风向观测宜在建筑物顶部的专设桅杆上安置两台风速仪(如电动风速仪、文氏管风速仪)，分别记录脉动风速、平均风速及风向，并在距建筑物约100～200m距离的一定高度(10～20m)处安置风速仪记录平均风速；以与建筑物顶部风速比较观测风力沿高度的变化。

### 关键细节52 风压观测

风压观测应在建筑物不同高度的迎风面与背风面外墙上，对应设置适当数量的风压盒作传感器，或采用激光光纤压力计与自动记录系统，以测定风压分布和风压系数。

### 关键细节53 顶部水平位移观测

顶部水平位移观测可根据要求和现场情况选用下列方法：

(1)激光位移计自动测记法。

(2)长周期拾振器测记法。将拾振器设在建筑物顶部天面中间,由测试室内的光线示波器记录观测结果。

(3)双轴自动电子测斜仪(电子水枪)测记法。测试位置应选在振动敏感的位置,仪器的 $x$ 轴与 $y$ 轴(水枪方向)应与建筑物的纵横轴线一致,并用罗盘定向,根据观测数据计算出建筑物的振动周期和顶部水平位移值。

(4)加速度计法。将加速度传感器安装在建筑物顶部,测定建筑物在振动时的加速度,通过加速度积分求解位移值。

(5)经纬仪测角前方交会法或方向差交会法。此法适用于在缺少自动测记设备和观测要求不高时建筑物顶部水平位移的测定,但作业中应采取措施防止仪器受到强风影响。

## 四、裂缝观测

建筑物发现裂缝,除了要增加沉降观测的次数外,应立即进行裂缝变化的观测。裂缝观测应测定建筑物上的裂缝分布位置,裂缝的走向、长度、宽度及其变化程度。观测的裂缝数量视需要而定,主要的或变化的裂缝应进行观测。

裂缝观测的周期应视其裂缝变化速度而定。通常开始可半月测一次,以后一月左右测一次。当发现裂缝加大时,应增加观测次数,直至几天或逐日一次的连续观测。

裂缝观测中,裂缝宽度数据应量取至 0.1mm,每次观测应绘出裂缝的位置、形态和尺寸,注明日期,附必要的照片资料。

观测结束后,应提交裂缝分布位置图、裂缝观测成果表、观测成果分析说明资料。当建筑物裂缝和基础沉降同时观测时,可选择典型剖面绘制两者的关系曲线。

### 关键细节 54　裂缝观测标志要求

为了观测裂缝的发展情况,要在裂缝处设置观测标志。设置标志的基本要求是,当裂缝开展时标志就能相应地开裂或变化,正确反映建筑物裂缝的发展情况。

(1)对需要观测的裂缝应统一进行编号。每条裂缝至少应布设两组观测标志,一组在裂缝最宽处,另一组在裂缝末端。每组标志由裂缝两侧各一个标志组成。

(2)裂缝观测标志,应具有可供量测的明晰端面或中心。观测期较长时,可采用镶嵌或埋入墙面的金属标志、金属杆标志或楔形板标志;观测期较短或要求不高时可采用油漆平行线标志或用建筑胶粘贴的金属片标志。要求较高、需要测出裂缝纵横向变化值时,可采用坐标方格网板标志。使用专用仪器设备观测的标志,可按具体要求另行设计。

(3)对于数量不多,易于量测的裂缝,可视标志型式不同,用比例尺、小钢尺或游标卡尺等工具定期量出标志间距离求得裂缝变位值,或用方格网板定期读取“坐标差”计算裂缝变化值;对于较大面积且不便于人工量测的众多裂缝宜采用近景摄影测量方法;当需连续监测裂缝变化时,还可采用测缝计或传感器自动测记方法观测。

### 关键细节 55　裂缝观测标志形式

裂缝观测标志形式有以下三种:

(1)石膏板标志。用厚 10mm,宽 50～80mm 的石膏板(长度视裂缝大小而定),在裂缝两边固定牢固。当裂缝继续发展时，石膏板也随之开裂，从而观察裂缝继续发展的情况。

(2)白铁片标志。如图 10-14 所示，用两块白铁片，一片取 150mm×150mm 的正方形，固定在裂缝的一侧。并使其一边和裂缝的边缘对齐。另一片为 50mm×200mm，固定在裂缝的另一侧，并使其中一部分紧贴相邻的正方形白铁片。当两块白铁片固定好以后，在其表面均涂上红色油漆。如果裂缝继续发展，两白铁片将逐渐拉开，露出正方形白铁上原被覆盖没有涂油漆的部分，用尺子量出该部分的宽度，即为裂缝加大的宽度。

(3)金属棒标志。如图 10-15 所示，在裂缝两边凿孔，插入长约 10cm、直径 10mm 以上的钢筋头，并使其露出墙外约 2cm 左右，用水泥砂浆填灌牢固。待水泥砂浆凝固后，量出两金属棒之间的距离，并记录下来。以后如裂缝继续发展，则金属棒的间距也就不断加大。定期测量两棒之间距并进行比较，即可掌握裂缝发展情况。

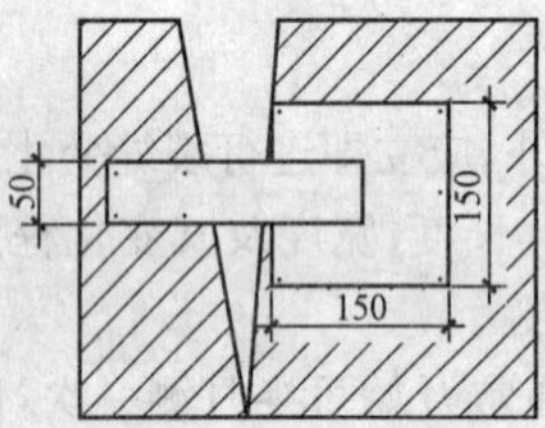

图 10-14 白铁片标志

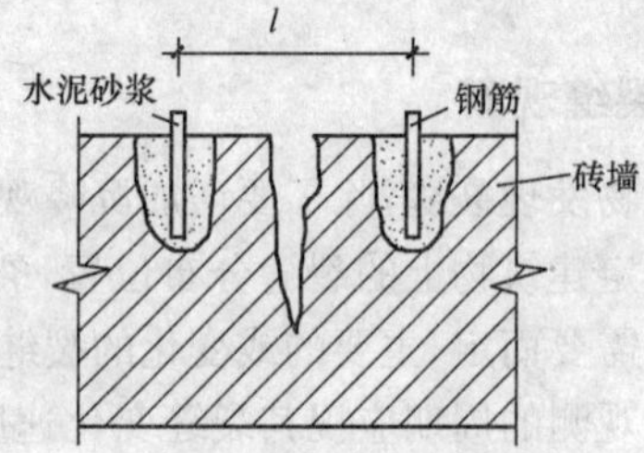

图 10-15 金属棒标志

# 第五节 高层建筑施工变形观测

在高层建筑中进行沉降变形观测的目的是为了确保工程质量，了解其产生的原因。沉降变形若超过了规定限度，就会影响建筑物的正常使用，严重时甚至会影响建筑物的安全。因此，在高层建筑施工过程中必须进行沉降、位移、倾斜、裂缝等变形观测。

## 一、打桩过程中的变形观测

在软土地基上建筑高层建筑，多采用桩基，在打桩过程中由于土体受到挤压等原因而引起地表土的位移及隆起，因而影响周围的原有建(构)筑物等。为了顺利进行打桩施工，确保周围的安全，必须对周围的建(构)筑物等进行沉降、位移、裂缝和倾斜等变形观测。

(1)沉降观测就是测定建(构)筑物上一些点的高程随时间和打桩数量变化的工作。

(2)位移观测就是测定建(构)筑物的平面位置随时间和打桩数量移动的工作。

(3)裂缝观测就是测定建筑物随时间和打桩数量产生不均匀沉降出现裂缝进行观测的工作。

(4)倾斜观测是用测量仪器或其他专用仪器测量建筑物的倾斜度随时间和打桩数量变化的工作。

## 二、井点降水与挖工阶段的变形观测

在软土地基上建造高层建筑，多采用桩基加箱基，其特点是：①基础埋置较深，一般为

5m，有的达10余米，视具体情况而定。②如地下水位较高，在基础施工时多采用井点降水法来降低地下水位，以便利开挖基础和基坑施工。由于井点降水和挖土的影响，施工地区及四周的地面会产生下沉，邻近建筑物受其影响亦同时下沉，这样就影响了邻近建筑物的正常使用。为此要在邻近建筑物上埋设变形观测点，一般要埋设沉降观测、位移观测、裂缝观测和倾斜观测点。

### 三、基础和结构施工阶段的变形观测

为了了解地基变形规律，要通过各阶段的实测沉降量与各阶段土工模拟试验所做的试验成果进行比较，以验证计算的精确度。因此，高层建筑的沉降观测应从基础施工开始一直进行观测，以便取得完整的资料。

为了确保第一手资料的正确，沉降观测点、临时点、永久点均必须牢固，不易损坏。设备基础观测点的埋设，一般利用铆钉或钢筋来制作，然后将其埋入混凝土内。

### 四、建筑物全部竣工后的变形观测

在高层建筑的施工过程中，由于速度较快，土层不可能立即承受到全部的荷载，随着时间的进展，沉降量也随之增加。因此，高层建筑竣工后亦需进行变形观测。

从以往积累的资料来分析，竣工后第一年应每月一次，第二年每二个月一次，第三年每半年一次，第四年开始每年观测一次，直至稳定为止。在软土层地基建造高层，虽采取了打桩、深基础等措施，沉降仍是不可避免的。为此，可以进行长期观测，以确保建筑物的安全。如有不均匀沉降，应及时采取措施。

高层建筑中的沉降观测以Ⅱ等水准精度要求。位移观测准确至毫米，读数至0.5mm。用角度观测时必须用2″级以上精度的经纬仪进行观测，以能算至0.5mm为宜。

# 参考文献

[1] 李天和．工程测量[M]. 郑州：黄河水利出版社，2006.

[2] 李仕东．工程测量[M]. 3 版．北京：人民交通出版社，2009.

[3] 翟诩，赵夫来，等．现代测量学[M]. 北京：测绘出版社，2008.

[4] 王依，过静珺．现代普通测量学[M]. 2 版．北京：清华大学出版社，2009.

[5] 李天文．现代测量学[M]. 北京：科学出版社，2007.

[6] 李生平．建筑工程测量[M]. 2 版．武汉：武汉理工大学出版社，2003.

[7] 张鑫．测量学[M]. 咸阳：西北农林科技大学出版社，2006.